発刊にあたり

セラミックコーティングは，昨今の社会的要請で語られる「低環境負荷，低炭素社会の実現」，「快適でより住みやすい社会環境の実現」，「健康で安全安心な社会の構築」，「安心安全なインフラ整備」など，これからの社会，産業界の要請に答える各種新技術のほとんどに関係し，その市場は，上記トレンドに対し技術革新が進む自動車，航空機などの輸送機器分野や自然エネルギーによる創エネ・電力機器分野，インフラ照明，情報機器，医療分野などで今後も拡大していくとみられている。その中でも高機能な無機材料（セラミックス）コーティングの市場は，グローバルには，2013年に56億8,000万ドル（約6,000億円）と見積もられ，2014年から2020年まで7.0％の年間成長率（CAGR）で，2020年に90億7,000万ドル（約1兆円）に達することが期待されている。国内市場では，この約1/10の1,000億円程度の市場規模になると推察される。

従来のセラミックスコーティング，無機材料成膜技術も新規材料の開発やプロセス条件の最適化により用途が広がっていくと見られる。しかし，過去10年間にわたる当研究センターへの技術相談件数や内容からも，エネルギー関連部材や省エネ関連部材を中心に，おおむね数μm以上の膜厚への要求が多くなると予想され，従来のスパッタリングやCVD，化学溶液法では，コスト面も含め対応困難な領域になる。一方，機能面では数十μm程度の溶融粒子の付着，急速凝固を伴った従来溶射技術では，今後同分野で求められる高度な膜微構造の制御や結晶性制御は困難と考えられる。この様に，今後の市場トレンドからは，膜構造そのものの高度な制御性が要求されるだけでなく，膜厚範囲では従来薄膜技術と厚膜技術の中間領域への要望，耐熱性のない金属材料や樹脂材料への高機能，高密着なコーティングや複合化という点でプロセス温度の低温化が重要な課題になると思われる。実際，本書で取り上げるエアロゾルデポジション（AD）法は，高密着，高強度のセラミックス皮膜が常温形成できる点で，各産業業界から注目されている。

「エアロゾルデポジション法の基礎から応用まで」を出版してから10年ほどたった。この間，日本を取り巻く世界の市場経済や研究開発の状況は目まぐるしく変化した。その中で日本は最終製品での存在感は薄れてはいるものの，部品／部材産業では，依然大きな影響力を持っており貿易黒字のけん引役となっている。自動車，通信・インフラ，エネルギー関連産業では，サプライヤーチェーンのグローバル化はますます複雑に広がっている。このような状況で，AD法のような新規なプロセス技術は，うまく活用できれば固定化したサプライヤーチェーンに変化をもたらすことも考えられ，次世代の部材，部品開発の戦略的製造技術として広範囲の産業分野に貢献できると考えられる。実際，10年前の出版時に掲載されたTOTO㈱によるAD法によるイットリアコーティングを活用した「半導体製造装置用低発塵部材」は現在事業化され，これまで同部材に活用されてきた溶射技術にとって代わり，FinFETや3D-NANDフラッシュメモリなど最先端の半導体チップ製造に欠かせない戦略部材となっている。本書が，この様な世界情勢の変化，技術トレンドの中で，読者の方々の一つのヒントになれば幸いである。

2019年2月

国立研究開発法人　産業技術総合研究所
先進コーティング技術センター
センター長　明渡　純

エアロゾルデポジション法の新展開
―常温衝撃固化現象活用の最前線―

Progress of Aerosol Deposition Method
－Utilization Front Line of Room Temperature Impact Consolidation Phenomenon－

監修：明渡　純

Supervisor：Jun Akedo

シーエムシー出版

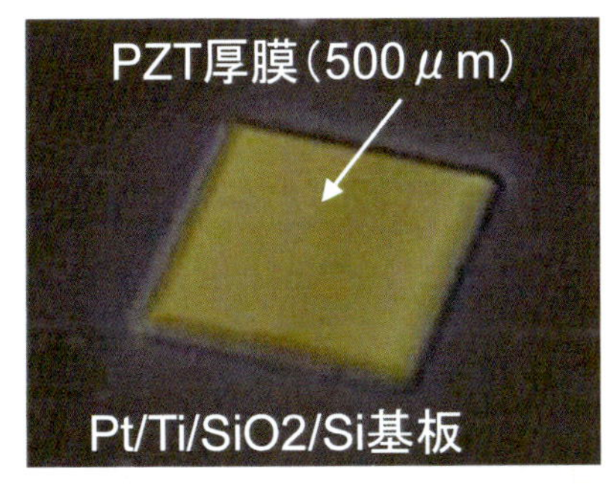

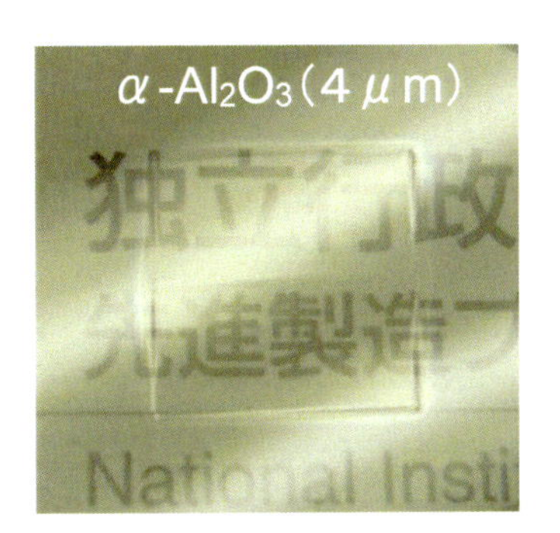

緻密アルミナ（α-Al_2O_3）－AD膜の断面SEM像

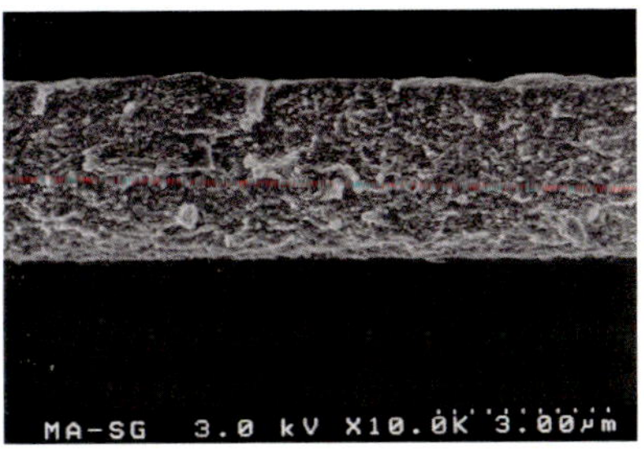

（A）セラミックス微粒子の常温成膜

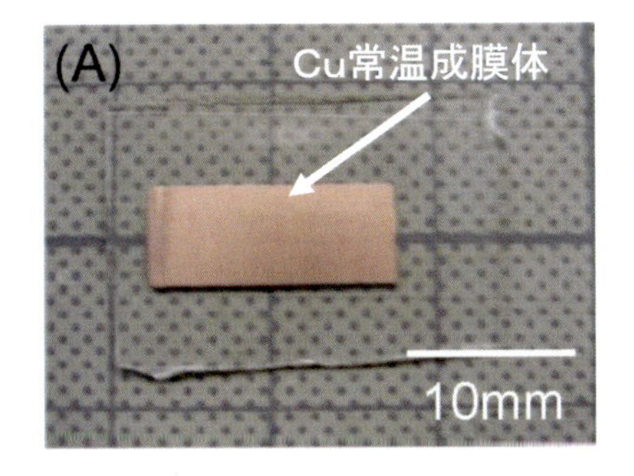

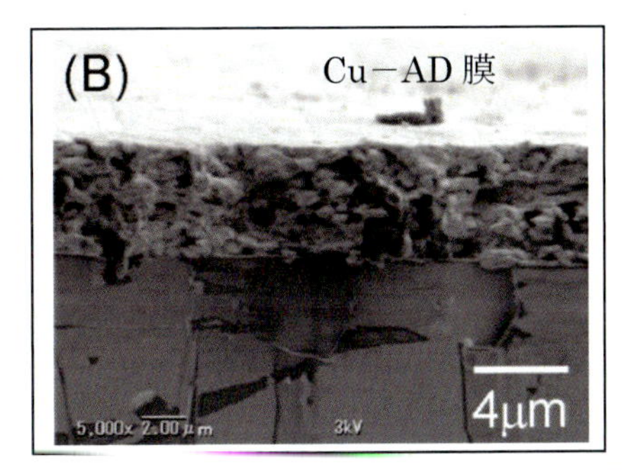

（B）金属微粒子の常温成膜

第１編 第１章　図２　AD 法によるセラミックス材料(A)，金属微粒子(B)の常温衝撃固化現象

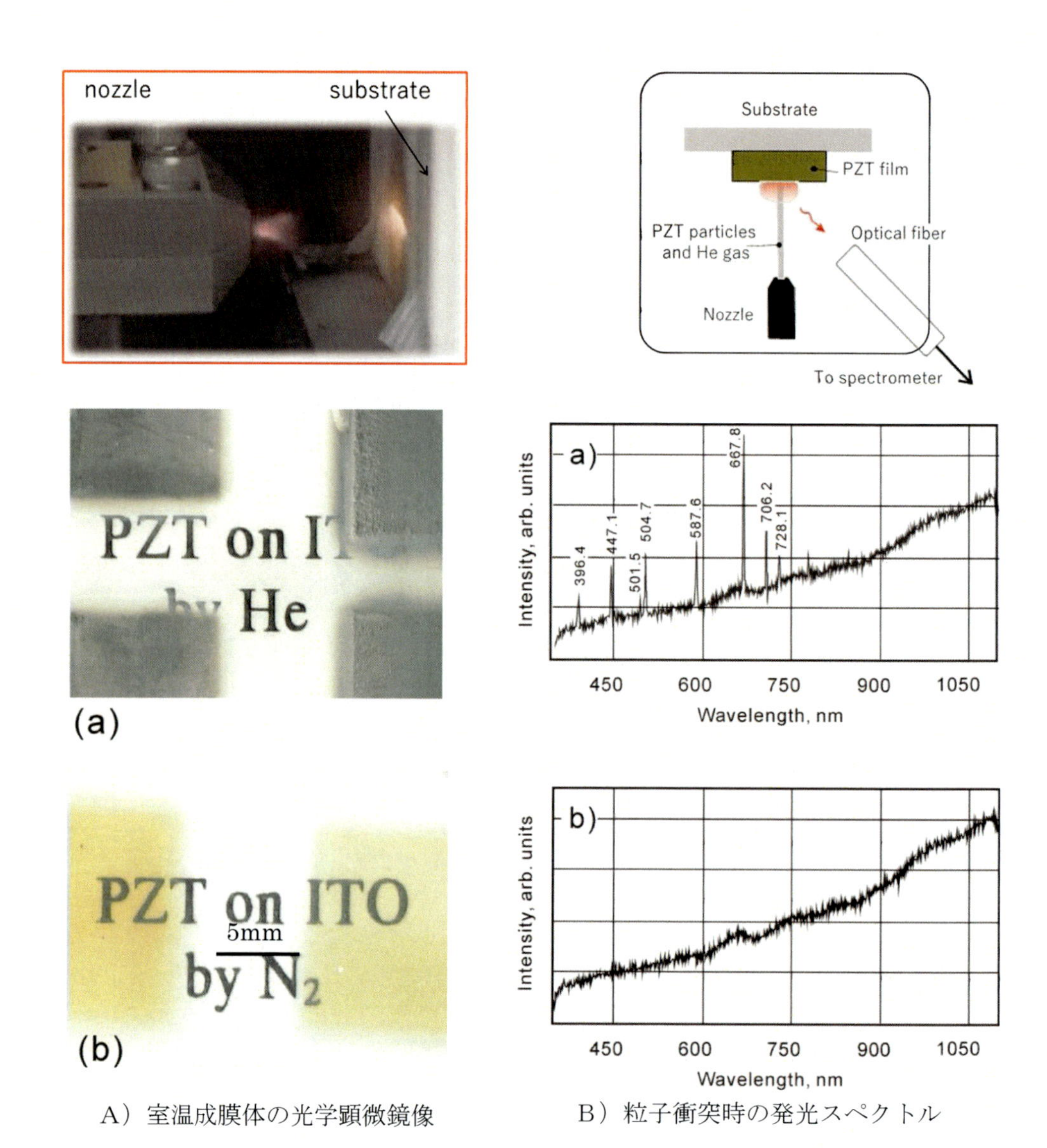

第1編 第1章　図15　搬送ガス種の違いとPZT室温成膜体の透明化

(a) ヘリウムガス，(b) 窒素ガス

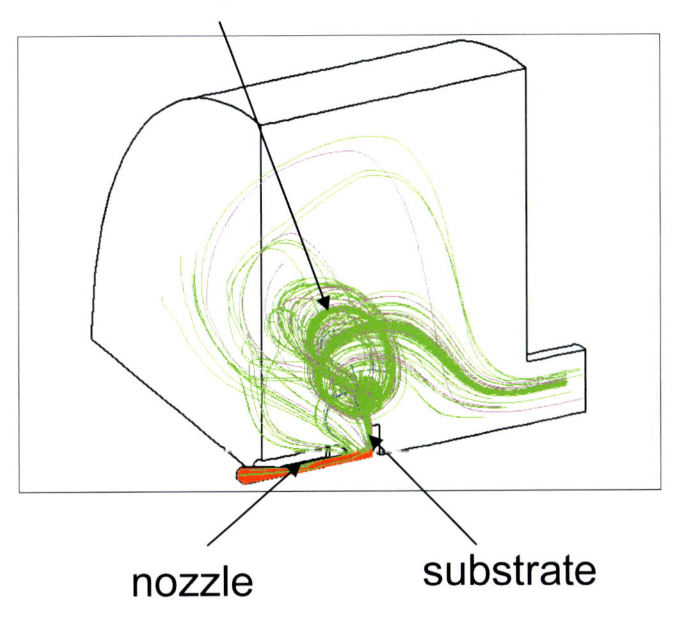

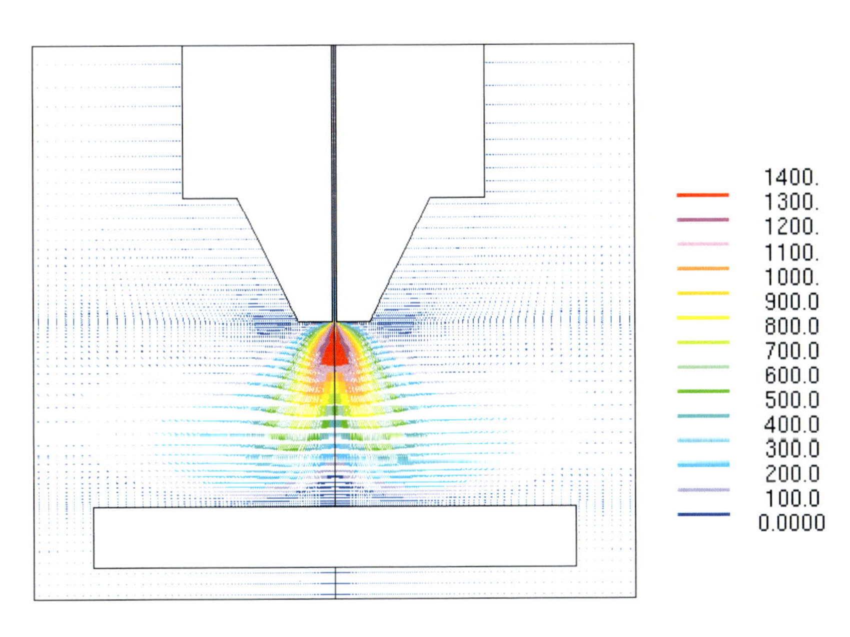

第 1 編 第 1 章　図 22　ノズルから噴射される基板近傍のガス流速シミュレーション

a)

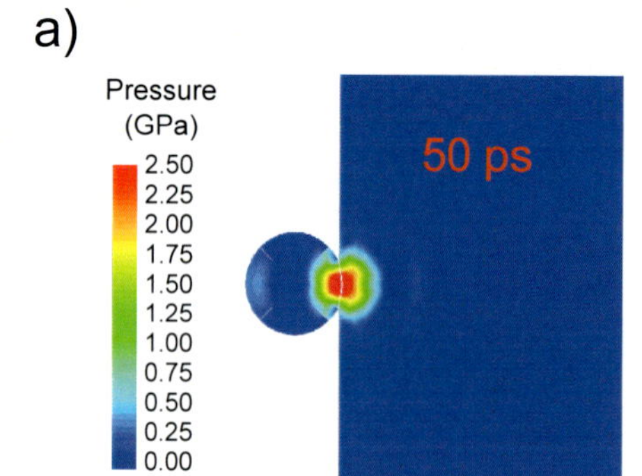

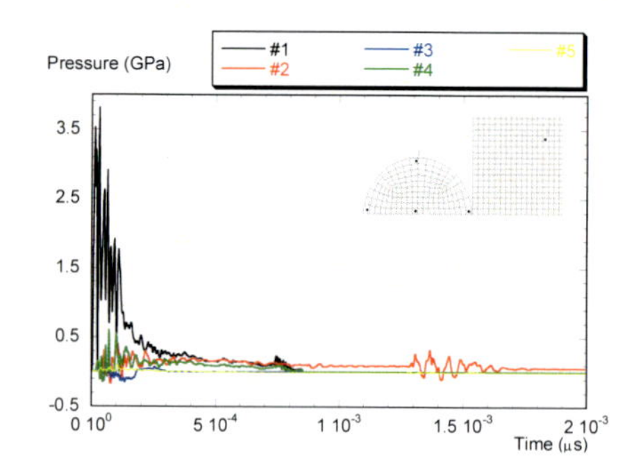

b)

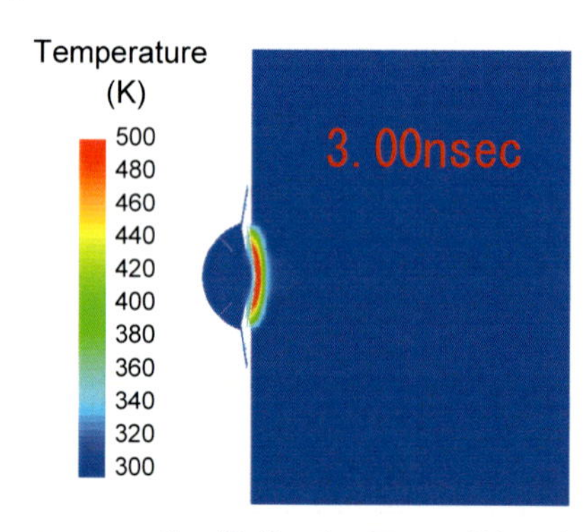

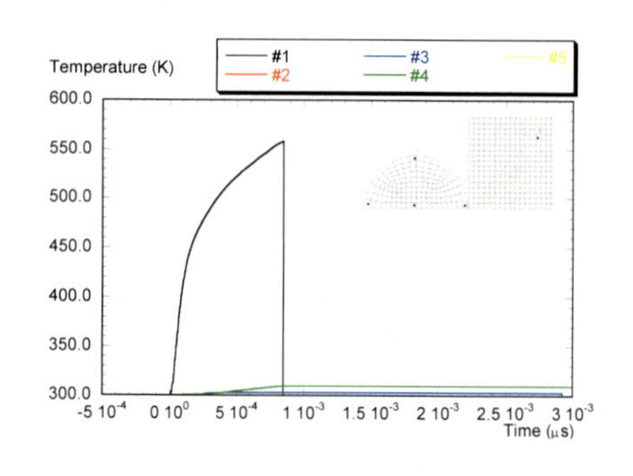

第 1 編 第 1 章　図 24　基板衝突時の最高上昇圧力と最高上昇温度

反射成膜AD法

直接成膜AD法

基板1

反射ジェット流

マスク

ノズル

基板2

150mm以上

(a)アルミナ焼結基板(1)上への粒子衝突

臨界粒子速度(100m／sec)以上

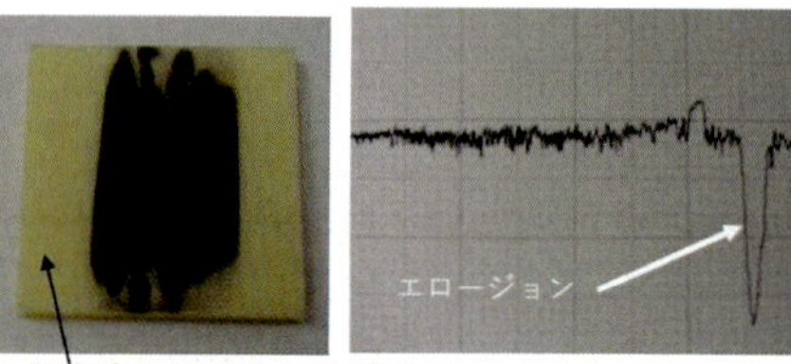

反射板:アルミナ焼結体

(b)Glasss基板(2)上への粒子衝突

臨界粒子速度(100m／sec)以下

(原料粒子:AA-3,-5, 平均粒径約3、5μm)

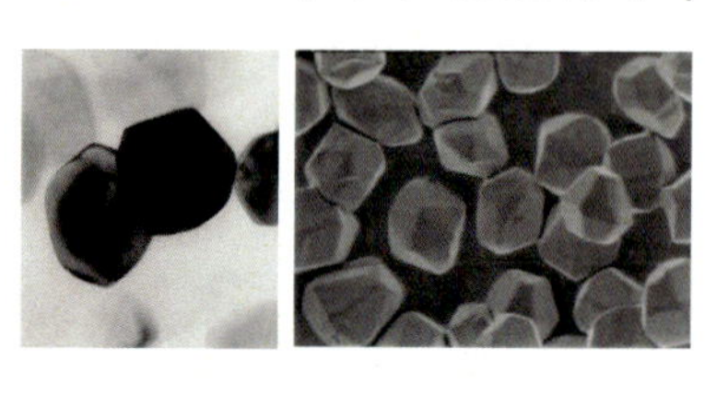

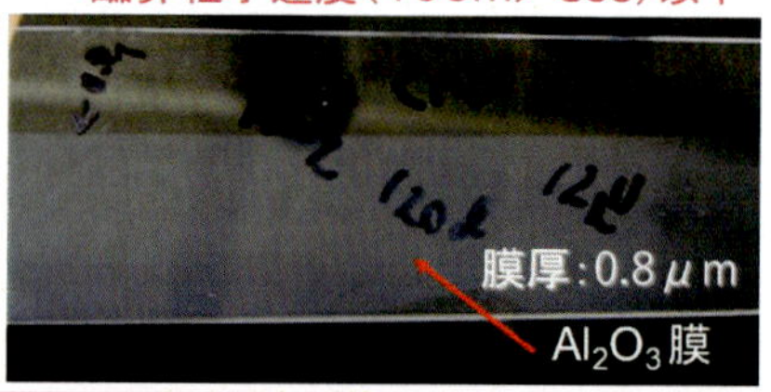

結論:粒子破砕による表面活性化で結合

第 1 編 第 2 章　図 55　反射成膜による粒子間結合メカニズムの解明

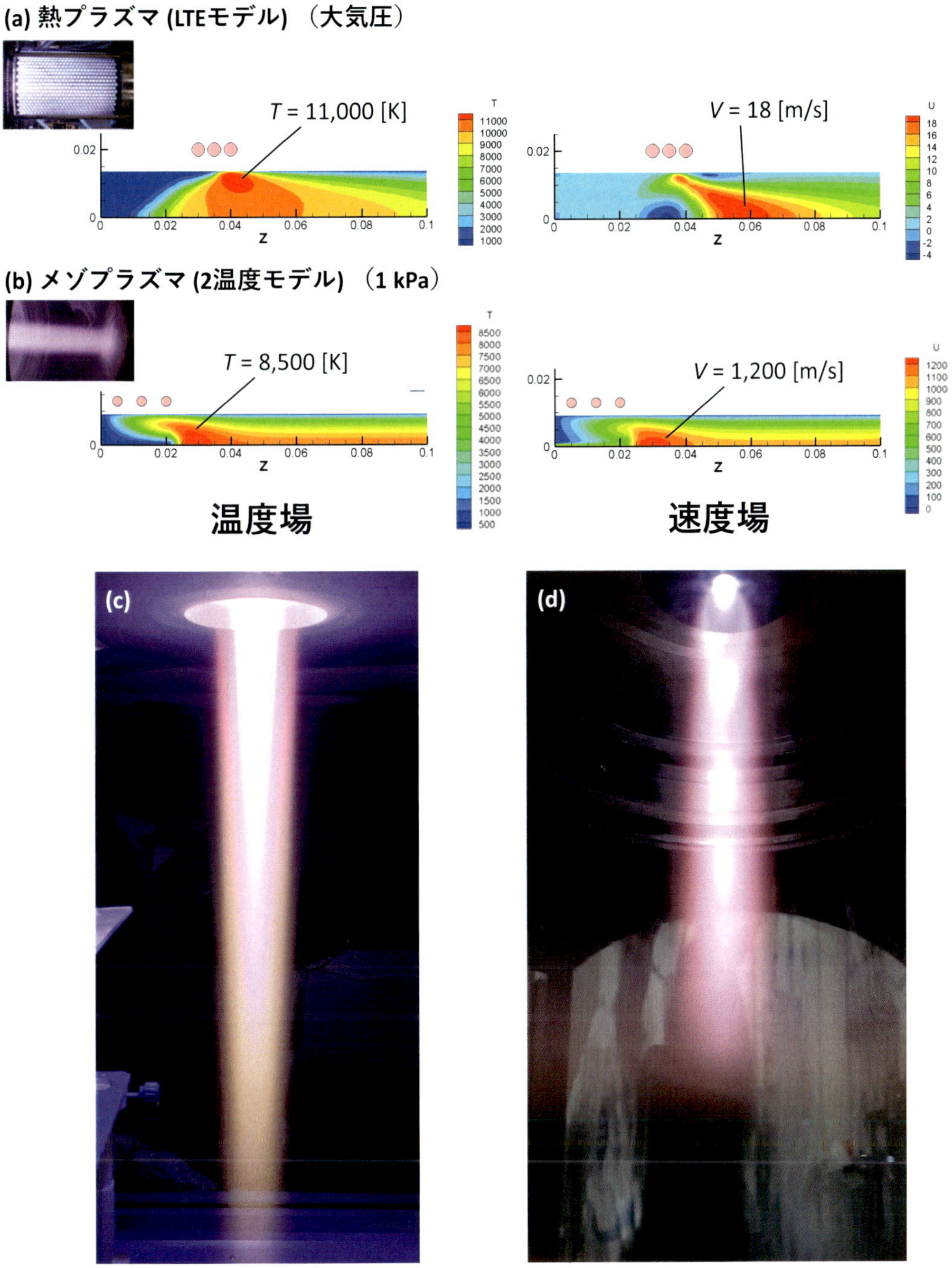

(a) 熱プラズマ (LTEモデル) （大気圧）

T = 11,000 [K]

V = 18 [m/s]

(b) メゾプラズマ (2温度モデル) （1 kPa）

T = 8,500 [K]

V = 1,200 [m/s]

温度場

速度場

(c)

(d)

第 2 編 第 6 章　図 10　局所熱平衡（LTE）を仮定した大気圧熱プラズマ流及び HAD 法における二温度モデルを仮定した時のアルゴンメゾプラズマ流の温度及び速度分布

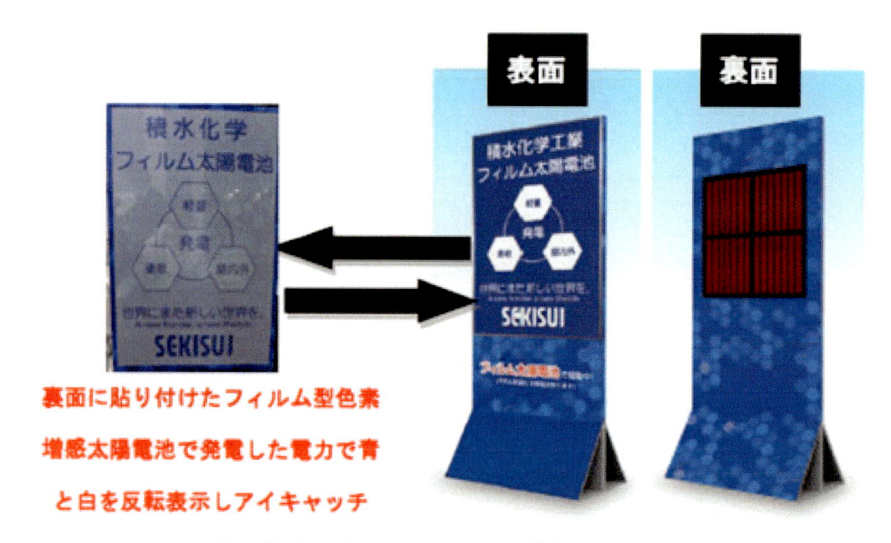

第3編 第12章　図10　DSC を搭載した電子看板

防犯サービス及び見守りサービスとしての利用を考えております。

○防犯モード：窓に設置したセンサーが反応したら、警報発生するとともにモバイルデバイスへ異常を通知

○見守りモード：ドアや家電などに設置したセンサーが、一定期間反応がなければモバイルデバイスへ異常を通知

防犯

第3編 第12章　図11　DSC を搭載したセキュリティーセンサー

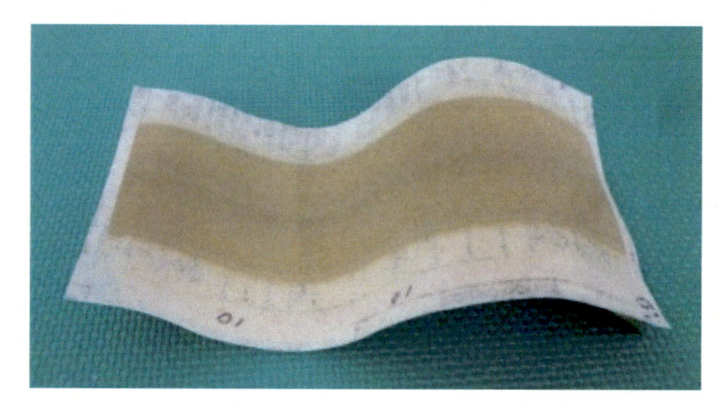

第3編 第14章　図6　アロフェン膜の外観

基材：不織布

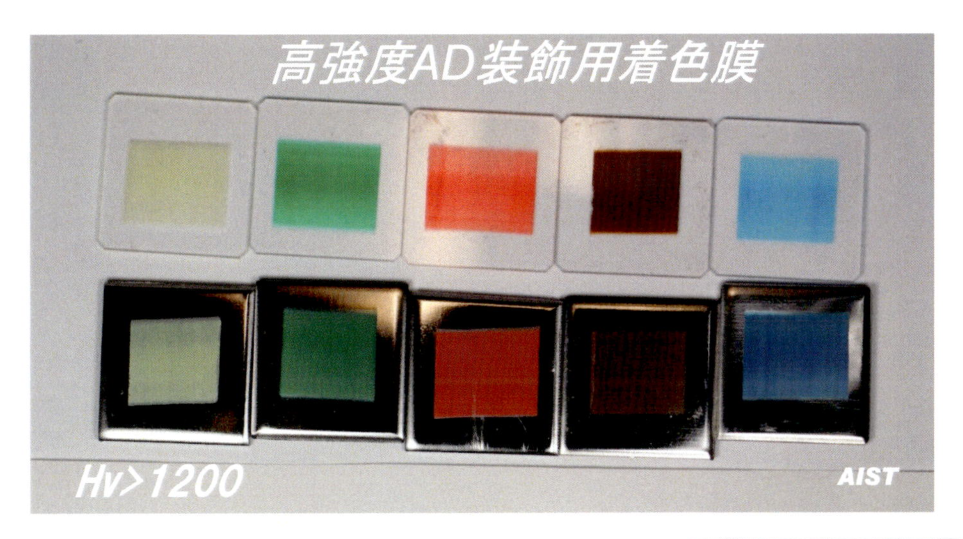

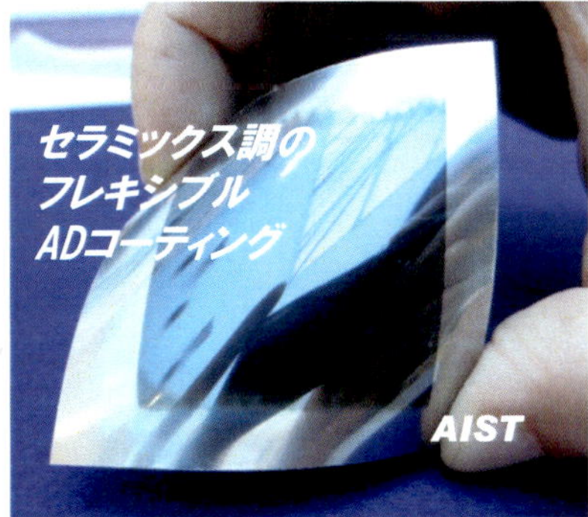

第 3 編 第 22 章　図 27　AD 法による硬質カラーコーティング

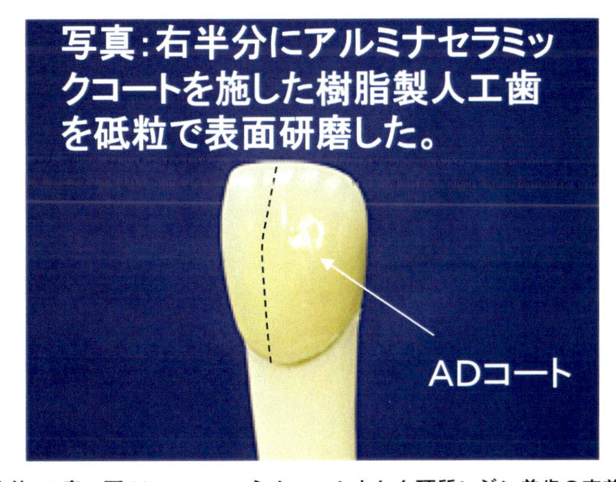

第 3 編 第 22 章　図 33　AD アルミナコートされた硬質レジン義歯の審美性評価

執筆者一覧（執筆順）

明渡　　純　(国研)産業技術総合研究所　先進コーティング技術研究センター　センター長

鈴木宗泰　(国研)産業技術総合研究所　先進コーティング技術研究センター　グリーンデバイス材料研究チーム

土屋哲男　(国研)産業技術総合研究所　先進コーティング技術研究センター　グリーンデバイス材料研究チーム

篠田健太郎　(国研)産業技術総合研究所　先進コーティング技術研究センター　微粒子スプレーコーティング研究チーム　主任研究員

馬場　　創　(国研)産業技術総合研究所　エレクトロニクス・製造領域研究戦略部

森　　正和　龍谷大学　理工学部　機械システム工学科　講師

岩田　　篤　元・産業技術総合研究所

朴　　載赫　IONES㈱(元・産業技術総合研究所)

中野　　禅　(国研)産業技術総合研究所　製造技術研究部門　素形材加工研究グループ　グループ長

横井敦史　豊橋技術科学大学　総合教育院　研究員

Tan Wai Kian　豊橋技術科学大学　総合教育院　助教

武藤浩行　豊橋技術科学大学　総合教育院　教授

清原正勝　TOTO㈱　総合研究所　フェロー／副所長

時田大輔　積水化学工業㈱　R&Dセンター　開発推進センター　PVプロジェクト

藤沼尚洋　積水化学工業㈱　R&Dセンター　R&D戦略室　開発企画グループ

川上祥広　(公財)電磁材料研究所　研究開発事業部　デバイス用高機能材料開発部門　特任研究員

松本泰治　栃木県産業技術センター　材料技術部　無機材料研究室　特別研究員チームリーダー

佐伯和彦	栃木県産業技術センター　材料技術部　無機材料研究室　特別研究員
飯塚一智	栃木県産業技術センター　材料技術部　無機材料研究室　主任
冨樫春久	荒川化学工業㈱　研究開発本部　コーティング事業　NC1グループ　主任研究員
青柳倫太郎	(国研)産業技術総合研究所　先進コーティング技術研究センター　微粒子スプレーコーティング研究チーム
津田弘樹	(国研)産業技術総合研究所　先進コーティング技術研究センター　微粒子スプレーコーティング研究チーム
秋本順二	(国研)産業技術総合研究所　先進コーティング技術研究センター　エネルギー応用材料研究チーム　研究チーム長
片岡邦光	(国研)産業技術総合研究所　先進コーティング技術研究センター　エネルギー応用材料研究チーム
永田　裕	(国研)産業技術総合研究所　先進コーティング技術研究センター　エネルギー応用材料研究チーム
入山恭寿	名古屋大学　工学研究科　教授
本山宗主	名古屋大学　工学研究科　講師
山本貴之	名古屋大学　工学研究科　助教
金村聖志	首都大学東京　大学院都市環境科学研究科　環境応用化学域　教授
中村雄一	豊橋技術科学大学　大学院　電気・電子情報工学専攻　准教授
田中　誠	(一財)ファインセラミックスセンター　材料技術研究所　上級研究員
長谷川　誠	横浜国立大学　大学院工学研究院　システムの創生部門　准教授
北岡　諭	(一財)ファインセラミックスセンター　材料技術研究所　主幹研究員

目　　次

【第1編　エアロゾルデポジション法の基礎とメカニズム】

第1章　AD法の基本原理と特徴　明渡　純

第2章　常温衝撃固化現象　明渡　純

【第2編　エアロゾルデポジション法の高度化技術】

第3章　AD法における配向制御の可能性　鈴木宗泰，土屋哲男，明渡　純

第4章　ファインセラミックコーティング技術　篠田健太郎，明渡　純

第5章　レーザー援用AD法　馬場　創，篠田健太郎，明渡　純

第6章　ハイブリッドエアロゾルデポジション法

篠田健太郎，森　正和，明渡　純

第7章　大面積製膜技術及び3Dコーティングへの展開

明渡　純，岩田　篤，篠田健太郎

第8章　微細パターニング技術　朴　載赫, 明渡　純

第9章　オンデマンド・省エネプロセスへの展開　明渡　純, 中野　禅

第10章　ナノ粒子分散複合 AD 膜の作製
横井敦史, Tan Wai Kian, 武藤浩行

【第3編　エアロゾルデポジション法の応用技術】

第11章　エアロゾルデポジション法製膜体の半導体製造装置用部材への展開　清原正勝

第12章　色素増感太陽電池への応用　時田大輔, 藤沼尚洋

第 13 章　AD 法により成膜した圧電厚膜の特性と振動発電デバイス応用

川上祥広

第 14 章　ゼオライト膜・アロフェン膜

松本泰治，佐伯和彦，飯塚一智，明渡　純

第 15 章　プラスチック材料へのエアロゾルデポジションの応用

冨樫春久

第16章　絶縁層，放熱基板　明渡　純，青柳倫太郎，津田弘樹

第17章　リチウム二次電池への応用　秋本順二，片岡邦光，永田　裕，明渡　純

第18章　酸化物全固体リチウム二次電池の開発　入山恭寿，本山宗主，山本貴之

第19章　エアロゾルデポジション法を用いた全固体電池の作製　金村聖志

第 20 章　熱電素子　中村雄一

第 21 章　タービン部材―輻射熱反射機能を有する耐環境性コーティング―　田中　誠，長谷川　誠，北岡　諭

第 22 章　知財動向と分析，実用化への取り組み　明渡　純

第1編
エアロゾルデポジション法の基礎とメカニズム

第1章　AD法の基本原理と特徴

明渡　純*

1　研究開発の背景

環境問題への意識の高まりとともに，自動車，航空機器，橋梁や高温ガスタービンなどの部材開発で，軽量化や耐久性の向上がますます重要性をもち，高速コーティングとしてよく知られる溶射技術では，より高機能なあるいは多機能な被膜を得るため，緻密な膜構造や精緻な組成制御，界面制御が，また，機械技術分野で適用されているようなCVD法などでも，飛躍的な成膜速度の向上が強く求められている。さらに，プリンテッド・エレクトロニクスの研究開発に見られるように，フラットパネルディスプレー（FPD）や太陽電池パネルなど，大面積を要する電子デバイスや厚膜化を要求されるエネルギーデバイスなど，大型構造物に適し，環境負荷が少なく低コストな高速コーティング技術が重要になってきている。

PVD，CVDなどの従来薄膜技術は，本来，電子デバイスなど高機能な特性を出すには十分に実績があるが，一方で，高真空を必要とするため，デバイスサイズが大面積，大型化するとその性能を実現するのに相当な設備コストがかかり環境負荷も大きく実用化が困難になる場合がある。他方，溶射技術のような機械分野で用いられてきたコーティング技術は，真空を必要とせず粒子単位で材料を基板上供給するため，原子・分子レベルからの結晶成長である従来薄膜技術と比較し桁外れに高い成膜レートをもち，安価に大面積，大型構造物へのコーティングが可能であるが，膜内に気孔を内在しやすく電気機械特性等の機能を精密に制御することが不得意である。

これに対し，最近，低温・高速のセラミックスコーティングを実現するユニークかつ興味深いプロセスが検討されている。この手法は，**エアロゾルデポジション法**（以下**AD法**と略す。）と呼ばれ，乾燥した微粉体を原料ソースとし，サンドブラストのように固体状態のまま基材に衝突させ膜を形成する。

このプロセスの大きなブレークスルーは，基板加熱を行わず熱的アシストの全く無い条件で，常温・固体状態のセラミックス微粒子がポア無く高密度，高強度に基板上に衝突付着する現象，「**常温衝撃固化現象（Room-Temperature Impact Consolidation：RTIC）**」[1,2]が見いだされたことにある。「セラミックスは原料粒子を高温で焼結して作る。」という常識を覆すもので，その応用に期待が集まっている。

＊　Jun Akedo　（国研）産業技術総合研究所　先進コーティング技術研究センター
センター長

AD法は，従来から知られる溶射技術のように，基板に吹き付ける微粒子，超微粒子材料を溶融，あるいは半溶融状態にするのではなく，固体状態のまま常温で基板に衝突させ緻密な膜を形成するところに大きな特徴があり，高温の熱処理を伴わないため，ナノ組織の結晶構造，複合構造をもつセラミックス膜を形成できるなどの利点がある。原理的にも応用面からも従来コーティング技術とは一線を画し，従来課題を克服する大きな可能性を秘めている。

2 AD法の原理と常温衝撃固化現象

2. 1 装置構成

エアロゾルデポジション法（以下AD法と略す。）は，微粒子，超微粒子粉末材料をガスと混合してエアロゾル化し，ノズルを通して基板に噴射して被膜を形成する技術である。図1，表1

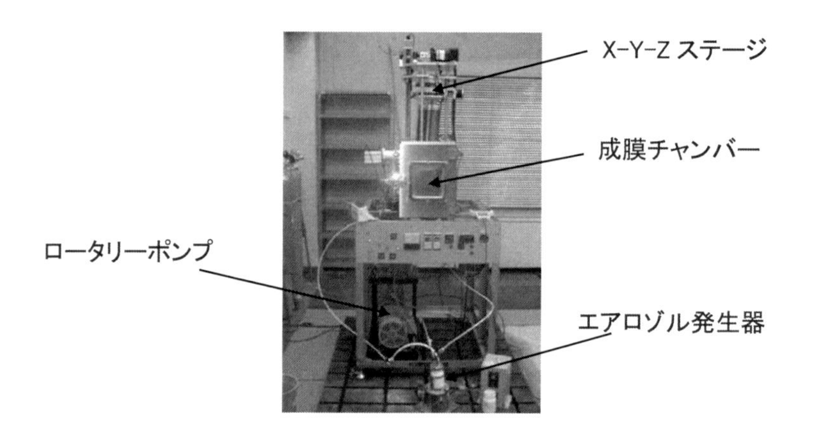

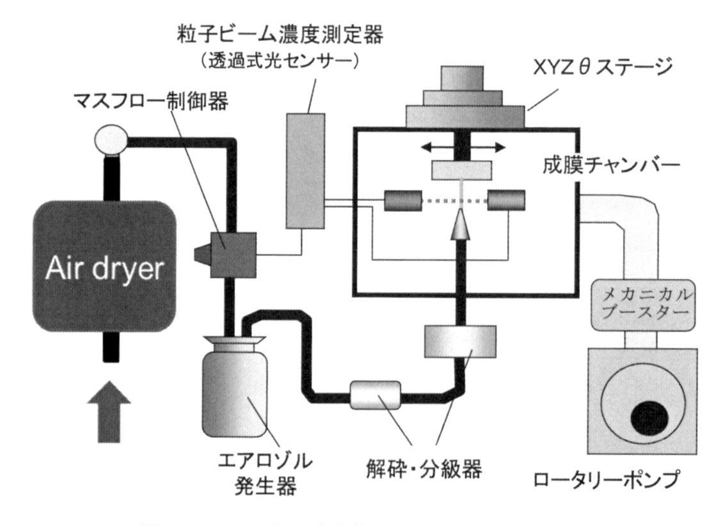

図1　エアロゾルデポジション装置の概観と基本

表1　典型的な成膜条件

Deposition conditions	
Pressure in deposition chamber	50～1 × 10^3 Pa
Pressure in aerosol chamber	1～8 × 10^4 Pa
Size of nozzle orifice	5 × 0.3 mm^2
	10 × 0.4 mm^2
Accelerated gas	He, Air, N_2
Substrate temperature during deposition	300 K
Scanning speed of the nozzle motion	0.125～1.25 mm/s
Distance between nozzle and substrate	1 mm～20mm
Particles diameter of source materials	0.05～2 μm

に成膜装置の概観と基本構成，さらに典型的な成膜条件を示す。ガス搬送により加速された原料粒子の運動エネルギーが，基板に衝突することにより開放され，基板-粒子間，粒子同士の結合を実現する。原料である粒径0.08～5 μm程度のセラミックスや金属微粒子は，エアロゾル化チャンバー内でガスと攪拌・混合して，固相-気相混合のエアロゾル状態にし，50～1 kPa前後に減圧され成膜チャンバー内に，両チャンバーの圧力差により生じるガスの流れにより搬送，スリット状のノズルを通して加速，相対運動する基板上に噴射される[1～6]。原料微粒子には，通常，機械的に粉砕した粒径0.08～5 μm程度のセラミックス焼結粉末を用い，ガス搬送された超微粒子は，1 mm以下の微小開口のノズルを通すことで数百m/secまで容易に加速される。成膜速度や成膜体の密度は，使用するセラミックス微粒子の粒径や凝集状態，乾燥状態などに大きく依存するため，エアロゾル化室と成膜チャンバーの間に凝集粒子の解砕器や分級装置を導入し，高品位な粒子流を実現している。また，原料粉末の供給に，減圧プラズマ溶射（LPPS）に用いるような減圧対応のパウダーフィーダーを用いることで，粉末の安定供給が可能になる。但し，この時原料粉末は流動性のいい造粒粉末（二次粒子）を用いるので，このままではノズル内の加速が不十分になるため，先の凝集粒子を取り除くのと同様に図1にある解砕器を用いて，一次粒子に解砕後，ノズルに供給，加速し成膜を行う。

2.2　常温衝撃固化現象によるセラミックスコーティング

このAD法で，セラミックス原料粉末や金属粉末を基板加熱やプラズマなどによる粒子加熱を行うことなく，固体状態のまま直接基板に衝突させることで高密度な微結晶構造の膜が常温で高速形成できる「**常温衝撃固化現象**」が見出された[1～4]。膜密度は理論密度の95％以上にも達し，バルク体と比較し遜色のない高い硬度を示す。セラミックス材料の場合でも，図2-Aに示すように，材料によっては，高透明な膜[2,3]や100 μm以上の厚い緻密膜[4,6]を得ることが可能である。従来，この様な手法を用いたセラミックス材料の成膜では，粒子衝突による圧力効果により，通常のスクリーン印刷法などの粉体成形技術より緻密な膜状の成形物が得られることが期待されるものの，高温に加熱した基板に吹き付けるか，さらには高温で焼結処理をしないと，実用

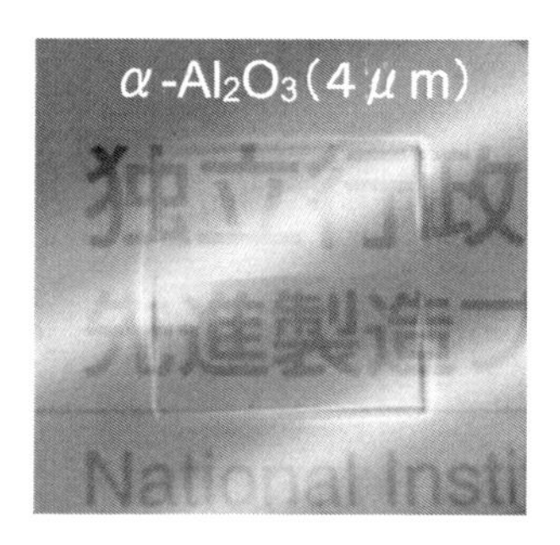

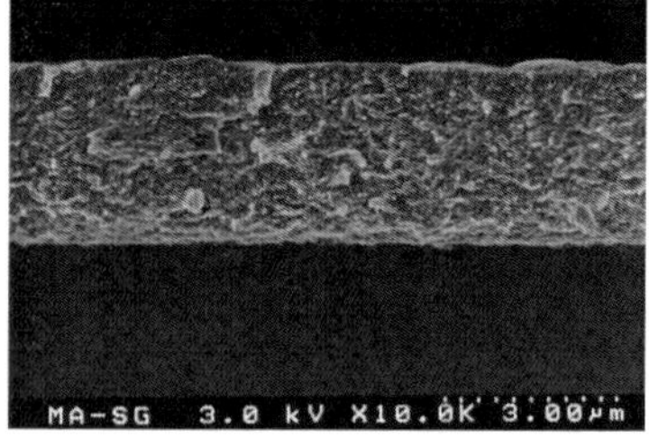

（A）セラミックス微粒子の常温成膜

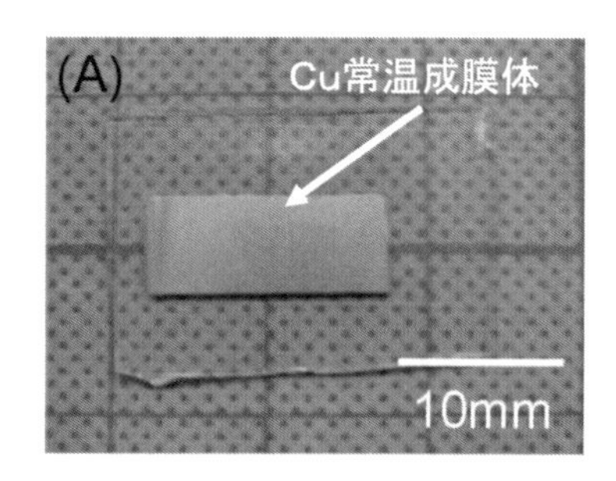

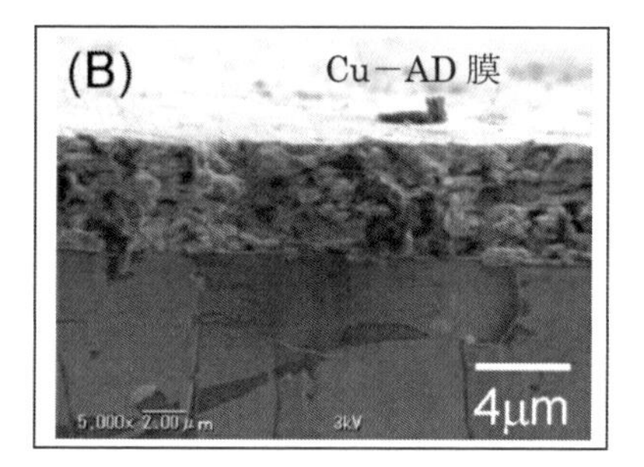

（B）金属微粒子の常温成膜

図 2　AD 法によるセラミックス材料（A），金属微粒子（B）の常温衝撃固化現象（口絵参照）

的な強度や密着性，電気特性は得られないと考えられていたようである[5~8]。

常温衝撃固化の起こる条件は，後述するように，搬送ガスの流速や基板入射角度，ノズル形状などの成膜装置側の要因だけでなく，原料粒子の粒径，凝集状態，原料粒子・基板材料の機械特性などの要因によっても大きく左右され，成膜速度や膜密度も大きな影響を受ける[2, 3, 5, 6, 10, 17]。特に，後述するように原料粒子径に対しては，有効なプロセスウィンドウがあり，粒子径が大きすぎると基板はエッチングされ，粒子径が小さすぎると圧粉体となり，この常温衝撃固化現象は生じない。このため，エアロゾル化室と成膜チャンバーの間に凝集粒子の解砕器や分級装置を導入し，効率的な成膜につながる，高品位なエアロゾル粒子流を得る。

原料粒子-基板材料種の組合せにもよるが，成膜速度は通常，1 cm 幅のスリット状ノズルを用いて，1 cm 角のエリアを走査成膜した場合，数 μm/min～数十 μm/min 程度，10 cm 幅のス

(A)

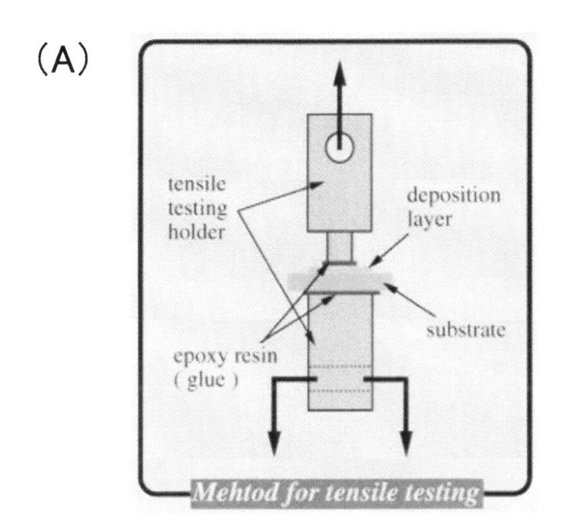

(B)

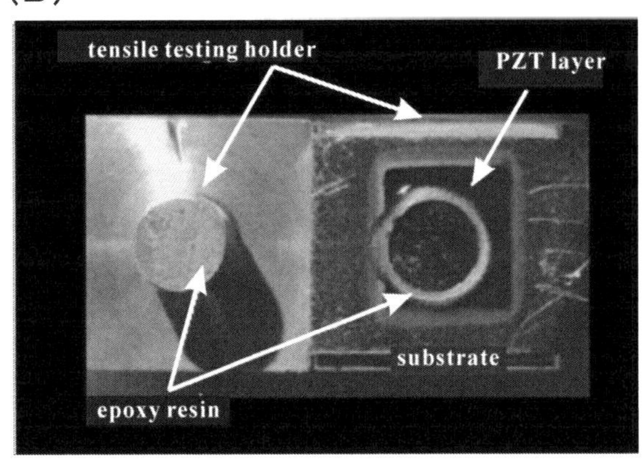

図 3　AD 法でステンレス基板上に常温形成された PZT 膜（50 μm）の引っ張り強度試験，（A）試験方法の原理図，（B）引っ張り試験結果

リット状ノズルを用いて，10 cm 角の成膜エリアを成膜した場合で，数百 nm/min〜数 μm/min になり，基板上への原料供給が薄膜技術のような原子・分子状態でなく，粉体状態のため，従来薄膜法などの数十倍と非常に高速である。また，図 7 の断面 TEM 写真に示すように基板への微粒子衝突が，膜-基板界面に約 150〜200 nm のアンカー層を形成するため，基板への付着力も，一般に 50 MPa 以上と非常に強固である。図 3 は，基板上に成膜された AD 膜を接着剤により引っ張り試験機用のジグに取り付け，引っ張り試験を行った結果である。膜-基板の界面からの剥離は見られず，ジグは，膜と接着材の境界面からきれいに剥離しており，膜-基板間の密着強度が非常に高いことが伺える。

薄膜技術，溶射技術では高い密着力を得るために成膜前の表面清浄化や基材表面を荒らす前処理などが必要であるが，この手法の場合，特段の前処理は不要である。元来ブラスト加工と同じ効果があるため，表面に付着した油脂分などは成膜初期の粒子衝突により除去され，その後，自動的に成膜過程に移る。Si，SUS304，Pt/Ti/SiO_2/Si，ガラスなどの基板上への付着力も20 MPa以上と非常に強固であるが，一般に高い密着力を得るには，基板材料の硬度や弾性率などの機械特性に注意する必要がある。

さらに，常温衝撃固化現象は，上述したようなセラミックス材料だけに見られる現象ではなく，金属粉末材料についても観察され，金属，セラミックス，ガラス，プラスティック基板など様々な材料に常温で金属膜を形成（メタラリゼイション）できる。図2-Bは，AD装置を用いて，ガラス，プラスティック基板上にCu厚膜を形成した事例である。金属材料の成膜速度は，セラミックス材料に比べ，さらに約10倍以上と非常に速い。原料粒子径については，セラミックス材料の場合と異なり，1 μm前後の粒子径のみならず10 μm程度の粒子径まで成膜可能である。

2. 3　常温衝撃固化された成膜体の微細組織

図4-A，Bは，常温形成されたAD膜（PZT）の表面のSEM像で，同倍率の原料粉末のSEM像（図4-B）と比較して示した。図4-Aからも膜表面には，ディンプル状の凹凸が見られ，これを拡大した図4-Cから，原料粉末は溶けたように潰れ，緻密な状態になっていることがわかる。また，図5-Aに，XRD（X線解析）によるピークプロファイルをα-アルミナの原料粒子，AD膜，バルク焼結体について比較した分析の結果を[1~5]を，図5-BにPZTの原料粒子，

図4　AD法で常温形成されたPZT膜の表面SEM像
A)，B）AD膜，C）原料粉末

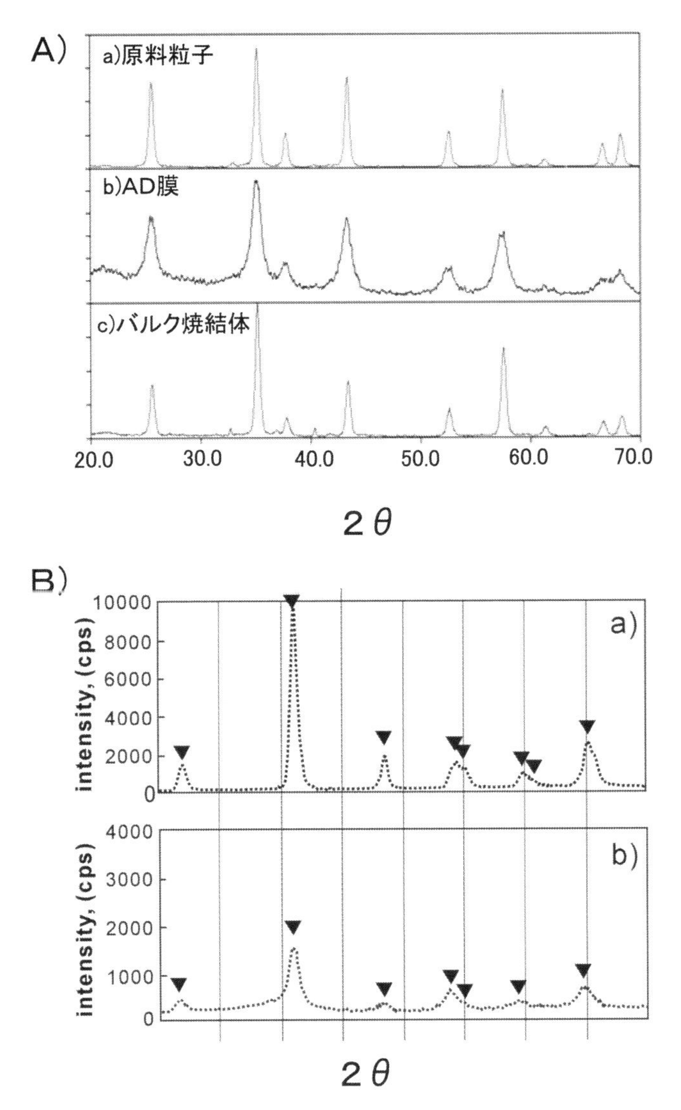

図5　AD法で常温形成されたα-Al_2O_3膜，PZT膜のXRDパターンの比較
A) α-アルミナの，a) 原料粉末，b) AD膜，c) バルク焼結体；B) PZTの，a) 原料粉末，b) AD膜

AD膜について比較した分析の結果を，さらに，図6にはEDXによる膜の組成分析結果を示す。原料粒子と比較すると回折ピークは大幅にブロードになるが，アルミナのような単純セラミックスだけでなく，異相を作りやすい複雑塑性のPZTまで，形成された膜は組成変動も少なく原料微粉の結晶構造をほぼ維持していることがわかる。回折ピークのブロード化は結晶性の低下を意味するが，この原因としては，結晶粒子サイズの微細化や膜内へ歪みや欠陥導入によるものと考えられる。実際，Hall法によって計算される平均結晶子サイズは，原料粉体で80～100 nm，成膜体で約20 nm以下である。これをさらに詳しく見るため，TEM（透過型電子顕

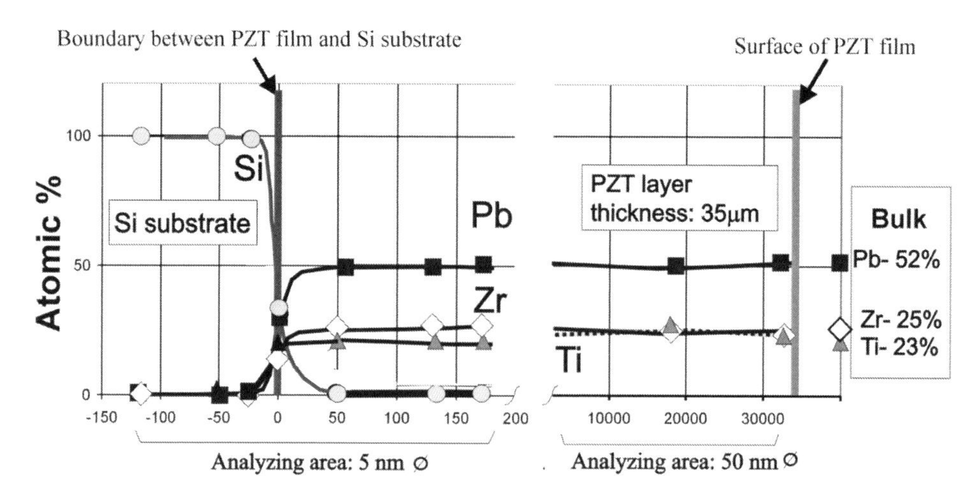

図 6　AD 法で Si 基板上に常温形成された PZT 膜の組成分布

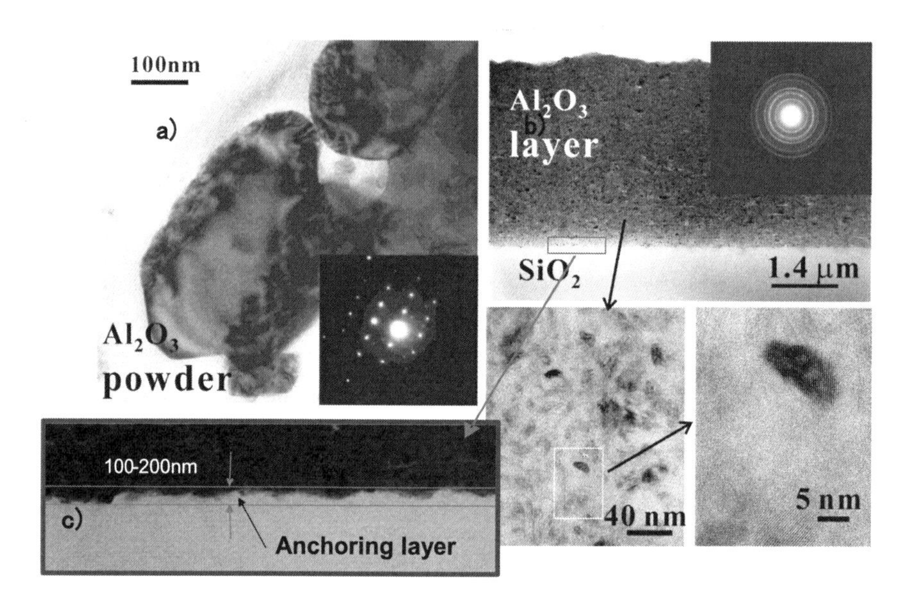

図 7　AD 法で常温形成された α-Al_2O_3 膜の微細構造
a）原料粉末の TEM 像，b）AD 膜の断面 TEM 像，c）基板界面近傍

微鏡）による観察を行った。図 7 の AD 膜の TEM 写真，電子線回折像にもあるように，AD 法による常温衝撃固化で形成したセラミックス膜の微細構造は，結晶粒子間にアモルファス層や異相は殆ど見られず，室温で，原料粒子の平均結晶粒子サイズ（80～100 nm 以上）よりかなり小さな，10～20 nm 以下の無配向な微結晶からなる緻密な成膜体になっている。また，図 25（3.7「緻密化メカニズム」参照）の HR-TEM 像の観察結果に示すように，10 nm 以下の微結晶内に

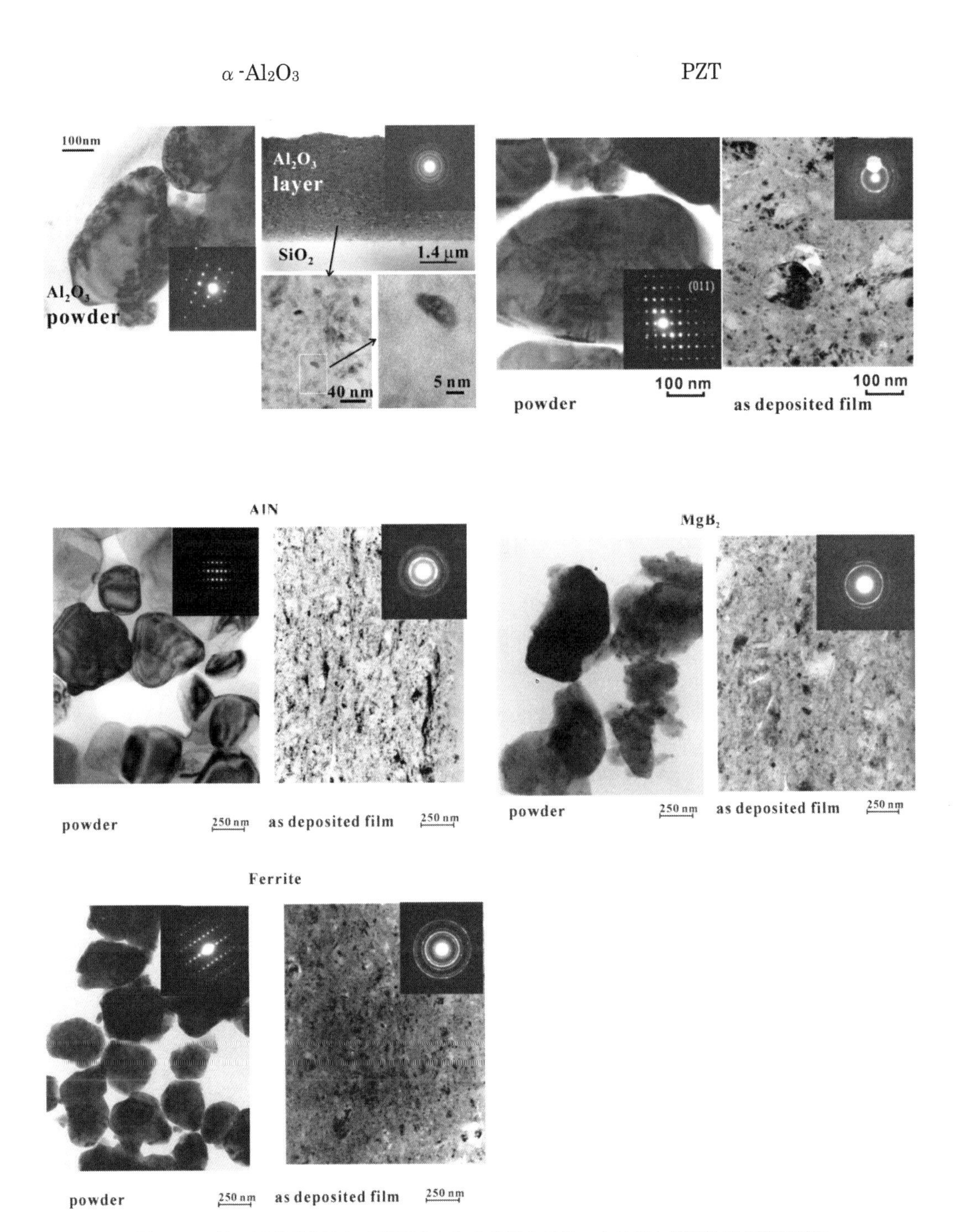

図8　AD法で石英基板上に室温形成された各種セラミックス膜と原料粒子の微細構造

も明瞭な格子像が確認され，膜内部には歪みなどを含むものの，膜組織は基板界面から膜表面に至るまで均一な構造である。

マクロ的には室温，バインダーレスでセラミックス，金属粉末材料を高密度に固化できている。ガス搬送により加速された原料粒子は，基板に衝突することによりその運動エネルギーが局所的に何らかの機構により解放され，基板-粒子間，粒子同士の結合が実現されると考えられる。

また，このような常温衝撃固化現象による結晶組織の微細化は，図8に示すよう，アルミナ，PZT，フェライトなどの酸化物材料だけでなく，AlN，MgB_2，CaF_2 などの窒化物，ホウ化物，フッ化物材料でも生じる一般的な現象である。

以下に従来薄膜プロセスと比較したAD法の特徴をまとめる。

① 常温バインダーレスで緻密な成膜／成形が可能。

② 数 μm 以上の膜厚でも，従来成膜技術と比較し高密着強度。

③ 高い成膜レート（5～50 μm/min）
（従来成膜法：0.01～0.05 μm/min）

④ 蒸気圧の大幅に異なる複雑組成系に対し使用粉末と同一組成・結晶構造の成膜体が得られる。

⑤ 広範囲の膜厚が得られる。(0.5 μm～1 mm)

⑥ 直接描画，マスク法，リフトオフ法などにより微細パターンが膜のエッチング加工無しで得られる。

⑦ 低真空（数百 Pa）程度～大気圧）で成膜可能。

AD法で常温衝撃固化された膜は，衝突による基板温度の上昇も一切観察されず，マクロ的には室温でセラミックス材料を固化できている。焼成工程を経ていないので一種のバインダーレス超高密度セラミックグリーンともいえる。

3 AD法成膜条件の特徴と成膜メカニズム

3.1 基板加熱の影響

当初，セラミックス材料の室温成膜では圧粉体になり緻密な膜を形成できるとは考えられていなかった。そのため緻密な成膜体を得るには，200～900℃の基板加熱と成膜後焼結処理を行っていた。しかしながら，この様な基板加熱は，時としてマイナスの効果を生むようである[8)]。図9は，α-Al_2O_3 を 200～700℃の基板加熱温度で成膜した結果である。基板加熱温度の上昇とともに膜は白濁化し，膜密度や膜硬度も低下する。基板加熱のアシストがあり供給エネルギーは高い状態になっているが，結果としては，緻密な膜形成は実現できない。この理由として考えられるのが，図10に示すような基板加熱による熱泳動効果の影響である。セラミックス微粒子を搬送しているエアロゾルガスは，高温に加熱された基板に接触しても，絶えず流れているため基本的に常温である。そのため，基板と搬送ガスの接触面には大きな温度差が生じ，この温度差によ

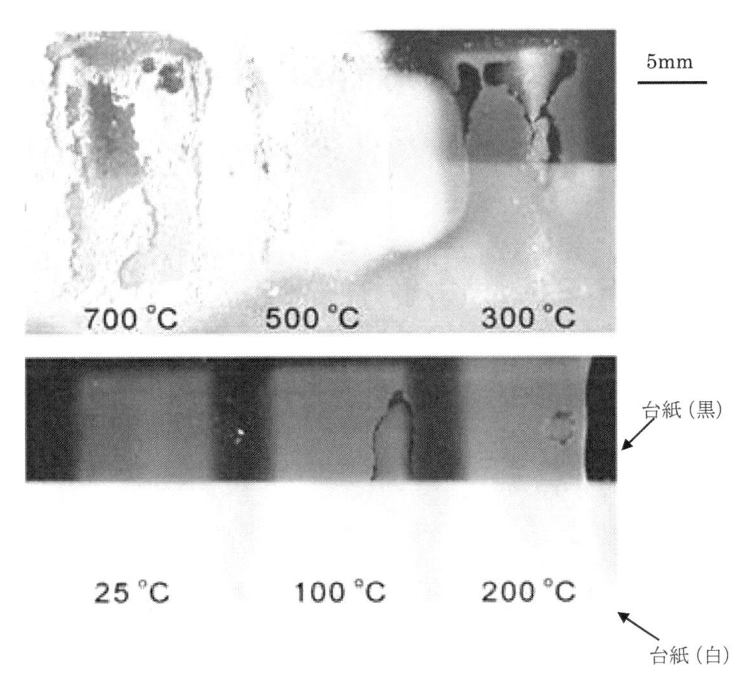

図9　基板加熱温度と成膜特性（α-Al_2O_3）

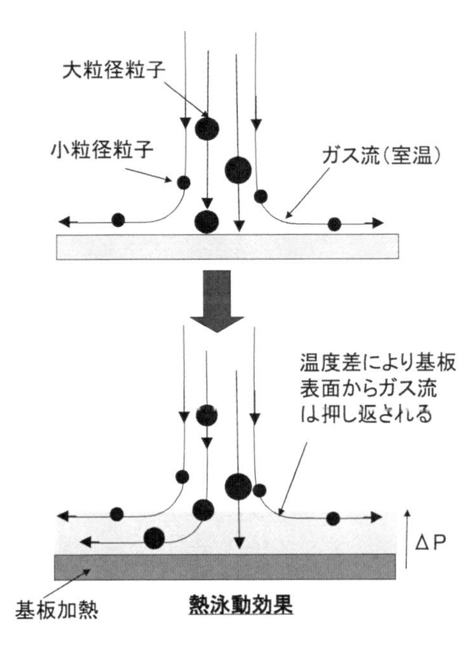

図10　エアロゾル粒子の挙動と基板加熱による変化

り搬送ガス中に存在するセラミックス微粒子は，この温度勾配に垂直な方向に大きな圧力を受ける（熱泳動効果）。結果，基板への微粒子の垂直方向への衝突速度は減速され，衝撃固化に必要な臨界粒子速度以下になり，結果として，先に述べたような緻密化が阻まれる。

3. 2 原料粉末の影響

エアロゾルデポジション法では，高温の熱平衡な処理行程を経ないため通常市販されているセラミックス粉末では原料粒子に内在する欠陥を除去できず優れた特性を期待することはできない。従って，本手法を様々な材料に適用する場合，原料粒子特性に着目した詳細な検討と調整が非常に重要になる。成膜速度や膜密度については，原料粒子の粒径や機械特性が大きく影響することが判ってきている。

特に，原料粒子径に対しては，有効なプロセスウィンドウがある。図 11-A に示すように，化学的手法で合成された平均粒径 50 nm 前後，球形の α-Al_2O_3 超微粒子を用いて成膜したところ，粒子径が微細であるにも関わらず 400 m/sec と上記粒子速度以上に加速しても圧粉体になり成膜体が形成できず，一方で，図 11-B に示すように粒子形状が不定形で粒径がサブミクロンオーダーの α-Al_2O_3 微粒子を用いて成膜を行うと，200 m/sec 程度の粒子速度で緻密かつ透明な成膜体を形成することができる[3,7]。この理由も，先ほどの基板加熱同様，図 10 に示されるように，微細な粒子は，搬送ガス流が基板に衝突する際，基板と平行な方向に向きを変える。このとき質量の小さな微細粒子は，インパクターなどの分級装置と同様に，搬送ガス流の流れに追従するため基板に衝突する速度が大幅に低下，臨界粒子速度以下になるため常温固化現象が起きない

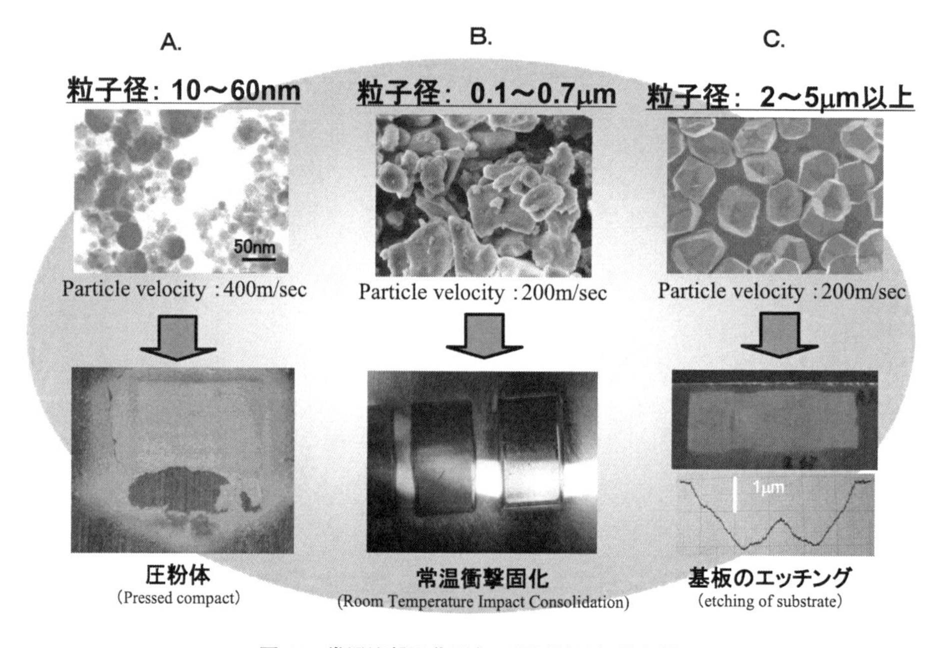

図 11 常温衝撃固化現象の原料粒子径依存性

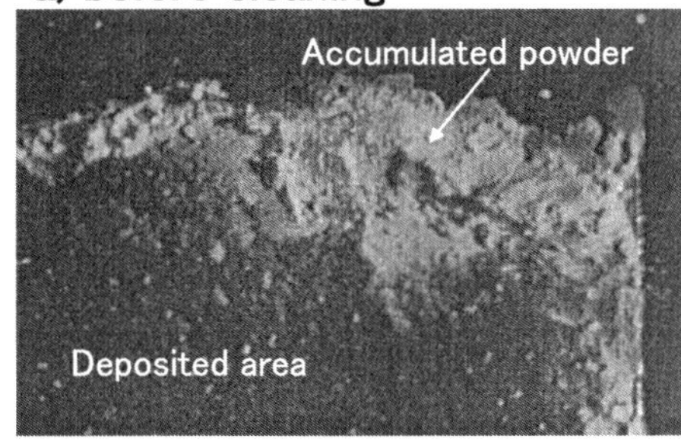

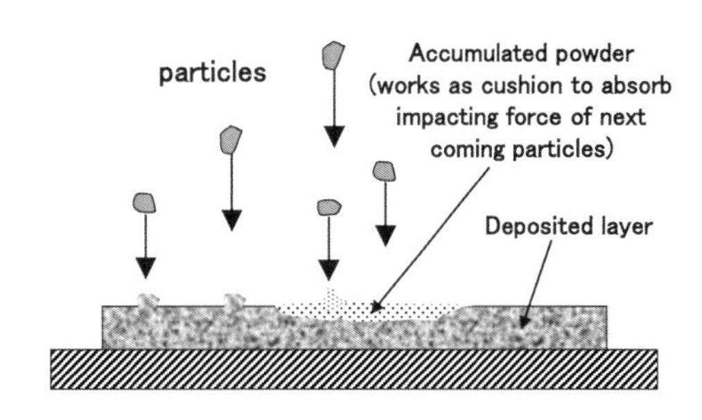

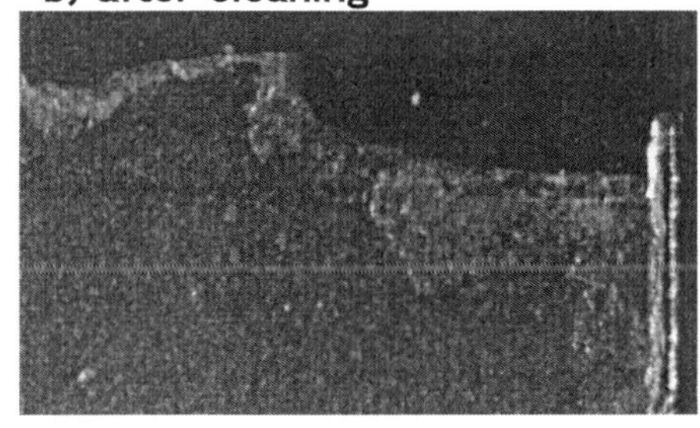

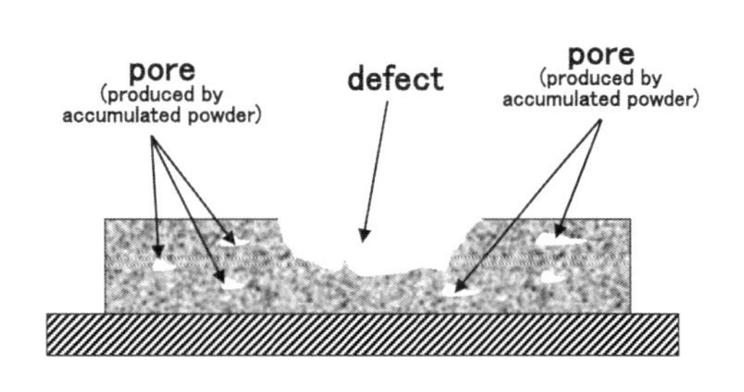

図 12　AD 法で常温形成された PZT 膜の表面 SEM 像
A)，B）AD 膜，C）原料粉末

ものと考えられる。

このため図 12-A に示すように，原料粉末に 100 nm 以下の微細な粒子が含まれていると，形成中の膜表面に圧粉体が強固に形成される場合があり，その後の堆積過程において，この圧粉体領域に飛来する微粒子の衝撃力を緩和し，常温衝撃固化現象を阻害，結果，この領域が成膜現象をマスキングし，クリーニング後に，図 12-B に示すような膜形成されない領域が残ることになる。

また，図 11-C に示すように粒子径が 5 μm 以上の単結晶からなる大きな原料粒子を用いると，成膜現象にはならず，通常のサンドブラストと同様に基板はエッチングされる。これは，「3．7　緻密化メカニズム」で後述するように，原料粒子径の増加に伴う破砕特性の変化に起因するものと考えられ，一種のサイズ効果と考えられる。

さらに粒子速度が増加すると成膜レートが低下する傾向が見られ[9]，実際の現象が必ずしも粒子の運動エネルギーの大きさだけでは単純に説明できないことが判る。また，PZT の場合，原料粒子に乾式ミル処理を行うと，図 13，図 14 に示すように，処理時間とともに成膜速度が 10 倍以上と大幅に増加する[10, 11]が，膜密度はあるところから急激に低下する。結果，成膜速度と膜密度を両立させる最適なミル処理時間がある。ミル処理を行うと原料粒子の粒子径は細かくなるが，同時にメカノケミカルな作用が働き粒子の再凝集や機械物性，表面活性，欠陥構造に大きな

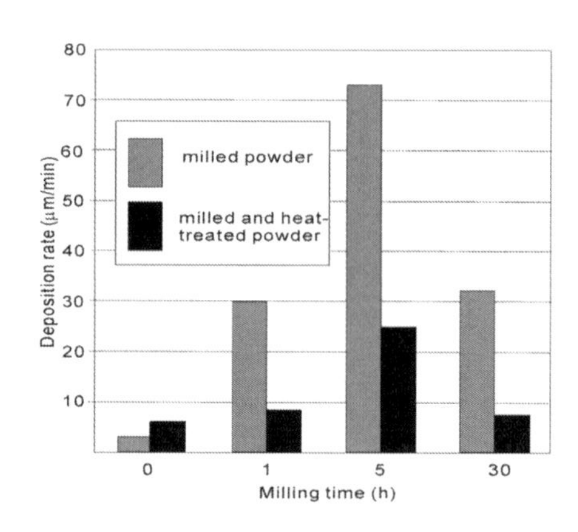

図 13　常温衝撃固化現象の原料粒子径依存性

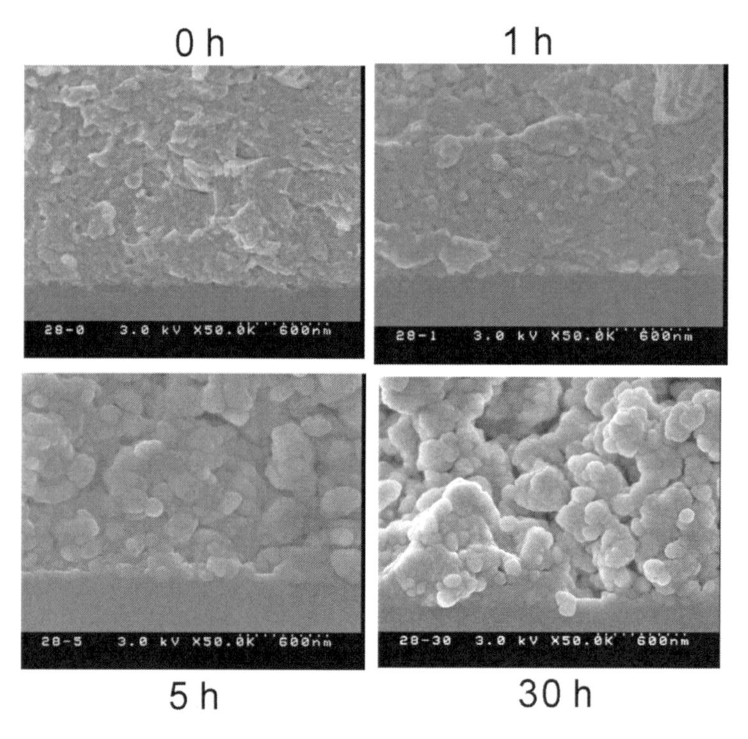

図 14　常温衝撃固化現象の原料粒子径依存性

変化が生じ，後述するように，膜内部に残留する欠陥構造やその量も変化するため成膜性や成膜体の電気機械特性に複雑な影響を及ぼす。

3. 3　搬送ガス種と膜の透明化

AD 法での成膜条件の興味深い点として，搬送ガスにヘリウムガスを用いると成膜中に基板へ

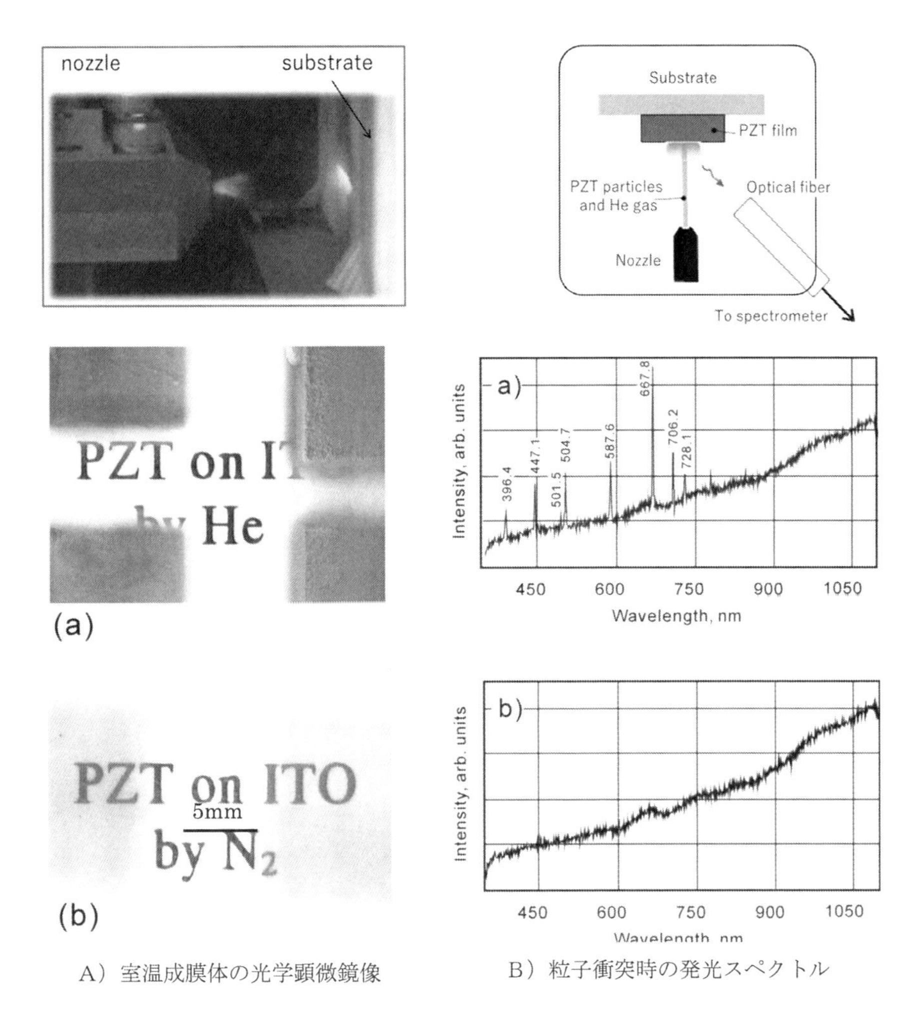

A）室温成膜体の光学顕微鏡像　　B）粒子衝突時の発光スペクトル

図15　搬送ガス種の違いとPZT室温成膜体の透明化（口絵参照）
(a) ヘリウムガス，(b) 窒素ガス

の粒子衝突により誘起されたと考えられるプラズマ発光（図15-B参照）が強く観察される。このとき成膜体は材料の如何に関わらず，金属光沢をした黒色の成膜体となる。粒子衝突で電子やフォトンの放出が起こることは以前より知られている。この発光スペクトルは使用している搬送ガス（ヘリウム）の放電励起による発光スペクトルと一致しており，粒子衝突時の放電により搬送ガスがプラズマ化して発光するものと考えられる。その結果，酸素欠損などの欠陥がある種の形で膜内に取り込まれ，このような黒色化が生じるものと推論される。これに対し放電が生じにくい搬送ガス（例えば窒素ガスや酸素ガスなど），成膜チャンバー内の圧力下で，膜形成を行うと，図15-Aに示す様な透過率60～80%（波長：450～800 nm）の透明なPZTやアルミナの薄膜（厚さ：10 μm）が得られる[3, 9]。粒子衝突時の放電による膜内への欠陥導入が抑えられたことと，形成された膜の結晶構造が，ナノ構造で，通常の焼結されたセラミックス組織に比べ結晶粒や粒界が微細で，可視光波長以下になっているためと考えられる。

3．4　粒子流の基板入射角度の影響と表面平滑化

平面状への成膜の場合，研磨加工が可能なので，容易に平滑面を得ることができるが，鏡面や薄板などの保持の困難な部材上に膜を形成した場合は，研磨処理の後加工は困難になる。そこでAD法において，ノズルの往復走査による積層コーティング時に，各層を形成するごとに堆積された膜最表面の不均一な凹凸や不十分な付着強度の微粒子を，成膜中にインプロセスで研削・研磨し，堆積膜の最表面を常に平滑で強固な固着状態にすることを検討した。AD法の特徴として，図16にあるように基板に吹き付けられた微粒子は，その粒径や速度だけでなく基板に対する入射角度などに応じ，成膜過程から研削過程（堆積からエッチング）に推移する**臨界入射角度**が存在する[14]。これに着目し，図17に示すように，成膜用ノズルとは別に，基板に対し浅い入射角度で原料粒子自体の吹きつける研削・研磨用ノズルを設け，微粒子の噴射速度を調整し，堆積膜最表面を研削・研磨することを検討した。実際には，研磨用の粒子として，成膜用より小さな50 nm前後の粒子を用い，研削効果より研磨効果を向上させた。図18は，その結果である。PZTについて，研磨粒子の照射を行わない通常成膜の場合の表面粗さは，Ra = 71 nm程度であるが，研磨粒子を照射することで，Ra = 9 nmを実現することができた。また，アルミナ成膜においても図19に示すように，通常成膜では，どうしても膜内部に微細なポアが残存し，若

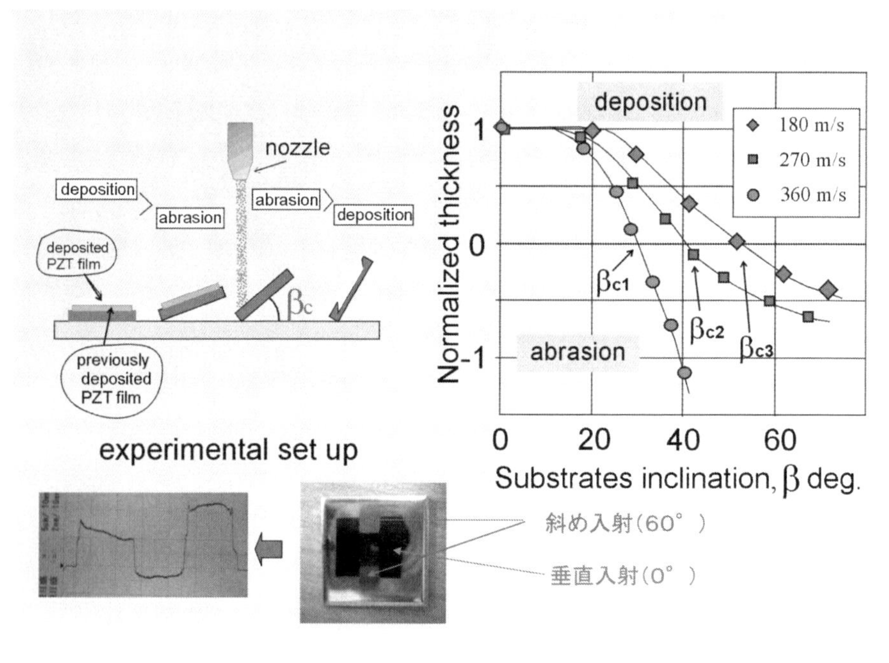

図16　AD法の成膜特性（粒子入射角度依存性）

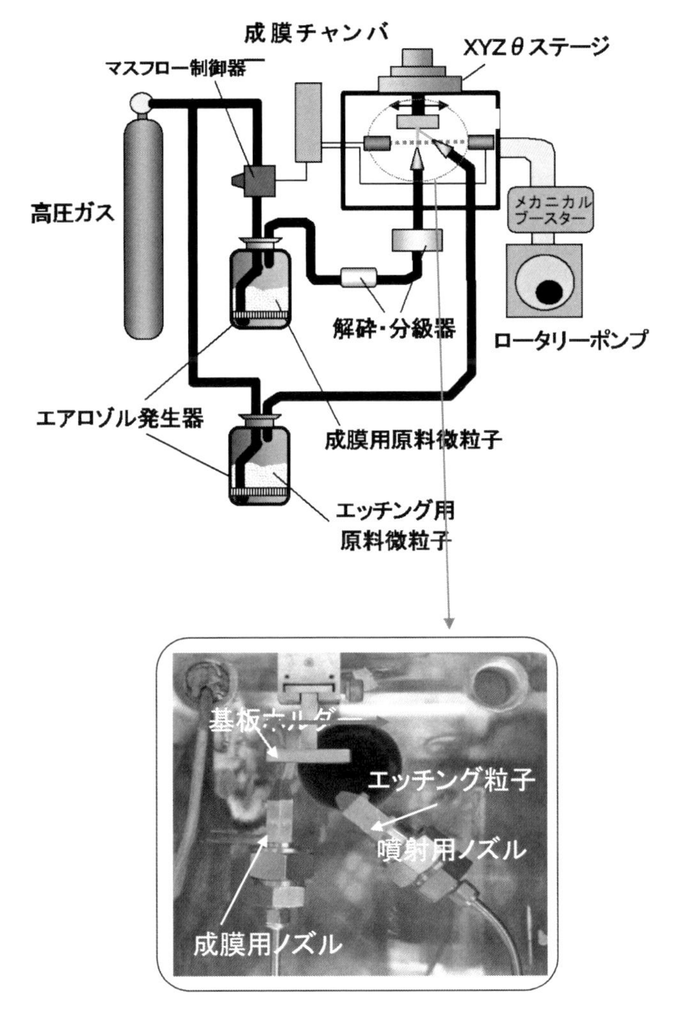

図17　研磨粒子照射ノズルを備えたAD装置

干白濁した散乱膜になるが，研磨微粒子の照射行うと高透明な膜が得られる。このことによって，粒径分布が不均一で凝集性の高い安価な原料粒子を用いても，安定してポアやクラックのない緻密で均一な微細組織と均一な膜厚分布や高い平滑性を大面積にわたり実現できる。

3．5　粒子衝突速度の測定

この様な固体粒子の衝突付着現象を利用した成膜技術を理解するためには，最初に粒子衝突の際の運動エネルギーを測定することが重要である。粒子径が10 μm以上の場合は，高速度カメラやストリークカメラなどで，直接，粒子を撮影し速度評価を行うことは可能だが，粒子径が1 μm以下になると実質測定不可能である。そこで図20に示すような粒子の飛行時間の違いを利用した測定法を開発した[11)]。基板と微小開口幅のスリットが一体構造になり一定速度で粒子流

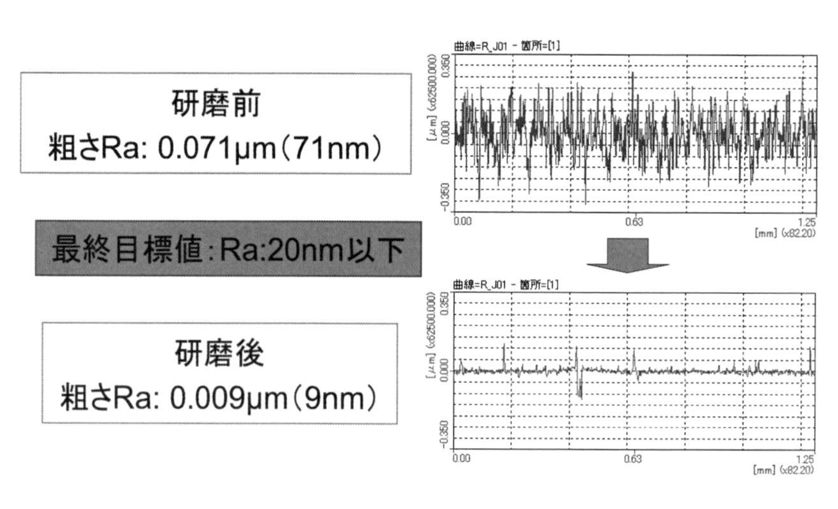

図 18　研磨粒子照射による粗さ低減効果

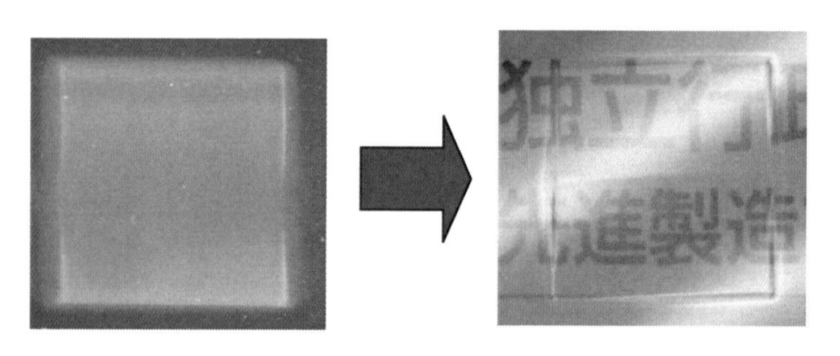

図 19　膜内部のポア（空孔）減少に伴う透明化

と垂直方向に移動する移動体ユニットにより，ノズルから噴射される微粒子の流れは遮られ，パルス状の微粒子流パケットとなり基板に衝突するようになっている。粒子流パケットは，移動体のスリットを通過後も飛行を続け基板に到達するが，このとき基板はスリットと同一，一定速度で移動し続けているため，スリット直下の位置より僅かにずれた位置に衝突，スリット状の成膜パターンを形成する。結果，粒子流を左右二方向から遮り，基板上に成膜すると，2 本の分離したスリット上の成膜パターンが形成される。このスリット状成膜パターンの間隔（$2d$）と基板（移動体）の移動速度（W），基板とスリットの間隔（L）から粒子流パケットの飛行速度（V）は，図 20 の中の式により簡単に計算される。この方法の優れた点は，ノズルから噴射された粒子流の飛行速度を求めるのではなく，実際の成膜パターンを元にするため成膜に寄与した微粒子の衝突速度を求めることになる点である。図 21 は，AD 法で PZT や α-Al_2O_3 が常温衝撃固化で

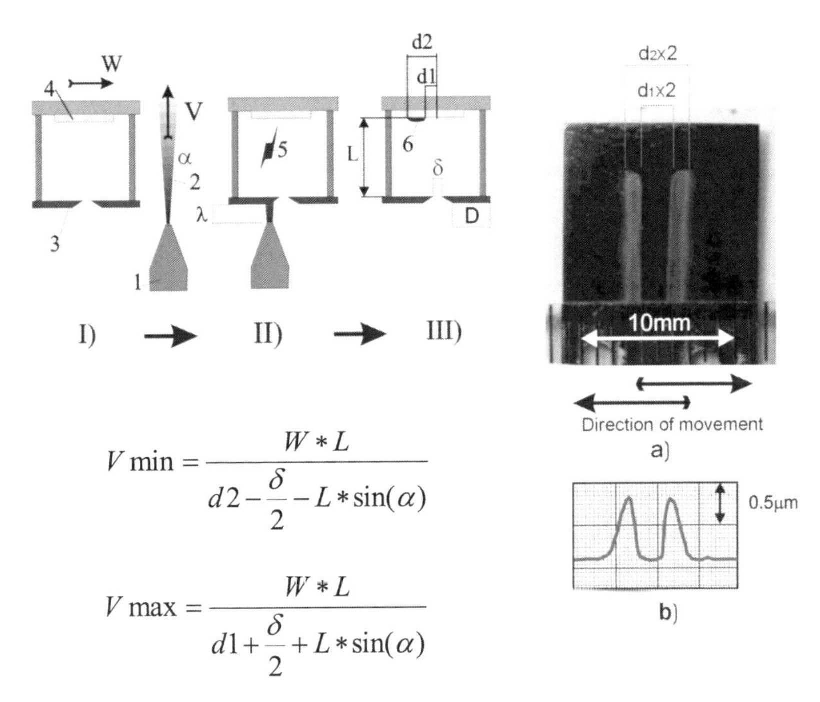

図20　飛行時間差法による粒子衝突速度の測定法

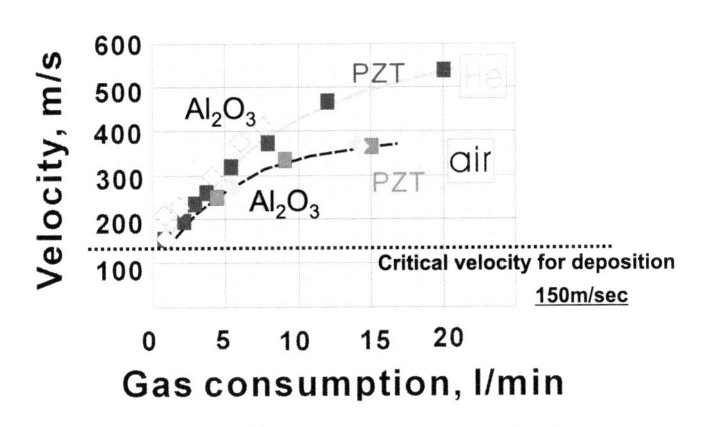

図21　AD法における典型的な粒子衝突速度

きたときの粒子速度を本手法により測定した結果である。ガス流量の増加とともに粒子の衝突速度も増加し，通常，AD法の成膜条件では，150 m/sec～400 m/sec程度の範囲にある。

3．6　粒子飛行，基板衝突のシミュレーション

実際のAD装置を用いた場合の成膜条件（チャンバー内圧力，エアロゾル化室圧力，チャンバー形状，基板形状，ノズル形状と配置，微粒子密度，微粒子濃度，微粒子粒径分布，搬送ガス

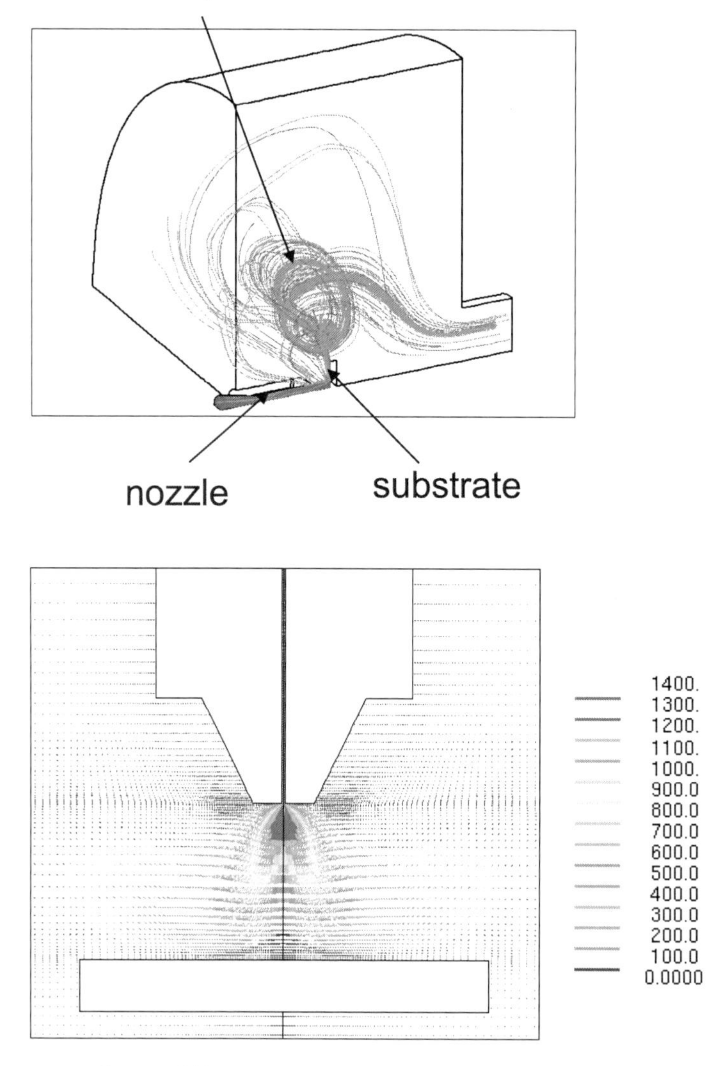

図 22　ノズルから噴射される基板近傍のガス流速シミュレーション（口絵参照）

種など）をパラメーターとして，市販の3次元汎用熱流体解析プログラムの2相流解析機能を用いて，搬送ガスによりノズルから噴射される固体原料粒子（PZT）の飛行状態や基板衝突状態のFEMシミュレーションを行った。原料微粒子の粒径分布も，現実のものを想定し，平均粒径0.3 μm，分散50%のガウス分布としてある。図22は，上記シミュレーションにより，観察したノズルから噴射されるHeガス流速の様子である。Heガスは，ノズルから噴射した直後に最大速度となり音速を超える。その後，基板に近づくと急速に流速は下がり，ノズル開口中心部の基板近傍では，速度はほぼゼロとなる。また，ノズル開口中心部からはずれるとガスの流れは急激に方向が変わる。実験的に得られている成膜可能な（常温衝撃固化を生じる）原料粒子の基板への入射角度（**臨界入射角度**：PZTの場合，30°以下）と基板法線方向の衝突速度（**臨界粒子速度**：PZTの場合，150 m/sec以上）を境界条件にして，上記シミュレーションで，基板上の成膜される微粒子数を元の原料粒子の粒径分布に重ねて示したのが図23である。チャンバー内の圧力（減圧条件）は，通常の実験時の圧力（0.2〜0.6 Torr）とほぼ同等になっている。この条件の場合，粒子径が0.3 μm以下より小さくなると，前項「**3. 1　基板加熱の影響**」で考察したように基板に反射されるガスの流れに微粒子は追従し，基板には全く衝突しなくなり成膜に寄与しなくなる。また，粒子径が0.3 μm以上でも常温衝撃固化に十分な基板法線方向の衝突速度と入射角度は得られず，この場合，90％以上の粒子が成膜に寄与しない。これは量産時における成膜効率の理論限界を示唆しており，これを向上する粒子サイズや濃度，ノズル設計が重要になる。この様に，緻密なセラミックス膜を得るには，原料粒子径と成膜中のチャンバー内圧力（減圧条件）に対し有効なプロセスウインドウがある。第22章でもふれるが，コールドスプレー（CS）法でもAD法と同等程度の微細なセラミックス粒子の成膜を試みた事例はあるようだが緻密な成膜には成功していない。CS法は大気圧中での成膜であるため，AD法で成膜可能なサブミクロンサイズのセラミックス粒子が，粒子破砕に十分な衝突速度を得られなかったためと考えられる。AD法の場合，チャンバー内を減圧することで，サブミクロンサイズの微細なセラミックス粒子も十分な衝度で基板に衝突させることが可能となり，常温のセラミックスコーティングを実現している。

次に，上述した独自開発の飛行時間差法により測定された粒子衝突速度を基に，粒子衝突時の上昇最高温度と衝突最大圧力をJohnson-Holmquistの状態方程式をベースに有限要素法

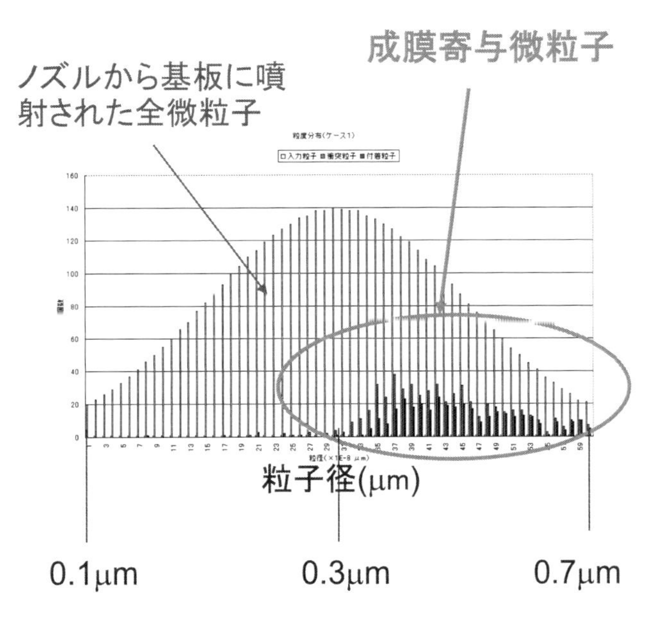

図23　AD法における成膜寄与粒子のシミュレーション

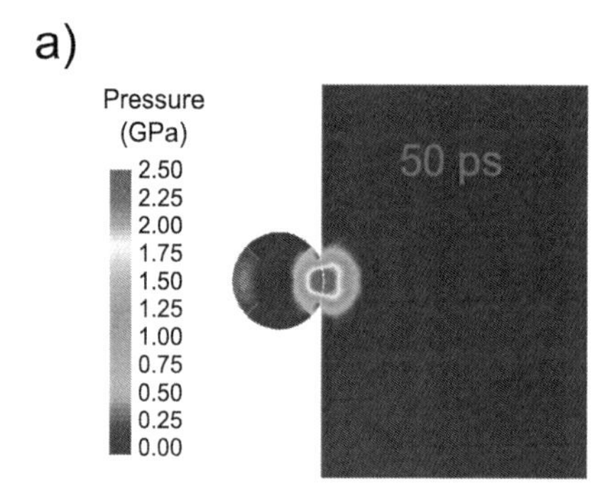

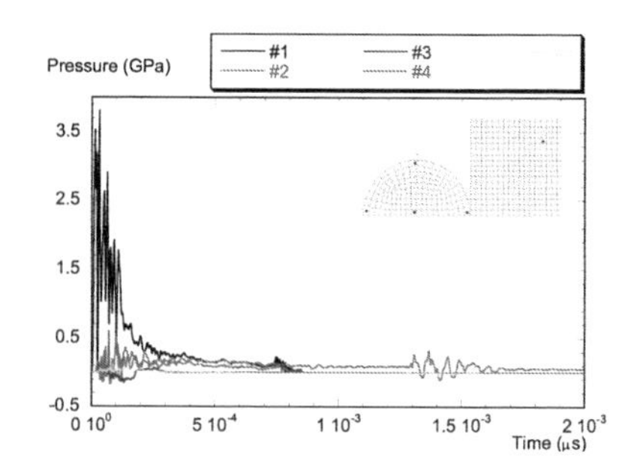

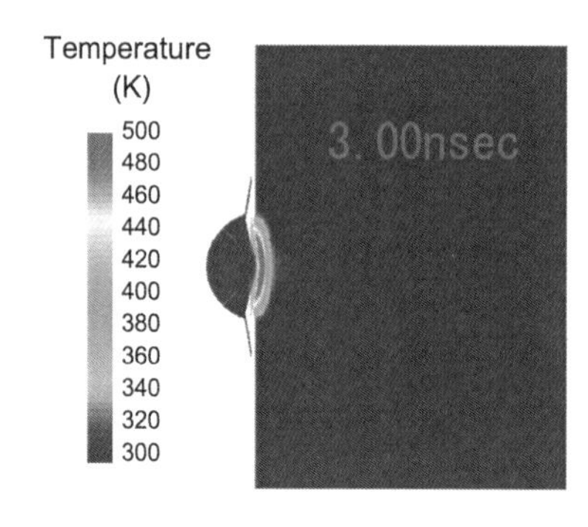

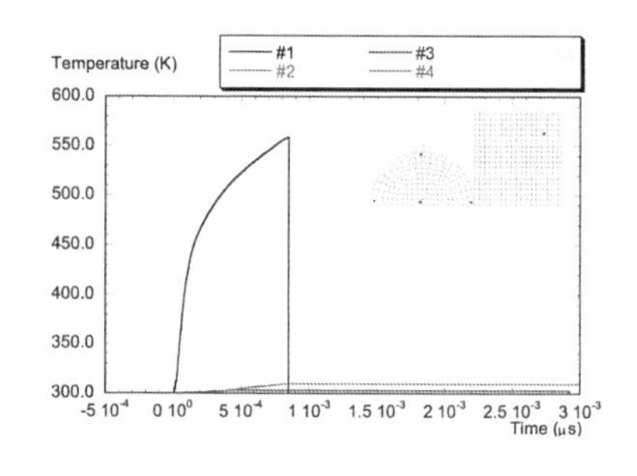

図 24　基板衝突時の最高上昇圧力と最高上昇温度（口絵参照）

(FEM）によるシミュレーションにより求めた。図 24-A，B に示すように，α-Al_2O_3 微粒子に対し，実験により求めた常温衝撃固化現象を生じる典型的な粒子衝突速度（基板法線方向）が 300 m/sec の場合，最高上昇温度は 500℃を超えることはなく，また，最大衝突圧力も 3 GPa 程度である[3)]。特にセラミックス材料の場合，この程度の粒子の運動エネルギーでは，基板衝突時に粒子全体が溶融したり，粒子同士が焼結を起こしたりするほどのエネルギーが供給されているとは言い難く，緻密化や粒子間結合を起こすエネルギー変換は，より複雑なメカニズムが働いていると予想される。

3. 7　緻密化メカニズム

以上に述べた実験事実とシミュレーション結果をもとにセラミックス材料における常温衝撃固化現象による成膜メカニズムを考察すると，使用している原料粒子径からは，少なくとも衝突したセラミックス微粒子が金属の様な塑性流動を起こさないと，高い透明性が出るような膜密度を実現し得ない。従って，微粒子結晶は基板衝突時に結晶面のズレや転位の移動などを伴い高速変形，結晶組織が微細化することで緻密になり，また，それに伴う新生面の形成や衝撃力に基づく物質移動を生じて粒子間結合を形成しているとする可能性も考えられる。図25-A，B，Cはこの粒子破砕による緻密化の様子を実験的に確かめた結果である[3,5,6]。鉛などの重い元素を含むPZT（圧電材料）とアルミと酸素などの軽元素からなるアルミナ微粒子を混合して基板に吹き付け，常温でPZT／アルミナの複合膜を形成，これを透過型電子顕微鏡（TEM）で組織観察すると，重い元素を含むPZTは黒く，軽い元素からなるアルミナは白く写り，膜内に存在する二つの材料の分布が明るさの違いとして観察できる。その結果，図25-Bの断面TEM写真にあるように基板面に平行な方向に黒い層状のPZTの領域が観察され，図25-Aに示す膜面内では，この様な層状構造が観察されない。このときこの層状の領域を回転楕円体と仮定して，その体積を求めると，おおよそ原料粒子単体の体積比と一致した。また，図25-Cに示すように，膜内の変形した各原料粒子の領域内にも図7，8のTEM写真にあるような粒子径20 nm前後の微細な結晶組織が観察される。この時，膜内の結晶子サイズは，元の原料粒子の結晶子サイズからすると1/10以下に微細化される。その結果，X線回折（XRD）での観察で，ピーク半値幅が広がり結晶性は悪くなるが，膜内の結晶そのものは，微視的領域では元の結晶構造を維持する[1~6]。

さらに，このような塑性的変形を伴うセラミックス微粒子の破砕現象が，常温かつ準静的な圧

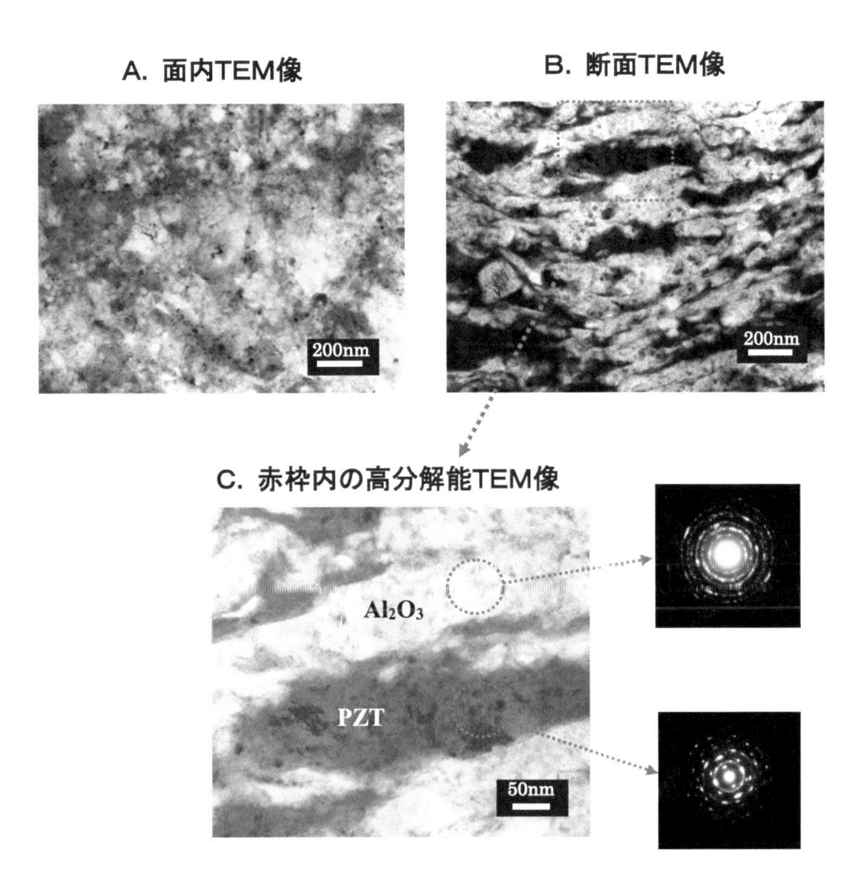

図25　アルミナ／PZT混合エアロゾルにより形成される膜微細組織

力印加だけで生じるかどうかを確認するため，図26-A，Bに示すような，ナノインデンターと原子間力顕微鏡を超精密ステージで連結することで，原料粒子一つ一つを単独に圧縮破壊試験ができる原料粒子圧縮破壊試験装置を開発し[12]，セラミックス原料微粒子の準静的な破壊挙動を評価した。結果，図27に示すように1ミクロン前後以下の原料粒子径では，押し込み圧子変位量-粒子印加圧縮力の関係において，弾性変形領域を超えると急激な変形を生じ，圧縮-変位曲線からは部分的に脆性的な破壊挙動を示すものの，図26，図28に示すように，室温での圧縮試験後の粒子をSEMやTEM観察すると，塑性的な粒子変形が確認された[5, 6, 35]。また，このときの原料粒子の圧縮破壊強度は，AFM，SEMで測定された原料粒子径を元に計算すると，おおよそ2～3 GPaで，先に示した飛行時間差法で実験的に求めた粒子の基板衝突速度を基にFEMシ

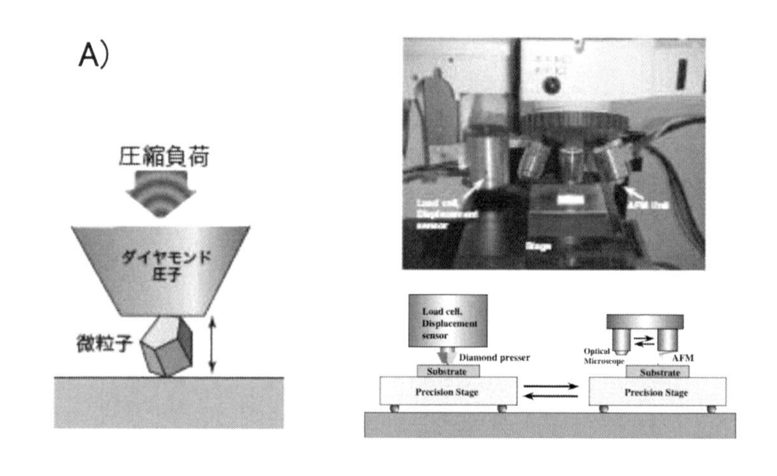

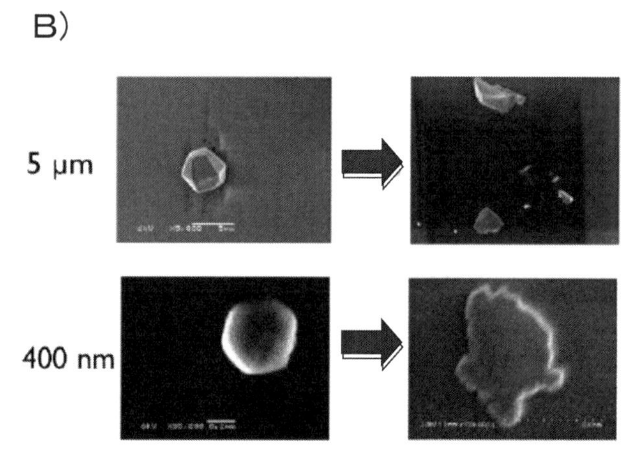

図26　原料微粒子単体の圧縮破壊試験

A）単一粒子圧縮破壊試験の装置

B）α-アルミナ微粒子径による圧縮破壊強挙動の違い

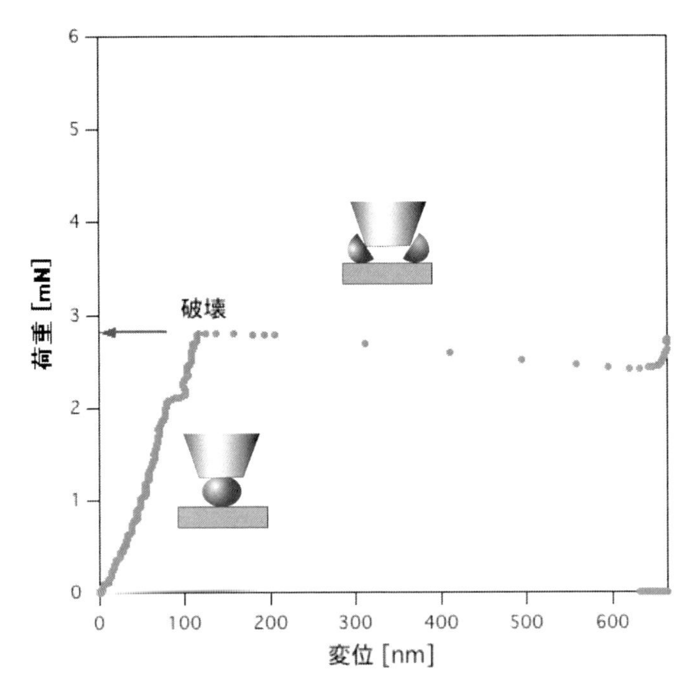

図27　0.4 μm α-アルミナ微粒子の圧縮破壊挙動

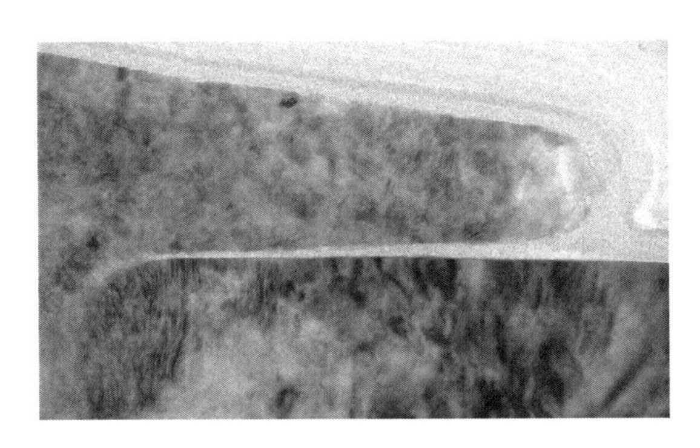

図28　室温で塑性流動した α-Al_2O_3 微粒子 の断面TEM像

ミュレーションから求めた基板衝突時の原料粒子に印加される衝撃圧力3 GPaと良い一致を見る。さらに図28のTEM写真に示した原料粒子１個単位の圧縮破壊試験の結果が重要なところは，室温下で熱平衡が保てる条件で，ゆっくりと圧縮されており，このような塑性的な微粒子の変形が常温で生じている点である。後述する常温の脆性-延性モード遷移（Brittle-Ductile Transition（BDT））が生じているといえる。一方，図26-Bに示すように，粒子径5 μm以上の結晶性の良い原料粒子を用いた場合は，通常のセラミックス粒子のように脆性破壊し，セラミックス粒子は微細な破片に分断されたり，弾性反発し，衝突した粒子は，基板をエッチングする。

以上のような本手法独特の常温衝撃固化現象は，様々な脆性材料で数多く追試されており，粒子がセラミックス材料にも関わらず，基板や膜表面への非弾性衝突で破砕・変形し，結晶組織が微細化していると考えられる。このため形成された膜は，常温でアモルファス相を殆ど含まないナノサイズの緻密な結晶構造体となると考えられる。粒子溶融を前提とする溶射技術など従来の粒子衝突を利用したコーティング手法では知られてなかった観点である。

また，前節でも触れたが，常温衝撃固化現象には，図11に示したように「原料粒子径に対して，粒子径が大きすぎると基板はエッチングされ，粒子径が小さすぎると圧粉体となり粒子同

(A)

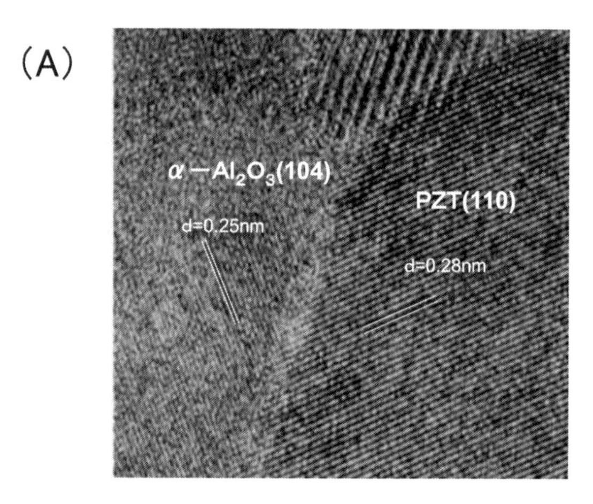

(B)

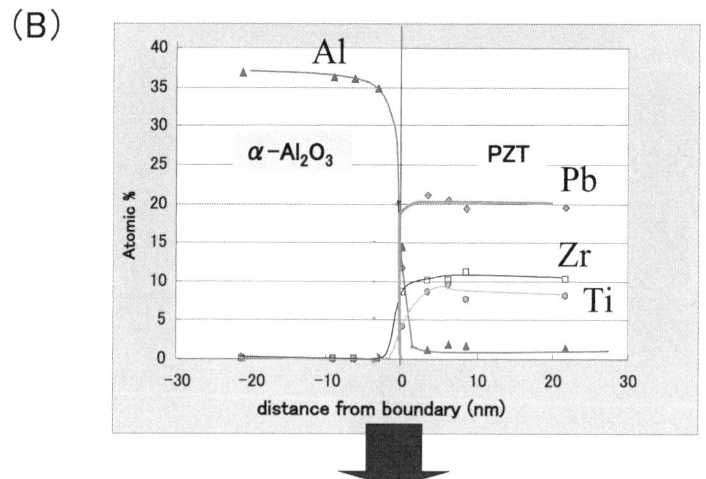

図29　AD常温成膜体の粒界近傍での（A）HR-TEM像と（B）EDX分析による相互拡散の解析

士，あるいは粒子基板間の強固な結合は常温では形成されない。」という，原料粒子径に対する一種のプロセスウィンドウがある。これは，セラミックス微粒子の破砕特性がその粒子径に依存するという事実と，以上の考察から次のように説明される。原料粒子径上限は，上述したセラミックス粒子の塑性変形を生じるための粒子サイズで決まり，もしこの粒子サイズ以上の大きさになると，セラミック粒子は，通常の脆性的な破壊を生じ，結果，通常のサンドブラストと同様に基板を物理的にエッチングする。原料粒子径下限は，粒子が基板に到達する際の粒子衝突速度が低真空下でのガスの流れにより減速される。従って，先述の常温衝撃固化現象を生じるための臨界衝突速度以上の粒子衝突速度を得るには，原料粒子の慣性質量がある程度以上必要になる。

次に粒子間の接合界面の状態を調べるためAD膜をHR-TEM（高分解能透過型電子顕微鏡）やEDXで観察した。図29-Aは先の図25でTEM観察したPZTとアルミナな混合膜のPZT結晶粒子-アルミナ結晶粒子の粒界近傍のHR-TEM像である。この粒界は，膜が形成する前はPZT粒子表面，アルミナ粒子表面として分離していたもので，ADプロセスによって結合して形成された界面になる。粒界は焼結したセラミックスのそれと異なり，複雑にジグザグした界面になっており，その近傍までPZT，アルミナ両結晶の格子像が比較的鮮明に観察される。また，正確には確認できないが通常の熱プロセスを経て形成されるアモルファス層のような微構造は見られない。図29-Bはこの界面をEDXで組成分析した結果である。少なくとも分析電子ビーム径（5 nm）以上の相互拡散は観察されず，熱的な溶融による長距離の相互拡散は確認されなかった。

さらに，このようにして常温形成された膜のビッカース硬度が，膜のアニーリング処理によってどのように変化するかを調べた。図30は，厚さ1 μmの常温形成されたα-Al_2O_3-AD膜を大気中，さまざまな温度の熱処理し，ナノインデンターを用いて評価した結果である。基板はアル

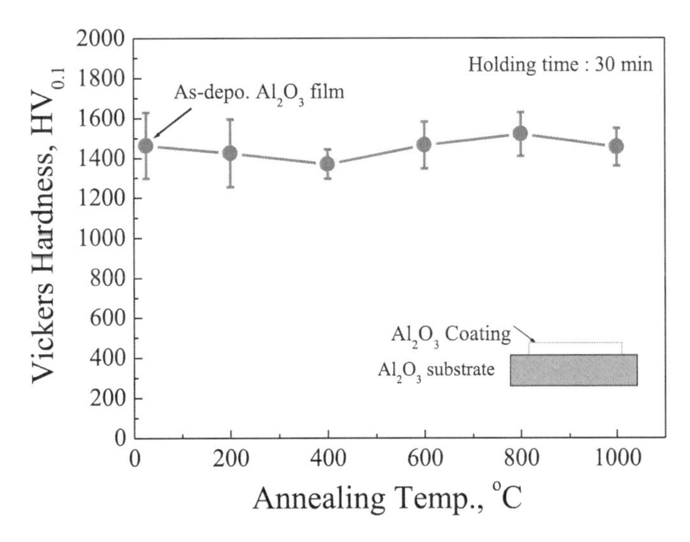

図30　アルミナ常温成膜体の熱処理によるビッカース硬度の変化

ミナ焼結体である。有機物が分解する400から600℃の温度で熱処理を行っても，ビッカース硬度の顕著な低下は見られず，1000℃の熱処理までほぼ一定で1400 Hvと十分強固な結合をしていることが明らかになった。このことから，この様な粒子結合はフェンデルワールス力のような結合でなく，強固な化学結合を形成しているものと考えられる。

以上の結果から，間接的ではあるが，衝突による粒子表面の局所溶融ではなく，粒子破砕による表面活性化が粒子間結合の主な原因であることが有力に指示される。

4 原料粒子の強度評価

4. 1 原料粒子圧縮破壊試験装置[12)]

AD法は，微粒子を高速に加速し，基板に衝突させることによって，加熱することなく緻密な膜を形成する技術である。従って，緻密な膜形成のためには，衝突時に発生した応力によって，粒子が，どのように変形，破砕するかが重要な役割を果たすことになる。

従って，AD法のメカニズムをさぐる上では，微粒子の強度や変形挙動を評価することが重要となる。しかし従来，微粒子強度の評価は10 μm以上のサイズの粒子について行われており[13, 14)]，微粒子強度評価はAD法の原料粒子となるようなサブミクロンサイズの微粒子の強度や変形挙動は測定が困難で，これまでは評価されてこなかった。そこで，微粒子の圧縮試験装置（図26-A）を開発し，実際にサブミクロンサイズの微粒子の強度評価を行った[12)]。

ここで，圧縮試験を用いたのは，微粒子の場合は，バルク材料のように標準形状の試料を用意することは極めて困難であり，また，試料のいかにクランプするかという問題もあるので，強度評価は圧縮試験で行うこととした。サブミクロンサイズの微粒子の試験を行うにあたっては，以下の3つの点が技術的課題となる。

- 圧子の先端形状加工
- 微粒子の位置，形状，大きさの測定
- 試料ステージの位置精度

以下，これらの問題の解決法と，実際の圧縮試験について述べる。微粒子圧縮試験は，図31に示すように，粒子をダイヤモンドの基板と先端が平坦な圧子で挟むことによって行った。ここで，圧子の平坦部の広さが粒子の大きさにくらべて非常に大きくなってしまうと，複数の粒子をはさむ恐れや，基板のわずかな凹凸や傾きで，圧子が基板に直接触れてしまう恐れがあり，結果的に微粒子を完全には圧縮できない。逆に，平坦部が小さすぎると，粒子にたいして局所的な応力をかけてしまうので，正しく評価できない。従って，粒子サイズとほぼ同じぐらいの平坦部をもった圧子が必要となる。ところが，機械加工ではそのような微細な加工は困難である。そこで，先端部を集束イオンビーム（FIB）を用いて加工し，必要な平坦部を作成した。集束イオンビームを図32-a）のように，圧子に垂直な方向から照射することによって，先端を削り取り平坦部分を作成した。図32-b）先端部の加工例を示す。α-Al_2O_3粒子の試験前後のAFM像であ

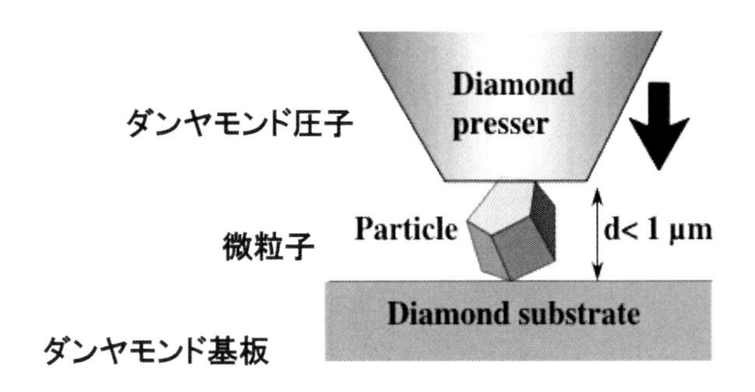

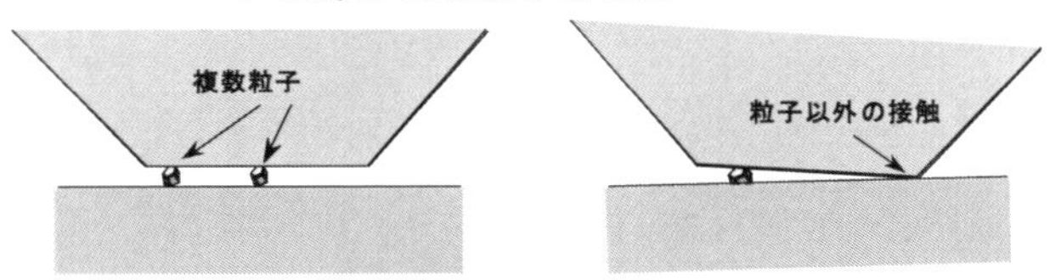

図 31　微粒子圧縮試験の課題

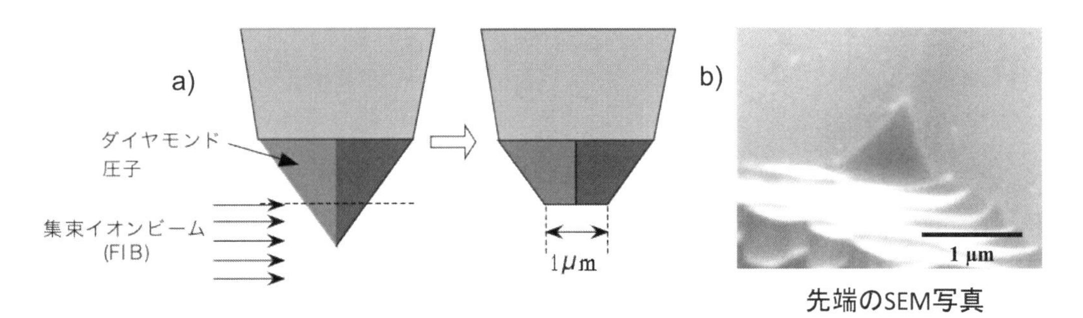

図 32　収束イオンビーム（FIB）を用いた微粒子圧縮試験用ダイモンド圧子の加工

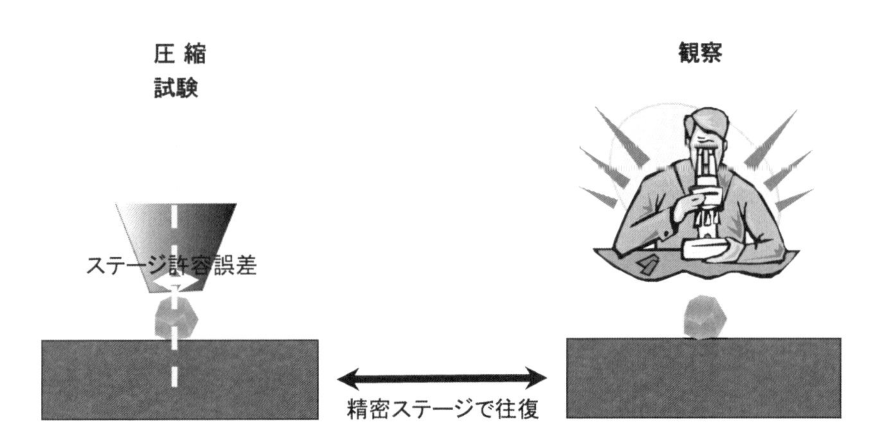

図 33　微粒子圧縮試験の手順

る。

試験の手順は以下のようにして行った。微粒子を基板上に分散させ，その中から，会合していなく，単一な粒子を選び出して，原子間力顕微鏡で観察し，その形状や大きさを計測する。図33に示すように，その後，精密ステージで，その粒子を圧子直下に移動させて，圧縮試験を行う。必要に応じて，圧縮試験後の形状も観察した。図33のイラストでもわかるように，観察した粒子で間違いなく圧縮試験を行うためには，ステージの絶対位置精度が圧子先端の平坦部の幅より十分小さくなる必要がある。サブミクロンの粒子の圧縮試験を行うために，本装置では，100 nm ステップのクローズドループ制御ステージを用いて実験を行った。

4. 2 アルミナ粒子の圧縮試験

図34は，α-Al_2O_3 微粒子（直径：約400 nm）の圧縮試験を行った時の負荷-変位曲線である[12)]。負荷と除荷を繰り返しながら，全体的にすこしずつ負荷を増加していったときの結果である。ある負荷になると急激に変形（破壊）することがわかる。この急激に変形する時の負荷を破壊負荷として，微粒子の強度を求めることができる。図26-B）は実際にこの試験を行った粒子の前後のAFM像である。

また，破壊するまでの変形がどのようなものかを観察すると，破壊が起こる前の変形は可逆的であることから，この α-Al_2O_3 微粒子の変形は弾性変形であることがわかる。従って，圧縮によって粒子にされた仕事は，破壊するまでは弾性エネルギーとして蓄積され，それが耐えられな

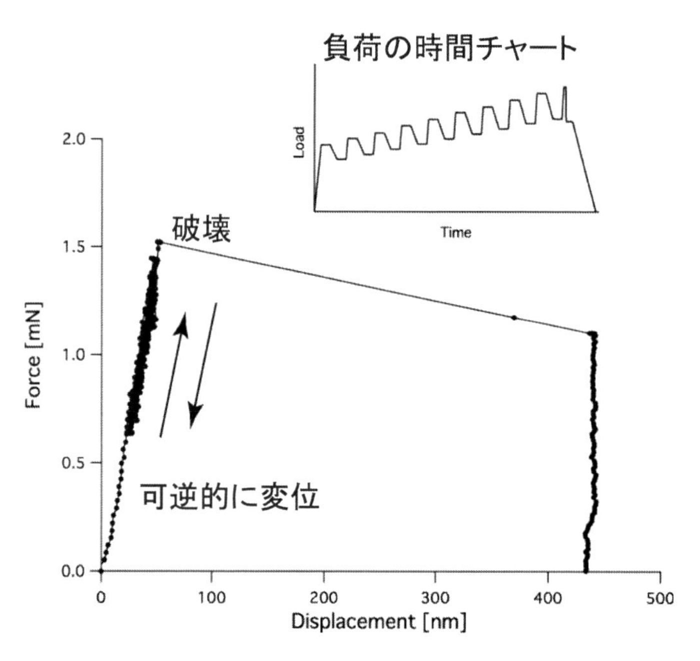

図34　α-Al_2O_3 微粒子に対して，負荷と除荷を繰り返しながら，負荷を徐々に大きくしたときの負荷-変位曲線（青線は粒子がない場合の曲線で，装置系の影響程度を示す）

くなったときに，粒子の破壊が起きていることを意味している。そこで，微粒子の破壊強度を，破壊時に生じていた弾性変形によって生じる応力によって評価することにした。

粒子にかかる負荷を F とすると，弾性変形による粒子に内部に生じる引張応力の最大値 S_t が，以下の式で近似でき，ほぼこの値が粒子の中央部に均一に生じることが解析的にも求められている[15)]。

$$S_t \approx 2.8F / \pi d^2$$

ここで，d は AFM 等で求めた粒子径である。この式の F に負荷-変位曲線から得た破壊負荷を代入して得た値を粒子の破壊強度とすることができる。実際の強度測定の結果については次節で述べる。

また，破壊する前の変形は，負荷，除荷の繰り返しに対して，可逆的に変位していることから，破壊する前には，弾性変形していることがわかる。従って，圧縮によって粒子にされた仕事は，破壊するまでは弾性エネルギーとして蓄積され，それが耐えられなくなったときに，粒子の破壊が起きることがわかる。ここで蓄えられた弾性エネルギー量は，図 35 のように負荷-変位曲線から求めることができる。そこで，いくつかの粒子（サンプル数 17）が破壊されるまでに，蓄積された弾性エネルギーを計算した結果と，その弾性エネルギーを直径 400 nm のアルミナ粒子の運動エネルギーに換算したときの粒子速度を示した結果を図 36 に示す。

ここでの換算速度は，AD 法において，膜が形成される最低速度あたりとほぼ一致しており，粒子強度と，AD 法の成膜条件が密接に関係していることを示している。もちろん，ここで実行

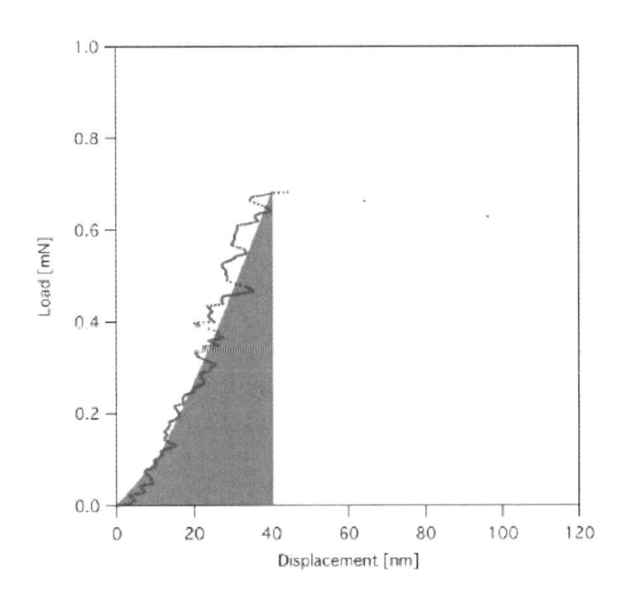

図 35　圧縮試験で破壊までに蓄えられた弾性エネルギーの計算法
図中灰色部分の面積が蓄えられた弾性エネルギー量に相当図。

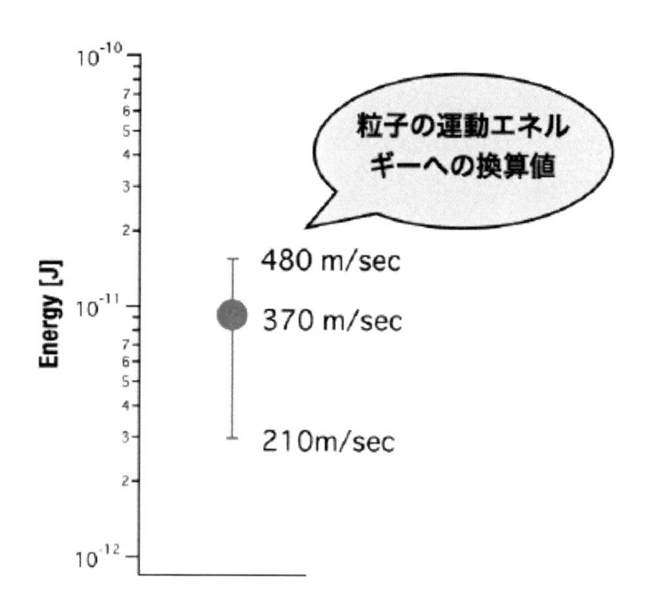

図 36　圧縮試験で 400 nm アルミナ粒子中破壊までに蓄えられた弾性エネルギーの計算値と，運動エネルギーに換算したときの速度の値

した圧縮試験は準静的な条件であり，衝突による衝撃力によるものとは厳密には一致しないが，応力が伝搬する音速よりも，粒子速度は十分遅いため，AD 法プロセス条件下での，粒子の破壊強度のよい目安を与えるものであるといえる。

4. 3　粒子強度と粒径の関係

本節では，前節までに述べた，微粒子強度評価法を用いて，実際に α-Al_2O_3 粒子の強度評価を行った結果について述べる。微粒子の強度について，もっとも興味深い課題は，微粒子のようにサイズが小さくなったときに，強度が変わるかどうかどうか。いわゆるサイズ効果がどのようになるかということである。従来でも，金属材料やバルクセラミックスにおいて，結晶粒径と強度に関係があることが知られ，粒径が小さくなると強度が大きくなるというホール・ペッチ則[16, 17]というものが知られていた。しかしながら，このホールペッチ則は，あくまで，結晶粒サイズと強度の関係であり，その強度には粒界の影響が大きく寄与しているとされてきた[18~33]。本研究においては，微粒子の強度を直接測定することによって，粒子のサイズと，強度の関係を明らかにすることによって，AD 法のプロセス条件の参考としたい。

図 37 は，様々な粒径をもつ α-アルミナ粒子（純度：99.99％）の強度を一つ一つ求め，その粒子径と強度の関係をプロットしたものである。ここでわかるように，粒子径がサブミクロンから数ミクロン程度の範囲では，強度は粒子径のおよそ $-1/2$ 乗に比例する関係があることがわかった。ここで計測した粒子は，図 37 の断面 TEM 像で見るように，内部に転移などがほとん

圧縮試験前のアルミナ粒子の断面 TEM 像

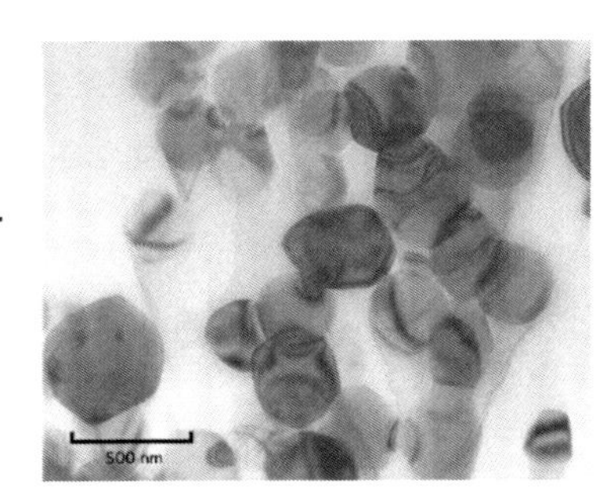

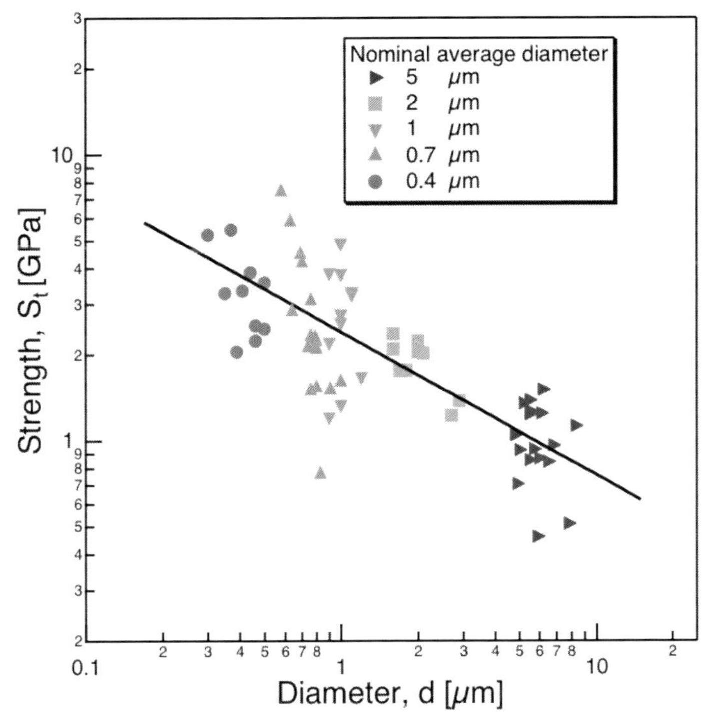

図 37　アルミナ粒子の粒子径と強度の関係

ど認められない単結晶である。従って，ここで示された強度のサイズ効果は，粒界によるものではない。また，計測された強度は，バルクのセラミックスよりは，強い値を示しているが，原子結合の強さから予想される理論強度 47 GPa よりは，まだ小さい。従って，破砕時に，原子結合を完全切り離す前に，粒子内の欠陥が結合し粒子破砕が起こるものと推定される。その意味で，後述するように原料粒子にミル処理などを行うことが成膜プロセスや膜特性に大きく影響することが予想される。

4. 4　粒子強度と AD 法における成膜性

AD 法においては，粒子サイズがサブミクロン程度になると，粒子が衝突したときに生じた応

表2　様々な粒子強度と変形挙動とAD成膜性

粒子種	粒子径	破壊強度	負荷変位曲線挙動	試験後形態	AD成膜性
α-Al_2O_3	＜1 μm	3 GPa	脆性破壊型	塑性変形的	◎
	＞数 μm	1～2 GPa	塑性変形	破片に分解	×
SiO_2	0.7 μm	2.5 GPa	塑性変形型（一部脆性的）	塑性変形的	◎
	1～5 μm	1～2 GPa	脆性破壊的	破片に分解	×
Borosilicate	5 μm	0.7 GPa	脆性破壊的	破片に分解	×
PZT	5 μm	0.5 GPa	脆性破壊的	塑性変形的	◎
Cu	1 μm		塑性変形型	塑性変形的	◎
MgO	1 μm	0.3 GPa	脆性破壊的	結晶面スライド型	△
ZnO	0.5 μm	2 GPa	脆性破壊的	結晶面スライド型	△

力によって，粒子はつぶれるように破砕変形することによって生じた現象であることがわかった。そこで，各種粒子の圧縮試験を試み，その破壊挙動とAD法成膜性と比べた結果を表2に示す。塑性変形するような挙動を示すセラミックス粒子でも，一方向に結晶面がすべるような変形をするようなMgOやZnOのような粒子はAD法での成膜が困難であることが示された。

5　従来薄膜プロセスとの比較

AD法とPVDやCVDなど従来薄膜法との成膜過程の違いと特徴を図38に示す。従来薄膜法

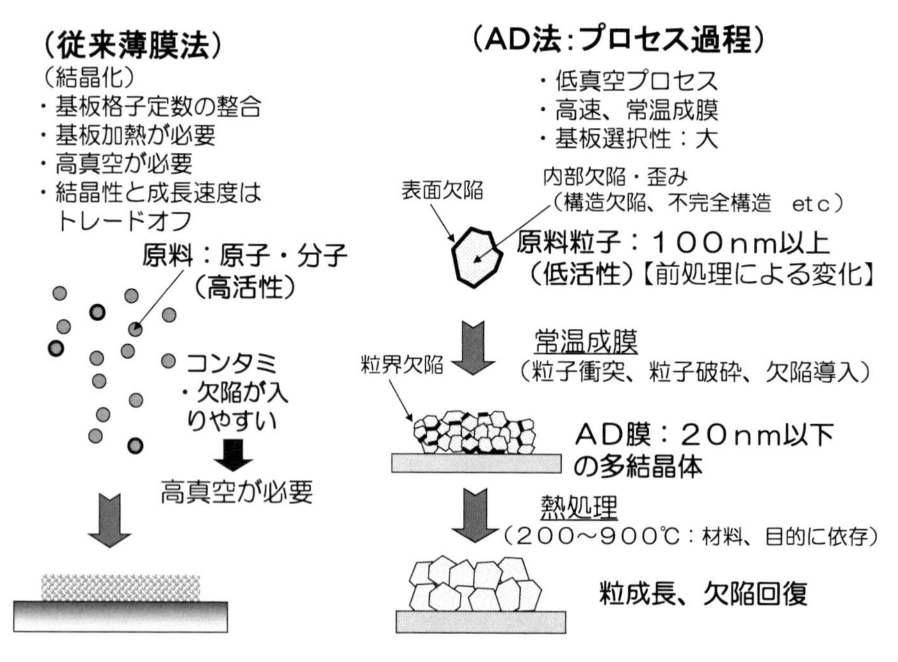

図38　AD法と従来薄膜法のプロセス過程の違い

では，原材料を原子分子状態に分解し，基板上で再結晶化する。目的と意図にもよるが，基板の格子定数や成膜速度の調整で，従来のバルクプロセスに比較し低温の結晶成長が可能である。しかし，成膜速度と結晶性はおおよそトレードオフの関係にあり，また，高真空のバックグランド排気を要求されることから成膜装置は高コスト，低スループットになりがちである。これに対しAD法の場合は，粉体の成形技術であり，材料供給が粒子単位なので，薄膜プロセスに比較し非常に高い成膜速度が実現できる。また，すでに結晶化された原料粒子を常温，バインダーレスで高密度に固め膜を形成するため，プロセス温度の大幅な低減も可能で複雑組成の制御性にもすぐれる。さらに，高真空の装置構成を必要としないため，工業的には，有利な点を多く持つと考えられる。ただし，その成膜原理から膜は多結晶体であり，薄膜法のようなエピタキシャル膜を得ることは困難である。また，原料粒子段階で含まれる結晶粒内の各種欠陥や粒子表面の水分，カーボンの吸着などのコンタミや構造欠陥のほか，成膜プロセス中の粒子衝突時に導入される結晶構造の乱れやそれに起因する構造歪，結晶の微細化などにより膜の結晶性は低下するので，応用にあたっては注意を要する。

6　膜の電気・機械特性と熱処理による特性回復

AD法による常温衝撃固化現象を用いて，99.9％純度のα-Al_2O_3微粒子やイットリア（Y_2O_3）微粒子などの単純セラミックスの場合，焼結助剤や有機バインダー（結合剤）など一切の添加剤を用いず，常温で金属基板上に厚膜として固化し，バルク材と同等の電気機械特性が実現できる。α-Al_2O_3のAD膜の場合，図39，図40，図41に示すように，ビッカース硬度：1800～2200 Hv，ヤング率：300～350 GPa，体積抵抗率：$1.5\times10^{15}\,\Omega\cdot$cm，誘電率（$\varepsilon$）：9.8，誘電損失（tan δ）：0.005と，バルク焼結体に等しい電気機械特性が得られている[34, 35]。また，図42に示すように常温でステンレス基板上に形成されたアルミナ膜の絶縁破壊強さで，150～300 kV/mm以上とバルク焼結体を一桁上回る。

但し，この様なバルク値に近い特性を得るには，原料粉末表面に吸着した水分やハイドロカーボン，有機物などのコンタミを取り除いておく必要がある。図43は，原料粉末のアルミナ微粒子を前処理として大気中で高温の熱処理を行ったときの，AD法で常温形成された膜のビッカース硬度の変化である。熱処理温度，保持時間の上昇とともに膜硬度が上昇するのが確認された。さらに原料粒子の凝集状態などもミル処理，熱処理の組み合わせによって制御することができ，成膜特性，膜密度，電気機械特性が大きく変化することが確認された。

これらの結果は，室温形成されたAD膜が，機械的な硬度を要求される用途や絶縁被膜を必要とする用途で，他のプロセスに比べ非常に有用であることを示唆している。

これに対し，室温形成された強誘電体や強磁性セラミックス材料のAD膜は，上記単純セラミックス材料の場合と同様に絶縁性などは優れるものの，強誘電性，強磁性などドメイン構造に由来する分極特性はほとんど示さず，常誘電体あるいは常磁性体的な振る舞いになる。但し，膜

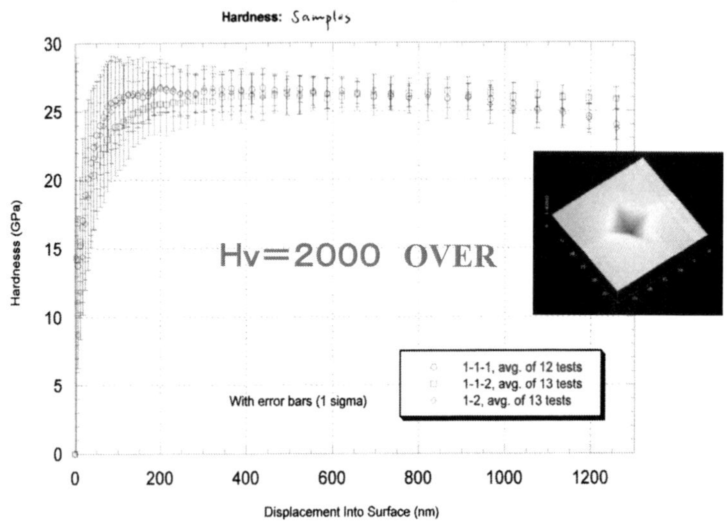

(elastic constant)

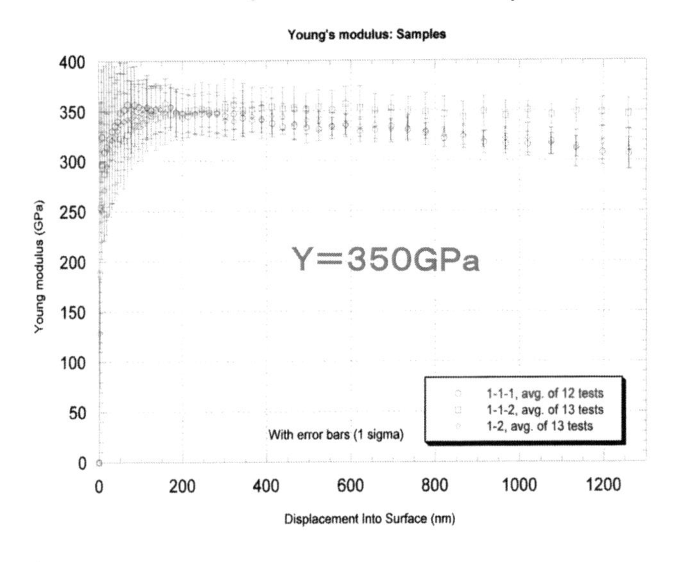

図 39　常温形成されたADアルミナ膜の機械特性（ビッカース硬度と弾性（ヤング）率）

自体の絶縁性が高いことから，例えばPZT膜について高い電界強度で強制的に分極反転させると残留分極値（P_r）：12 μC/cm^2，抗電界（E_c）：300 kV/cm（図44参照）と，強誘電性を示す[6)]。従って，この特性低下の原因は，主に常温衝撃固化するときに結晶が20 nm以下に微細化されるため，分極ドメインの動きが内部欠陥や歪，粒界応力などにより制限されるためと推察さ

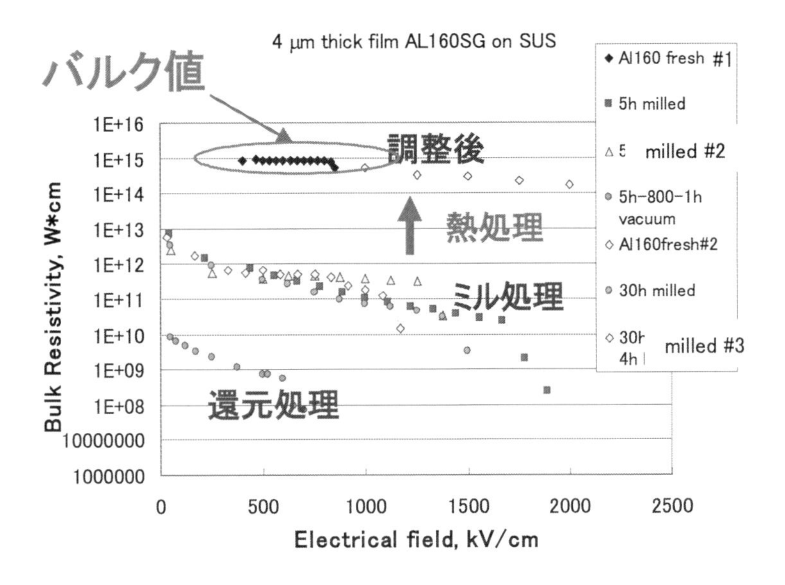

図40　常温形成されたADアルミナ膜の電気特性（体積低効率）

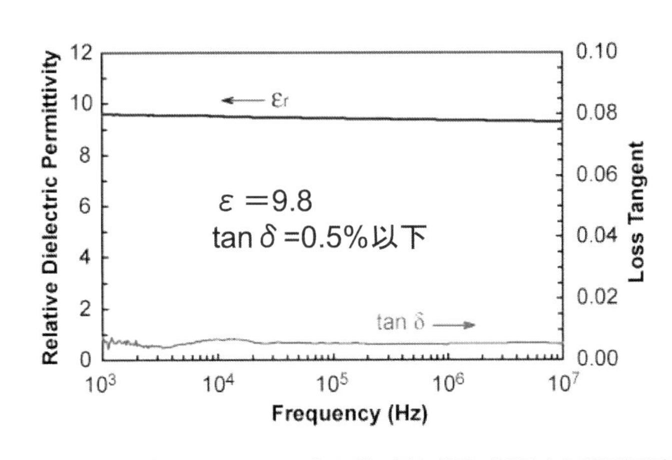

図41　常温形成されたADアルミナ膜の電気特性（誘電率と誘電損失）

れる。

そこで，室温形成されたアズデポ膜に従来薄膜法と同程度の熱処理（大気中，500～600℃程度）を行うと，微結晶の粒成長や欠陥，構造の乱れの回復が確認され，分極ドメインは動き易くなり，大幅な強誘電性の向上が見られる。実際の電気特性の評価からも，衝撃力を利用したプロセスにも関わらず600℃，15 min～1 h（膜厚5 μm～50 μm）程度の熱処理により比誘電率（ε）で800～1200，印加電圧あたりの横方向圧電変位量である圧電定数 d_{31} も約－100 pm/V[36]と回復し，図45に示すようにスパッター法やゾルゲル法などで作製された従来薄膜材料なみの特性（－40～－100 pm/V）が得られている。さらに，従来の厚膜プロセスと比較しても非常に

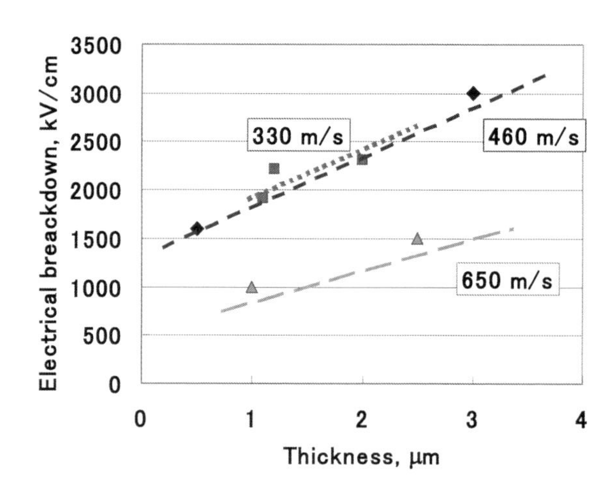

図42　各種粒子衝突速度で常温形成されたADアルミナ膜の絶縁耐圧

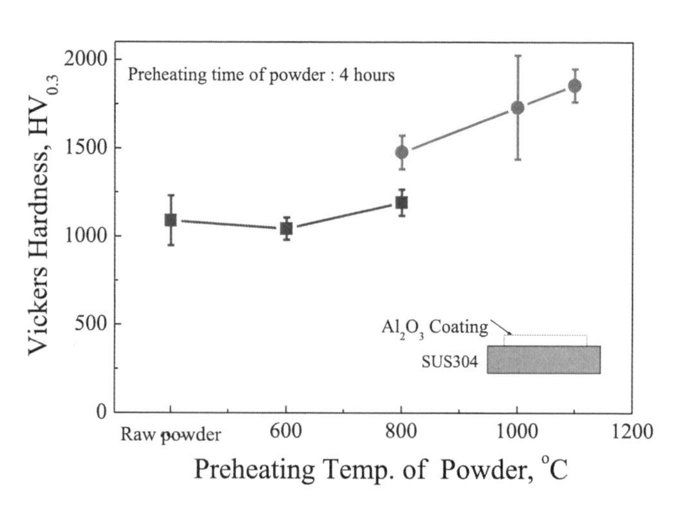

図43　原料粉末前処理の効果（熱処理による膜硬度の変化）

高い絶縁耐圧（> 1 MV/cm）とヤング率（> 80 GPa）が得られる。850℃の熱処理では，P_r：38 μC/cm^2，E_c：30 kV/cm（図46参照）とバルク材なみの残留分極値と抗電界[37]になり，室温成膜で高密度の膜が形成できるため，従来のスクリーン印刷法のように原料粒子に低温焼結のための特別な工夫を凝らさなくとも，300～400℃程度のプロセス温度の低減が可能である。

図47に，上記の圧電材料について，熱処理による電気特性（強誘電性）回復の一般的な傾向を従来プロセスと比較しまとめたものを示す。これは，単純PZT材料の場合である。従来バルクプロセスや薄膜プロセスでは，結晶化や緻密化を実現するには600℃以上の加熱が必要であるが，AD法の場合，室温形成した状態から焼結体並みに緻密で，微結晶ではあるが原料粒子と同等の結晶構造を有していることが大きな特徴である。室温成膜体の電気特性は，バルク体に比べ

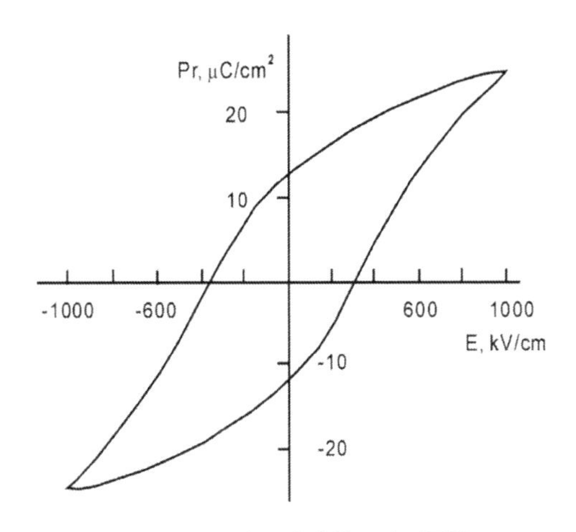

図44　PZT室温成膜体の強誘電性

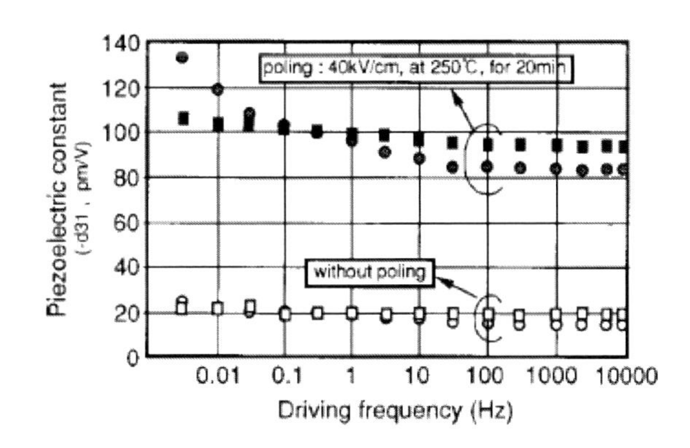

図45　AD法で形成されPZT厚膜（10 μm）の圧電特性（熱処理条件：600℃，1 h大気中熱処理後，分極処理前後の比較）

非常に低いが，600℃までの低温域での熱処理に於いても，かなりの特性回復は見られ，この熱処理領域の電気特性でも，コンデンサー内蔵基板などの作製などに対し，他のプロセスと比較して十分な利点があり，デバイス応用の可能性がある。但し，この様な低温域，短時間での熱処理では，先に述べた膜内に取り込まれる原料粒子表面の吸着物や欠陥が十分に回復することができないこともあり，原料粉末への高温の熱処理と結晶化が非常に重要になる。

実際，原料粉末ミル処理後に大気中で750〜1000℃程度の高温の熱処理を加えた粉末を利用することで，絶縁耐圧，強誘電特性，圧電特性が大幅に改善[10, 38, 39]できている。図14は，圧電材料であるPZTについて，市販購入粉末（堺化学製：PZT-LQ材）に対し，遊星ボールミルを用いて乾式ミル処理時間を変化させた原料粉末を用いて，同一成膜条件で同一基板上（SUS304）に，室温成膜したときの膜の微細組織の比較例である。ミル処理時間が増加するにつれ，膜密度が大きく低下，結果，図48に示すように膜硬度もミル処理時間の増加と伴に低下する。成膜速

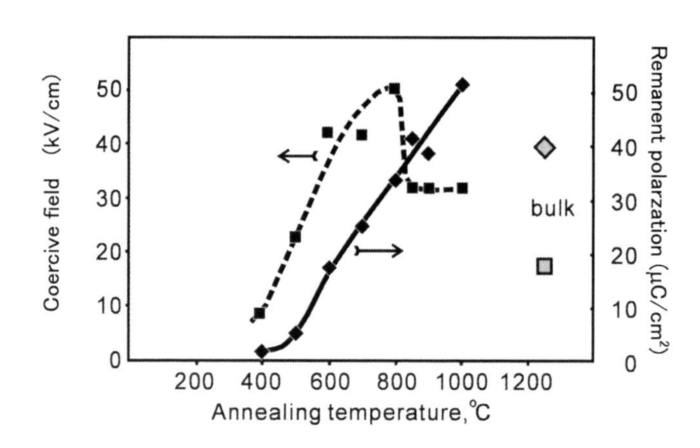

図 46 PZT 厚膜強誘電性の熱処理温度依存性

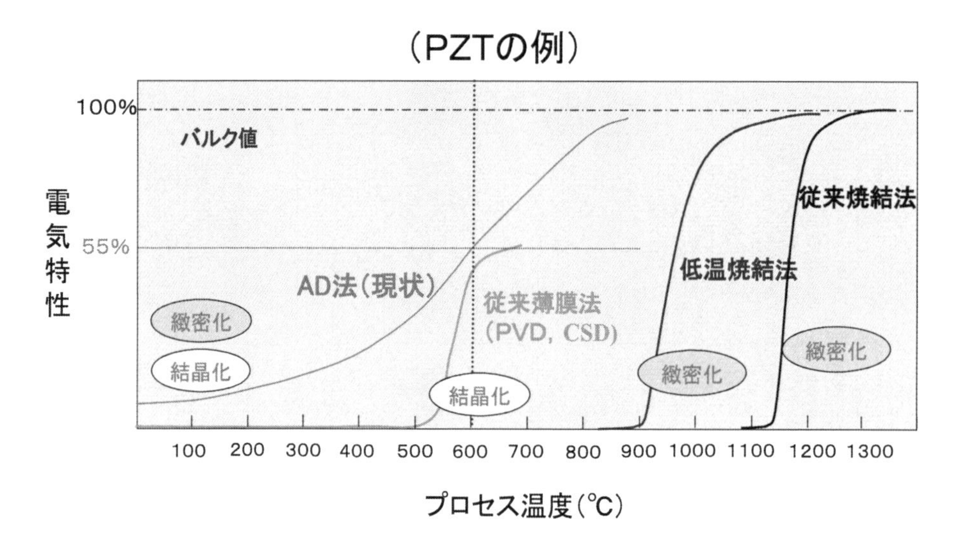

図 47 熱処理による AD 膜電気特性の回復

度は，図 13 に示すように，5 h の乾式ミル処理で，市販購入粉末使用時の 30 倍（灰色バーの比較）と急速に増加するが，膜密度の低下もあり，図 49-A）に示すように，600℃，1 h 大気中熱処理後の残留分極値（P_r）は低下する。これに対し，この乾式ミル処理した原料粉末を再び，大気中 800℃，4 h ほど熱処理した粉末を使用すると，成膜速度は市販購入粉末使用時に対し，7〜10 倍（灰色バー0 h と黒バーの比較）向上し，かつ，600℃，1 h 大気中熱処理後の残留分極値（P_r）も 30 μC/cm^2 と大幅に向上，抗電界（E_c）も 45 kV/cm と僅かではあるが減少し，分極特性は大きく改善される。

原料粉末にミル処理を行うことと，仮焼温度以上で熱処理することは，原料粒子の粒径分布に

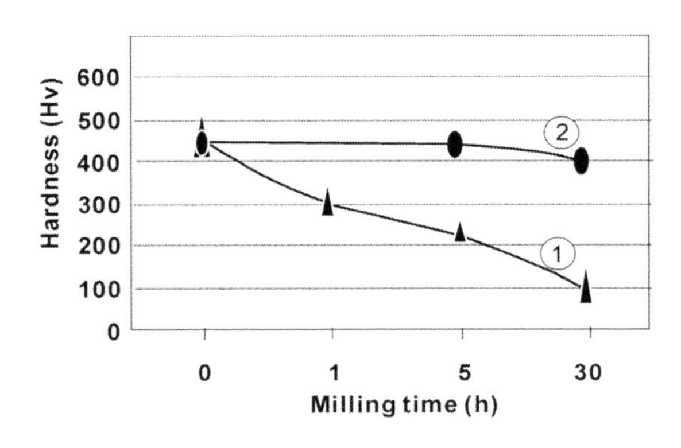

図48　PZT-AD膜の原料粉末前処理条件（乾式ミル処理時間）の膜硬度への影響

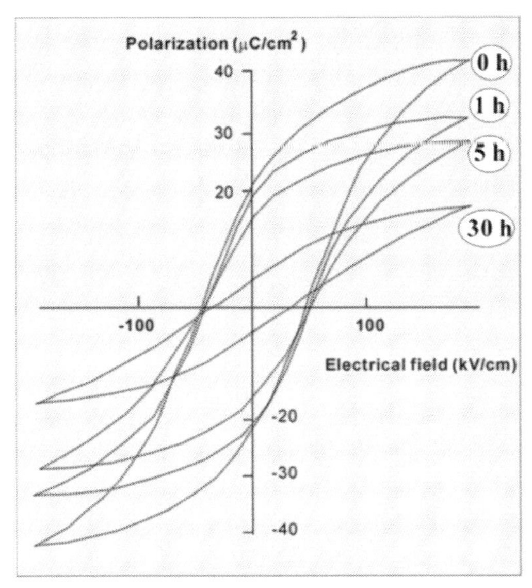

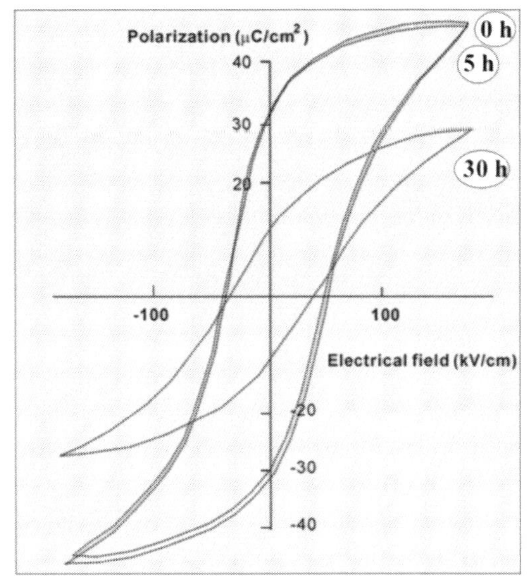

using milled powder　　　using milled and heat- treated powder

図49　PZT-AD膜の原料粉末前処理条件（乾式ミル処理時間＋熱処理条件）の膜分極ヒステリシス特性への影響

大きな変化を与えることになり，特に成膜レートについては，前項「3.2　原料粉末の影響」でも述べたように，常温衝撃固化現象を生じるのに最適な粒径分布に近づいたことが主な要因であると考えられる。もちろん電気特性も含めこの様な特性変化の原因としては，図40，図43に示した単純セラミックスの場合と同様に図49-Bで，市販購入粉末に熱処理を行っただけでも電気特性は大幅に向上していることからも判るように，原料粉末表面にもともと吸着していた水分やミル処理により粉体表面に導入された欠陥などが回復したことなどの影響も考えられる。

従って，市販の原料粉末がAD法における常温衝撃固化現象を生じるのに最適な粒子径分布に調整，管理されたものでない限り，成膜装置や成膜条件の調整だけでは，優れた特性を再現するのは困難である。また，一般に市販されている焼結用セラミック粉末は，上記のようなAD法特有の原料粒子条件が管理されていないので，例え同じメーカー，材料組成であっても，上記，前処理条件やAD膜としての特性は，ロットごとに異なる可能性があり注意を要する。

なお，この強誘電体特性の熱処理による特性回復は，このような原料粒子に対する前処理条件だけでなく，原料粒子の粒子衝突速度にも強く依存する。図50は，圧電材料であるPZTについて，AD法の搬送ガス流量を制御し基板への粒子衝突速度を変えて，同一基板上に同一膜厚（20 μm）室温成膜した後，600℃，1 h大気中で熱処理し，分極特性を比較したものである。一

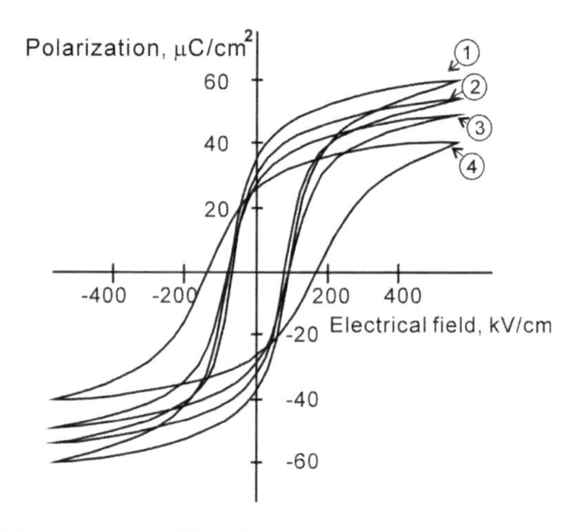

図50　PZT厚膜の分極ヒステリシス特性の粒子速度依存性（熱処理条件：空気中，600℃，1 h）
① 170m/sec，② 250m/sec，③ 315m/sec，④ 405m/sec

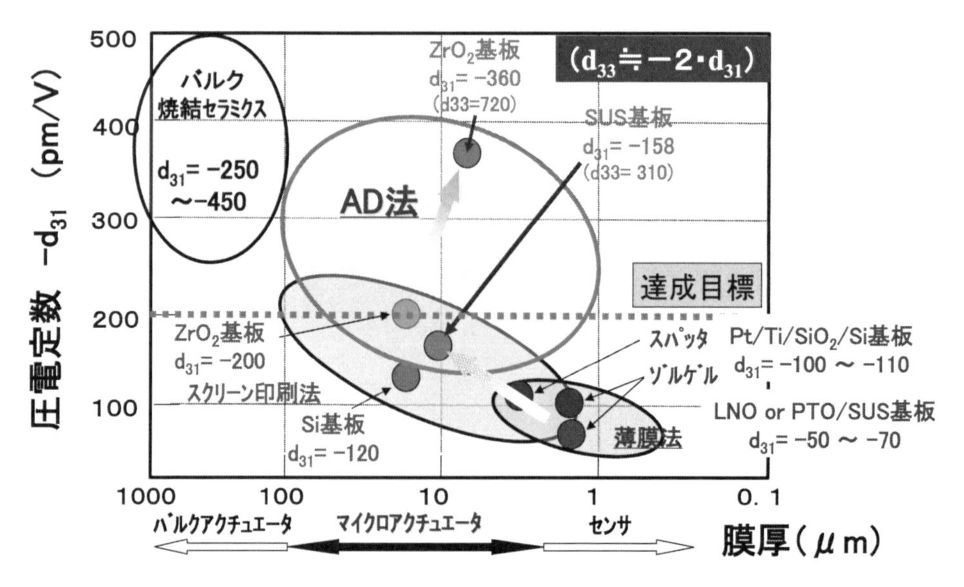

図51　各種圧電膜の形成方法とAD膜厚・特性の比較

般にガス流量の増加すると成膜速度は増加するが，一方で，これによる粒子衝突速度増加に伴い，抗電界（E_c）は大きくなり，残留分極値（P_r）も低下するなど熱処理後の特性回復には大きな差が出る。これは，前項「**3. 7　緻密化メカニズム**」で述べたように，室温成膜時に粒子衝突により膜の緻密化が進むわけであるが，必要以上に高い粒子衝突エネルギーや粒子衝突回数で

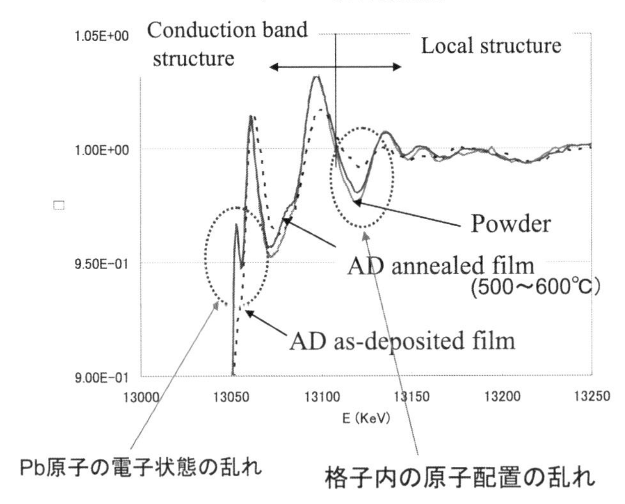

a)　熱処理による AD-PZT 膜の微構造変化

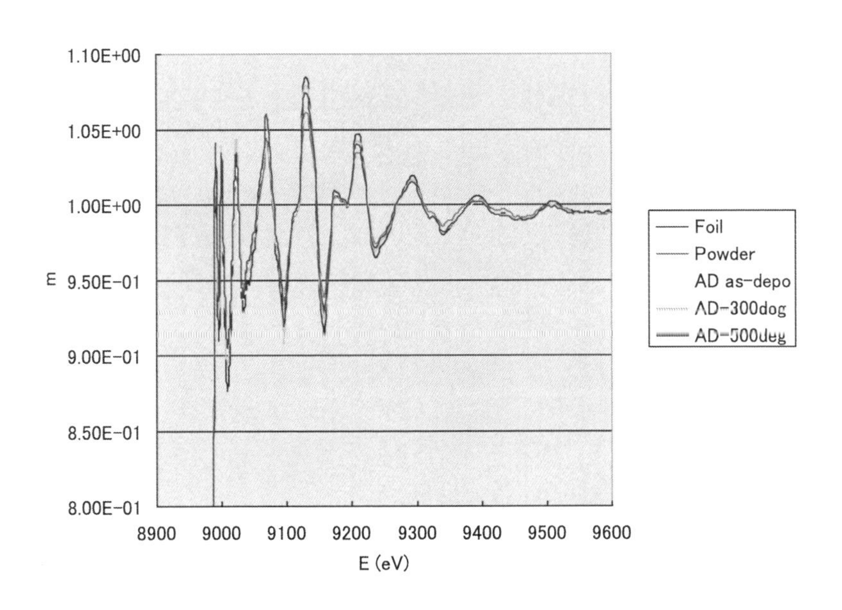

図 52　X 線吸収微細構造（XAFS）観察による AD 膜の微構造解析

膜表面が叩かれ，ショットピーニングの様な効果が働き，膜の緻密化は促進されるものの，結果，膜内の転位密度など構造欠陥が増加し，熱処理による特性回復を低下させていると考えられる。

従って，上記，原料粒子前処理条件を最適化すると共に，粒子衝突速度をなるべく低く抑え膜を緻密化する条件を選んだ方が，抗電界は低く抑えられ，残留分極は大きくなり，分極反転をし易くなり，優れた膜特性が得られる。

最近では，バルク材で非常に高い圧電定数をもつリラクサー系材料や非鉛圧電材料[19)]のAD成膜も検討されている。10 μm前後の膜厚で比誘電率：2530，圧電定数d_{31} = −164〜−370 pm/Vが得られている[39, 40)]これらの値は図51に示すように，これまでのゾルゲル法やスパッター法などの薄膜法や水熱合成法，スクリーン印刷法の報告を凌駕する特性である。このようにAD法の場合，ゾルゲル法やスパッター法などの従来薄膜技術と異なり，3元系，4元系など複雑組成の圧電材料でも，原料粉末の段階で固溶が十分に調整できるものであれば容易に緻密な厚膜を形成できるのも大きな特徴の一つである。

この様に，AD法で常温形成された膜は，一般にバルク体に比べ高い絶縁性を示す。しかし，酸化物エレクトロニクス材料として研究の盛んな強誘電体材料や強磁性材料では，十分な性能が得られない。この点について，最近，X線吸収微細構造解析（XAFS）を用いた検討により，その様子が明らかにされつつある。図52-AにPZTのPb-LIII吸収端のXAFSスペクトルを示す。吸収端から50 KeVの近傍では原子の伝導帯の構造を反映している。原料粉末の13050 eV付近に見られた構造はAD法による膜形成過程で消失し，アニールにより回復している。また，吸収端から50 eV以上で短距離構造を反映する領域では，PZTの原料粉末で観測された振動が，as-deposited膜で大きく変化し，アニール膜でほぼ完全に回復している。これらの結果は，AD膜形成過程では，粒子衝突により電子構造，短距離構造が大きく乱れること，並びに，この乱れが600℃程度のアニールによりほぼ回復できることを示している。アズデポ膜はXDRによる回折を示しており，AD膜は，短距離構造は乱れているが長距離構造は維持されるという特有の構造を有していることになる。これに対して図52-Bに示すように，Cu等金属膜の場合は，室温アズデポ膜と原料粉末やバルク材（Cuホイル）との間に，電子構造や短距離構造の大きな違いは見られず，粒子衝突による衝撃力が加わっても，また，熱処理による回復を行わなくとも，バルク材なみの電気特性や磁気特性が維持されることが示唆されている。

（第2章へつづきます。）

第2章　常温衝撃固化現象

明渡　純*

1　常温衝撃固化現象と成膜メカニズムに関する検討

AD法以外にも，これまで固体粒子の衝突付着現象を利用した成膜技術が幾つか報告されている。図53は，乾式の微粒子，超微粒子衝突付着によるコーティング手法を，原料粒子の粒径と粒子速度，成膜雰囲気温度，材質（セラミックス，金属など）で整理したものである。大きくは，電界加速による方法（EPID法やマクロンビーム法）とガス搬送による方法（AD法，コールドスプレー（CS）法，GD法など）に大別される。一般にこれらの成膜手法では，微粒子の

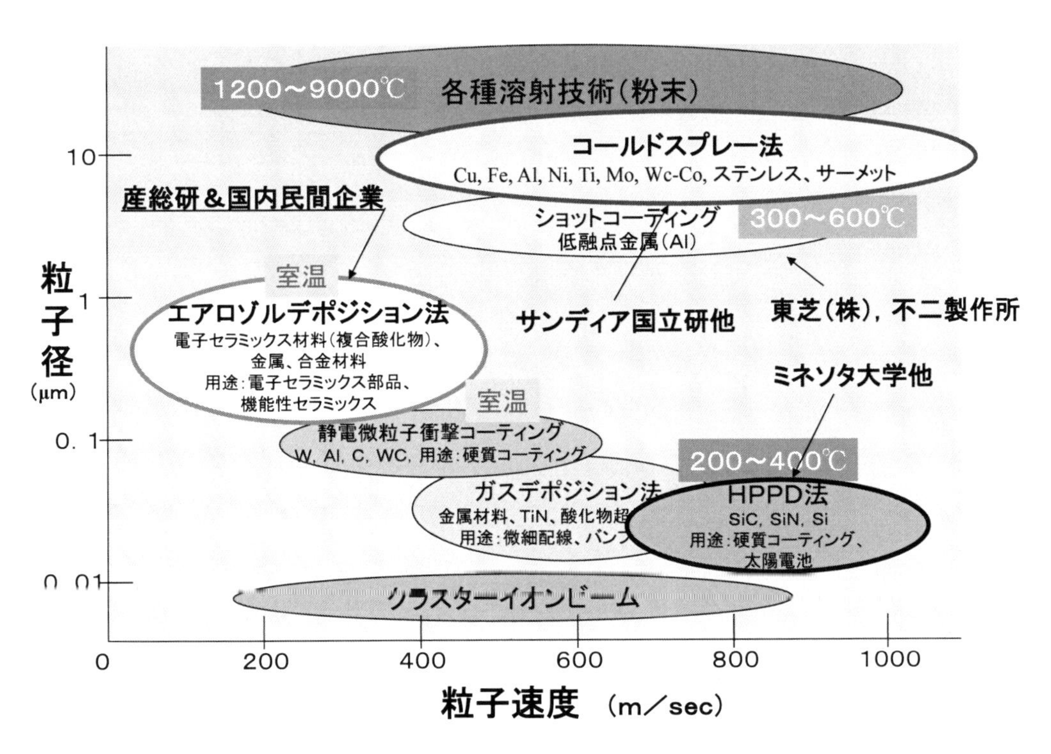

図53　粒子衝突速度Vs原料粒子径で整理したAD法と従来類似成膜技術との比較

＊　Jun Akedo　(国研)産業技術総合研究所　先進コーティング技術研究センター　センター長

持つ運動エネルギーが基材あるいは微粒子間の衝突により短時間の内に狭い領域に集中的に開放され，材料融点以上の高温になり粒子間結合が生じるものと考えられてきた[42, 50]。しかしながら，これらは，微粒子同士は全体としてほぼ固体状態のままで結合していると考えられ，溶射技術のように微粒子を熱的なエネルギーアシストによる成膜法とは原理的に異なるものと考えられる。また，CS法は，金属膜やサーメット膜は形成できるが，緻密なセラミックス膜は形成できない。図53から粒子衝突速度や粒子径から，AD法はCS法に比較して，明らかに運動エネルギーは小さいが，緻密なセラミックス膜や金属膜が形成でき，上記運動エネルギーの大小だけでは，十分な説明になってない。さらに，各手法において形成された微粒子膜（微粒子同士が結合して形成された膜）の粒子間結合状態が同じかどうかも明らかでなく，実際，粒子衝突によるエネルギー解法のメカニズムについて議論している報告例は少ない。成膜結果を現象論的にみても各々大きな違いがある。

1．1　粒子衝突現象を利用した成膜手法と開発経緯

微粒子の衝突現象に関する研究は，宇宙科学，高圧物理，防衛，航空工学の分野などで，隕石やスペースデブリに対する宇宙船の遮蔽や，兵器システムの鎧性能を改善する目的で，また，新規な物質合成を目的として，古くから検討されてきた。その中で議論される衝撃負荷（Shock loading）あるいは衝撃圧縮（Shock Compression）作用は，純力学過程に基づいた物質中を伝搬する衝撃波の効果で，通常の力学作用や熱作用とは異なる材料構造の変化をもたらす。従って，ある条件では基材に衝突した微粒子が強固に付着し一種の成膜現象を生じることも想像に難くない。

1970年代に入り井手[41, 42]らによって，この様な微粒子の衝突現象を成膜技術に利用しようとする試みが，微粒子の静電加速による手法である静電微粒子衝撃コーティング法（EPID法）として我が国で初めて始まった。また，ほぼ同時期に類似した原理の装置が欧米ではマクロンビーム（米国）[43]と呼ばれる核融合や超高圧物理の実験手法として研究されている。一方で，1980年代に入ると，林[44]らによりガス中蒸発法で形成された表面活性の高い金属超微粒子をガスと混合し細いノズルを通して加速，基板上に吹き付けて被膜形成を行うガスデポジション法[45]（以下，GD法と略す。）が，また，Papyrin, Alkimov[46～48]らにより固体状態の金属微粒子をガスと混合，大気圧下で基材に超音速で吹きつけ膜形成を行うコールドスプレー法（以下，CS法と略す。）など，ガス搬送による微粒子あるいは超微粒子の加速手法が検討されてきた。

GD法の場合，ガス中を浮遊するサブミクロン以下の超微粒子は重力の影響をほとんど受けず，きわめて短時間で搬送ガスの速度と同じになるということを積極的に利用している。不活性ガスを搬送ガスに用いることで，真空チャンバー内で形成された超微粒子の表面活性を維持したまま超微粒子同士の融着を実現，厚さ10 μm，ライン幅100 μm以上の金属膜のパターン形成がされている。これに対し，コールドスプレー（CS）法では，溶射に用いられるような数ミクロン以上の低融点金属粒子をガスで搬送し，大気圧下で基材に吹き付ける。装置構成は基本的に

通常の減圧溶射装置と酷似するが，プラズマ発生を伴わない。溶射法（サーマルスプレー）に対比して，低温での成膜であることから，この名前が付けられており，最近，日本でもショットコーティング法[49]として類似の手法を検討する動きもある。アルミや銅などの低融点材料においても 500 m/sec 以上の粒子速度に上げないと成膜現象は生ぜず，超音速ノズルや 500℃程度のホットガスを用いる点や，当初，大気圧下での成膜技術を利点としていたところが GD 法や溶射装置と異なる。わずか数分で数ミリ厚以上の強固な金属膜の形成が確認されているが，純粋なセラミックス材料での成膜には成功していない[50]。この他，ガス搬送を用いる手法として，原料粒子サイズをクラスターサイズにまで小さくした超音速クラスタービーム法（SCBD 法）を用い，カーボン材料や SiC の成膜，微小構造体を作成しようとする試みが検討された[51]。また，溶射技術の分野でも Hypersonic plasma particle deposition（HPPD 法）[52,53]など，CVD 法においてガス中蒸発法のように高い圧力下で一度サブミクロン以下のセラミックス超微粒子を生成し，これを基板に超音速で吹き付けてナノクリスタル膜を作製し，膜質の向上や新しい機能を得ようとする研究も始まっている。これも GD 法などと同様に「ビルドアップ法」によるナノクリスタル膜の形成技術と言える。

1．2　類似の粒子固化現象

常温衝撃固化現象の特徴的なことは，マクロ的には常温でセラミックス粉体が強固に結合固化することと，その際，原料粉末の結晶粒子が微細化されることにある。その点で類似の現象としては，Shock Compaction（衝撃成形法あるいは衝撃焼結法などと訳される。）と呼ばれる粉体成形プロセスが挙げられる。高い圧力の衝撃波が成形粉体中を通過するとき，結晶粒子の微細化が起こると同時に，粉体粒子間の結合も生じるとされ，ダイアモンド[54,55]や超伝導体[56,57]，アモルファス合金材料[58]，傾斜機能材料などの合成法として古くから検討されており，通常，1 km/sec 以上の高速飛翔体を粉末成形体に衝突させて 10 GPa 以上の衝撃圧力で固化する[59,60]。一連の研究は，近藤[61,62]らのグループにより精力的に研究されており，このとき粒子界面は，高温になり粒子同士が融着され一種の焼結現象が促進されると考えられてきた。

衝撃焼結では，衝撃波の伝搬過程により，個々の粉体に破砕現象と粒子間界面に熱局在現象が誘起される。従って，粒子間結合の機構は，粒間の溶融層の凝固に伴うものと見られているが，未だ明確でない結合機構も存在するとしている[63]。これに対して，静的な高圧力下で結晶の微細化が生じる粉体固化現象として，鉱物学や金属学の分野では，“Dynamic-Recrystallization”（動的再結晶化）という高圧環境下での結晶の微細化現象として取り扱われている。金属学では特に冷間鍛造のプロセスメカニズムとして議論されることもある。これらの機構については，転位論を基本に現象説明が試みられており[64~68]，セラミックスのような脆性材料では，ほとんどの場合，中高温下での高圧場における議論となっている。これらの高圧力がかかるプロセス過程で，セラミックス粉体が脆性的な破壊から塑性的な変形が生じることが観察され，これらは“脆性-延性モード遷移（Brittle-Ductile Transition（BDT））”と呼ばれ[69~71]，転位の核形成過程や移動など結晶力学的視点からいろいろな説明が検討されている。しかしながら，後述するように結晶の微細化は対象材料やプロセス温度域によって個々に解釈の違いがあり，常温衝撃固化現象を説明しきるものとは言い難い。

1．3　常温衝撃固化現象に対する考察

これまで知られる固体微粒子の衝突付着現象を利用した成膜手法では，図 54 に示すように微粒子の持つ運動エネルギーが基材あるいは微粒子間の衝突により短時間の内に狭い領域に集中的に開放され，材料融点以上の高温になり粒子間結合が生じるものと考えられてきた[10, 14]。しかしながら，この場合，微粒子同士は全体としてほぼ固体状態のままで結合していると考えられ，溶射技術のように微粒子を熱的なエネルギーアシストにより，その表面を溶融あるいは半溶融状態にして吹き付け粒子間の結合を得る成膜法とは原理的に異なるものと考えられる。AD 法は，常温で緻密な透明性の高いセラミックス膜を得ることができる。このセラミックス微粒子の「常温固化現象」について，数 GPa 程度の衝突負荷下で，数ミクロン以下の粒子径のセラミックス微粒子が，固体状態のまま塑性的な流動を起こすことは明らかになった。さらにこの現象を深く理解するカギを握っているのは，①**それが実質常温で起こっているかどうか？**また，②**粒子間結合や粒子基板間結合が，衝突した接触界面が溶融温度まで上昇し引き起こされているのか？それとも，衝突時の粒子破砕による新生面の形成が常温でも結合を促進できうるのか？**という疑問であ

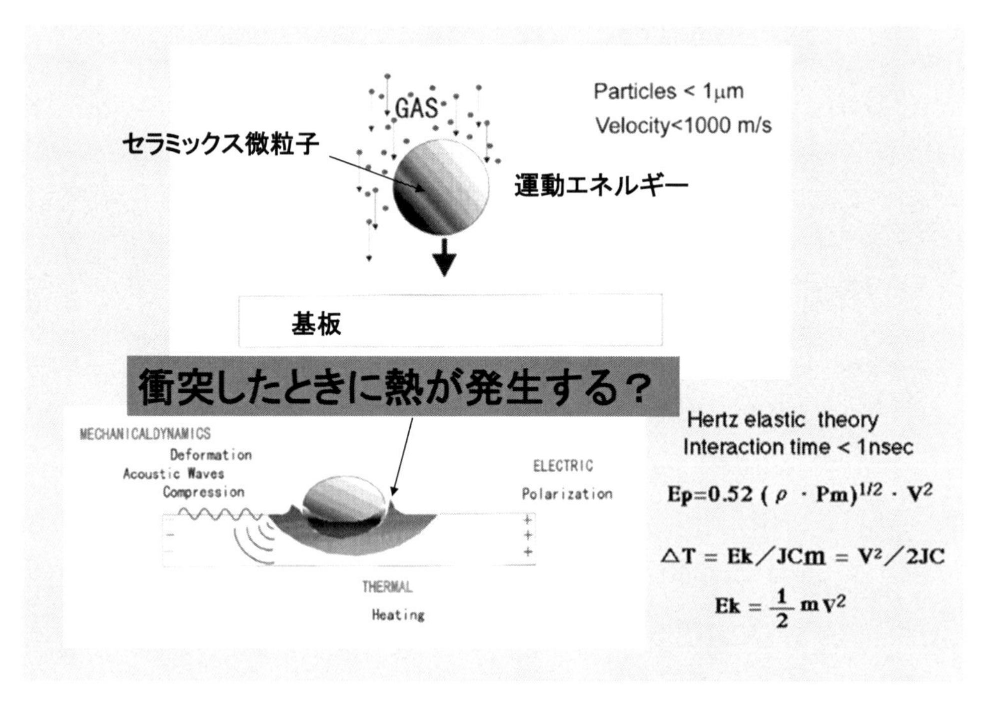

図 54　従来成膜メカニズムの解釈

る。

これに対し，前章の図15-Bに示したように，AD法による成膜中に粒子を吹き付けている基板近傍で，明るいプラズマ発光が観察されることがある。このような発光から成膜メカニズムとして，微粒子の衝突時に，局所的には粒子表面は高温になり融着が生じているとの説明も見られる。しかしながら，粒子衝突により観察される発光スペクトルは，搬送ガスのHeの発光スペクトルと一致し，粒子自体の溶融による発光スペクトルは見られない。一方で，搬送ガスをHeからN_2など，100 Pa近傍でも電離しにくいガスに変更すると，衝突発光は生じなくなることが確認されている[9)]。固体表面どうしが衝突したり，擦り合わさると，物理的に電子が放出されるフラクトエミッションという現象が知られている[72)]。AD法の場合も微粒子の衝突により基材表面から電子が放出され，その電子が，搬送ガスを励起して発光が生じていることが考えられる。従って，AD法の粒子衝突では，粒子表面が溶けて，変形するほど高温になっているとは考え難い。

先にも述べたが，セラミックス微粒子の高圧印加下での固化現象に関し，これまでも様々な分野から異なった視点で検討されてきている。従来より知られる衝撃焼結法では，常温衝撃固化現象に似た粉体結晶の微細化と固化が観察されるが，アンビルなどの型に充填，パッキングされた粉末に，1 km/sec以上の高速の飛翔体を衝突させ，AD法より一桁以上大きな10～100 GPaの衝撃圧を印加する。近藤らは，この時の粉体を通過する衝撃波により局所的に解放される熱エネルギーを「スキンモデル」[73)]を用いて説明している。セラミックス材料の場合，基本衝撃焼結法の塑性流動や粒子間結合のメカニズムは，衝撃波による粒子間界面での温度上昇によるセラミックスの軟化や焼結現象を前提としている。また，粒子径を微細化することで，熱緩和と加圧のタイミングを時間的に合わせ，割れのない緻密な焼結体が得られる自己加熱衝撃成形（Self-heated Shock Compaction）[74)]という考え方も提唱している。これらの考えには，常温のままセラミックスが塑性変形したり，化学結合をするという考えはないといえる。但し，未だ明確でない結合機構も存在するとしている。これに対し，AD法の粒子の衝突速度，衝突圧はともに，上記衝撃焼結法より1桁以上低く，従来の衝撃成形法，衝撃焼結とは投入エネルギーが明らかに低い。その点で両者が同様現象とは考えづらい。我々は，「セラミックス粒子が数ミクロン以下の粒子径になると，粒子衝突による高圧負荷下で，常温で塑性的流動を起こし，それによる粒子表面の新生面の形成，活性化により粒子間結合が常温でも促進され，結果として，常温で緻密な透明性の高いセラミックス膜が得られる」[75)]という仮説を提唱してきた。①のセラミックス材料の常温の塑性変形の可能性，つまりセラミックス粒子径に対応した常温でのBDT（脆性-延性モード遷移）については，最近になって，いくつかの報告がある。代表的なものとしては，SiやGeなどの脆性材料のナノインデンテーションで観察され，圧子の押し込み深さがサブミクロンレベルの時，常温にもかかわらず脆性材料表面にクラック進展のない塑性変形による圧痕が観察されることが知られている[70, 76)]。また，機械加工の分野では，古くから脆性材料の超精密切削加工で切り込み深さをサブミクロンオーダーからそれ以下に浅くすると塑性的な加工状態となり，ピットなどの脆性的破壊痕がない平滑な加工面が得られることが知られている[77,78]。但し，そのメカニズムについては，現象論が中心で物理的には十分に理解されておらず，加工点の非常に狭い領域が摩擦などにより，溶融状態に近い高温になっていることを前提として説明されることが多い。また，我々が，上記仮説を発表して以降，粒子サイズの微細化によるセラミックス粒子の常温BDTに関する報告もいくつか見られるようになった。Johann Michlern[79,80]らは，Siやα-Al_2O_3を収束イオンビーム（FIB）で，様々な直径，方位のマイクロピーラーに加工し，これを圧縮試験を行いピラーサイズや結晶方位によって，常温のBDTが生じることを報告している。また，Kaveh Edalati[81]らは，部分安定化ジルコニアが，高い静水圧下でのねじりひずみによって，常温で激しい塑性変形を生じることを報告している。直接AD法の成膜メカニズムを解明する観点では，サンデア国立研究所のPylin Sarobol[82]らは，我々と同様の微粒子圧縮破壊試験を走査型電子顕微鏡（SEM）内で行い，我々と同様のα-Al_2O_3微粒子の常温での塑性変形挙動を報告している。また，H. Assadi[83]らは，分子動力学シミュレーションで，転位の移動条件から，脆性材料のサイズ効果を議論し，常温BDTの可能性とAD法の成膜条件との関係にも言及し，我々の仮説を支持している。

1．4　常温衝撃固化現象での粒子間結合メカニズム

②の粒子間結合が，粒子／基板間結合が常温で生じているかどうかについては，まだ，未解明の部分はあるが，前章の図29で示された本プロセス過程で形成されたPZTとα-Al_2O_3との粒界の高解像度電子顕微鏡像（HR-TEM）からは，アモルファス層はほとんど見られず，粒界近傍までどちらの格子像も明瞭に観察され，熱的相互拡散もほとんど見られない。また，焼結体セラミックスのような熱平衡なプロセスで見られる直線的な結晶粒界ではなく，不定形な境界構造になっている。おそらく衝撃焼結で見られるような局所的には熱平衡に近い状態での長距離にわたる熱拡散結合ではなく，接合分野における圧接に近い接合形態になっているものと考えられる[3,6,75]。

我々は，化学的に活性な新生面が粒子衝突・破砕時に形成されることと，その新生面どうしが原子レベルで近接することで粒子間の化学結合が形成されると考えている。これを検証するために，図55に示すような実験を行った。前章「3．2　原料粉末の影響」や「3．7　緻密化メカニズム」でもふれたように，本プロセスで膜が形成できない，すなわち常温で通常の脆性的な破砕特性を有する粒子径が数ミクロン以上の大きな原料粒子を基材に吹き付ける。この時，基材には吹き付けている原料粒子と同じアルミナ粒子を焼結したセラミックス基板を用いる。基材に衝突した原料粒子は，原料粒子と同じアルミナ焼結基板をエッチングしながら破砕され，新生面を有する微細な破片粒子になりリバウンド，搬送ガスの流れに乗ってチャンバー排気口から排出される。この時，新生面が形成された微細破片粒子を，気流に乗った微細破片粒子の速度が成膜に必要な臨界速度以下になる基材から十分離れた場所に配置した第2のガラス基板上に捕獲した。その結果，ガラス基板上に堆積された微細破片粒子はガラス基板と強固に結合，さらに時間をか

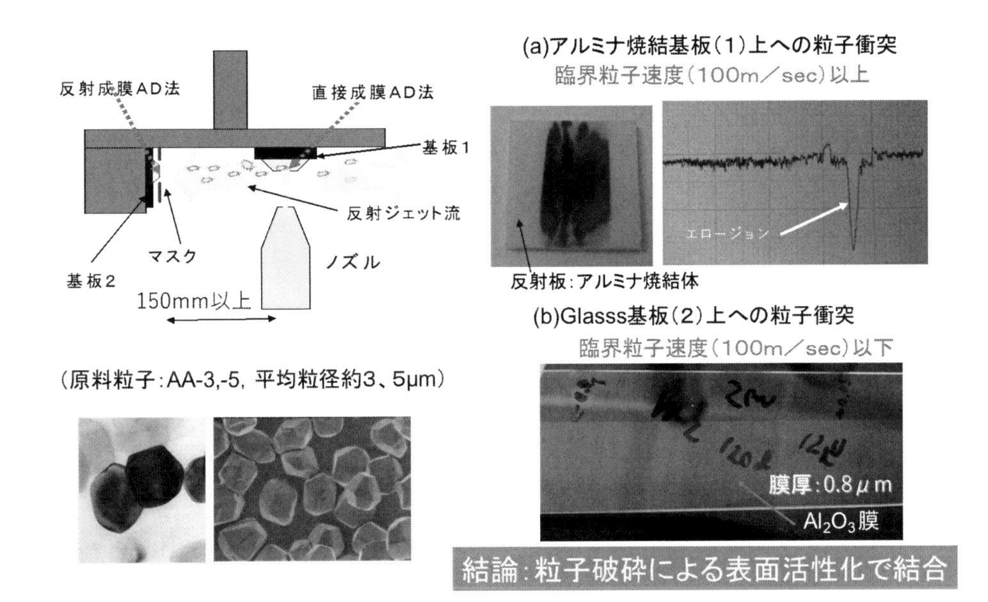

図55　反射成膜による粒子間結合メカニズムの解明（口絵参照）

けると図55に示すように膜密度は低いが１ミクロンほどの厚みの膜が形成できることが確認された。この結果は，粒子衝突破砕による化学的に活性な新生面の形成が，本プロセスの粒子結合の一因になってることを示唆していると考えられる。

実装分野では，Arイオン照射による表面活性化常温接合法[84, 85]という手法が実用化されており，ガラスやSi，$LiNbO_3$などの脆性材料の常温接合も報告されている。上記実験の結果から，表面化学的には，この様な粒子衝突による新生面形成に基づく表面活性化によるメカニズムで説明できる可能性もある。

文　　献

1) J. Akedo and M. Lebedev, "Microstructure and Electrical Properties of Lead Zirconate Titanate (Pb(Zr52/Ti48)03) Thick Film deposited with Aerosol Deposition Method", *Jpn. J. Appl. Phys.*, **38**, 5397-5401 (1999).
2) J. Akedo, "Aerosol Deposition Method for Fabrication of Nano Crystal Ceramic Layer", *Material Science Form*, **449-452**, 43-48 (2004).
3) J. Akedo, "Aerosol Deposition of Ceramic Thick Films at Room Temperature: Densification Mechanism of Ceramic Layers", *J. Amer. Ceram. Soc.*, **89** (6), 1834-1839 (2006).

4) J. Akedo, M. Ichiki, K. Kikuchi, R. Maeda, "Fabrication of Three Dimensional Micro Structure Composed of Different Materials Using Excimer Laser Ablation and Jet Molding", IEEE Proceedings of The 10th Annual International Workshop on Micro Electro Mechanical Systems (MEMS. '97), Nagoya Japan, January, pp135-pp140 (1997).
5) 明渡純，マキシム・レベデフ，"微粒子，超微粒子の衝突固化現象を用いたセラミックス薄膜形成技術-エアロゾルデポジション法による低温・高速コーティング－"，まてりあ，**41** (7), 459-466 (2002).
6) 明渡純，清原正勝，"噴射粒子ビームによる衝撃加工とナノ構造形成－エアロゾルデポジション法によるナノ結晶膜の形成と粉体技術の重要性－"，粉体工学会誌，**40** (3), 192-200 (2003).
7) S. Kashu, E. Fuchita, T. Manabe, and C. Hayashi : "Deposition of Ultra Fine Partcles Using Gas Jet", *Jpn. J. Appl. Phys.*, **23**, L910-L912 (1984).
8) H. Adachi, Y. Kuroda, T. Imahashi and K. Yanagisawa : "Preparation of Piezoelectric Thick Films using a Jet Printing System", *Jpn. J. Appl. Phys.*, **36**, 1159-1163 (1997).
9) J. Akedo and M. Lebedev : "Influence of Carrer Gas Condtions on Electrical and Optcal Propertes of Pb(Zr, Ti)O_3 Thin Films Prepared by Aerosol Deposition Method", *Jpn. J. Appl. Phys.*, **40**, 5528-5532 (2001).
10) J. Akedo and M. Lebedev : "Powder Preparation for Lead Zirconate Titanate Thick Films in Aerosol Deposition Method", *Jpn. J. Appl. Phys.*, **41**, 6980-6984 (2002).
11) M. Levedev, J. Akedo, K. Mori and T. Eiju, "Simple self-selective method of velocity measurement for particles in impact-based deposition", *J. Vac. Sci. & Tech. A*, **18** (2), 563-566 (2000).
12) M. Yoshida, H. Ogiso, S. Nakano, J. Akedo, "Compression test system for a single submicrometer particle", *Rev. Sci. Instrum.*, **76**, 093905 (2005).
13) S. K. Ahuja, *Powder Technol.*, **16**, 17 (1977).
14) Y. Saito, J. Nyumura, Y. Zhang, S. Tanaka, N. Uchida, and K. Uematsu, *J. Europ. Ceram. Soc.*, **22**, 2835 (2002).
15) Y. Hiramatsu, Y. Oka, and H. Kiyama, 日本鉱業会誌. **81**, 1024 (1965)
16) E. O. Hall, *Proc. Phys. Soc. Ser. B.*, **64**, 747 (1951).
17) N. J. Petch, "Cleavage Strength of Polycrystals", *J. Iron Steel Inst.*, **174**, 25 (1953).
18) I. B. Cutler, "Strength Properties of Sintered Alumina in Relation to Porocity and Grain Size", *J. Am. Ceram. Soc.*, **40**, 20-23 (1957).
19) F. P. Knudsen, "Dependence of Mechanical Strength of Brittle Polycrystalline Specimens on Porosity and Grain Size", *J. Am Ceram. Soc.*, **42**, 376-387 (1959).
20) R. M. Spriggs and T. Vasilos, "Effect of Grain Size on Transverse Bend Strength of Alumina and Magnesia", *J. Am Ceram. Soc.*, **46**, 224-228 (1963).
21) E. M. Passmore, R. M. Spriggs. T. Vasilos, "Strength-Grain Size-Porosity Relations in Alumina", *J. Am. Ceram. Soc.*, **48**, 1-7 (1965).
22) H. P. Kirchner and R. M. Gruver, "Strength-Anisotropy-Grain Size Relations in

Ceramic Oxides", *J. Am. Seram. Soc.*, **53**, 232-236 (1970).
23) D. T. Rankin, J. J. Stiglich, D. R. Petrak, R. Ruh, "Hot-Pressing and Mechanical Properties of Al_2O_3 with an Mo-Dispersed Phase", *J. Am. Ceram. Soc.*, **54**, 277-281 (1971).
24) S. C. Carniglia, "Reexamination of Experimental Strength-vs-Grain-Size Data for Ceramics", *J. Am. Ceram. Soc.*, **55**, 243-249, (1972).
25) J. P. Singh, A. V. Virkar, D. K. Shetty, R. S. Gordon, "Strength-Grain Size Relations in Polycrystallin Ceramics", *J. Am. Ceram. Soc.*, **62**, 179-183 (1979).
26) S. D. Skrovanek and R. C. Bradt, "Microhardness of a Fine-Grain-Size Al_2O_3", *J. Am. Ceram. Soc.* **62**, 213-214 (1979).
27) A. G. Evans, "A Dimensional Analysis of the Grain-Size Dependence of Strength", *J. Am. Ceram. Soc.*, **63**, 115-116 (1980).
28) V. D. Krstic, "Grain-size dependence of fracture stress in anisotropic brittle solids", *J. Mater. Sci.*, **23**, 259-266 (1988).
29) S. J. Bennison and R. R. Lawn, "Role of interfacial grain-bridging sliding friction in the crack-resistance and strength properties of nontransforming ceramics", *Acta metall.*, **37**, 2659-2671 (1989).
30) P. Chantikul, S. J. Bennison, B. R. Lawn, "Role of Grain Size in the Strength and R-Curve Properties of Alumina", *J. Am. Ceram. Soc.*, **73**, 2419-2427 (1990).
31) R. W. Rice, C. C. Wu, F. Borchelt, "Hardness-Grain-Size Relations in Ceramics", *J. Am. Ceram. Soc.*, **77** (10) 2539-2553 (1994).
32) A. Krell, P. Blank, "Grain Size Dependence of Hardness in Dense Submicrometer Alumina", *J. Am. Ceram. Soc.*, **78** (4) 1118-1120 (1995).
33) A. Muchter, L. C. Lim, "Indentation Fracture Toughness of High Purity Submicron Alumina", *Acta Mater.*, **46** (5) 1683-1690 (1998).
34) J. Akedo, "An Aerosol Deposition Method and Its Application to Make MEMS Devices", Amer. Ceram. Trans., "Charactrization & Control of Interfaces for High Quality Advanced Materials", Vol. 146, 245-254 (2003).
35) 明渡純，"エアロゾルデポジションによる透光性，絶縁コーティング"，金属，**75-3**, 16-23 (2005).
36) J. Akedo and M. Lebedev : "Piezoelectric properties and poling effect of Pb (Ti,Zr) O_3 thick films prepared for microactuators by aerosol deposition method", *Appl. Phys. Lett.*, **77**, 1710-1712 (2000).
37) J. Akedo and M. Lebedev : "Effects of annealing and poling conditions on piezoelectric properties of $Pb(Zr_{0.52},Ti_{0.48})O_3$ thick films formed by aerosol deposition method", *J. Cryst. Growth*, **235**, 397-402 (2002).
38) S.-W. Oh, J. Akedo, J.-H. Park and, Y. Kawakami, "Fabrication and Evaluation of Lead-Free Piezoelectric Ceramic LF4 Thick Film Deposited by Aerosol Deposition Method", *Jpn. J. Appl. Phys.*, **45**, 7465-7470 (2006).
39) Y. Kawakami and J. Akedo, "Annealing Effect on $0.5Pb(Ni_{1/3}Nb_{2/3})O_3$-$0.5Pb(Zr_{0.3}Ti_{0.7})$

O_3 Thick Film Deposited By Aerosol Deposition Method", *Jpn. J. Appl. Phys.*, **44**, 6934-6937 (2005).

40) Y. Kawakami and J. Akedo, "PNN-PZT Thick Film with Large Piezoelectric Constant Deposited on YSZ and Stainless Steel substrate by Aerosol Deposition", J. Europ. Ceram., (Submitting).

41) 井手 敞, 森 勇蔵, 井川直哉, 八木秀次：精密工学会誌, **57**, 2, 122-127 (1991).

42) Y. Mori, T. Ide, I. Konda, H. Yagi and H. Tsuchiya, *Technol. Repts. Osaka Univ.*, **39**, 1977, 255 (1989).

43) 福澤文雄, 応用物理, **60**, 7, 720-721 (1991).

44) 林 主税, 応用物理, **54**, 7, 687-693 (1985).

45) C. Hayashi, S. Kashu, M. Oda and F. Naruse : *Mater. Sci. & Eng., A*, **163**, 157-161 (1993).

46) P. Alkimov, V.F. Kosarev and A.N. Papyrin : *Dokl. Akad. Nauk SSSR*, **315**, 5, 1062-1065 (1990).

47) A.N. Papyrin, A.P. Alkhimov, V.F. Kosarev, and S.V. Klinkov, Proc. of ITSC2001, 423 (2001).

48) 榊和彦, 溶射技術, **21**, 29-28 (2002).

49) 須山章子, 新藤尊彦, 安藤秀泰, 伊藤義康：セラミックス, **37**, 1, 46-48 (2002)

50) R.C.Dykhuizen, M.F. Smith, D.L. Gilmore, R.A. Neiser, X. Jiang and S. Sampath: *J. Therm. Spray Tech.*, **8**, 4, 559-564 (1999)

51) E. Barborini, P. Piseri, A. Podesta and P. Milani : *Appl. Phys. Lett.*, **77**, 7, 1059-1061 (2000).

52) F. Di. Fondo, A. Gidwani, M. H. Fan, D. Neumann, D. I. Iordanoglou, J. V. R. Heberlein, P. H. Mcmurry, S. L. Girshick, N. Tymiak, W. W. Gerberick and N. P. Rao, *Appl. Phys. Lett.*, **77**, 910-912 (2000).

53) N.P. Rao, N. Tymiak, J. Blum, A. Neuman, H.J. Lee, S.L. Girshick, P.H. McMurry, and J. Heberlein, *J. Aerosol Sci.*, 707-720 (1998).

54) D. K. Potter and T. J. Ahrens, *Appl. Phys. Lett.*, **51** (5), 317-319 (1987).

55) H. Hirai and K. Kondo : *Science*, **253**, 772-774 (1991).

56) L. E. Murr, A. W. Hare and N. G. Eror : *Nature*, **329**, 3, 37-39 (1987).

57) C. L. Seaman *et al. : Appl. Phys. Lett.*, **57**, 1, 93-95 (1990).

58) T. Negishi *et al. : J. Mater. Sci.*, **20**, 399-406 (1985).

59) 近藤建一：固体物理, **19**, 127-135 (1984).

60) D.E. Grady, *Mech. Mater.*, **29** , 181-203 (1998).

61) K. Kondo, A. Sawaoka, S. Sito, High-Pressure Science and technology, ed. By K.D. Timmerhaus, M.S. Baeber, Plenum Press, New York (1979) 905-910.

62) K. Kondo, T-J. Ahrens, *Phys. Chem. Minerals*, **9**, 173-181 (1983).

63) K. Kondo, A. Sawaoka, *J. Appl. Phys.*, **52**, 1590-1591 (1981).

64) 近藤健一：高圧の科学と技術, **4** (2), 138-147 (1995).

65) H. Stunitz, J.D. Fitz, Gerald, J. Tullis, *Tectonophysics*, **372**, 215-233 (2003).

66) M. Drury and J. Urai, *Tectonophysics*, **172**, 235-253 (1990).
67) Richard A. Yund and J. Tullis, *Contrib. Mineral. Petrol.*, **108**, 346-355 (1991).
68) H. Miura, T. Sakai, H. Hamaji, *J.J. Jonas, Scripta Materialia*, **50**, 65-69 (2004).
69) M. Brede and P. Haasen, *Acta metall.*, **36** (8), 2003-2018 (1988).
70) J. Lankford, W.W. Predebon, J.M. Staehler, G. Subhash, B.J. Pletka, C.E. Anderson, *Mech. of Mater.*, **29**, 205-218 (1998).
71) Yun-Biao Xin and K. Jimmy Hsia, *Acta mater.*, **45** (4), 1747-1759 (1997).
72) L. Scudiero, J. T. Dickinson and Y. Enomoto: *Phys. Chem. Minerals.*, **25** , 566 (1998).
73) K. Kondo, S. Soga, A. Sawaoka, M. Araki, *J. Mater. Sci.*, **20**, 1033-1048 (1985).
74) T. Taniguchi and K. Kondo, *Advanced Ceram. Mater.*, **3**, 399-402 (1988).
75) 明渡純：特許第 3265481 号 (2001).
76) T.T. Zhua, J. Bushbya, D.J. Dunstanb, *J. Mech. and Phys. Solids*, **56**, 1170-1185 (2008).
77) 杉田忠彰 他，精密工学会誌，**52** (12), 2138 (1986).
78) 宮下政和，精密工学会誌，**56**, 5 (1990).
79) F. Ostlund, K. Rzepiejewska-Malyska, K. Leifer, Lucas M. Hale, Y. Tang, R. Ballarini, William W. Gerberich, *J. Michlern, Adv. Funct. Mater.*, **19**, 2439-2444 (2009).
80) A. Montagne, S. Pathak, X. Maeder, *J. Michlern, Ceram. Inter.*, **40**, 2083-2090 (2014).
81) K. Edalati, S. Toh, Y. Ikomaa, Z. Horita, *Scripta Materialia*, **65**, 974-977 (2011).
82) P. Sarobol, M. Chandross, Jay D. Carroll, William M. Mook, Daniel C. Bufford, Brad L. Boyce, K. Hattar, Paul G. Kotula, Aaron C. Hall, *J. Therm. Spray Tech.*, **25**, 1-2, 82-93 (2016).
83) B. Daneshian and H. Assadi, *J. Therm. Spray Tech.*, **23**, 3, 541-550 (2014).
84) 須賀唯知：溶接学会誌，**61**, 98 (1992).
85) H. Takagi, R. Maeda, N. Hosoda, T. Suga, *Appl. Phys. Lett.*, **74**, 2387-2389 (1999).

第2編
エアロゾルデポジション法の高度化技術

第3章　AD法における配向制御の可能性

鈴木宗泰[*1]，土屋哲男[*2]，明渡　純[*3]

1　粒子配向セラミックスの研究背景

結晶構造に由来したセラミックスの機能性は結晶方位に依存することが多く，多結晶セラミックスを粒子配向させることで物性を改善する研究が盛んに行われている。特に，ピエゾ素子として広く利用されている多結晶の強誘電体では，無配向だと分極処理後も分極ベクトルが互いに打ち消しあう成分を含むことから，シングルドメイン構造の単結晶の物性に遠く及ばないため，粒子配向化に関する研究報告は数多い。ビスマス層状構造強誘電体（bismuth layer-structured ferroelectrics, BLSFs）は，a,b 軸方向に結晶が成長しやすく板状粒子になりやすい傾向があり，強誘電性や誘電特性にも強い異方性を示すため，粒子配向制御に関する研究のモデル材料としてよく選ばれている。図1にBLSFsの結晶構造と板状粒子の結晶方位を示す。酸化ビスマス層と強誘電性を発現するペロブスカイト層が c 軸に沿ってスタッキングした結晶構造を持ち，酸化ビスマス層間の酸素八面体の数は m 数で表される。BLSFsの自発分極（P_s）の向きは a 軸より若干 c 軸に傾いているため，c 軸方向の性状は，m 数が偶数の場合だと分極ベクトルが互いに打ち消しあって消失して常誘電性を示すようになり，m 数が奇数の場合は，a 軸方向に比べて非常に小さな強誘電性を示す。さらに，c 軸方向に高い絶縁性を示すことも特徴の一つである[1]。従って，板状粒子の面垂直方向が c 軸と平行になることを利用し，板状粒子を積層化するように粒子配向制御することで，多結晶体でありながら c 軸の結晶方位を揃えることが可能となる。得られた粒子配向セラミックスは，無配向セラミックスと比較すると，a-b 面内方向で大きな強誘電性（高い歪み量）を示して，板状粒子の積層方向で高絶縁性を示すようになる。

竹中らは，焼結中にダイスを使わない一軸方向の加圧を与えることで，粒成長中に剪断応力を加えることができる「ホット・フォージー法」（図2参照）を利用し，BLSFsの粒子配向セラミックスを先駆的に研究して，配向制御が物性改善に有効であることを数多く報告した[2~4]。

＊1　Muneyasu Suzuki　（国研）産業技術総合研究所　先進コーティング技術研究センター　グリーンデバイス材料研究チーム

＊2　Tetsuo Tsuchiya　（国研）産業技術総合研究所　先進コーティング技術研究センター　グリーンデバイス材料研究チーム

＊3　Jun Akedo　（国研）産業技術総合研究所　先進コーティング技術研究センター　センター長

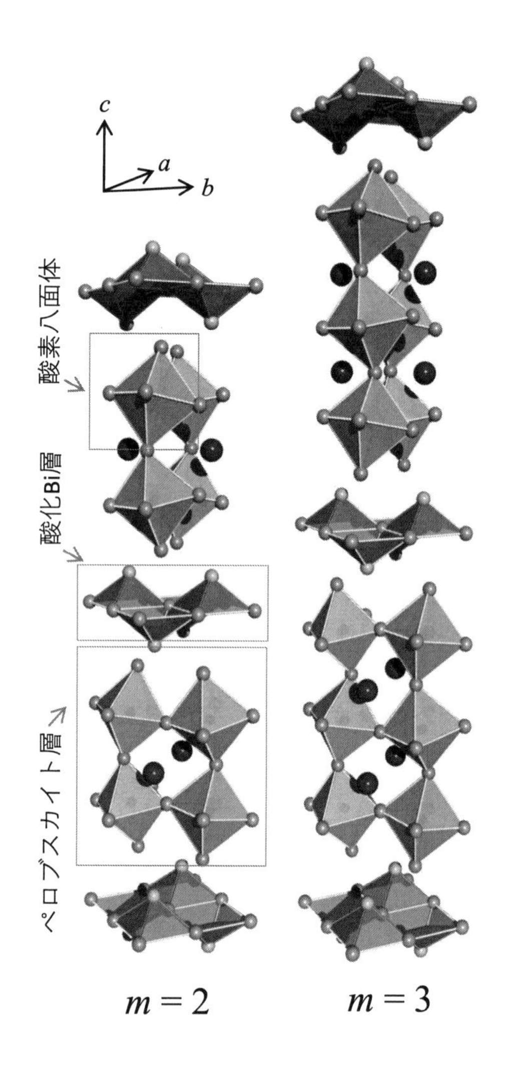

図1　BLSF の結晶構造と板状粒子

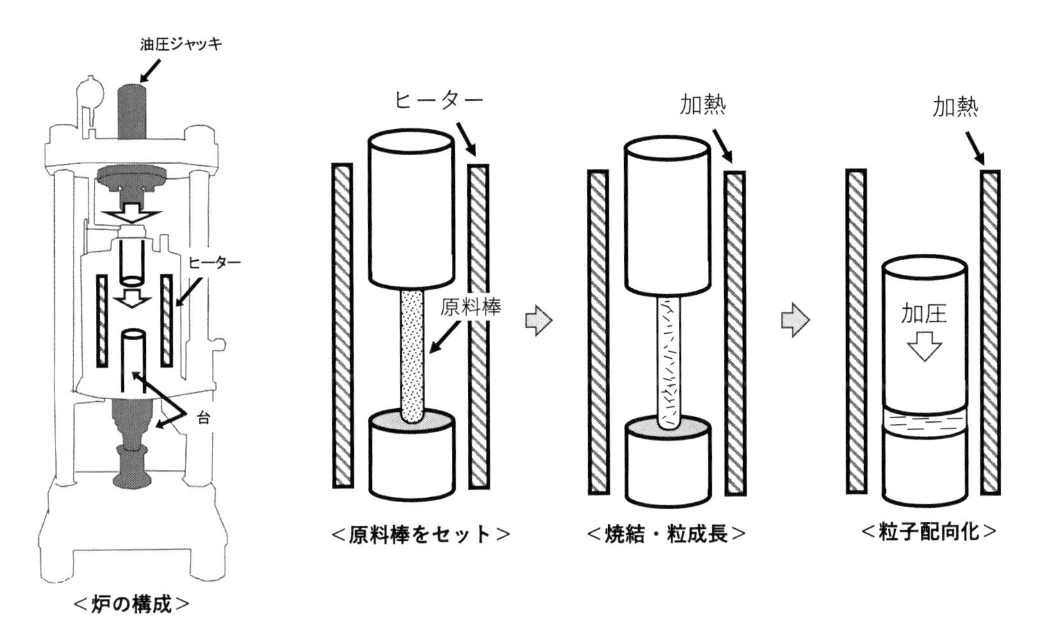

図2　ホット・フォージー法

R. E. Newnhamら，木村らは，チタン酸ビスマス（$Bi_4Ti_3O_{12}$, BiT）について，分散性の高い板状粒子の粉体を溶融塩法で作製し，スラリー状にしてテープキャスティングした成形体を焼結することで，粒子配向セラミックスを作製した[5~7]。S. Trolier-McKinstryらは，このスラリーに少量のBiTの微粉末を加えることで，板状粒子をテンプレートとして微粉末を取り込みながらホモエピタキシャル成長させることに成功し，高緻密で高配向度を示すBiT粒子配向セラミックスを作製した。彼女らはこの方法をTemplated grain growth（TGG）法と名付けた（図3参照）[8]。

ホット・フォージー法やTGG法では，結晶構造に強い異方性をもつ材料に限られてしまうことが課題であった。そこで谷らは，BiTの板状粒子をテンプレートとしながら最終的な組成が単純ペロブスカイト構造になるように，炭酸ナトリウムや炭酸カリウムの微粉末をスラリーに加え

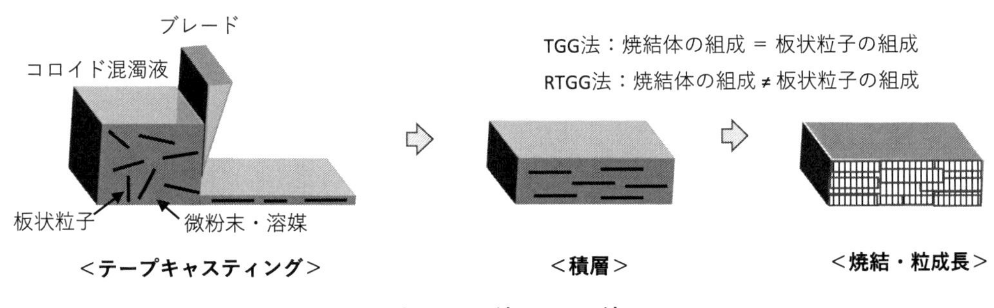

図3　TGG法，RTGG法

てテープキャスティングし，得られたグリーンシートを焼結することで，結晶構造の異方性が低い材料でも粒子配向セラミックスが作製できることを示した。彼等はその方法をReactive Templated grain growth（RTGG）法と名付けた[9~11]。さらに，目・鈴木・打越らのグループ，土信田ら，宮山・野口らのグループ，和田らのグループは，誘電体でも極微小ながら磁化率に異方性があることに着目し，セラミック微粉末を溶媒に分散したコロイド混濁液に強磁場を印加することで，磁化に沿った粒子の回転と整列を生じさせ，そのまま沈殿・堆積させたグリーンシートを焼成することで，粒子配向セラミックスを作製した（図4）[12~15]。この強磁場を用いた粒子配向化技術では，結晶構造に大きな異方性を持たない材料や，板状に粒子が成長しない材料でも適用することができるメリットがある。さらに，堆積中の磁場の向きを調整するだけで配向方位の制御が可能で，強誘電体の分極軸方向とグリーンシートの面垂直方向を一致させることにも成功している。

このように，粒子配向セラミックスを作製するにあたっては，原料粒子が持つ何かしらの「構造的な異方性」を利用してきた経緯がある。そこで，著者らはAD法の原料粉末の形状と，でき

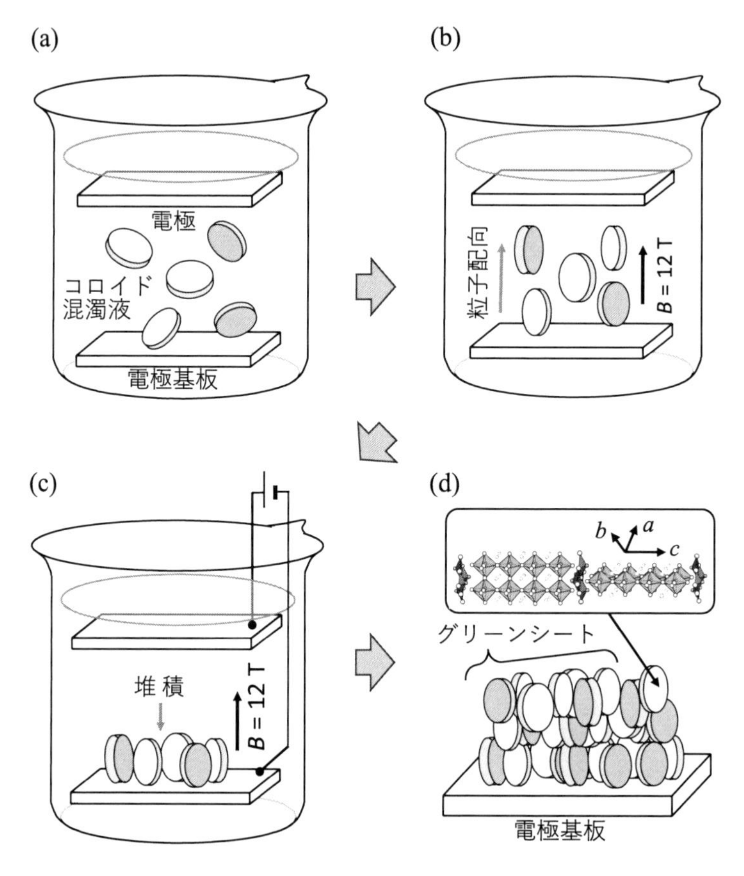

図4　強磁場中での電気泳動堆積法

あがった AD 膜の配向性と物性を調査した。

2　BLSFs の AD 膜と配向性

実験方法について示す。BLSFs のうち $m = 2$ の $SrBi_2Ta_2O_9$ (SBTa)，$m = 3$ の BiT，$m = 4$ の $SrBi_4Ti_4O_{15}$ (SBTi) の原料粉末を作製した。Bi_2O_3（純度 99.99 % 以上），TiO_2（純度 99.99%以上），Ta_2O_5（純度 99.99 以上），$SrCO_3$（純度 99%以上）の試薬を用いて固相法を適用した。これらの試薬をそれぞれの定比組成になるよう秤量し，エタノール中で 1 時間遊星ボールミルによる粉砕混合を行い，120℃で乾燥した。それらの試薬の混合粉末はアルミナ坩堝中で 800℃から 1100℃で 2 時間の熱処理を行うことで，それぞれの単相の粉末を得た。粉末のうち粒子サイズが 1 μm を超えていたり，大きな凝集を形成していたりしたものは，再びエタノール中で 1 時間の遊星ボールミルを行い粉砕し，120℃の乾燥処理を行った。これらの粉末は AD 法による成膜直前に 600℃で十分乾燥することで，原料粉末を得た。BiT の原料粉末については，固相法だけでなく，等モルの KCl と NaCl のフラックスを用いた溶融塩法による合成も行った。フラックスと BiT を構成する原料粉末（Bi_2O_3 と TiO_2）を同量混合した後，エタノール中で 1 時間ボールミル処理を行い，120℃で十分に乾燥してから，アルミナ坩堝中で 800℃，2 時間の熱処理を行った。得られた粉末は純水で良く洗い，分散性が高い板状の BiT 原料粒子を得た。この板状粒子の BiT 原料粉末は，AD 法の成膜直前に，600℃で十分に乾燥させた。

AD 法による堆積ではガラス基板を用いた。成膜チャンバーの圧力は 300 Pa 程度で，ノズルのオリフィスは 10 mm × 400 μm，キャリアガスには 4-6 l/min の窒素ガスを用いた。基板－ノズル間距離は 5-10 mm 程度である。得られた AD 膜は XRD により構造解析を行い，Lotgering factor (F) によって配向度を評価した。F は，

$$F = (P - P_0)/(1 - P_0) \tag{1}$$

で表され，ここで P は，

$$P = \sum I(00l)/\sum I(hkl) \tag{2}$$

であり，$\Sigma I(00l)$ と $\Sigma I(hkl)$ は，それぞれ，00l と hkl の回折強度の総和である。また，P_0 は無配向試料の P の値である。

実験結果について示す。図 5 は合成した出発原料粉末の SEM 像である。固相法で作製した BiT と SBTi は，サイズが 1-2 μm 程度の角状あり，SBTa はサイズが 1 μm 程度の球形である一方，溶融塩法で合成した BiT については，厚み数十 nm 程度で幅が数百 nm 程度の板状粒子であった。図 6 に固相法と溶融塩法で作製した BiT 出発原料粉末のそれぞれを用いてガラス基板上に堆積した AD 膜の破断面と表面の SEM 像を示す。どちらの膜も，空隙の無い，非常に微細な粒子で構成された AD 法特有の高緻密膜であることが確認できたが，固相法で合成した BiT

図5　原料粒子の SEM 像

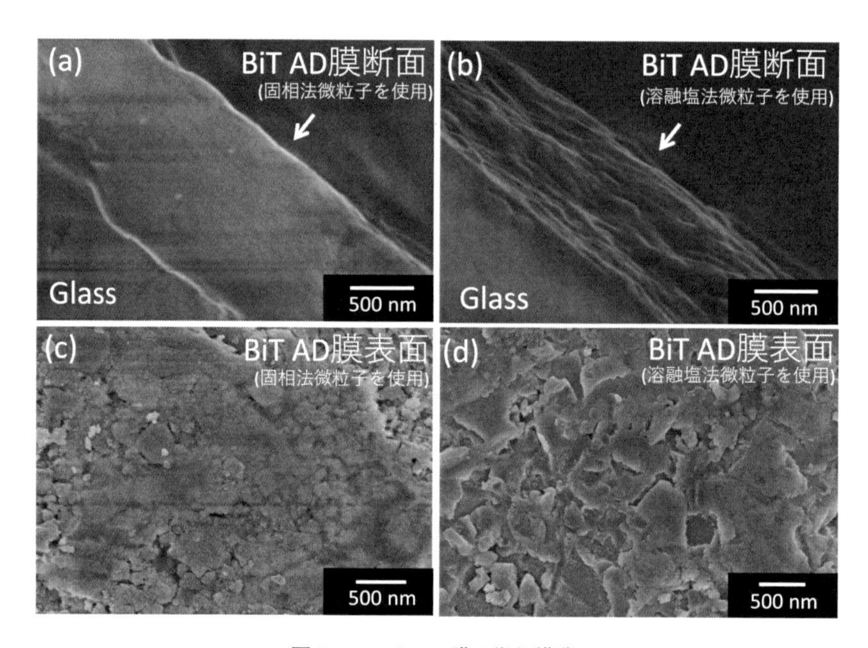

図6　BiT の AD 膜の微細構造

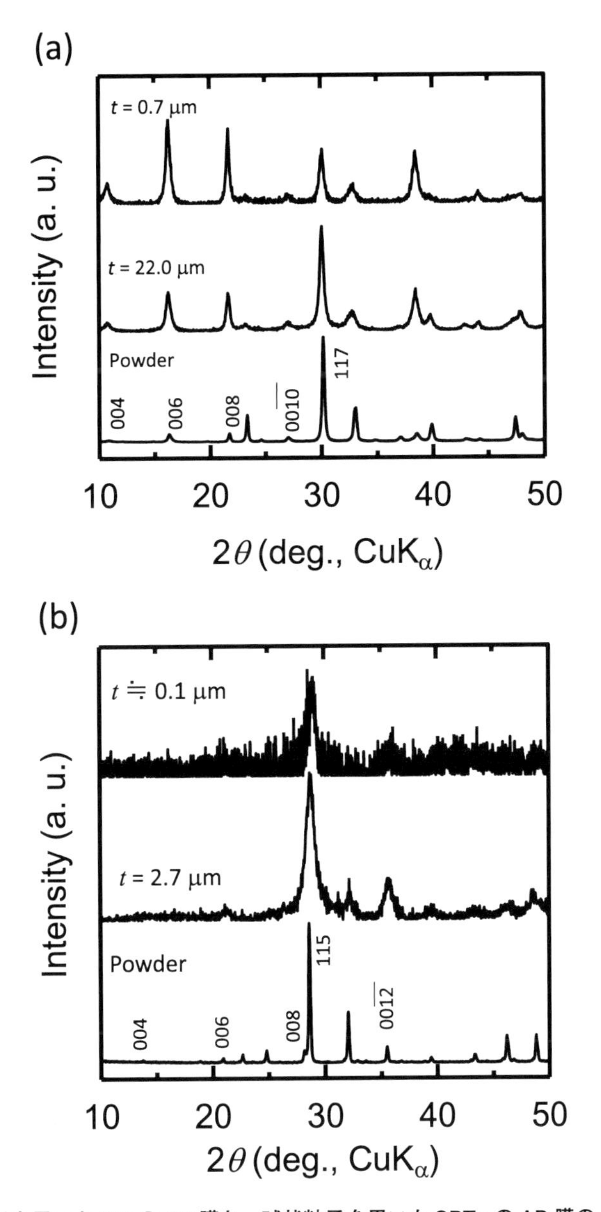

図 7　板状粒子を用いた BIT の AD 膜と，球状粒子を用いた SBTa の AD 膜の XRD パターン

出発原料粉末による AD 膜は均一な組織構造である一方，溶融塩法で合成した BiT 出発原料粉末を用いた AD 膜は，ラミラー構造のような破断の痕が積層した構造が確認できる。表面 SEM 像からも，板状粒子を用いた AD 膜の方が，固相法の原料粉末を用いた AD 膜よりも広い面積を持つ微粒子がつぶれて積層している様子が確認できる。図 7 に，板状粒子を用いて堆積した BiT の AD 膜と，球状粒子を用いて堆積した SBTa の AD 膜の XRD パターンを示す。板状粒子からできた BiT の AD 膜は，薄いと c 軸に由来した回折強度が強く観察され，膜厚が厚くなるに従

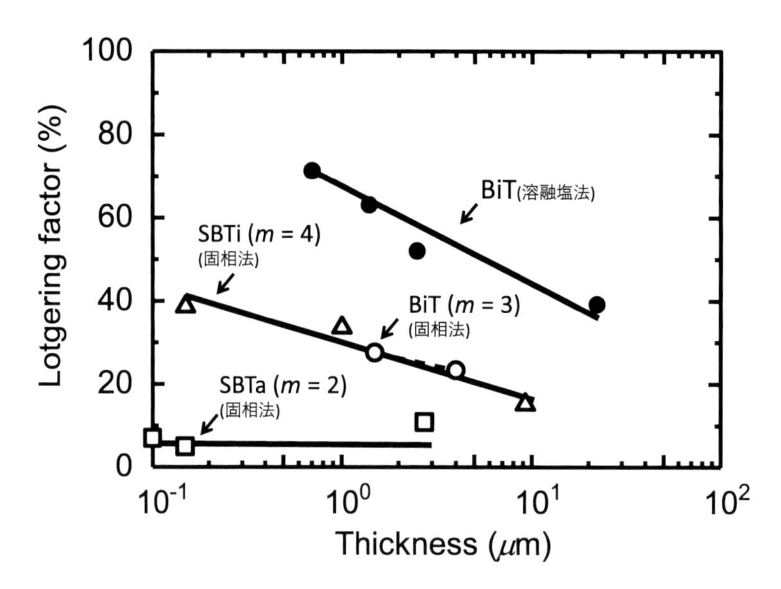

図8　BLSFs の AD 膜の配向度と膜厚の関係

い粉末回折に近くなることが確認できる。一方で，球状粒子からできたSBTaのAD膜は，膜厚に関係なく，粉末回折と同様の結果となった。図8にBLSFsそれぞれのAD膜について，膜厚とFの関係をまとめた。どのAD膜も，膜厚が厚くなるに従い，配向度が低下する傾向にある。板状粒子のBiTからできたAD膜が全体に亘って最も配向度が高く，球状粒子のSBTaからできたAD膜のFは10%未満ではあるが若干配向性が確認できた。固相法で合成したSBTiとBiTのAD膜の配向性は，それらSBTaとBiTの間に位置した。これらの結果から，板状粒子の原料粉末は配向したAD膜が得やすいこと，また，膜厚が薄いと配向度が高く，膜厚が厚くなるに従い，板状粒子の積層に乱れが生じやすくなる傾向があることが明らかになった。加えて，原料粒子が球状であってもSBTaのAD膜が若干配向している結果は，酸化ビスマス層とペロブスカイト層の結合の弱さに起因している可能性を示唆しているものと考えられる。

これらの結果から，板状粒子を用いた時の配向メカニズムを考察した（図9参照）。図1に示すように，板状粒子の面垂直方向は結晶のc軸（$00l$）に一致する。また，板状粒子は面と面で接しやすく，エアロゾルの状態でも，ある程度，凝集しているものと推測される。この凝集粉があらかじめ降り積もった基板上の圧粉体層に衝突すると，その衝突エネルギーは，衝突した板状粒子の凝集の解砕と，予め降り積もっていた圧粉体層の固化に使用される。凝集の解砕によって，基板表面には常に圧粉体層が形成され，次々と飛来する原料粒子の衝突で緻密化が促進するものと考えられる。このようにしてできたAD膜は，基板の面垂直方向と結晶のc軸が揃い，結果として，c軸に優先配向した膜として観察されたものと考えられる。

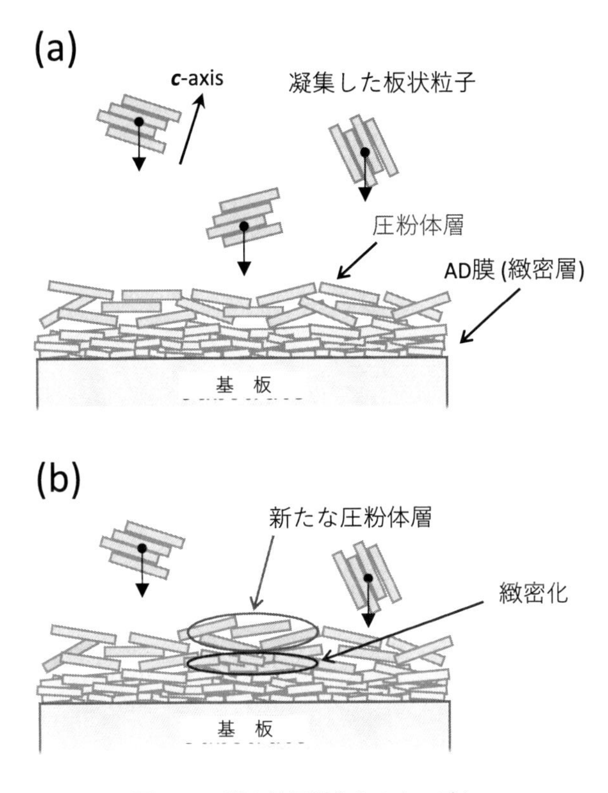

図９　AD 膜の粒子配向のメカニズム

3　粒子配向 BiT-AD 膜の物性

次に，粒子配向 BiT 膜の物性について調査した。BiT は熱処理中に Bi が揮発することで酸素欠陥とホールを生成しやすく，合成中の酸素分圧が絶縁性に多大な影響を与えることが知られている。そこで，フラックスとなる NaCl と KCl が揮発しない様に蓋と本体をすり合わせたるつぼに出発原料を入れてマッフル炉で合成した BiT 原料粉末（以下，これを原料粉末-マと記す）と，るつぼに蓋をせず，管状炉内で１気圧 O_2 雰囲気の溶融塩法で板状粒子を育成した BiT 原料粉末（これを原料粉末-管と記す）の２種類を用意した。図 10 にマッフル炉と管状炉の外観写真を示す。その他の合成条件等は，前節の溶融塩法と同様である。また，BiT の AD 膜の堆積についても，Pt/Ti/YSZ 基板を用いたこと以外，前節と同様である。得られた BiT の粒子配向膜の膜厚は５ μm 程度であった。それらの試料のうちいくつかは，950℃ 30 分のアニール処理を大気中で行った。また，比較のため，固相法にて 800℃ ２時間で合成した原料粉末を用いて Pt/Ti/YSZ 基板に堆積した AD 膜を用意し，1000℃ 30 分のアニール処理を施した。加えて，固相法で合成した原料粉末を用いて，1150℃ ２時間の本焼成を行った焼結体も作製し，およそ 100 μm の厚さにスライスした。これらの試料は，物性評価に向けて，表面に Au 電極をスパッ

(a) マッフル炉

(b) 管状炉：酸素雰囲気

図 10　炉とるつぼの写真

タした。

図 11 に原料粉末-マと原料粉末-管の SEM 像，および，それらを用いて堆積したアズデポ膜，アニール処理した膜の表面 SEM 像を示す。どちらの原料粉末も同様の形状であり，アズデポ膜にも大きな違いは見られなかった。しかし，アニール処理を施すことで，表面形状は大きな違いを示した。原料粉末-マは，異常粒成長したかのような板状粒子の積層構造であり，粒界が曖昧である一方，原料粉末-管を用いた AD 膜の方はアニール処理によって再度板状に粒子が成長し，明確な粒界が観察された。図 12 にそれぞれの AD 膜と焼結体のリーク電流密度特性を示す。原料粒子-マを用いた AD 膜は，アズデポ膜（赤白抜き）もアニール処理後の膜（赤塗りつぶし）も，1150℃ 2 時間で熱処理した焼結体と比較して，はるかに低い絶縁性を示した。一方で，固相法で作製した原料粉末および原料粉末-管を用いた AD 膜は，焼結体よりも優れたリーク電流密度特性を示した。これらの結果を受けて，次のように考察した。

BiT は加熱処理中，酸素分圧に依存した表面反応律速により，その表面から金属 Bi として揮発するものと考えられている[16)]。原料粒子-マについては，密閉したアルミナ容器に入れて加熱

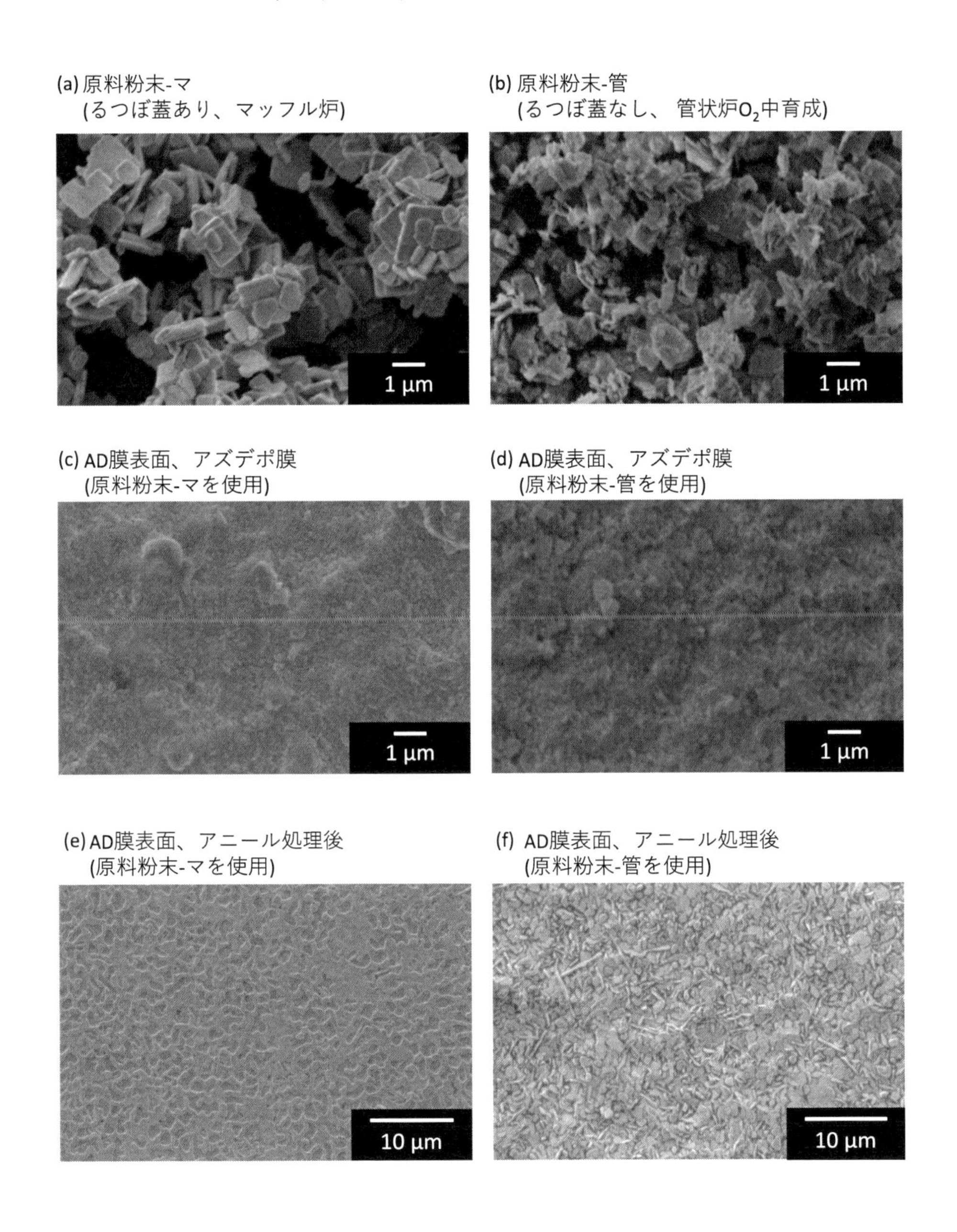

図11　BiTの原料粉末とAD膜表面のSEM像

したため，フラックスのNaClやKClが揮発した分，酸素分圧が低下してしまったことで800℃の低温であってもBiT板状粒子内のBiが多量に揮発し，同時に，多くの酸素欠陥を生成したものと考えられる。そのため，アズデポ膜でも極めて高いリーク電流を生じたものと推測する。多量のBiサイトの欠陥は，アニール処理では消失させることができず，ホールが形成される一方であり，リーク電流密度の改善には至らない。異常粒成長が生じた原因も，この欠陥生成

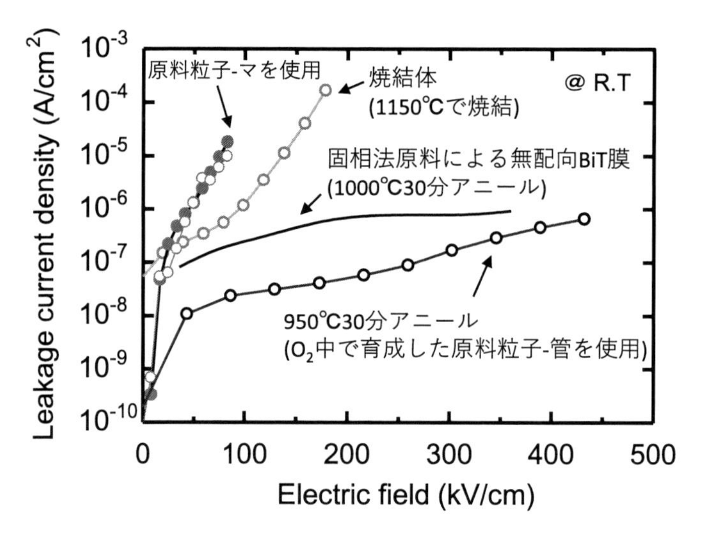

図 12　それぞれの AD 膜，焼結体のリーク電流密度特性

が関与しているものと考えられる。一方で，固相法の原料粉末は焼結体の焼成温度よりも遥かに低い 800℃で合成されていることから，Bi は殆ど揮発せずに高品質化したものと十分考えることができ，原料粉末-管も，蓋を開けて酸素雰囲気中で成長させたことで，NaCl や KCl の揮発に伴った酸素分圧の低下を防いだ結果，Bi の揮発を抑制したものと期待できる。さらに，AD 膜は常温で高緻密であることから，焼結体の焼成温度よりかなり低い温度でアニール処理できたことで，これらの AD 膜は焼結体よりも優れたリーク電流密度特性を示したものと考えられる（図 13 参照）。加えて，前述したように BiT は c 軸方向に沿って高い絶縁性を示す特徴があることから，配向制御によって，無配向より優れたリーク電流密度特性を確認することができた。

図 14 に，固相法で合成した原料粉末による比較的無配向の AD 膜と原料粉末-管でできた AD 膜についてアニール処理後の分極特性を示す。飽和した分極特性を得ることが非常に難しい BiT でも，AD 法による結晶温度の低温化の効果によって Bi 揮発を抑制し，十分に飽和した分極特性を得ることができた。興味深いことに，c 軸に配向した AD 膜の方が，高電界が高い結果となった。単結晶やホット・フォージー法による粒子配向セラミックスの結果では，c 軸が最も高電界が小さい方位と報告されている。これは，c 軸に優先配向した AD 膜では，ペロブスカイト層と基板がほぼ平行になるため，機能性を発現するペロブスカイト層が基板からの内部圧縮応力を直接的に受けやすい構造になっており，特に弾性的な分極反転を伴う 90° ドメイン壁の移動に要する電界が非常に高くなった結果ではないかと考えている。一方で，無配向 AD 膜は，酸化ビスマス層の面が面垂直方向に沿った成分を含んでおり，酸化ビスマス層とペロブスカイト層の結合の弱さが基板からの応力を緩和しているのではないかとも推察される。いずれにしても，AD 膜で BiT の物性を発現するためには，高品質が原料粉末を合成することが重要であることが示唆された。

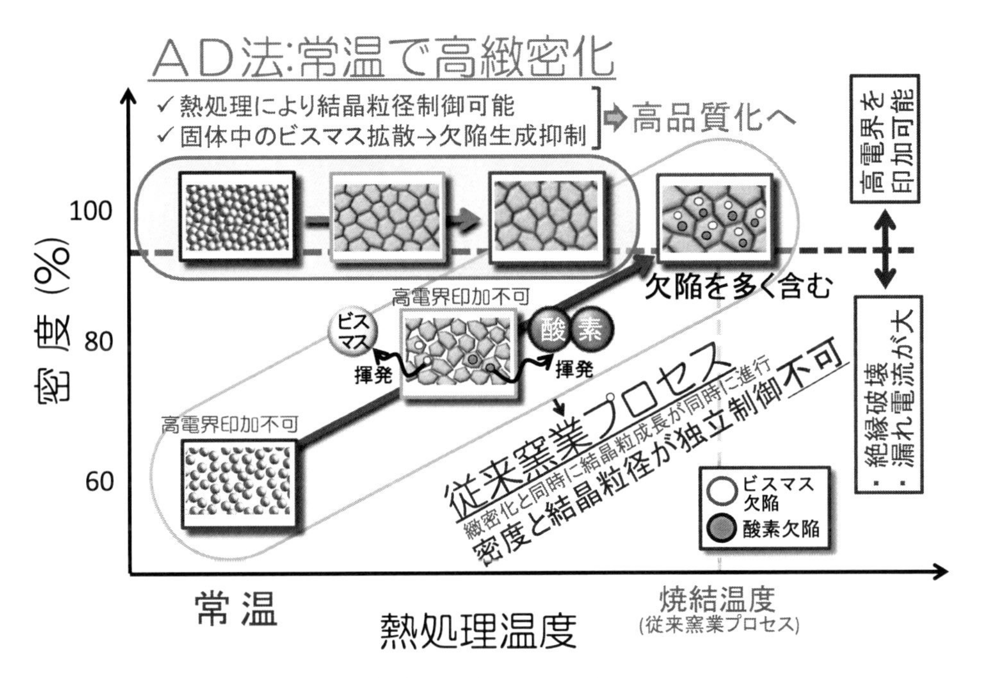

図 13　AD 法を活用した Bi 系強誘電体の高品質化

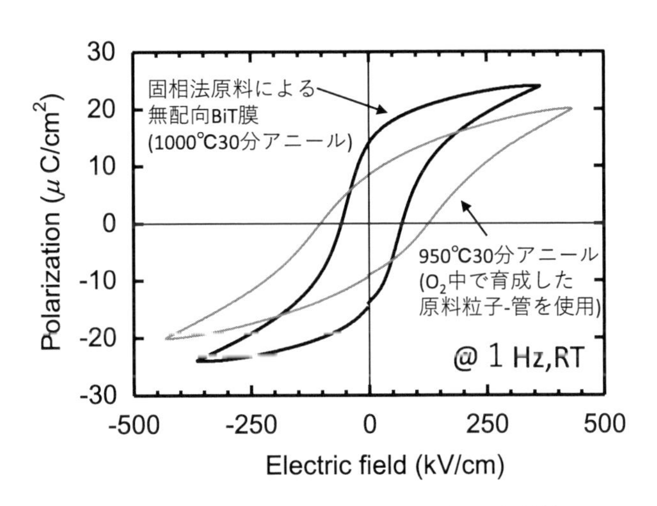

図 14　粒子配向 AD 膜と無配向 AD 膜の分極特性

4 まとめ

BLSFsについて様々な形状の原料粒子を合成し，AD膜を堆積した。その結果，原料粒子の形状が配向性に影響を与えていることを明確にし[17]，特に板状粒子は基板面と粒子面が平行になるように堆積することを確認した。また，原料粒子の品質が，AD膜の物性に大きな影響を与えることも示唆した。

文　　献

1） S. E. Cummins, L. E. Cross, *J. Appl. Phys.*, **39**, 2268 (1968).
2） K. Sakata, T. Takenaka, and K. Shoji, *Ferroelectrics*, **22**, 825 (1978).
3） T. Takenaka, and K. Sakata, *Jpn. J. Appl. Phys.*, **19**, 31 (1980).
4） T. Takenaka, and K. Sakata, *Ferroelectrics*, **38**, 769 (1981).
5） M. Holmes, *et al., Am. Ceram. Soc. Bull.*, **58**, 872 (1979).
6） T. Kimura, *et al., J. Am. Ceram. Soc.*, **65-4**, 223 (1982).
7） T. Kimura, *et al., J. Am. Ceram. Soc.*, **72-1**, 85 (1989).
8） J. A. Horn, S. C. Zhang, U. Selvaraj, G. L. Messing, and S. Trolier-McKinstry, *J. Am. Ceram. Soc.*, **82**, 921 (1999).
9） T. Takeuchi, T. Tani, and Y. Saito, Jpn. *J. Appl. Phys.*, **39**, 5577 (2000).
10） T. Tani, *Journal of the Ceramic Society of Japan*, **114**, 363 (2006).
11） T. Kimura, T. Takahashi, T. Tani, and Y. Saito, *J. Am. Ceram. Soc.*, **87**, 1424 (2004).
12） T. S. Suzuki *et al., Appl. Phys. Lett.*, **89**, 132902 (2006).
13） Y. Doshida *et al., Jpn. J. Appl. Phys.*, **43**, 6645 (2004).
14） M. Suzuki, M. Miyayama, Y. Noguchi and T. Uchikoshi, *J. Appl. Phys.*, **104**, 014102 (2008).
15） T. Kita, S. Kondo, T. Takei, N Kumada, K. Nakashima, I Fujii, S Wada, T. S. Suzuki, T. Uchikoshi, Y. Sakka, Y. Miwa, S. Kawada and M. Kimura, *Key Engineering Materials*, **485**, 313-316 (2011).
16） Yuuki Kitanaka, Yuji Noguchi, and Masaru Miyayama, *Phys. Rev. B*, **81**, 094114 (2010).
17） M. Suzuki, T. Tsuchiya and Jun Akedo, Jpn, *J. Appl. Phys.*, **56**, 06GH02 (2017).

第4章　ファインセラミックコーティング技術

篠田健太郎[*1]，明渡　純[*2]

1　はじめに

ファインセラミックスの世界市場規模を見てみると，高温焼結を基本とするファインセラミックス市場が6兆円，セラミックコーティング市場が7000億円，CMC市場が3200億円と言われている。このうち，日本のファインセラミックスの生産額は2016年で2.5兆円であり，世界市場に対して40%のシェアを占めている[1)]。一方で，コーティングに関しては，日本のシェアは1割以下とされている。厚膜コーティング技術の中核をなすのが，溶射であるが，内製も含めて，溶射としての日本の国内市場は800億円程度と考えられる。材料から見た際のセラミックス系の構成比が38%程度とされているので，300億円程度がセラミック溶射のマーケットということになるであろう[2)]。ファインセラミックス市場における日本のシェアに対して，セラミックコーティングのそれは非常に小さいということになる。言い換えれば，伸び代が大きいということでもあり，戦略によっては，大きく国際競争力を増すことも可能であろう。実際に，セラミックコーティングは，日経BP社のテクノロジー・ロードマップ2016-2025〈全産業編〉のイノベーションを起こす100テーマに先進コーティングとして選ばれている[3)]。

エアロゾルデポジション（AD）法がそのような背景のもと非常に注目を集めている。しかしながら，既存のマーケットや新規事業の中でAD法が普及していくためには，堆積効率の向上や三次元被覆率の向上など，プロセスの高度化が欠かせない。そこで，ハイブリッドエアロゾルデポジション（HAD）法など新たなセラミックコーティングプロセスの開発が行われている。この手法は，もともとはプラズマ援用エアロゾルデポジション法がベースとなっているが，固相粒子の衝突によって製膜を行うAD法と液相粒子の衝突によって製膜を行うプラズマ溶射法のハイブリッドプロセスであり，SIP/革新的設計生産技術「高付加価値セラミックス造形技術の開発」の中で開発に取り組み，ここ数年大きな展開をみせている。本稿では，HAD法を始めとして新たなコーティング手法が開発されていく中で，各セラミックコーティング手法について再整理すると共に，AD法高度化の指針を得るためにコーティング技術のトレンドについて概観したい。

＊1　Kentaro Shinoda　(国研)産業技術総合研究所　先進コーティング技術研究センター　微粒子スプレーコーティング研究チーム　主任研究員

＊2　Jun Akedo　(国研)産業技術総合研究所　先進コーティング技術研究センター　センター長

2　ファインセラミックスとコーティング技術[3, 4]

金属や樹脂と比べたセラミックスの特徴は，原子間の結合状態から来ており，一般にイオン結合や共有結合，そしてその中間的な結合状態をしている。Paulingの半経験式として知られるが，酸化物ではイオン結合性が強く，炭化物や窒化物では共有結合性が強い傾向にある[5]。金属結合やファンデルワールス力を主とする金属や樹脂と比べて，一般に，硬度が高く，耐熱性，耐食性，そして，電気絶縁性に優れている。中でも，ファインセラミックスは，高純度に精製した天然原料や，化学的プロセスにより合成した人工原料，そして，天然には存在しない化合物を用い，精緻に配合，成形，焼成することで，前述の機能に加えて，機械的，電気的，電子的，光学的，化学的，生化学的に優れた性質を発現できる。ここに，切削，研削，表面処理などの精密加工技術を加えて，高度な寸法精度，かつ高機能性を備えた高付加価値製品を産み出しており，半導体や自動車，情報通信，産業機械，医療など幅広い産業で欠かせない材料となっている[6]。

しかしながら，室温近傍で一般に脆い性質を有するために，金属のように塑性変形を利用した加工が難しく，また，硬度が高いことから焼成後に切削加工することも困難である。したがって，セラミックス材料をコーティングとして利用する際には，印刷法のように原料粉末を直接，もしくはペーストとして塗布し，焼成するか，溶射法のように何らかの熱的エネルギーを用いて溶融させ，流動性の高い状態にして吹き付けるか，気相法やエアロゾルデポジション法のように微細化して反応性の高い状態にしてコーティングを形成することになる。

コーティング技術は，機能の付与という観点で不可欠な製造工程で，幅広い技術分野の様々な製品で活用されている。その意味で，昨今の社会的要請で語られる「低環境負荷，低炭素社会の実現」，「快適でより住みやすい社会環境の実現」，「健康で安全安心な社会の構築」，「安心安全なインフラ整備」など，これら社会，産業界の要請に答える各種新技術のほとんどに関係し，その市場は，上記トレンドに対し技術革新が進む自動車，航空機などの輸送機器分野や自然エネルギーによる創エネ・電力機器分野，インフラ照明，情報機器，医療分野などで今後も拡大していくとみられている（図1）。その中でも高機能な無機材料，すなわちセラミックコーティングの市場は，グローバルには，2013年に56億8000万ドル（約6000億円），2016年には61億ドル（約7000億円）と見積もられ，2014年から2020年まで7.5％の年間成長率（CAGR）で，2020年に90億7000万ドル（約1兆円）に達することが期待されている。国内市場では，この約1/10の1000億円程度の市場規模になると推察される[1]。

現在，実用化されているLiイオン電池や燃料電池では，EV，HEV，PHEVの本格普及やスマートグリッドの実現を目指した分散電源の実現のための高容量化・ハイパワー化，低コスト化が強く求められている。これには，高いイオン伝導の固体電解質材料を開発するとともに，十分なガスバリア性や電気的絶縁性を維持しつつ電解質層をさらに薄層化し，内部抵抗の低減や容量密度の向上を実現することが必要となる。さらには充放電や動作サイクルに対する耐久性向上の観点から電極材料の密着性向上も求められる。特に燃料電池開発では，金属支持型SOFC構造

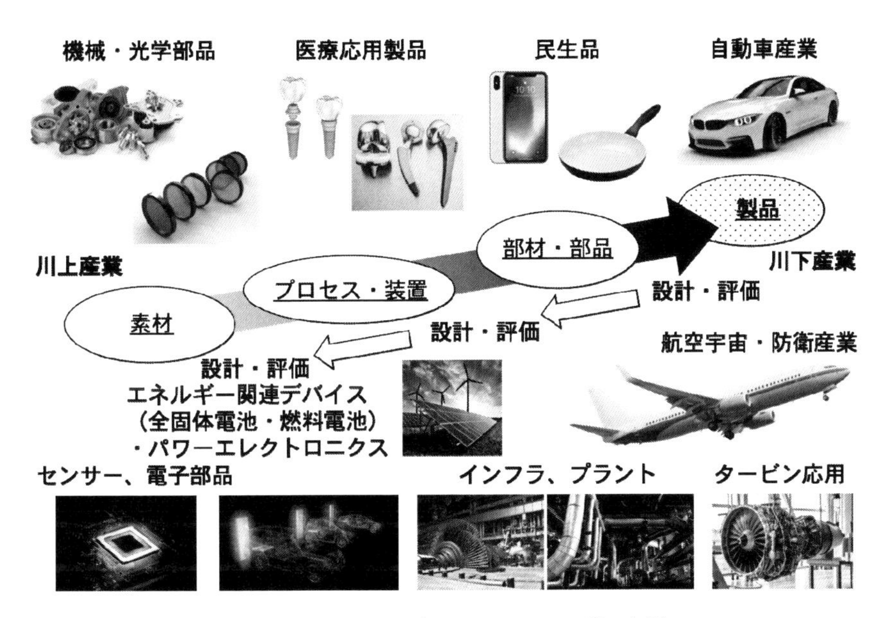

図1　ファインセラミックコーティングの市場

による高性能・低コスト化が，家庭用定置型燃料電池の本格普及のカギになるとみられ，この様な用途に適する数μmから数十μm範囲のセラミックコーティング技術が重要になってきている。一方，全固体リチウム蓄電池では，電極材料，電解質材料の良好な薄膜積層化のためにプロセス温度の低温化も重要な課題である。その他，発電用ガスタービンの高温動作による高効率化でも，遮熱コーティング（TBC）の高性能化，長寿命化が求められている。現在では，プラズマ溶射によるイットリア安定化ジルコニアコーティングが幅広く採用されているが，カルシウムマグネシウムアルミノシリケート（CMAS）などの高温腐食に対応するため材料，微細構造を含む見直しが行われている。

輸送機器分野では，自動車，航空機部材の軽量化，高耐熱・長寿命化のための機能性コーティングが重要になる。自動車用部材では，例えばウインドウガラスの樹脂材（ポリカーボネート等）への置き換えによる軽量化が検討されている。この用途に向けて透明性と耐傷性，密着性に優れたハードコーティングの開発が進められている。また，エンジン自体も高効率化のために燃焼温度が徐々に上がっており，これに耐えうる高温での耐摩耗性，潤滑性に優れたピストンリングの開発を目指した無機材料コーティング技術が重要とみられている。最近では，トヨタがTSWINと呼ばれる断熱性や放熱性の高いシリカ強化多孔質陽極酸化膜をピストン頂部にコーティングすることで，燃焼時の冷却損失を最大約30％低減させ，より一層の熱効率向上に寄与させている[7,8]。航空機用エンジンでは，軽量化や耐熱温度向上のため，これまでのNi基耐熱合金の使用に加えてSiC系繊維強化SiCセラミックス基複合材料（CMC）の利用検討が進められている。実際，GEアビエーションと仏サフラン・グループの合弁企業であるCFMインターナショナルのLEAPエンジンには，高圧タービンの第一段シュラウド部分にCMCが搭載され，航空機A320neoのエンジンとして2016年より商用飛行が開始されている。また，次世代エンジンGE9Xでは，エンジンの高温部である，高圧タービン部に位置する18枚の第一段シュラウドをはじめ，第一段および第二段ノズルや燃焼器ライナーの内側と外側にも採用する予定とのことである[9]。特にこのCMCの高温水蒸気下での劣化を防ぐ耐久性，耐環境性に優れたセラミックスコーティング（環境遮蔽コーティング：EBC）の開発が，わが国でも内閣府国家プロジェクト（SIP）・革新的構造材料プロジェクトを中心として活発化している。

LED照明では，今後もインフラ用途での市場拡大が見込まれ，200 Wクラス以上のハイパワー化が進んでいく。この際問題となるのは，LEDモジュール金属基板の放熱性と耐電圧（絶縁性）の向上である。無機フィラー入り樹脂材では，これらの要求にこたえられなくなってきており，絶縁層の形成に金属と密着性の良いセラミックスコーティング技術が求められている。情報機器の高機能化では，半導体チップの高集積化，低消費電力化に伴いパターン線幅の微細化が進み，現状ですでに20 nmを切っており，NANDフラッシュメモリーでは，16 nm，FinFETなど先端ロジックチップでは，10 nmに達しており，5年後には，5 nm以下になると予想されている。このような微細加工では，エッチング中に装置部材から発生する微小パーティクルの数の抑制が，チップ生産歩留まり向上のキーテクノロジーで，従来の半導体製造装置では，イットリア溶射されたプラズマ耐食部材が用いられてきたが，細線化が進む中，最近ではAD法による高密度，微細結晶，超平滑なイットリアコーティングに置き換わりつつある。伸びしろの高いとされるドライエッチング装置の世界市場規模は，現状で8000億円程度と言われ，次世代，次々世代の半導体製造では，リコート（塗り足し）も含めるとコーティングの市場規模も500～1000億円程度になることが期待される。

医療分野では，日本の医療費は40兆円で，さらに増加傾向にあり，セラミックインプラント，人工関節などセラミックコーティングの適用が増えている。例えば，生体親和性の高いハイドロキシアパタイトコーティングを人工関節に施すことによって，術後の回復期間を大幅に短縮することができ，また，耐摩耗セラミックコーティングにより，膝関節部の摩耗損を改善できるようになってきている[6]。一方で，高齢化の進行によりインプラント，義歯などへの需要はますます高まり，生体親和性向上や審美性の向上，複雑形状部材上への3Dコーティング（一部3Dプリンターとの融合），低コスト化への要求がより強く求められ，DLCなど無機機能材料コーティングへの需要も広がりつつある。

3　ファインセラミックコーティングとは[10]

皮膜（コーティング）は厚膜と薄膜に分類され，薄膜は数μmより薄いとされていることから[11]，その境目は一般に3-5 μm程度の領域にあるとしてよいであろう。ただ，皮膜の剥離につながる残留応力等を考えるときには，皮膜と基材のシステムとして考えるべきもので，実際には皮膜と基材の厚さの比での定義，更には，弾性率も考慮した比で考えることが重要であり[12]，皮膜の厚みによって厚膜と薄膜を分類することは皮膜特性の観点から見たひとつの区分ということになる。

皮膜を堆積させるという意味で成膜と製膜という2つの用語が用いられている。気相成長のように結晶が成長していくという自発的な生成過程を意味して薄膜技術分野では成膜という単語が使われることが多い。一方で，溶射やフィルムプロセスでは膜を作製するという意味合いが強いことから製膜という用語が使われる場合も多い。本稿では，膜を制御しながら作製するというエンジニア的な期待も込めて製膜という用語を統一して用いる。皮膜に関しても同じで，新聞等では被膜という用語が使われる場合が多いようであるが，被膜は基材に主眼があり，基材があっての被膜というニュアンスで全くそのとおりであるが，コーティング屋としては，コーティングそのものが主役であって欲しいとの思いから本稿では皮膜に統一したい。

薄膜は基本的にエピタキシャル成長などに見られるようにバルクさらには単結晶と同等の特性を維持しつつ，求められる特性，機能を発揮する。基材からの制約を受け，膜厚の増加とともに蓄積されるひずみエネルギーが臨界値に達すると剥離してしまうことから，その厚みが上限値となる。一般的にはこの臨界厚みが冒頭に述べたとおり経験的には数 μm 以下になることが多い。また，基材との格子ミスマッチを積極的に利用することで皮膜にひずみを導入し，バルク体には存在しなかった新たな機能を付加することも可能である。一方で，厚膜の場合には，機能はバルクには及ばないが厚みによって特性，性能を稼げる場合に厚膜が選択される。さらに最近では，セラミックコーティングを中心に新たなプロセス技術の開発とともに，その中間であるおよそ5-100 μm の厚みの領域で，バルク並の微細構造，特性をもたせつつ厚膜を作製することが可能になってきている。AD 法やコールドスプレー法など近年報告されている固相粒子積層プロセスでは，皮膜の応力場が圧縮応力になり，緻密膜でも厚膜を得やすいことがひとつの理由と考えられる。また，他のプロセスにおいても微細構造によりポアの微細化や，そもそも堆積時の引張応力が従来の溶射プロセスに比べて小さくなるなど，従来の溶射膜と比べて微細組織制御した皮膜が創製できつつあることも，この厚膜領域に関心が寄せられる別の要因であろう。セラミック材料では微細組織を制御したものをファインセラミックスと呼ぶことから，この領域をファインセラミックコーティングと呼んでもよいであろう。

4　厚膜の必要性と期待[10)]

図2に代表的なセラミック及び金属のコーティング手法及び最近注目を集めている新プロセスについて，実用的に対応できる膜厚領域とプロセス温度を軸に整理した。

セラミックコーティングの分野では，従来技術も材料やプロセス条件の高度化により用途が広がっていくと予想されるが，膜厚からは，フレキシブルデバイスやセンサーデバイス応用など一部の情報機器分野を除き，おおむね厚さ数 μm 以上の厚膜が要求され，従来のスパッタリングや化学蒸着法（CVD），化学溶液法では，コスト面も含め対応困難な領域になる。一方，機能面

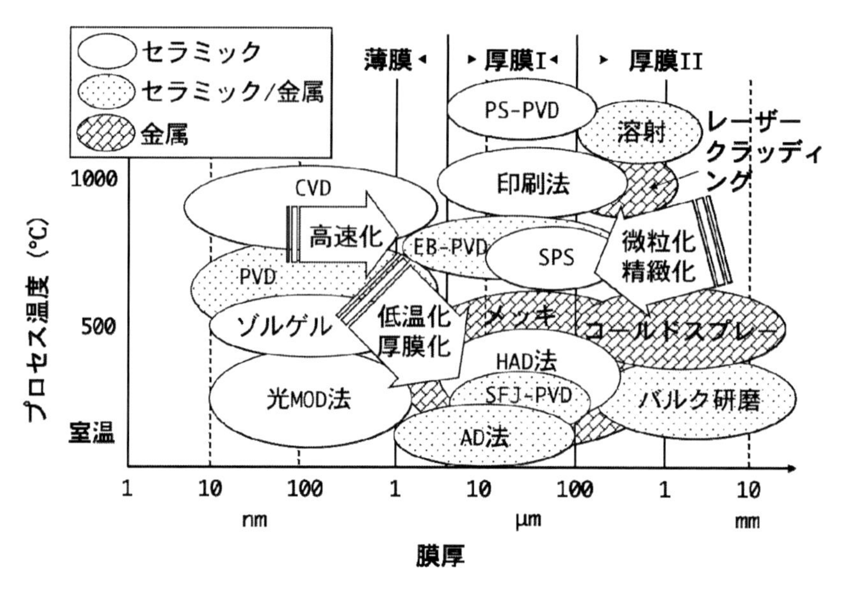

図2　各種コーティングプロセスの適用可能な膜厚範囲とプロセス温度

CVD：化学蒸着，PVD：物理蒸着，光 MOD 法：塗布光照射法，AD 法：エアロゾルデポジション法，SFJ-PVD：超音速フリージェット PVD 法，HAD 法：ハイブリッドエアロゾルデポジション法，SPS：サスペンションプラズマ溶射法，EB-PVD：電子ビーム PVD 法，PS-PVD：プラズマ溶射 PVD 法。セラミックコーティングにおいては 5-100 µm の膜厚の領域（厚膜 I）がファインセラミックコーティングとして注目され，金属コーティングにおいては，厚膜 II の領域でコールドスプレーやレーザークラッディングが注目を集めている。（© 表面技術協会）

では，遮熱コーティングの事例を除き，数十 µm 程度の溶融粒子の付着，急速凝固を伴った従来溶射技術では，電子デバイス製造に必要な皮膜微細構造の制御や結晶性制御は困難な場合も多いと考えられる。

今後の市場トレンドからは，膜構造そのものの高度な制御性が要求されるだけでなく，膜厚範囲では従来薄膜技術と厚膜技術の中間領域への要望，耐熱性のない金属基材や樹脂基材への高密着なコーティングという点でプロセス温度の低温化が重要な課題になる。実際，常温でセラミックス微粒子を基材に吹き付け，高密着，高強度のセラミックス皮膜が常温形成できる AD 法が各業界から注目されている。図 2 に示す，CVD やスパッタリングなどの物理蒸着法（PVD）から AD 法に至る低温化，厚膜化の流れはひとつのトレンドと言えよう。また，溶射分野ではサスペンションプラズマ溶射（SPS）法やサスペンションフレーム溶射など，懸濁液を用い，微細粒子を投入することを可能にした溶射技術に注目が集まっており，微細粒子化による精密組織制御の検討が大きなトレンドとなっている。さらに溶液法との融合を狙った液相前駆体溶射（SPPS）法も検討されている。また，AD 法とプラズマ溶射法の融合を狙ったハイブリッド AD 法も提案されており，三次元造形物の表面処理プロセスとして検討が開始されている。これら微粒子化の流れについては，次節で詳しく述べる。第三の潮流は，従来の PVD などの高品質気相プロセスの高速堆積化であろう。電子ビーム物理蒸着法（EB-PVD）[13, 14]，超音速フリージェット PVD

(SFJ-PVD)[15, 16]やガスフロースパッタリング[17, 18]では気相法であっても100 μm級厚膜の報告がなされている。これらのプロセスでは，もともとの堆積圧力領域よりも高い圧力を利用して高堆積を実現するクラスターの生成と利用をいかに行うかが鍵と考えられる[19~21]。また，溶射側からも原料を蒸発させて堆積させるプラズマ溶射PVD法（PS-PVD)[22, 23]などが開発されており，注目を集めている。

溶液法では，印刷法による厚膜コーティングとMOD（有機金属熱分解法）やゾルゲル法などの薄膜化学溶液コーティングに大別されるが，基本，常圧製膜であるため高価な真空装置が不要で，大面積製膜が可能なことに特徴がある。近年では，MODに光援用を行うことにより，プロセスの低温化を実現した光MOD法が注目を集めている[24]。この光MOD法にナノ粒子を加えて厚膜化を行う試みも行われている[25]。今後は，樹脂基板上へのフレキシブル導電膜や伸縮性導電膜などの形成が求められ，プロセス温度の低温化やパターニング精度の向上，インク材料の高度化と低コスト化が鍵になる。

続いて，薄膜に対して厚膜が望まれる場合にはどのようなケースがあるか考えたい。機能性を考えた場合には，(性能)＝(単位体積あたりの特性)×(厚み）で表される場合に，薄膜に対して，厚膜の優位性が生まれる可能性がある。薄膜やバルクに比べて欠陥などの存在により体積あたりの特性が落ちたとしても，その分膜厚を稼ぐことにより結果的に薄膜に比べて機能性をもたせることができるからである。例えば，川上は，圧電効果による発電エネルギーにおいて，単位面積あたり，発電エネルギーは圧電材料の性能指数と膜厚の積に比例することから，薄膜技術に対する厚膜技術の優位性を示している[26]。実際には膜厚とともに機能性が大きく低下するケースも多く，ある厚みで機能性の向上が飽和してしまうことも多いため注意が必要である。

一方で，膜厚の増大に伴って，皮膜に蓄積されるひずみエネルギーも大きくなる。皮膜中もしくは基材との界面に剥離の起点となるポア，クラックが存在するのであれば，蓄積されたひずみエネルギーが皮膜内の結合力もしくは基材との密着強度に到達したときに，皮膜の剥離が起きる。したがって，さらなる厚膜が必要とされる場合にはなんらかの応力の軽減策が必要になってくる。

近年注目されているのは，固体粒子の積層プロセスで，これらのプロセスでは圧縮応力を導入できることが示唆されている。コールドスプレーは金属粒子のピーニング効果により圧縮応力を導入できるとされるその代表的なプロセスで数mmからときには数cmにいたるクラックフリーの厚膜を作製できることが報告されている[27, 28]。このことからコールドスプレーは母材の減肉分の補修などにも用いられている。さらには，応力制御を積極的に行うことで，付加技術，金属積層造形への展開も見えてくる。また，本圧縮応力のメカニズムは塑性変形が可能な金属だけではなく脆性材料であり，ひずみエネルギーの蓄積が困難と考えられるセラミックス系においても働くことが示唆されている。完全な定量的な議論はまだ行われていないが，AD法の堆積応力は圧縮場であることがいくつかの事例で示されており，今後統一的な解明が求められる。作製時の凝固や冷却過程における収縮により引張応力になることが多いコーティング技術において，圧縮応力場を導入できるコーティング技術は今後非常に重要となるであろう。

仮に応力場が圧縮であるとすると界面やコーティングの層間はく離が重要な課題となってくる。つまりコーティングと基材の密着強度やコーティングのパス間の界面強度が十分にない場合にはバックリング（座屈：皮膜が圧縮応力にあるときひずみエネルギーを解放するために浮くように剥離する現象）などの破壊が起こり，厚膜形成を阻害する要因となる。溶射においては，これらの応力場の測定が重要となってくることから古くから応力のその場計測が試みられている。応力場の診断は厚膜創製の鍵でもある。

5　微粒子スプレーコーティング技術[10)]

セラミックコーティングに限れば，ファインセラミックコーティングとでも呼ぶべき5-100 μmのミドルレンジの厚膜技術が鍵となる。この実現のための一つの手段が微粒子スプレーコーティング技術である。従来の溶射では数十μm程度の粒径の粉末粒子を用いることが多いが，数μm以下の微細なマイクロからナノ粒子を原材料とすることで欠陥サイズの小さな均一な皮膜を作製することが可能である。実際，印刷技術ではセラミックスのナノからマイクロ粒子をペーストとして塗布しており，微細な電子部品のMLCC（積層セラミックコンデンサ）やLTCC（低温同時焼成セラミックス）などで幅広く使われている。基材がセラミックスで，熱的な制限が小さな場合には後焼成が可能なため主力なプロセスとなる。一方で，熱処理に制限がある基材の場合には，皮膜の緻密化には限度があり，また，プロセスのハイブリッド化などでも施工順序などに工夫が必要となる。緻密で相互拡散のない高品位な組織を得るには基材と皮膜材の選定に大きな制限が生まれることになる。また，曲面上への皮膜形成は原理的に大きな困難を伴う。そこで，基材の形状，耐熱性を考慮すると，微粒子を吹き付けて製膜するスプレー技術が現実的な手段として期待できる。このとき鍵となるのが微粒子のプラズマへの投入方法である。粒子径が一桁小さくなると，粒子投入モーメントは重量すなわち体積に比例することから，粒子径の三乗で効いてくるため，実に三桁も小さくなってしまい，微粒子のプラズマへの投入は極めて困難となる。この対策がSPS（サスペンションプラズマ溶射）法と呼ばれるもので，微粒子を液中に分散させた懸濁液（サスペンション）とし，懸濁液の状態でモーメントを大きくしてプラズマに噴霧することで微粒子の溶射を可能にしている。この投入するスラリーもチクソ性を利用して高濃度化することが可能で，均一な厚膜作製が可能であることも報告されている[29)]。最近では，軸方向からの供給を可能とすることで高品質膜を狙うアクシャルサスペンションプラズマ溶射も報告されており[30, 31)]，投入技術の改良は引き続き進んでいくものと思われる。ごく最近では，微粒子を直接低出力のプラズマトーチに投入して製膜することも試みられている[32)]。また，溶液系の溶射では，微粒子を搬送するのではなく，プラズマ中で微粒子を溶液から生成させて吹き付けるSPPS（液相前駆体プラズマ溶射）法も開発されている[33)]。他方は，真空の利用である。AD法はセラミック微粒子を真空の差圧を利用して搬送，衝突させる方法であり，変形能をもった微細な粒子を真空中に導入することで常温衝撃固化現象を利用して製膜する興味深いプロセスである[34~36]。常温でのセラミックスコーティングでありながら，膜密度は薄膜プロセス並みで，また，基材との密着力も一定条件下では従来薄膜法や溶射法より優れる。また，これらスプレープロセスのハイブリッド化もひとつのトレンドとなろう。HAD（ハイブリッドエアロゾルデポジション）法は，堆積速度の大きなプラズマ溶射法と緻密で高密着な皮膜ができるAD法とのハイブリッドであり，堆積効率の向上や，AD法では応力集中により困難であった3次元被覆性能の向上も確認されている。このときのプラズマは熱プラズマと低圧プラズマの遷移領域のメゾプラズマと呼ばれるものでプラズマ化学的にも興味深い領域であり[20, 21]，本メゾプラズマジェットを用いることで，HAD法独自の興味深い組織も観察されている[37, 38]。

6　厚膜の多機能化・多層化設計[10)]

冷却技術や焼結・相変態が起こりにくい新材料系を用いることで，材料自体の耐久性が担保されるのであれば，TBC（遮熱コーティング）の設計はいかにコーティングによって遮熱性能を高めるかにあり，(材料・構造の低熱伝導率化)×(膜厚）という式にいたる。実際，燃焼器などにおいては2 mm以上のTBCの要求や，アプリケーションによっては4 mmのTBCが必要との報告もある[39]。

(a) 遮熱コーティングシステム（超合金基材）　(b) 耐環境コーティングシステム（複合材料基材）

図3　多機能・多層化コーティングシステム

(a）ニッケル基超合金基材用の遮熱コーティングシステムと（b）炭化ケイ素基複合材料基材用の耐環境コーティングシステム（Stony Brook大学Sanjay Sampath教授の図を参考に作成）（© 表面技術協会）

TBCやEBC（耐環境コーティング）におけるもう一つのトレンドは多層化であろう。TBCはもともと遮熱のためのシステムであり，多孔質なイットリア安定化ジルコニア（YSZ）の厚膜が用いられていた。しかしながら，近年，エロージョンやCMAS（カルシウムマグネシウムアルミノシリケート）耐性などの耐環境性能を上げる必要があることから[40, 41]，その解決手段のひとつとして表面への緻密膜の形成が試みられている。表面の緻密膜としては，CMASへの耐性が報告されているガドリニウムジルコネート（GDZ）が有力候補であるが，YSZに比べると靭性の低いことが問題である。それらを考慮して，図3に示すような多層化膜の構造が提案されている[42]。

（1）ボンドコート（BC）上には高い靭性を持ち，熱成長酸化物（TGO）であるアルミナとの親和性がよい界面層を導入する。おそらく緻密度の高い薄いYSZ層が有効と考えられる。これまでの研究では60 μm程度までの厚みで緻密な大気圧プラズマ溶射（APS）によって施工したYSZ層が靭性と耐久性を兼ね備え適している。

（2）続いて，多孔質で低熱伝導率の層を遮熱機能の目的で導入する。この層は熱劣化に伴って気孔率が減少し，熱伝導率の増加につながらないように安定性の高いYSZやGDZの膜を用いることができる。

（3）トップ層にはGDZを用い，CMASや火山灰への対応を図る耐環境コーティングにする。GDZの破壊靭性が低いため，耐エロージョン特性を向上させるために緻密な層とするのがよい。熱サイクル特性の向上を狙って，さらに縦割れのクラックを導入した緻密コーティング（DVC : Dense Vertically Cracked もしくは Segmentation TBC と呼ばれる）によりコンプライアンスを向上させることが有効である。

このように，Ni基超合金をベースとするT/EBCシステムでは，BCの金属下地層，それから界面に生成するTGO層も含めると5層の多層コーティングシステムとなっており，かつそれらの層が違った皮膜構造を有することが要求され，コーティングプロセスにも高度な要求がなされることになる。

この多層化は近年注目を集めているCMC（SiC系繊維強化SiCセラミックス基複合材料）[43]上へのEBCでも基本設計方針の一つとなっている[44, 45]。SiC系のCMCが高温下での水蒸気腐食に弱いことから，水蒸気腐食による減肉を守るためのコーティングが必須である。世代によって設計も異なるが，例えば，SiC/SiC上へのT/EBCシステムとして，SiC/SiC基材上にシリコン膜を溶射し，その上にBSASの皮膜を堆積するために，Mullite層からBSASへの傾斜組織制御を行う。BSASの単体の層によって，水蒸気腐食の対応を行い，更に遮熱層として，YSZもしくは新材料セラミックのコーティングを施工できるように傾斜組成化して対応をする例が報告されている[46]。ここでも5層程度の多層構造が要求されており，TBC，EBCシステムともに高いコーティングの施工技術が要求されている。高温アプリケーションでは，基材と皮膜の熱膨張率差に起因する熱応力をいかに抑えるかが鍵となるが，TBCが，熱膨張係数の比較的大きなNi基超合金という金属を基材とするセラミックコーティングシステムであるのに対し，EBC

が，熱膨張係数の小さなSiC系セラミックス基複合材料を基材とするセラミックコーティングシステムであることから，その設計概念は根本的に異なる。また，冷却設計なども当然異なってくることが予想され，現在一部実用化の始まっている1200℃クラスのEBC/CMCシステムがTBC/Niシステムとほぼ等価で，軽量であることを利点としているシステムなのに対し，現在，競争が激しい，1400℃，1500℃，更には1700℃クラスのEBC/CMCシステムでは，システム設計思想を根本から変える必要があるように思われる。異なる材料で，かつ緻密層と多孔質層を積層させる場合の界面設計など，プロセス設計，材料設計，システム設計の融合が求められると考えられる。そもそも熱力学的には界面は不安定であることから高温ではマイナス要因である。熱膨張係数の緩和や熱伝導設計を適切に行うことが可能であるならば，多層化戦略そのものの見直しも必要となっていくであろうが，そのためには材料開発やプロセスにおける革新が必須である。幸いにも日本は，まだまだ新しいコーティングプロセスを生み出す力が残っていると考えられ，金属におけるコールドスプレー，ウォームスプレー，そして，本稿で注目する中間領域の厚膜においてもAD法，ハイブリッドAD法，サスペンション溶射，液相前駆体溶射，超音速フリージェットPVD，レーザーCVDなど新しい技術の研究開発が盛んに行われている。これらのいくつかのプロセスの堆積応力は圧縮応力となるため，プラズマ溶射の引張り応力に加えて正負の応力場を持つことになるため，原理的には応力を積極的に制御することができることになる。現行の基盤技術となるプラズマ溶射法，EB-PVD法に加えて，これらのコーティング技術を積極的に組み入れていくことで，材料設計，界面設計に基づいて，TBC/EBCという高機能・多機能化システムへの対応も可能となっていくように思える。

7　設計との融合の試み[47～49]

ものづくりにおける製品価値向上の一つの考え方として狩野モデル[50]を例にデライトとは何かを考えたい[51, 52]。狩野モデルでは，製品の品質を当たり前品質，性能品質，そして，魅力品質と3つに分類しているが，ユーザーの満足感を上げ，製品価値を大きく向上させるためには，性能品質に加え，スペックでは示せない感性的な良さである魅力品質を上げることが重要であるというのがデライトものづくりの考え方である。

従来の日本のものづくりは主に品質などの機能的価値の向上による性能品質を向上させることに重点がおかれてきたが，それに加えて，喜び，魅力，そして驚きといったデライト性に着目し，感性や潜在価値の観点から顧客満足度をあげ，新しいものづくりをしようという試みである。

このとき，コーティング技術は，部材表面に機能を付加することが可能であることから，3Dプリンター等と組み合わせることにより，複雑・迅速造形といった観点から機能的価値の向上が狙える。また，部材の表面機能を大きく変化させることが可能であることから，新たな驚きや，意匠性の向上によってデライト性も同時に大きく向上できるであろう。よって，コーティング技

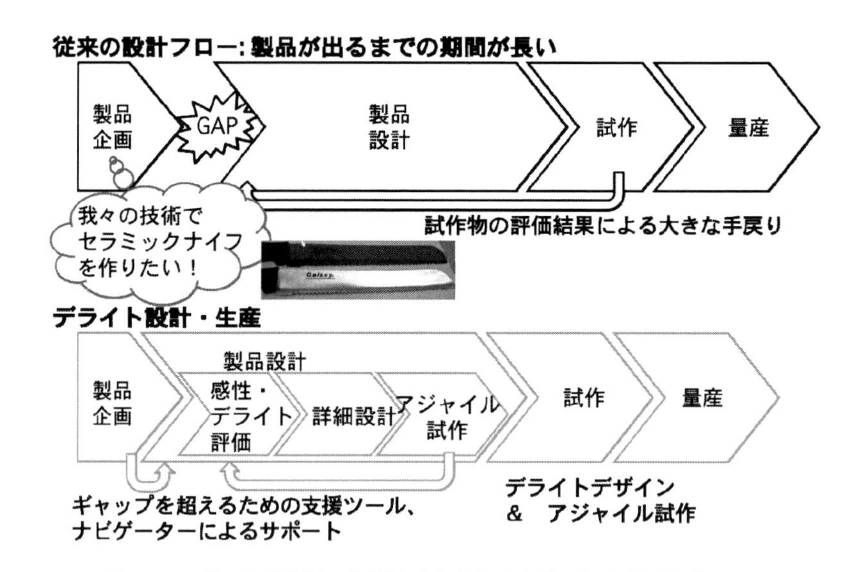

図4　コーティングを用いたデライトものづくりにおける試作プロセス
（鈴木宏正（東京大学），SIP シンポジウム 2016 公開資料より一部改変）（© 日本セラミックス協会）

術は，デライトものづくりを実現する上で非常に強力なツールとなりうる。この考え方に従って，製品価値を向上する取り組みについて以下に紹介したい。

実際にものづくりを行う上で重要となるのが，試作プロセスである。この試作を迅速かつスムーズに行える設計フローを東京大学の鈴木，大富らが提唱している（図 4）[53]。コーティングの造り手という観点からこのアジャイル試作の設計フローを考えて見たい。我々，コーティング屋の観点からものづくりを考えると，コーティングの価値を最大限に活かせるアプリケーションを当然考えることになる。例えば，HAD 法においては，緻密なセラミックコーティングを種々の材質に堆積できることが特徴であることから，緻密なセラミックコーティングを付与することで機能が発現できる製品を検討することになる。そこで，例えば，緻密なセラミックスを付加すれば，防錆効果を期待できることから，鉄，鋼の包丁にコーティングを付与することで，錆びない包丁ができるのではないかというアイデアが生まれる。金属包丁は欠けにくいが錆びやすく，一方，セラミックス包丁は，錆びにくいが欠け易い。ハイブリッドコーティングで，従来の焼結アルミナに近いアルミナ表面層を形成することにより，錆びにくく，防汚性に優れ，かつ欠けにくい包丁の実現が期待される。同様に，スマートフォンのケースカバーに着色複合アルミナ膜を HAD コーティングするというアイデアも生まれる。審美性・意匠性とともに耐摩耗性・耐傷性を向上することが期待できる。これらの作品は，一部，プロジェクトの WEB ページで公開されている[54]。

しかしながら，このまま製品化に持ち込めるかというと，設計過程における死の谷とでも呼ぶべきか，実際には単純ではない。この段階で展示会などに出展すると，興味は持ってもらえるが，コスト問題に帰着しがちである。コンセプト自体に同意は得られるものの，コーティングにかかる費用に話題が及ぶと，そのような技術は高価で論外であると見做されてしまう。このことは，実際の対象製品を扱う側がすでに対象製品に対して既成概念を確立してしまっていること，企画側もコーティングによる本来の付加価値を正しく見極めることができていないことからくる，一種のシーズとニーズの不一致である。逆に言い換えれば，ニーズをきちんと見極め，製品の付加価値向上について十分に事前検討することがでれば，ユーザー企業を納得させる可能性もでてくる。そして，結果的に協力体制から新たなアイデアも生まれ，コスト問題を超えて製品の付加価値を大きく向上させることが現実となる。

それでは，コーティングによる付加価値を事前検討するためにはどのようなアプローチが考えられるのであろうか。先ほどの図4に立ち返ってプロセスを順に追って考えてみたい。セラミックコーティングによる付加価値の方向性そのものは，造り手の直感として信じてよいものである。しかしながら，コーティング技術の特性を理解している立場のものが必ずしも設計の専門家ではないため，次の製品設計に向けて具体的な打ち手を見いだすことができないことに最初の原因がある。ここで，実際の製品企画から製品設計の間にまず大きな壁がある。仮に，うまく製品設計までたどり着き，試作までたどり着いたとしても，ユーザーから想定したほどの評価は得られず，製品企画の段階まで大きく手戻りしてしまうことになる。この段階では，ユーザーが真に望んでいるものと，企画側が主張したい機能とが必ずしも一致していないことに一因があろう。そこで，製品企画，設計の段階では，デライト評価を行い，ユーザーの感性軸が最大になるように製品の機能軸を一致させ，試作設計を行うことが重要となる。これらの課題への対応として，

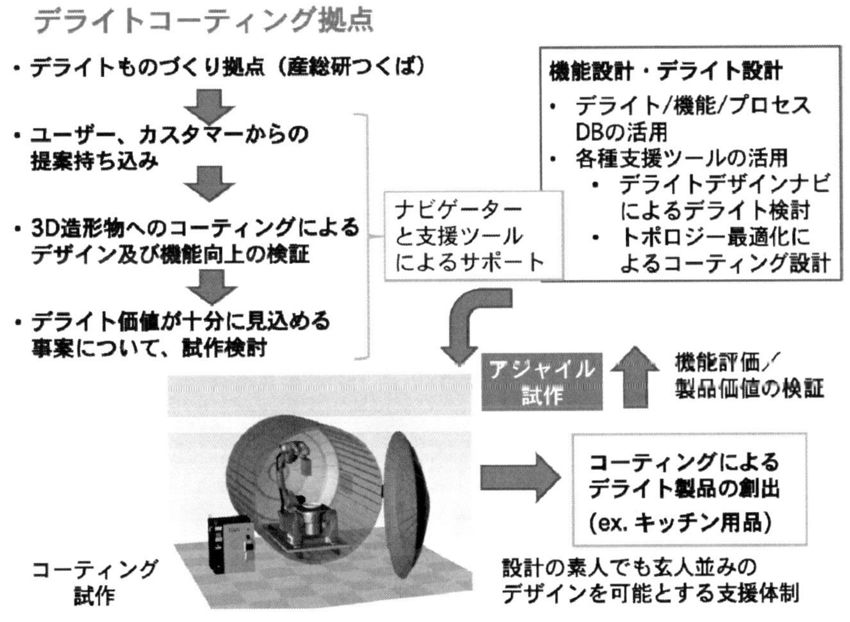

図5　コーティング拠点におけるものづくり
(© 日本セラミックス協会)

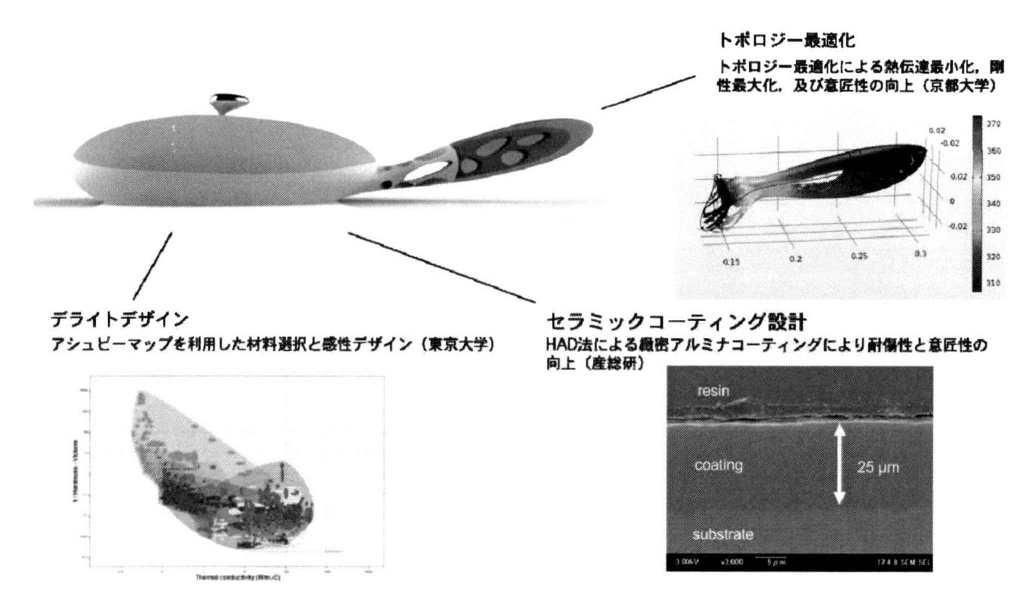

図6　セラミックコーティングを活かしたフライパンの設計
(© 日本セラミックス協会)

造り手の設計支援体制を整えることが重要と考えた。具体的には，コーティング拠点において，試作機能に加えて，各種の支援ツール及びナビゲーターによるサポートをおき，デライト設計・アジャイル試作支援をできる体制を整えた（図5)。これらの支援ツールは，革新的設計生産技術の他の拠点で培われたツールであり，汎用ツール化が図られている。

この設計支援体制の有効性を検討するために，実際に支援ツールを利用した例として，デライトセラミックフライパンの設計例を示す。

元々は，フライパンに高品質なセラミックコーティングを施工することができれば，焦げ付きが起こらず，傷もつきにくいフライパンができるであろうというシンプルな着想である。この発想をもとに，まずは，市販のフライパンについてユーザーアンケートを行った。方法としては，WEBでのフライパンを取り扱っているサイトの調査をベースとして，市販のフライパンを用いたユーザーアンケート，さらに市販のセラミックフライパンを実際に使ったユーザーに対して，ラダーアップ，ラダーダウン手法を用いた詳細なアンケートを実施し，多変量回帰分析といった各種評価手法を用いることで，市販品の調査，評価を行った[52)]。その結果，セラミックフライパンの場合には，油を引かなくても焦げ付かないことへの過度の機能への期待感から，逆に焦げ付いてしまったときの失望感も大きいこと，形状の工夫はフライパンが軽いことが前提であることなどが明らかになった。そこで，このような聞き取り調査に基づいて設計を行ったセラミックフライパンの初期コンセプトモデルを図6に示す。東京大学の大富浩一らによって開発されたデライトデザインビューア[52)]を用いてデライト軸の選択設計を行い，材料に要求される密度，熱伝導率，硬さといった材料特性を抽出した。その材料特性を元に，アシュビーマップを利用して，

図7　デライト設計に基づくセラミックフライパンのコンセプトモデル（モック）
（撮影：㈱アルフォース　工藤恒氏）。デザインは澄川伸一氏による。

適切な材料選択を行った。次に，京都大学の西脇眞二らによって開発されたトポロジー最適化ツール[55]を用いて，フライパンの柄の部分の構造最適化を行った。ここでは，柄の剛性を最大に保ちつつ，フライパンの本体から柄に熱が伝わらないような最適化を行い，かつ，トポロジーによる意匠性の向上も図った。その上で，ハイブリッドコーティング技術によって，本体に緻密アルミナコーティングを施すことで，耐傷性の向上や意匠性の向上を図った。このようにして，デザインされたいわばデライトセラミックフライパンのコンセプトモデル（モック）を図7に示す。デザインはインダストリアルデザイナーの澄川伸一氏によるものである。軽量化を図った上での形状の工夫により，チャーハンを炒める時の返しの軌道がスムーズな放物線を描き，また，蓋も含めたデザインにより内部対流効率の向上も期待できる。さらにセンサー機能を付与することにより，将来的にはスマートフォンといった情報機器とリンクした使い方も可能であろう。

8　まとめ

セラミックコーティングにおいて，これまでの薄膜領域と厚膜領域の間にファインセラミックコーティングとでも呼ぶべき5-100 μmの緻密厚膜領域が存在し，微粒子スプレーコーティング技術の高度化と共に，本厚膜領域への関心が高まってきたことを紹介した。機能を第一義とし，その達成に向けてデバイスが設計される薄膜アプリケーションに対して，本領域では，微細組織制御及び応力制御によって従来では達成できなかった厚膜でありながらも緻密さを維持し，コーティングでありながらバルク並みの機能を発揮することを狙う。若干の機能性の低下を膜厚で補い，トータルでは薄膜以上の機能性を確保することが可能となる。また，これらの皮膜を従来の薄膜技術，厚膜技術と組み合わせることも可能である。このファインセラミックコーティングのアプリケーションにおいては，アプリケーションの設計思想が非常に重要となる。言い換えれば，目的の達成のため，薄膜，厚膜から，多層化による多機能厚膜まで自在に設計できる環境ができてきたとも言えるであろう。コーティングの多層化を検討すると，タービンブレードなどの複雑形状部材では，異種材料の界面制御や緻密膜/多孔質膜をいかに組み合わせて製膜するか，またその際の応力緩和をどのように行うかといった課題が出てくる。特に，堆積プロセス中に発生する応力については，定量的な理解が遅れている。コーティングの応力計算は，有限要素法が身近なツールとして利用できるようになってきたことから，材料力学を専門とする研究者やエンジニアによって行われつつあるが，熱膨張差に起因する熱応力の計算が主であり，堆積応力については考慮されていない場合がほとんどである。溶射のような粒子の溶融積層プロセスでは，堆積応力は引張り（＋）になり，AD法のような固相積層プロセスでは，圧縮応力（−）になる。つまり，原理的には，正・負の応力生成プロセスツールを我々は手に入れたことになり，応力場を積極的に制御できる可能性がでてきたと言えるのではないだろうか。製膜基礎現象をきちんと把握していくことが今後より重要になっていくと思われる。

謝辞

本研究の一部は，総合科学技術・イノベーション会議の戦略的イノベーション創造プログラム（SIP）「革新的設計生産技術」（管理法人：NEDO）における「高付加価値セラミックス造形技術の開発」によって実施されたものである。デライトものづくり，トポロジー最適化については，東京大学（現明治大学）の大富浩一博士，京都大学の西脇眞二教授，山田崇恭助教との共同研究の成果である。

文　献

1） 冨田賢時，溶射，**54**(4), 152-156 (2017).
2） デジタルリサーチ編，2013年版溶射市場の現状と展望，p. 156，デジタルリサーチ，(2013).
3） 出川通，テクノロジー・ロードマップ：2016-2025 全産業編，p. 488，日経BP社，(2015).
4） 明渡純，篠田健太郎，溶射技術，**37**(1), 93-97 (2018).
5） 佐久間健人，セラミック材料学，p. 240，海文堂出版 (1990).
6） 京セラ，はじめてのファインセラミックス；http://www.kyocera.co.jp/fcworld/first/index.html.
7） トヨタ自動車，新型2.8 L直噴ターボディーゼルエンジンを開発；https://newsroom.toyota.co.jp/jp/detail/8347879.
8） A. Kawaguchi, H. Iguma, H. Yamashita, N. Takada, N. Nishikawa, C. Yamashita, Y. Wakisaka and K. Fukui, *SAE Technical Paper*, Art. No. 2016-01-2333 (2016).
9） GE Reports Japan，次世代航空機エンジンGE9Xを支える日本発の炭化ケイ素連続繊維-

量産体制へ向けて富山に工場を新設；https://gereports.jp/ngs-new-factory-in-toyama/.
10） 篠田健太郎，明渡純，表面技術，**69**(11), 478-484 (2018).
11） 鈴木基史，真空，**57**(8), 303-307 (2014).
12） L.B. Freund and S. Suresh, Thin Film Materials : Stress, Defect Formation and Surface Evolution, p. 750, Cambridge University Press (2003).
13） U. Schulz, B. Saruhan, K. Fritscher and C. Leyens, *Int. J. Appl. Ceram. Technol.*, **1**(4), 302-315 (2004).
14） K. Matsumoto, Y. Itoh and T. Kameda, *Sci. Technol. Adv. Mater.*, **4**(2), 153-158 (2003).
15） 湯本敦史，廣木富士男，塩田一路，丹羽直毅，日本金属学会誌，**65**(7), 635-643 (2001).
16） A. Yumoto, F. Hiroki, I. Shiota and N. Niwa, *Surf. Coat. Technol.*, **169**, 499-503 (2003).
17） K. Ishii, *J. Vac. Sci. Technol. A*, **7**(2), 256-258 (1989).
18） T. Jung, T. Kälber and V. Heide, *Surf. Coat. Technol.*, **86**, 218-224 (1996).
19） N. Yamaguchi, Y. Sasajima, K. Terashima and T. Yoshida, *Thin Solid Films*, **345** (1), 34-37 (1999).
20） T. Yoshida, *Pure Appl. Chem.*, **78**(6), 1093-1107 (2006).
21） 神原淳，プラズマ・核融合学会誌，**85**(2), 88-93 (2009).
22） M.F. Smith, A.C. Hall, J.D. Fleetwood and P. Meyer, *Coatings*, **1**(2), 117-132 (2011).
23） K. von Niessen and M. Gindrat, *J. Therm. Spray Technol.*, **20**(4), 736-743 (2011).
24） T. Nakajima, K. Shinoda and T. Tsuchiya, *Chem. Soc. Rev.*, **43**(7), 2027-2041 (2014).
25） 土屋哲男，中島智彦，篠田健太郎，表面技術，**63**(6), 345-348 (2012).
26） 川上祥広，エアロゾルデポジション法による圧電セラミック厚膜の形成とその圧電特性，p. 161，東北大学（博士論文）(2017).
27） 深沼博隆，溶射，**47**(4), 179-188 (2010).
28） V. Luzin, K. Spencer and M.-X. Zhang, *Acta Mater.*, **59**(3), 1259-1270 (2011).
29） 桐原聡秀，セラミックス，**52**(10), 696-699 (2017).
30） M. Shahien and M. Suzuki, *Surf. Coat. Technol.*, **318**, 11-17 (2017).
31） 齋藤宏輝，鈴木琢矢，藤野貴康，鈴木雅人，溶射，**54**(2), 48-54 (2017).
32） M. Shahien, M. Suzuki, K. Shinoda and J. Akedo, *Proc. Int. Therm. Spray Conf. 2018*, 515-520 (2018).
33） D. Kindole, I. Anyadiegwu, Y. Ando, Y. Noda, H. Nishiyama, S. Uehara, T. Nakajima, O.P. Solonenko, S. AV and G. AA, *Mater. Trans.*, **59**(3), 462-468 (2018).
34） J. Akedo and M. Lebedev, *Jpn. J. Appl. Phys. Part 1*, **38**(9B), 5397-5401 (1999).
35） J. Akedo, *J. Am. Ceram. Soc.*, **89**(6), 1834-1839 (2006).
36） J. Akedo, *J. Therm. Spray Technol.*, **17**(2), 181-198 (2008).
37） 篠田健太郎，佐伯貴紀，森正和，明渡純，セラミックス，**52**(10), 703-706 (2017).
38） 篠田健太郎，佐伯貴紀，明渡純，溶接学会誌，**87**(2), 136-143 (2018).
39） W. Beele, G. Marijnissen and A. Van Lieshout, *Surf. Coat. Technol.*, **120**, 61-67 (1999).
40） J.M. Drexler, K. Shinoda, A.L. Ortiz, D. Li, A.L. Vasiliev, A.D. Gledhill, S. Sampath and N.P. Padture, *Acta Mater.*, **58**(20), 6835-6844 (2010).
41） J.M. Drexler, A.D. Gledhill, K. Shinoda, A.L. Vasiliev, K.M. Reddy, S. Sampath and N.P.

Padture, *Adv. Mater.*, **23**(21), 2419-2424 (2011).
42) V. Viswanathan, G. Dwivedi and S. Sampath, *J. Am. Ceram. Soc.*, **98**(6), 1769-1777 (2015).
43) T. Nakamura, T. Oka, K. Imanari, K. Shinohara and M. Ishizaki, *IHI Eng. Rev.*, **47**(1), 29-32 (2014).
44) 大寺一生，津田義弘，荒木隆人，森信儀，佐藤彰洋，表面技術，**63**(1), 19 (2012).
45) N.P. Padture, *Nat. Mater.*, **15**, 804 (2016).
46) I. Spitsberg and J. Steibel, *Int. J. Appl. Ceram. Technol.*, **1**(4), 291-301 (2004).
47) 篠田健太郎，明渡純，溶射，**54**(3), 108-112 (2017).
48) 明渡純，篠田健太郎，セラミックス，**52**(10), 687-691 (2017).
49) K. Shinoda, H. Noda, K. Ohtomi, T. Yamada and J. Akedo, *Int. J. Autom. Technol.*, in press.
50) 狩野紀昭，瀬楽信彦，高橋文夫，辻新一，品質，**14**(2), 147-156 (1984).
51) 鈴木宏正，日経ものづくり，**736**(1), 65-74 (2016).
52) 大富浩一，よくわかるデライト設計入門，p. 164，日刊工業新聞社 (2017).
53) 鈴木宏正，革新的デライトデザインプラットフォーム技術の研究開発 /SIP 公開シンポジウム (2016/11/14)，http://www.sip-monozukuri.jp/module/pdf/document/sympo161114_theme12.pdf.
54) 高付加価値セラミックス造形技術の開発 hp，http://www.hcmt.website/.
55) 山田崇恭，西脇眞二，泉井一浩，吉村允孝，竹澤晃弘，日本機械学会論文集 (A 編)，**75**(753), 550-558 (2009).

第5章　レーザー援用AD法

馬場　創[*1]，篠田健太郎[*2]，明渡　純[*3]

1　はじめに

近年，エレクトロニクス分野における電子機器の小型化，集積化において，圧電膜を利用した微小電気機械システム（MEMS）の需要はますます高まっており，特に圧電アクチュエーターで発生力の点で優位な10 μm以上の厚膜を安価で簡便かつ短時間に形成できる成膜プロセスの開発が期待されている。また，圧電膜の性能は分極ドメインのダイナミクスに大きく影響を受けるため，膜の組成制御や結晶構造制御のみならず結晶性や粒径が非常に重要である。よって，今後，回路基板をはじめ種々の基板上に集積された圧電膜の圧電性向上のために，他の部位に熱影響を与えないアニール技術の開発は非常に重要である。レーザーはレンズで集光してエネルギー源として用いることができ，さらにはミラーによって照射範囲を容易に制御することができることから産業界では溶接や穴あけ，切断などの代表的な加工ツールの1つとして用いている。また，レーザーの入熱を制御することで，金属の表面処理やセラミックスの焼結など構造材料の熱処理（アニール）にもレーザーは使われている。しかし，エレクトロニクス分野では今までアモルファスシリコンの結晶化にレーザーアニールが使われる程度であり，特に電子セラミックスとしての圧電膜にレーザーアニールを適用した例は皆無に等しい。

2　学会における圧電膜の研究状況

圧電膜に関する研究はアクチュエーターの分野だけでも世界中で非常に多く行われている。中でもアメリカのペンシルバニア州立大学（Penn State）やスイスのローザンヌ連邦工科大学（EPFL）が世界をリードしている。日本でも圧電材料の中で最もポピュラーな材料の1つであるチタン酸ジルコン酸鉛（PZT）膜を例にとると，東京工業大学のグループがパルス有機金属化学気相成長法によってバルクと同程度の電極面に垂直な圧電特性（d_{33} = 350 pm/V）[1)]を得てお

＊1　Sou Baba　(国研)産業技術総合研究所　エレクトロニクス・製造領域研究戦略部

＊2　Kentaro Shinoda　(国研)産業技術総合研究所　先進コーティング技術研究センター
微粒子スプレーコーティング研究チーム　主任研究員

＊3　Jun Akedo　(国研)産業技術総合研究所　先進コーティング技術研究センター
センター長

り，松下電器産業㈱のグループがRFマグネトロンスパッタリング法によって分極処理をしなくても高い電極面に沿った圧電定数（d_{31} = −100 pm/V）[2]を得ている。しかし，これらの研究は下部電極として白金コートされたシリコンや酸化マグネシウムの単結晶基板が用いられており，その上に分極軸であるc軸に結晶構造を配向させるために，PZT膜を600℃以上に基板加熱しながら1 μm/時間以上の非常に長い時間を掛けてエピタキシャル成長させなければならない。

一方，安価なステンレス基板の上にPZT厚膜を形成する取り組みも行われている。セラミックスバルクを薄く機械加工して接着剤で貼り付ける技術と，スピンオン法（ゾルゲル法）[3]やスクリーン印刷[4]で膜形成を行う技術である。しかし，セラミックスバルクを薄く機械加工して接着剤で貼り付ける技術では，数十 μm の厚さに機械加工することは非常に困難である。さらに，例えば圧電応用として期待されているライン型インクジェットヘッドでは，一度にインクを吐出する印字幅が200 mm以上であるために圧電膜を200 mm以上均一にステンレス基板上に形成する必要があるため，バルクの機械加工や接着剤による貼り付けでは対応不可能である。一方，スピンオン法は1回の工程（成膜＋焼結）で形成される膜厚が非常に薄く，10 μm 以上の膜厚にするためには100回以上の工程が必要である。また，膜形成に遠心力を利用するため，複雑形状のデバイスや長尺のデバイスを形成することは不可能である。一方，スクリーン印刷法は1回の工程で10 μm 以上の膜厚を形成できるが，グリーンシート法のように，焼結による粗大な粒成長や内在するポアのために50 μm 以下の薄膜化やアクチュエーター駆動させるための高電圧印加が不可能である。スパッタ法やゾルゲル法のように直接基板上に形成するいわゆる薄膜形成技術がある。すなわちこれらの従来技術は，それぞれ膜厚が100 μm 以上の厚膜，1 μm 以下の薄膜を形成する技術であり，圧電デバイスに必要な1 μm～100 μm の厚さの膜を短時間で性能良く形成することはできない。

3　エアロゾルデポジション法

エアロゾルデポジション法（AD法）は，電子セラミックスの成膜技術として現在最も実用化に近い技術の1つである。AD法はサブミクロンサイズの大きさのセラミックス原料微粒子を空気や窒素，ヘリウムや酸素などのガス中に分散させてエアロゾル状態にして成膜室に搬送し，圧力差によってノズルからせいぜい数百 m/秒の速度で基板表面に噴射する簡単な構成から成り立っている。ノズルからガスと共に噴射したセラミックス原料粒子は基板表面で衝突した後，粒子の破砕・変形が生じ，基板との界面に非常に薄いアンカー層を形成してセラミックスの第1層が形成される。その後，次々に衝突した粒子の破砕・変形によって，破砕した断片粒子同士の接合が生じ，結果的に基板との密着性が良好で，かつ緻密で強度の高いセラミックス膜を基板上に密着層を挿入しないで直接形成できる。膜形成には接着剤やバインダーは一切使用せず，成膜したいセラミックスの原料粒子のみが使用される。この粒子破砕・変形から得られる成膜現象は常温のガスを用いて常温の雰囲気かつ基板温度で実現できることから常温衝撃固化現象[5]と呼ばれ，セラミックス原料粒子の組成比や結晶構造状態がそのまま膜の状態に反映されることから短時間で理論密度の95％以上の非常に緻密な結晶化した厚膜を金属やガラス，プラスチックの上に直接室温形成することができる[6]。圧電膜に関してもAD法を用いれば1 μm～500 μm程度の広範囲の厚膜を金属基板の上に短時間で形成することができる[7]。また，原料粉末の化学組成が崩れることなく膜組成に反映されるので，他の成膜プロセスでは難しい複雑な組成の膜形成も非常に容易である[8,9]。現在，耐磨耗性や耐腐食性や絶縁性が求められるアルミナやイットリアのような膜に関しては，バルクセラミックスと同等かそれ以上のパフォーマンスを膜形状で実現できている[10]。

4　エネルギー援用の必要性

金属は衝撃に強く，表面を鏡面研磨したり，機械プレス加工で所望の形状にしたりすることができるので，デバイスデザインによっては従来のシリコンマイクロマシニングのような半導体製造技術を駆使したMEMSデバイスでなくても同等以上のパフォーマンスを持つ金属を用いたMEMSデバイスを圧倒的なコストダウンで形成できる可能性がある。特に，今後ますます消費者のニーズに合わせて多品種変量にデバイスを作る必要性が高まるため，日本の製造業やものづくりを活性化させるためにも安価でタクトタイムが短縮されたデバイス製造プロセスの開発は非常に重要である。AD法は室温で緻密な結晶体膜を金属基板上に直接形成できる現在唯一の成膜技術である。しかし，AD法で成膜したまま（アズデポ）の圧電膜は結晶子サイズが20 nm以下のナノ結晶体であり，成膜時の粒子破砕並びに緻密化の際に形成される種々の欠陥のために，分極ドメインのダイナミクスも大きく影響され，結果的に圧電性を十分に発揮することができない。よってAD法で形成された膜を成膜中や成膜後にエネルギー援用することによって粒成長や欠陥の緩和を促進し，圧電性を回復する必要がある。従来からアニール技術として一般に用いられている電気炉アニール法ではプロセス上，膜構造体全体を炉の中に入れなければならず，ステンレス基板を用いた場合，大気雰囲気だと表面が酸化したり，高い温度の場合には基板の機械特性が著しく低下したりしてしまう。AD法で白金下部電極付きアルミナ基板上に形成されたPZTのアズデポ膜を850℃で電気炉アニールするとバルクセラミックスと同程度の強誘電性まで回復できることが報告されている[11]。また，AD法でステンレス基板上に形成されたPZTのアズデポ膜を600℃で電気炉アニールすると$d_{31} = -100$ pm/V以上の圧電性が報告されている[12]。よってAD法でステンレス基板上に形成されたPZTのアズデポ膜を850℃でアニールできれば，バルクセラミックスと同程度の圧電膜をステンレス基板上にも直接形成できることになる。

5　従来の微粒子を用いた膜形成法とレーザー援用

上記AD法以外にサブミクロン粒子やナノ粒子などいわゆる超微粒子を溶融させないで固相状

態のまま基板に衝突させ，低温で高速に超微粒子膜を成膜できる技術としてコールドスプレー法やガスデポジション法がある。しかし，コールドスプレー法に関しては金属膜だけでセラミックス膜の形成例がなく，ガスデポジション法に関してはセラミックス膜を形成した場合は，膜密度が55〜80％程度の圧粉体となり，これを焼結体とするための加熱処理が必要不可欠である。このガスデポジション法に関してはセラミックス膜を形成する場合の加熱処理としては，レーザーを超微粒子流の噴出方向に対して垂直に照射する技術や成膜中に照射する技術あるいは成膜後に照射する技術として提案されている。ガスデポジション法で形成したセラミックス膜は圧粉体であり，レーザーはこれを焼結体とするための加熱処理であって，レーザーの波長を，単に圧粉体並びに粒子ビームを構成している超微粒子の粒径より大きい波長で選択するというものである。また，AD法で形成した膜はもちろん，スパッタ法やゾルゲル法で形成した膜も熱処理条件によっては基板から剥離する場合がある。ましてや膜にレーザーを直接照射して加熱する場合，急熱急冷プロセスのために膜は非常に剥離しやすい。さらに，従来のレーザー照射との組み合わせ技術では，照射するレーザーの種類，パワー，時間，照射方法等によっては基材と膜との熱膨張係数の違いや基材の熱伝導率，ヤング率や厚み，大きさから剥離が生じる問題があり，特に厚膜を形成した場合に顕著になって現れる。すなわち，従来のレーザー照射との組み合わせ技術では膜剥離に対して対応できず，実用的ではなく，解決すべき課題である。

さらに，レーザーを成膜中に照射する場合，減圧下では膜の放熱量が減少するために大気圧下と同様の条件でレーザー照射を行うと，過剰な加熱が生じ，膜の分解や酸素欠損が起こる。さらに，PZTやチタン酸ジルコン酸ランタン鉛（PLZT）など圧電膜で多用される鉛系セラミックスの場合では鉛欠損も生じ，化学量論組成比が崩れて特性が大幅に劣化する問題が生じる。

6 レーザーを用いたエネルギー援用の効果

そこで，AD法で形成された圧電膜に，セラミックス自体は吸収しやすく，逆に金属では反射するという赤外線のセラミックス材料に対する光学特性を利用したレーザー照射による加熱処理を行うことにより，微結晶セラミックス膜が基板から剥離することなく粒成長及び欠陥回復が可能なレーザー援用エアロゾルデポジション法の開発を行った。その際，熱膨張係数や熱伝導率，ヤング率，基板サイズの点から基板材料の選択を行い，レーザーパワーの制御，加熱時間や温度制御（昇温，降温パターン），レーザーの走査方法，粒子ビームとレーザー照射位置の関係を工夫することで膜剥離に関する問題点を解決し，実用的な技術を提供することを目的とした。

レーザーを用いたエネルギー援用により，ステンレス基板上にAD法で成膜したPZT膜の電気特性改善（強誘電性，誘電性，圧電性）を試みた。レーザーはレンズで簡単に集光できるため，膜のみの局所アニールが可能である（図1（a））。本研究では加工用レーザーとして最もよく使われている数十WクラスのCO_2レーザーを用いた。CO_2レーザーは10.6 μmの赤外領域の波長を有しているため，セラミックスのような誘電体には吸収されやすく，金属には反射され

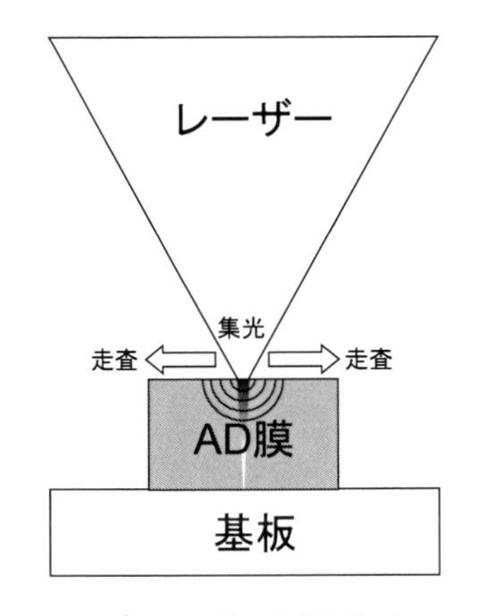

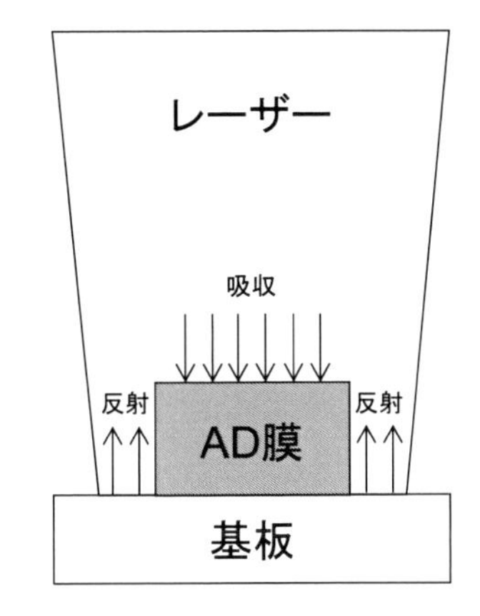

図1　ステンレス基板上のPZT膜におけるレーザーアニールのイメージ

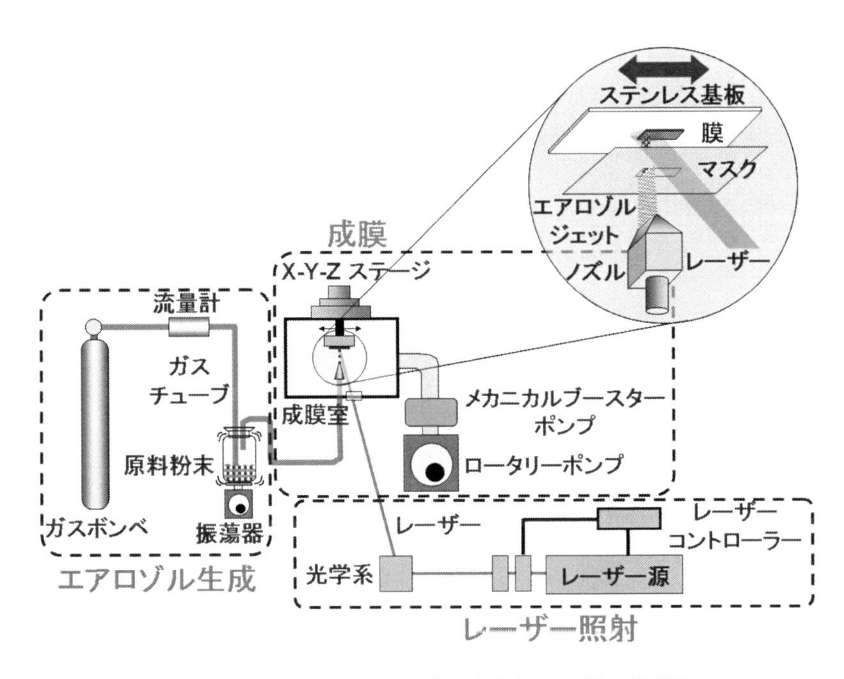

図2　レーザー援用エアロゾルデポジション法の模式図

やすい。よって CO_2 レーザーによってステンレス基板上に成膜したPZT膜だけを選択的にアニールすることが可能である（図1（b））。図2に本研究で開発したレーザー援用AD装置の基本構成を示す。パワー制御されたレーザーは成膜室外部からミラーやレンズによって適当なビーム形状に成形され，成膜前後や成膜中にアニールできるようにセレン化亜鉛の窓を通してX－Y－Zステージによって走査されている膜及び基板に照射される。また，成膜室に供給されるガス

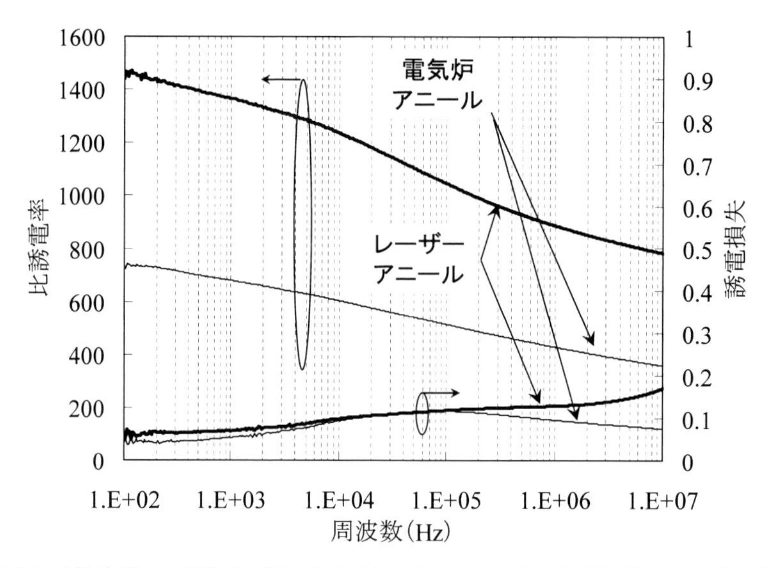

図3　誘電特性の周波数依存性におけるレーザーアニールと電気炉アニールの比較

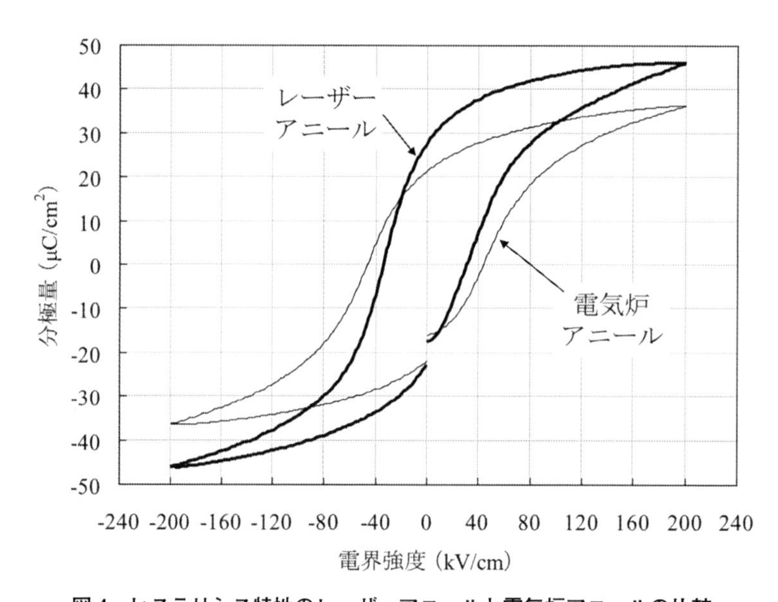

図4　ヒステリシス特性のレーザーアニールと電気炉アニールの比較

種やガス圧を制御することによって種々の雰囲気でのレーザーアニールも可能である。さらにレーザーアニール時の膜の温度は近傍に設置されたクロメル－アルメル熱電対や放射温度計を用いてリアルタイムに計測できる。その結果，厚さ100 μm のステンレス基板上に直接形成された厚さ35 μm のPZT膜を，成膜中ならびに成膜後にレーザーアニールした場合，600℃で電気炉アニールした場合より優れた誘電特性（図3）ならびにヒステリシス特性（図4）を示すことが明らかとなった。さらに上記試料において電界強度を変化させた場合の残留分極値（図5

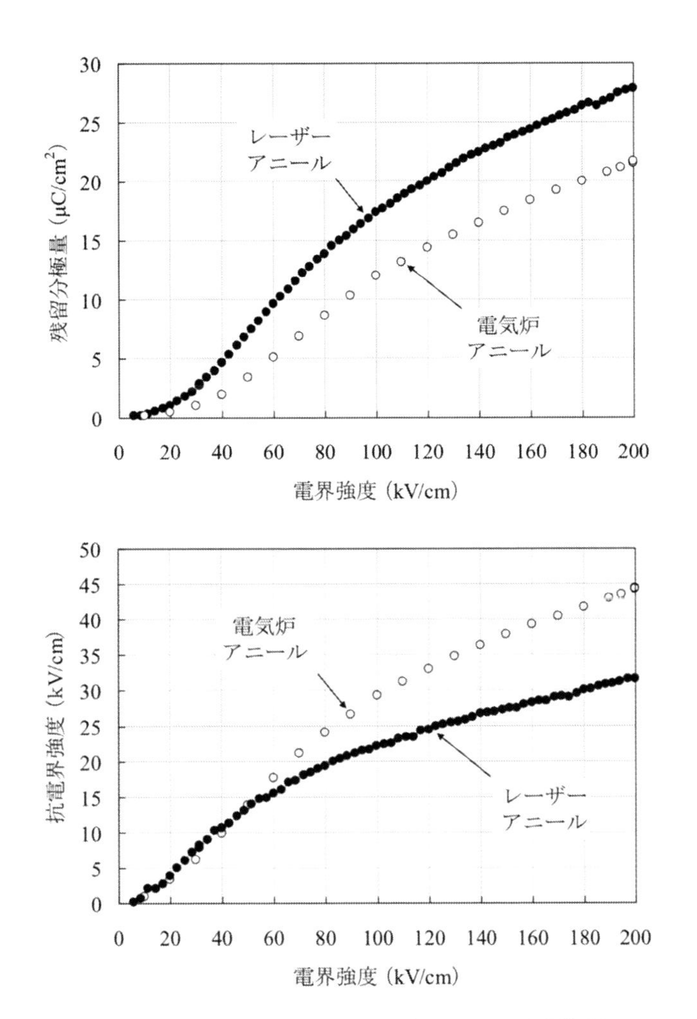

図5　強誘電特性の電界強度依存性におけるレーザーアニールと電気炉アニールの比較

(a)）と抗電界強度（図5（b)）の変化を電気炉アニールと比較した場合，明らかにレーザーアニールの方が小さな電界強度で残留分極値の上昇が見られ，抗電界強度も飽和の傾向を示していることが分かった。また，残留分極値に関しては30 kV/cm以上の電界強度でレーザーアニールと電気炉アニールに差が現れているが，抗電界強度に関しては60 kV/cm以上の電界強度でレーザーアニールと電気炉アニールに差が現れていた。さらに，レーザーアニールによって高温に加熱されたにもかかわらずステンレス基板は元の金属光沢をほとんど保持していた（図6)。このことから，CO_2 レーザーアニールによってPZT膜のみが CO_2 レーザーの波長を吸収してアニールされたことが分かる。以上の結果から CO_2 レーザーアニールがAD法でステンレス基板上に直接形成されたPZT膜のアニールに効果があり，電子セラミックスにおけるレーザーアニールも実用性が十分あることが明らかとなった。

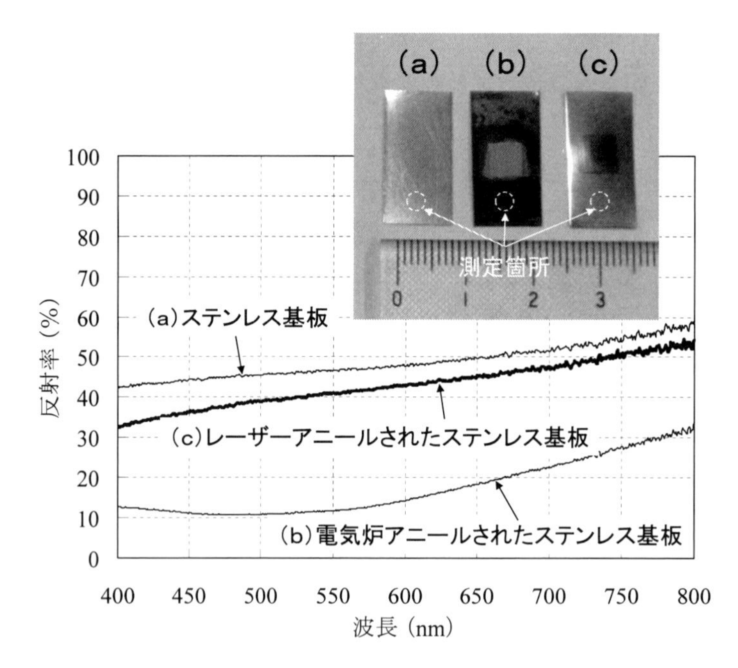

図6　ステンレス基板の反射率の波長依存性におけるレーザーアニールと電気炉アニールの比較

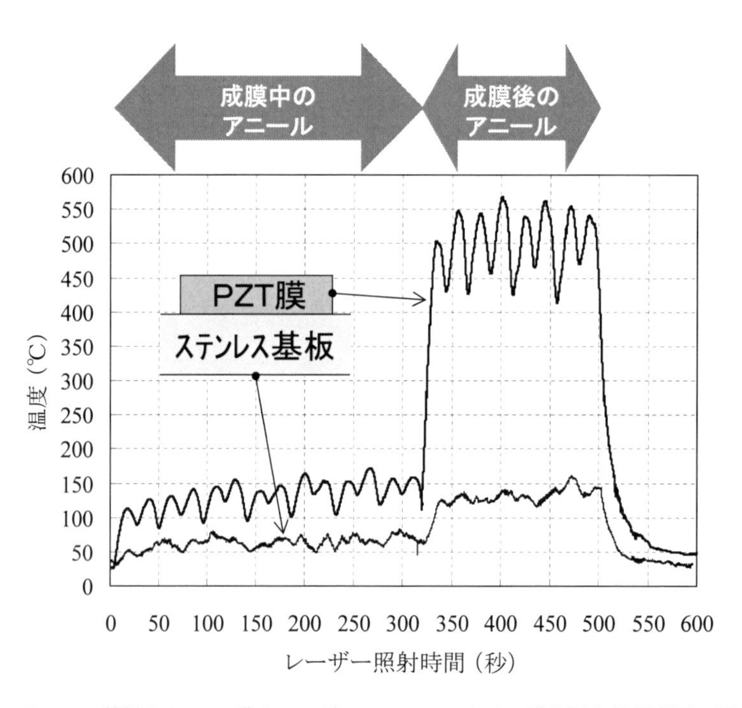

図7　ステンレス基板上のPZT膜のレーザーアニールにおける膜表面と基板裏面の温度履歴

図7は成膜時並びに成膜後のレーザーアニールにおける基板裏面ならびに膜表面の温度履歴を計測したものである。成膜の結果，膜厚は35 μm であった。成膜の初期はステンレス基板上にまだPZT膜は堆積されないのでレーザーは基板によって反射される。その後，成膜時間と共に膜厚は増加してレーザーを吸収するようになるが，ノズルから噴出したガスの断熱膨張によって膜及び基板は冷やされ，膜表面の温度はレーザーパワーを上昇させても成膜中は殆ど150℃程度しか上がらず，基板裏面の温度も50℃程度であった。しかし噴出したガスによる冷却がない成膜後のレーザーアニールでは膜表面の温度は600℃近くまで加熱された。また，成膜後のレーザーアニールでも基板裏面の温度はせいぜい150℃程度しか加熱されていないことからCO_2レーザーアニールによって膜のみが局所的に加熱されていることが分かる。

7　レーザーアニールしたPZT膜 / ステンレス基板の特徴

図8はレーザーアニールならびに電気炉アニールしたPZT膜/ステンレス基板の断面における透過電子顕微鏡（TEM）写真とエネルギー分散型X線（EDX）分析の結果である。どちらの場合にも膜と基板界面には異相が確認された。しかし，明らかに電気炉加熱した場合よりレーザーアニールした方が異相の厚さが薄いことが分かる。これはレーザーが膜表面に照射されたとき，膜表面と基板界面近傍で温度上昇に時間的ずれが生じて膜厚方向に温度勾配ができ，結果的

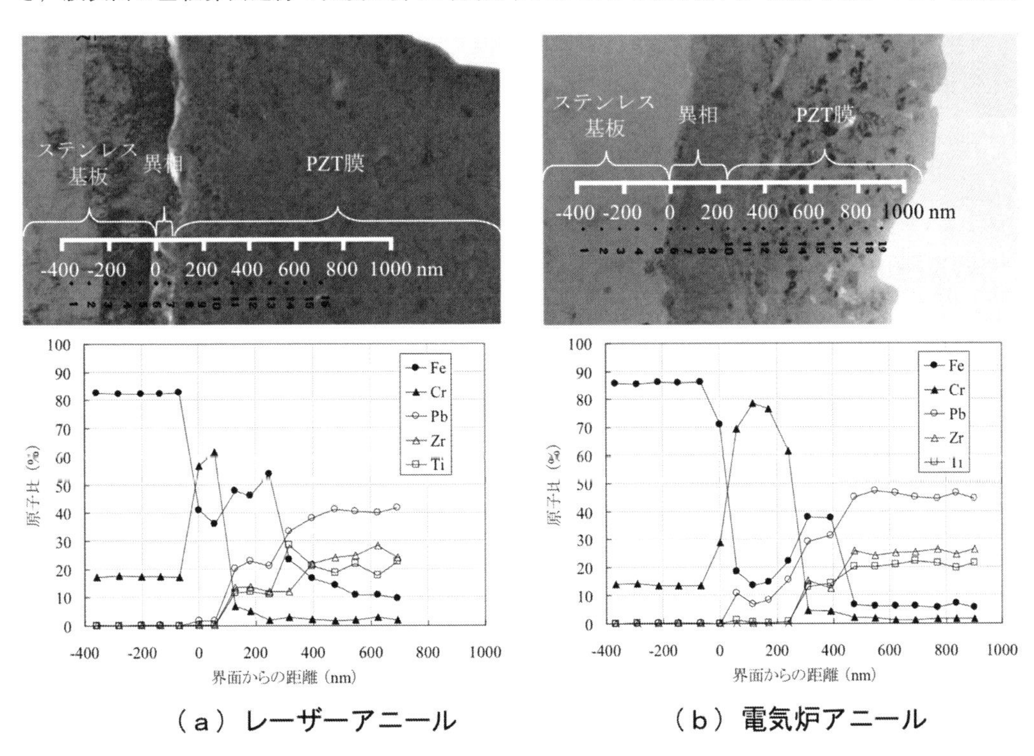

図8　ステンレス基板上のPZT膜の断面TEM写真とEDXによる組成の断面分布

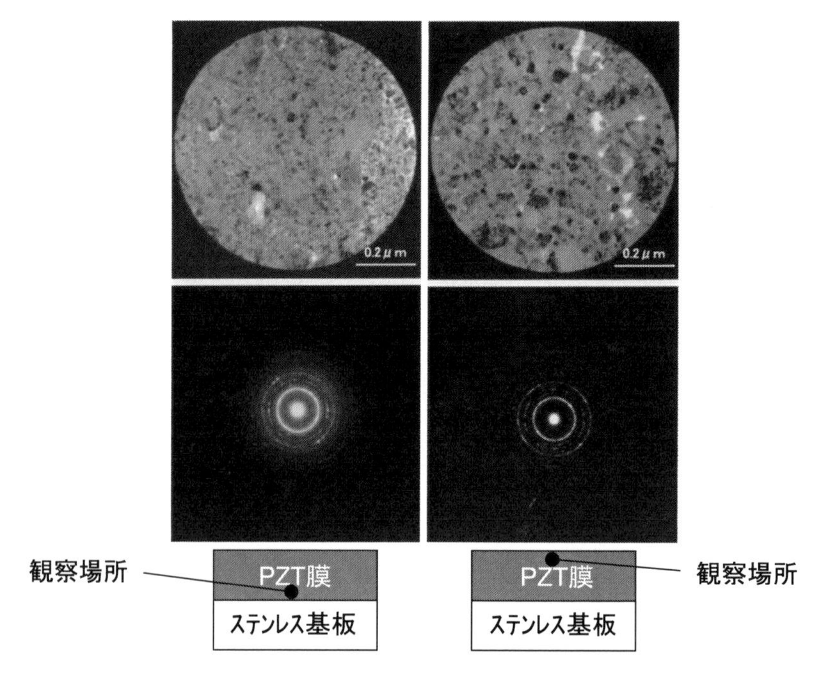

図９　ステンレス基板上の PZT 膜の表面近傍と界面近傍の断面 TEM 写真と SAD パターン

に異相すなわち膜と基板の相互拡散層の形成が抑制されたためと考えられる。また EDX 分析の結果からこの異相はステンレス基板中に含まれる鉄原子やクロム原子が拡散した層であることが分かった。

図９はレーザーアニールされた PZT 膜の表面付近ならびに界面付近の TEM 写真と電子線回折（SAD）像を示している。明らかに膜表面付近の方が界面付近よりも粒成長が促進され，結晶性も良いことが分かる。すなわちレーザーアニールは照射方向すなわち膜厚方向に急激な温度勾配をもたらす急熱急冷プロセスであることが明らかとなった。

8　レーザー援用 AD 法のマルチフェロイクス材料への応用[15～20)]

近年，巨大な電気磁気効果を示すマルチフェロイクス材料が注目されている。その一つの設計方法が，強誘電体と強磁性体との複合材料であるが，磁気 / 電気集積デバイス応用に向けて，PZT を始めとする誘電材料と磁歪材料層からなる電気磁気複合材料に基づいたヘテロ構造膜が注目されている。PZT 膜において優れた機能特性を発現するには熱処理が必須であるが，通常のプロセスでは同時にアモルファス金属である磁歪基板の表面酸化と結晶化を伴ってしまい，特性劣化及び電気磁気結合効果が弱まってしまうという課題があった。そこで，これらの課題を克服するための誘電厚膜のみを選択的に熱処理する新規プロセスの開発が望まれていた。

Jungho Ryu らは，図 10 に示すように，AD 法を改良した GSV 法（granule spray in

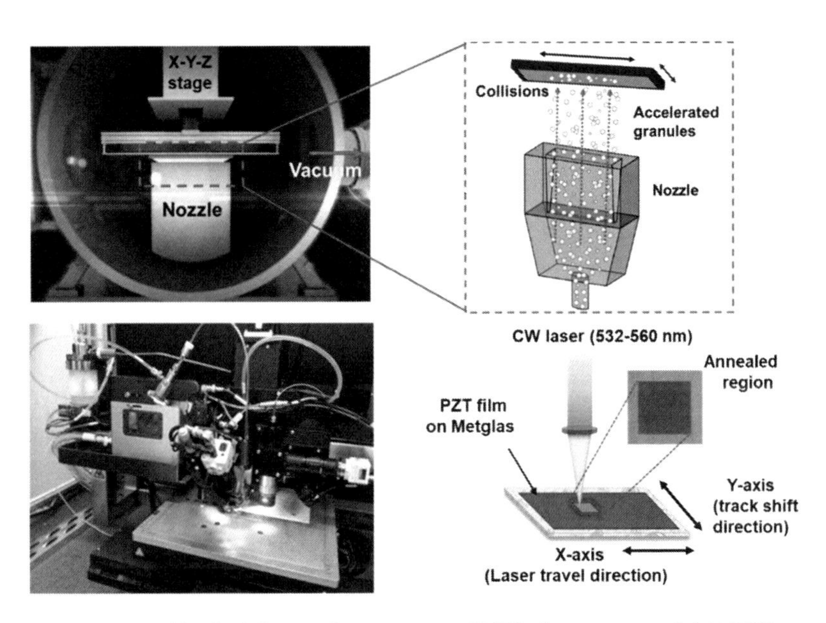

図10　GSV法の概念とレーザーアニーリング手法（Jungho Ryu氏より提供）

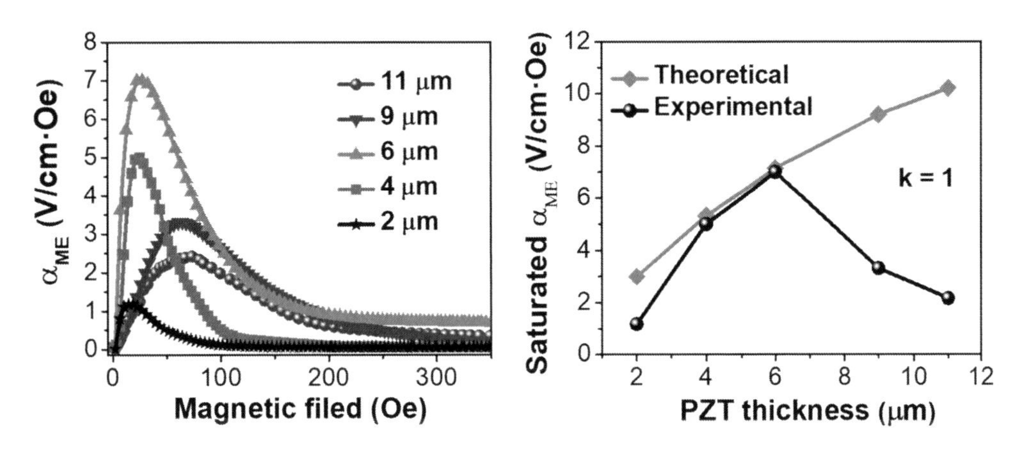

図11　GSV法及びレーザーアニーリングにより作製したPZT/Metglasヘテロ構造膜の電気磁気結合係数（Jungho Ryu氏より提供）

vacuum：真空中での顆粒スプレー法）を用いて，Metglasと呼ばれる磁歪アモルファス金属基板上に誘電材料であるPZT厚膜を堆積した。界面における化学反応や原子拡散，またアモルファスMetglas基板の結晶化といった通常の熱処理で課題となる劣化を最小限とするために，PZT厚膜は，波長560 nmの連続発振レーザーを用いて220 mW, 0.03-0.05 mm/sの条件で局所アニールした。GSV法で堆積したPZT厚膜は可視光に対して半透明なためPZT膜中間部において吸収され，その近傍が熱拡散によって加熱される。おそらくPZT膜中のアモルファス相とナノ結晶相の共存状態がレーザーの局所吸収に貢献しているとRyuらは仮定している。

本手法によって，レーザーアニールPZT/Metglas膜の電気磁気性能は理論値に近い値を達成できたと報告されている。誘電特性，強誘電特性，及び電気磁気特性の厚み依存性は，PZT厚膜の光学バンドギャップ，アニール特性，及び結晶化に伴う変化に対応していることが示された。図11では，6 μmの厚みにおいて，電気磁気結合係数として7 V/cmOeと理論値に近い値を達成できていることがわかる。6 μm以上ではレーザーアニーリングがPZT皮膜下部まで十分行われていないとされている。PZT/Metglasの界面構造が歪伝搬が効果的におこなわれる状態になったこと，レーザーアニーリングによりPZTの結晶状態が改善し，電気特性が向上したこと，Metglasに対してPZTの活性結晶量が最適な値になったことの3点の相乗効果によりこの値が達成されたと考えられている。

9 まとめ

電子セラミックスを種々の基板の上に集積させるプロセスの開発が世界中で行われている中，エアロゾルデポジション法（AD法）は10 μm以上の厚膜を安価で簡便かつ短時間に形成できるかなり実用化に近い技術である。その成膜メカニズムである常温衝撃固化現象のために微細結晶構造の方がむしろ好ましい耐磨耗性や耐腐食性や絶縁性に関しては，バルクセラミックスと同等かそれ以上のパフォーマンスを膜形状で実現し，実用化は秒読み段階である。しかし，微小電気機械システム（MEMS）で要求されるセラミックス膜をAD法によって金属基板や回路基板上に集積化するためには膜だけを高温にアニールして特性を改善する技術開発が非常に重要である。これが実現できると従来のシリコンマイクロマシニングを用いなければ作れなかったMEMSデバイスがデバイスデザインによってはローテクである機械加工技術を用いたMEMSデバイスで実現できることになり，MEMSデバイス製造プロセスにブレイクスルーをもたらすものと期待される。レーザーアニールはAD法と組み合わせることによって電子セラミックスの分野にもレーザーアニールを展開させ，シリコンマイクロマシニングを用いない新しいMEMSデバイス製造におけるアニールプロセスのキラーアプリケーションになる可能性がある。また，ポストレーザーアニール処理によりマルチフェロイクス材料などにも展開可能なヘテロ構造が得られており，今後も発展が期待される。

謝辞

本研究の一部は，NEDO産業技術研究開発関連事業「ナノレベル電子セラミックス材料低温成形・集積化技術」の一環として行われたものである。

文　　献

1）「膜状で巨大圧電特性」，日刊工業新聞，2005.4.14.
2）S. Fujii, I. Kanno, T. Kamada and R. Takayama, *Jpn. J. Appl. Phys.*, **36**, 6065-6068 (1997).
3）J-R. Cheng, W. Zhu, N. Li, and L. Eric Cross, *Appl. Pfys. Lett.*, **81**, 4805-4807 (2002).
4）T. Yan, B. E. Jones, R. T. Rakowski, M. J. Tudor, S. P. Beeby, and N. M. White, *Sens. & Actuat. A*, **115**, 401-407 (2004).
5）J. Akedo, *J. Am. Ceram. Soc.*, **89**, 1834-1839 (2006).
6）明渡 純，Maxim Lebedev，まてりあ，**41**, 459-466 (2002).
7）明渡 純，セラミックス，**38**, 363-368 (2003).
8）Y. Kawakami, S. Aisawa and J. Akedo, *Jpn. J. Appl. Phys.*, **44**, 6934-6937 (2005).
9）S-W. Oh, J. Akedo, J-H. Park and Y. Kawakami, *Jpn. J. Appl. Phys.*, **45**, 7465-7470 (2006).
10）明渡 純，マテリアルインテグレーション，**18**, 1-16 (2005).
11）J. Akedo and M. Lebedev, *J. Cryst. Growth*, **235**, 415-420 (2002).
12）J. Akedo and M. Lebedev, *Appl. Phys. Lett.*, **77**, 1710–1712 (2000).
13）S. Baba and J. Akedo, *J. Am. Ceram. Soc.*, **88**, 1407-1410 (2005).
14）S. Baba and J. Akedo, *J. Cryst. Growth*, **275**, e1247-e1252 (2005).
15）J. Ryu and S. Priya, 8th Proc. Tsukuba Int. Coat. Symp. (2018).
16）H. Palneedi, and J. Ryu, *et al.*, *Appl. Phys. Lett.*, **107**, 012904 (2015).
17）H. Palneedi, and J. Ryu, *et al.*, *J. Am. Ceram. Soc.*, **99** (8), 2680-2687 (2016).
18）H. Palneedi, D. Maurya, S. Priya, and J. Ryu, *et al.*, *Adv. Mater.*, **2017** (29), 1605688 (2017).
19）H. Palneedi, J. H. Park, D. Maurya, M. Peddigari, G.-T. Hwang, V. Annapureddy, J.-W. Kim, J.-J. Choi, B.-D. Hahn, S. Priya, K. J. Lee, and J. Ryu, *Adv. Mater.*, **30**, 1705148 (2018).
20）H. Palneedi, D. Maurya, S. Priya, and J. Ryu, *et al.*, *ACS Appl. Mater. Interface.*,**10**, 11018-11025 (2018).

※　本章は2008年6月刊「エアロゾルデポジション法の基礎から応用まで：第2章1節 レーザー援用AD法」を追記・再編集したものです。

第6章　ハイブリッドエアロゾルデポジション法

篠田健太郎＊1，森　正和＊2，明渡　純＊3

1　はじめに

エアロゾルデポジション（AD）法は，緻密なセラミックス膜を金属，セラミックスおよびプラスチックといった様々な基板上に常温で形成できる製膜技術として注目されてきた[1~6]。さらに，スパッタ法などの薄膜技術と比較すると圧倒的に高速での製膜が可能であること，1 μm 以上の厚膜形成が容易であるという特徴を有している。加えて，バインダーレスでのセラミックス膜の形成が可能な優れた製膜技術である。図1に示すように，チタン酸ジルコン酸鉛（PZT）の圧電厚膜や透明なアルミナ膜をポリカーボネートなどのプラスチック基板上に形成することが可能である。

AD 法で圧電性を有する PZT やチタン酸バリウムなどの誘電体膜を金属基板上に形成すると，皮膜形成時における粒子破砕に起因した結晶粒の微細化，残留応力の発生および格子欠陥の存在によって，製膜後の誘電膜において十分な誘電性や圧電特性を得ることができない。そのため，AD 法で形成した誘電体膜を圧電部品として応用するためには，皮膜の誘電特性や圧電特性を改善するために，粒成長，残留応力の緩和，格子欠陥の低減などを目的として電気炉によるアニールが行われている。このアニール温度は600℃程度であり，誘電体のバルク材を焼結する温度と比較すると，そのアニール温度は十分に低い。しかしながら，AD 法の常温製膜が可能という製膜技術としての特徴を生かすためには，さらなるプロセス温度の低下が求められている。

これまでに，AD 法で形成した PZT 膜の誘電特性および圧電特性をより低温で向上させる手段については幾つか検討されてきている。例えば，AD 法により PZT 膜を形成すると同時にレーザーによるアニールを行う，もしくは製膜後にレーザーによるアニールを行うことによって，誘電特性を改善するための研究が行われている[7]。また，ミリ波加熱による低温アニールについても検討がなされてきた[8]。

レーザーに加えて代表的なエネルギー源はプラズマである。プラズマ援用の可能性について

＊1　Kentaro Shinoda　(国研)産業技術総合研究所　先進コーティング技術研究センター　微粒子スプレーコーティング研究チーム　主任研究員

＊2　Masakazu Mori　龍谷大学　理工学部　機械システム工学科　講師

＊3　Jun Akedo　(国研)産業技術総合研究所　先進コーティング技術研究センター　センター長

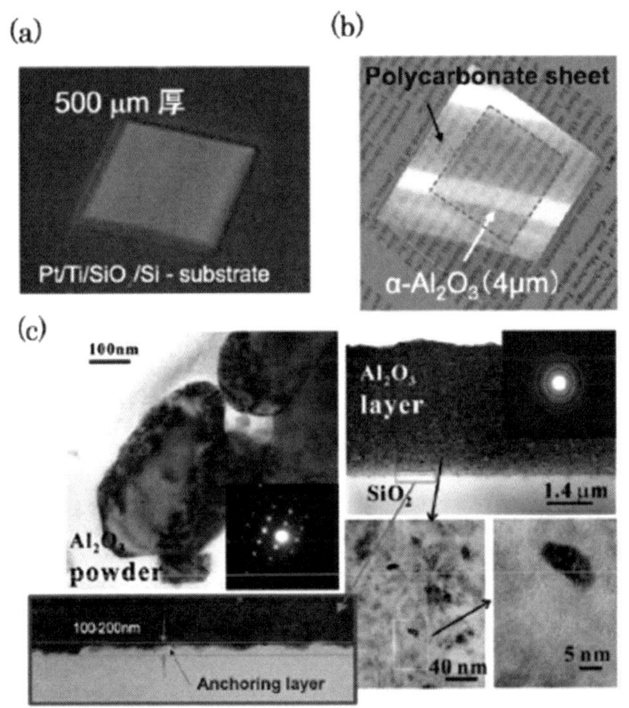

図1　常温形成されたAD膜の外観及び微細構造

(a) Pt/SiO_2 コートシリコン基板上に常温形成された $Pb(Zr,Ti)O_3$ 圧電厚膜，(b)ポリカーボネートフィルム上に常温形成された αAl_2O_3，(c)原料 αAl_2O_3 粉末と αAl_2O_3AD 皮膜の微細構造（明渡(2011)[17]より引用 © 2011 日本セラミックス協会）

は，2002-2007年の国家プロジェクト「ナノレベル電子セラミックス材料低温成形・集積化技術」の中で，エアロゾルに様々なプラズマを照射しながらPZT膜を形成する「プラズマ援用AD成膜技術によるPZT膜の形成」に関する研究として行われてきた[9]。実際に，AD法に比べ数倍程度の製膜速度の向上が確認されている[10]。

また，最近では，内閣府の戦略的イノベーション創造プログラム（SIP）「革新的設計生産技術」（管理法人：NEDO）における「高付加価値セラミックス造形技術の開発」において，プラズマ援用AD法の概念を昇華させ，ハイブリッドエアロゾルデポジション（HAD）法として開発を行ってきた[11~15]。こちらでは構造材料への展開を念頭に，堆積速度の向上，三次元被覆性能の向上に主眼を当てて開発が行われた。本章では，これらの結果を中心に，高速原子ビーム，直流プラズマおよび誘導結合プラズマといった各種プラズマ援用の効果について解説するとともに，このプラズマがメゾプラズマであることを特徴としたHAD法に至るまでのAD法の高度化に関する取り組みについて紹介する。

2 AD法の特徴と課題[14)]

基材加熱を行わず，熱的アシストの全くない条件で，常温・固体状態のセラミックス微粒子がポアなく高密度，高強度に基材上に付着する現象「常温衝撃固化現象（Room temperature impact consolidation：RTIC)」が見出され，その現象を利用した製膜方法としてAD法が注目されている[1,6,16)]。高温の熱処理を伴わないため，ナノ組織の結晶構造，複合構造をもつセラミックス膜を形成できるなどの利点がある。

AD法は，主に衝突による圧力や衝撃力など機械的なエネルギーを利用していると言える。固相状態の1 μm程度の微粒子を数Torr前後の比較的低真空な減圧下でガスジェットに乗せて数百m/s以上に加速し，サンドブラストのようにビーム状にして基材に衝突させ，緻密なコーティングを形成する。金属に留まらず，セラミックスの微粒子同士がマクロ的には常温で，ほぼ固相状態のままで結合される。

実際，数十nm以下の微結晶構造からなる高透明で緻密なセラミック薄膜，厚膜を形成でき，図2に示すように，粒子積層による膜形成のため，従来薄膜法の30倍以上の速度で数μmから数百μmレベルの厚膜が得られることや，常温製膜であることから，金属箔や樹脂フィルム上へ緻密かつ透明なセラミックス皮膜を形成することも可能で，高い絶縁耐圧や優れた機械特性が得られる[17)]。製膜現象としてみると，溶射技術のように原料粒子を溶融あるいは半溶融状態にして吹付け粒子間の結合を得る手法とは原理的に異なる。

常温衝撃固化現象と類似の現象としては，衝撃成形法あるいは衝撃焼結法（Shock Compaction）と呼ばれる粉体成形プロセスが挙げられる[18,19)]。ダイヤモンドや超電導体，アモ

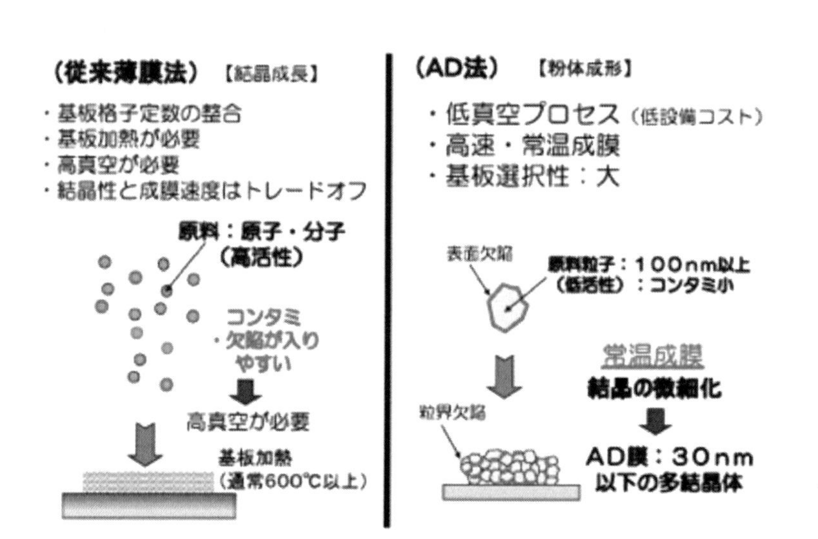

図2 AD法と従来薄膜法とのプロセスの違い

（明渡（2011）[17)]より引用 © 2011 日本セラミックス協会）

ルファス合金材料，傾斜機能材料などの合成法として古くから検討されており，通常，1 km/s 以上の高速飛翔体を粉末成形体に衝突させて10 GPa以上の衝撃圧力で固化させる。このとき粒子界面は，高温になり粒子同士が融着されると考えられてきた。これに対し，AD法における常温衝撃固化現象では，基材への粒子衝突速度は100-600 m/s，粒径1 μm前後であり，衝撃圧力も10 GPa以下と計算されることから，従来理解されてきた「粒子のもつ運動エネルギーが基材衝突により熱エネルギーに変換され，粒子同士が融着し，皮膜が形成される」という単純なモデルでは説明できない。

この現象を理解する上で重要な点は，①セラミックス粒子もその粒子径が小さくなると常温で塑性変形する粒子サイズ領域があること，②減圧下で微粒子を基材に吹き付けることで，このサイズ領域の微粒子が塑性変形できる十分な衝突速度が得られることである。この2つの条件が揃うと緻密な皮膜が形成される[16, 17]。

しかしながら，これらの条件を満たす製膜条件のウィンドウは現状では必ずしも広いとは言えない。粉末の前処理条件によって大きく製膜条件も変化するため，一概に言えないが，例えば，アルミナの製膜では堆積効率が0.005-0.1％程度であるといった報告もなされている[20]。また，応力集中によりエッジなどにおいて皮膜が剥離してしまうという緻密膜ならではの課題も残る。緻密度を適切にコントロールすることで，応力集中を緩和し，三次元被覆性能を向上させることで，現在注目を浴びている3Dプリンターなどの付加造形技術との相性も良くなることが予想される。そのような観点から，このAD法にプラズマを重畳し，堆積効率の向上や3次元被覆製の向上を狙ったプロセスがHAD法である。

3　HAD法のコンセプトとメゾプラズマ[11, 12]

HAD法は，図3に示すように圧力効果を製膜原理の基本にするAD法のような手法（Kinetic Spray法）と従来から使われてきた熱効果を基本原理とするプラズマ溶射法（Thermal Plasma Spray法）とを連続的に切り替えられるようにし，両手法の長所をうまく融合させようとする技術である。AD法は，ドライな微粒子を空気などの搬送ガスにのせ，減圧下でのサンドブラストのように基材に吹き付け，高速衝突により生じる常温衝撃固化現象を利用し，粒子-基材，粒子同士を強固に結合させることにより，緻密，高密着なセラミックス膜，金属皮膜を常温で形成できる。通常の溶射法で用いる粒子より微細な粒子を用い，粒径制御を行うことにより，密着力の高い緻密な膜からポーラスな膜まで常温で形成する。また，この「ハイブリッド」の定義には，ADとプラズマ溶射のプロセスとしてのハイブリッド，すなわちプラズマ援用AD法の意味の他に，原材料のハイブリッドという意味も含まれている。粒径や組成の異なる微粒子をハイブリッドして用いる意味合いもあり，これら両者を包含してHAD法と呼んでいる。図4に溶射法や従来の薄膜法との特徴の比較を示す。一般に膜質は，従来の薄膜法で作製されたものよりやや劣るが，プロセス上，溶融・急速凝固，冷却を伴う溶射法に比べて優れている。また，密着力は，固

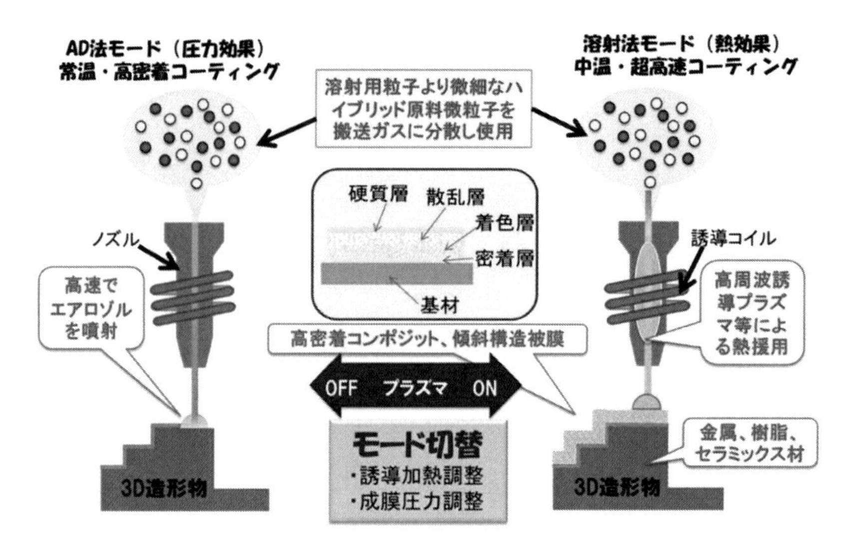

図３　ハイブリッドエアロゾルデポジション（HAD）法の概念図
（高付加価値セラミックス造形技術の開発 HP[15]より引用）

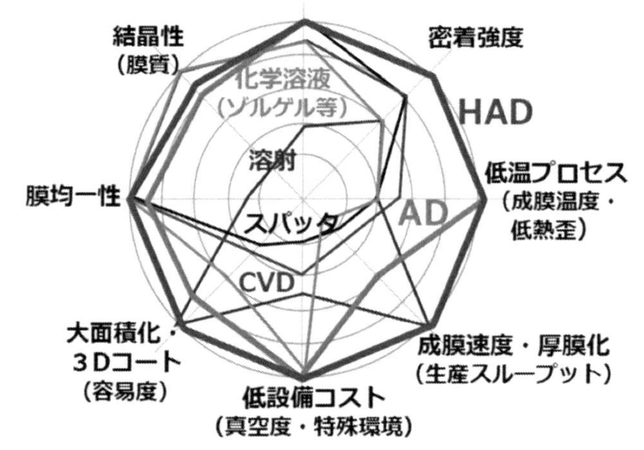

溶射膜の微細組織　　ＡＤ膜の微細組織

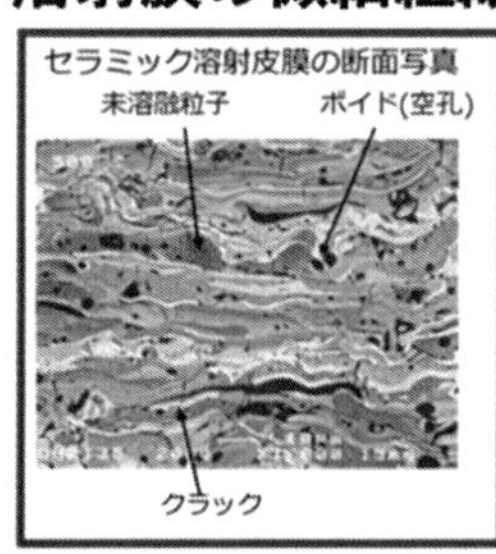

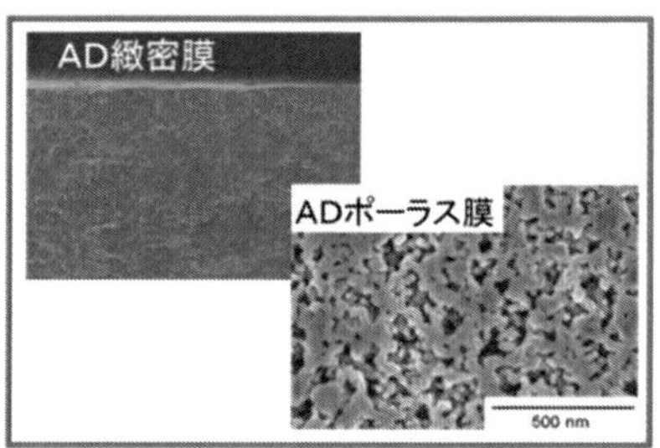

図４　コーティングプロセスの比較
（明渡，篠田（2017）[12]より引用 © 2017 日本セラミックス協会）

体粒子の衝突で強固なアンカー層が形成されるので，他の工法より優れている。また，設備も真空を用いるが，100-200 Pa 程度の減圧領域のため，高価ではなく，ランニングコストも高圧ガスが不要で，常圧大気でよいため，従来の薄膜法や溶射法に比べて安価である。しかしながら，製膜速度は，従来の薄膜法に比べると 30-100 倍と格段に速いものの，溶射法に比べると原料粒子の利用効率も含めて格段に低い。従って，製膜コストや製膜適用厚みの点で大きな制約があった。その上，三次元的な表面への製膜では，段差部分やエッジ部分の製膜が困難であった。そこで，HAD 法では，プラズマ援用により，溶射法での熱効果による粒子間結合の促進も利用し，これら従来 AD 法の欠点を補う。

AD 法から見た HAD 法の新規性について述べてきたが，プラズマ溶射法から見た際にも本領域は未開拓であった[21]。真空中でのセラミックス微粉末溶射プロセスの方向性について図 5 に示す。AD 法は減圧プロセスであるので，プラズマ溶射法を真空中に展開した場合を考える。投入原料は，プラズマ中での反応形態によって，固相状態から，液相（融体），気相へと相変態する[22]。通常の溶射法では，液相状態を利用しており，その圧力域によって減圧プラズマ溶射（LPS）[23]，最近では，さらに低圧領域を利用した極減圧プラズマ溶射（VLPS）[24]といったプロセスが知られている。高エンタルピー状態にして，原料を気相状態にして利用する場合には，古くはフラッシュ蒸着[25~27]，最近では，プラズマ溶射 PVD[28, 29]と呼ばれる手法が知られている。この圧力領域において，AD 法と LPS/VLPS の間の領域には既存のプロセスは存在しておらず，これまで積極的に検討されてこなかったことがわかる。言い換えれば，ここに未開拓の新たなスプレー領域があるのではないかと考えた。実際に，この領域を利用したプロセスとして，プラズマ援用 AD 法そして HAD 法が当てはまるわけであるが，必然とも言える流れに思える。

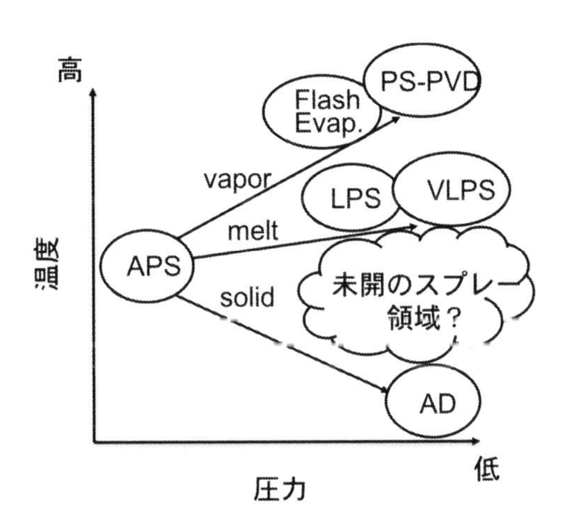

図 5　真空中でのセラミックス微粒子溶射プロセス

APS：大気圧プラズマ溶射；Flash Evap.：フラッシュ蒸着；PS-PVD：プラズマ溶射 PVD；LPS：減圧プラズマ溶射；VLPS：極減圧プラズマ溶射；AD：エアロゾルデポジション（篠田，明渡（2017）[11]より引用 © 2017 日本溶射学会）

4 プラズマの援用方法並びにシステム

AD 法にプラズマを重畳する方法はいくつか考えられる。プラズマ援用 AD 法のシステム概略図を図 6 に示す。プラズマによるエネルギー援用は，それぞれ，高速原子ビームではノズルから射出されたエアロゾルならびに基板堆積中に，直流プラズマおよび誘導結合型プラズマではエアロゾル搬送中のエアロゾルチューブ内で行われている。以下に，各プラズマ援用の実施状況について簡単に紹介する。

高速原子ビームは，シリコンウェハーの常温接合では真空中でアルゴンの高速ビーム照射によりウェハー表面の汚染層をエッチングするときに用いられている技術である。高速原子ビーム源を図 6 に示すようにエアロゾルチャンバ中に設置し，酸素原子をエアロゾル中の原料粒子に照射しながら PZT 膜を形成することによって，高速原子ビームを照射が PZT 膜の誘電特性に与える影響について検討を行った。

直流放電によるプラズマは，陰極で発生した電子が印可されている直流電界によって加速され，気体を進行する途中で気体の原子，分子と衝突して電離することにより発生する。図 6 に示すように，エアロゾルチューブ中にプラズマキャビティーを準備し，直流の高電圧（40 V, 20 mA）を印可することによって，エアロゾルチューブ中に直流プラズマを発生させた。そして，エアロゾルチューブによって搬送中のエアロゾル中の原料粒子に直流プラズマを照射しながら PZT 膜を形成することによって，直流プラズマ照射が PZT 膜の誘電特性に与える影響につい

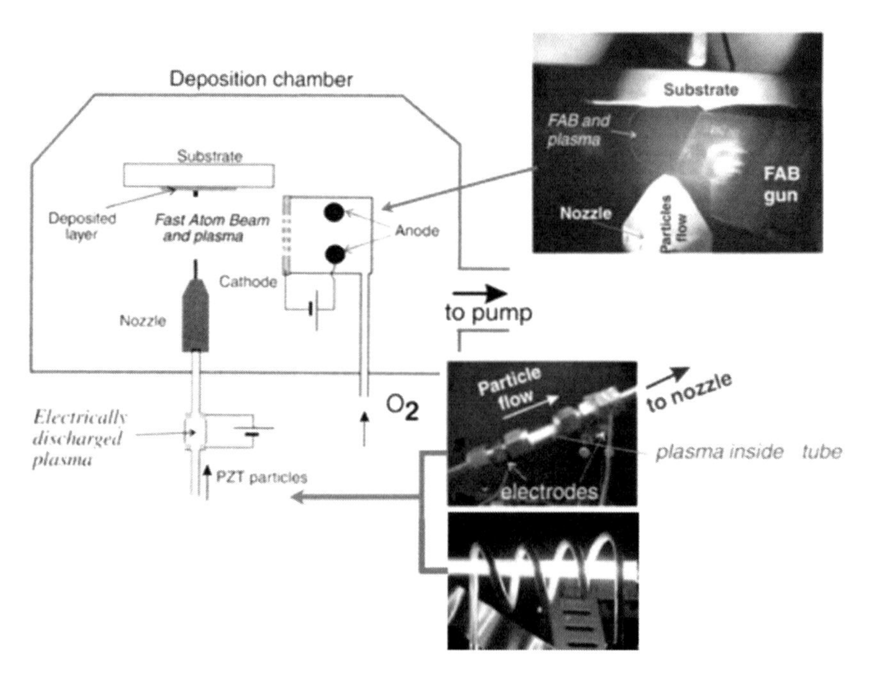

図 6 プラズマ援用 AD 法のシステム概略図

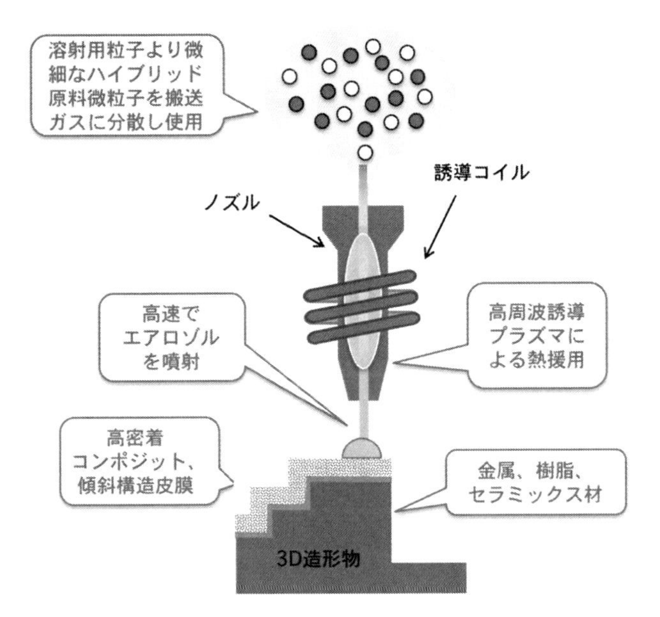

図7　高周波プラズマ援用ハイブリッドエアロゾルデポジション法のコンセプト
（篠田ら（2017）[13]より引用 © 2017 日本セラミックス協会）

て評価を行った。

図7に高周波プラズマ援用方式のHAD法のコンセプトを示す[13]。AD法のエアロゾル噴射ノズルに高周波誘導コイルを付加し，高周波プラズマを発生させることによりエアロゾルセラミック粒子にプラズマ援用効果を与えることができる。圧力効果を製膜原理の基本とするAD法に熱効果を基本原理とするプラズマ溶射に近い効果を重畳させることにより，両手法の長所を融合させることができる。通常の溶射法で用いる粒子より微細な粒子を用いることにより，適切な粒径制御を行うことで，密着力の高い緻密な膜からポーラスな膜までを低い温度で形成することが可能である。また，このハイブリッドには，ADとプラズマ溶射のプロセスとしてのハイブリッドの他に，原材料のハイブリッドという意味合いも含まれているが，粒径や組成の異なる微粒子をハイブリッドして用いることにより，微細組織の制御や堆積効率の向上が可能である。

誘電結合型プラズマ（ICP）援用AD装置の外観図を図8に示している。エアロゾルチャンバとプロセッシングチャンバを接続するエアロゾルチューブに変換ユニットを用いて，石英ガラス管を接続している（図8中のICP-assistの部分）。石英ガラス管は，エアロゾルチューブの一部とノズルの役割を果たしている。そして，銅パイプで構成されたRFアンテナの中心を通したガラス管中でプラズマを発生させている。このようにして，エアロゾルチューブによって搬送中のエアロゾル中の原料粒子に誘導結合プラズマを照射しながらPZT膜を形成することによって，誘導結合プラズマ照射がPZT膜の誘電特性に与える影響について評価を行った。なお，RFアンテナには高周波電源ならびに13.56 MHz用のマッチング装置が接続されており，マッチング

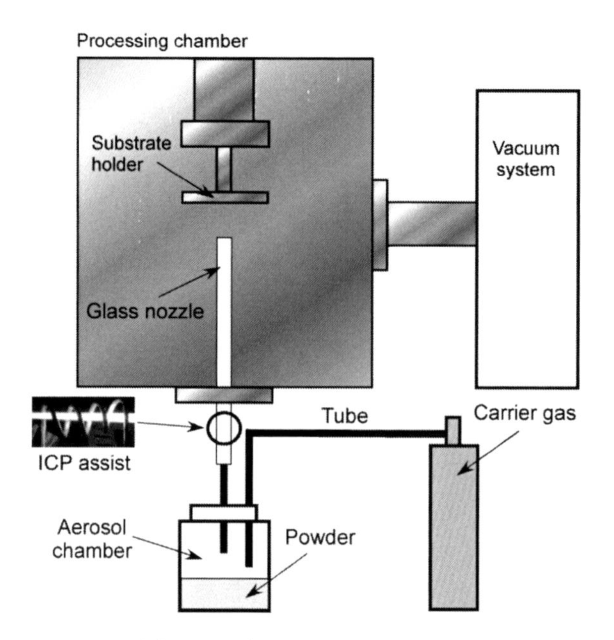

図8　誘導結合型プラズマ援用 AD 製膜法の概略図

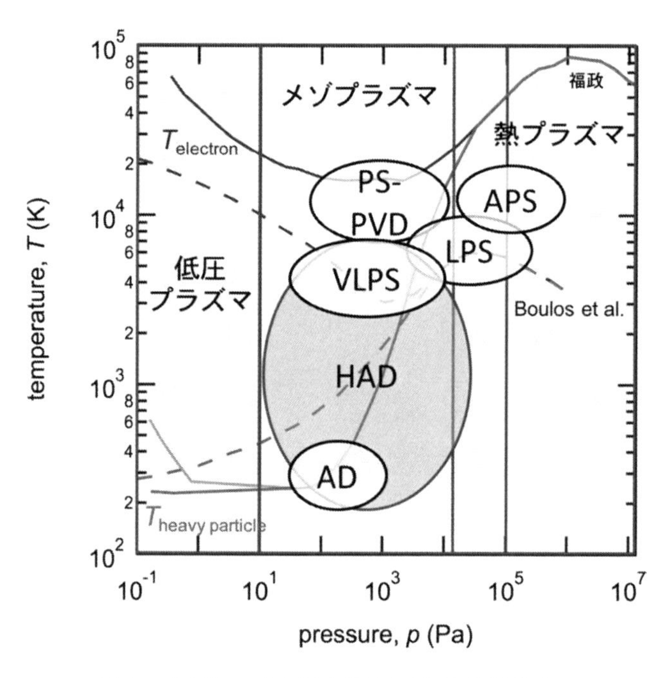

図9　プラズマの相図における HAD 法の位置づけ

APS：大気圧プラズマ溶射，LPS：減圧プラズマ溶射，VLPS：極減圧プラズマ溶射，PS-PVD：プラズマスプレー気相蒸着法，AD：エアロゾルデポジション法。電子温度及び粒子温度のデータは福政（1996）[30]及び Boulos ら（1994）[31]より引用した（篠田ら（2017）[13]より引用 © 2017 日本セラミックス協会）

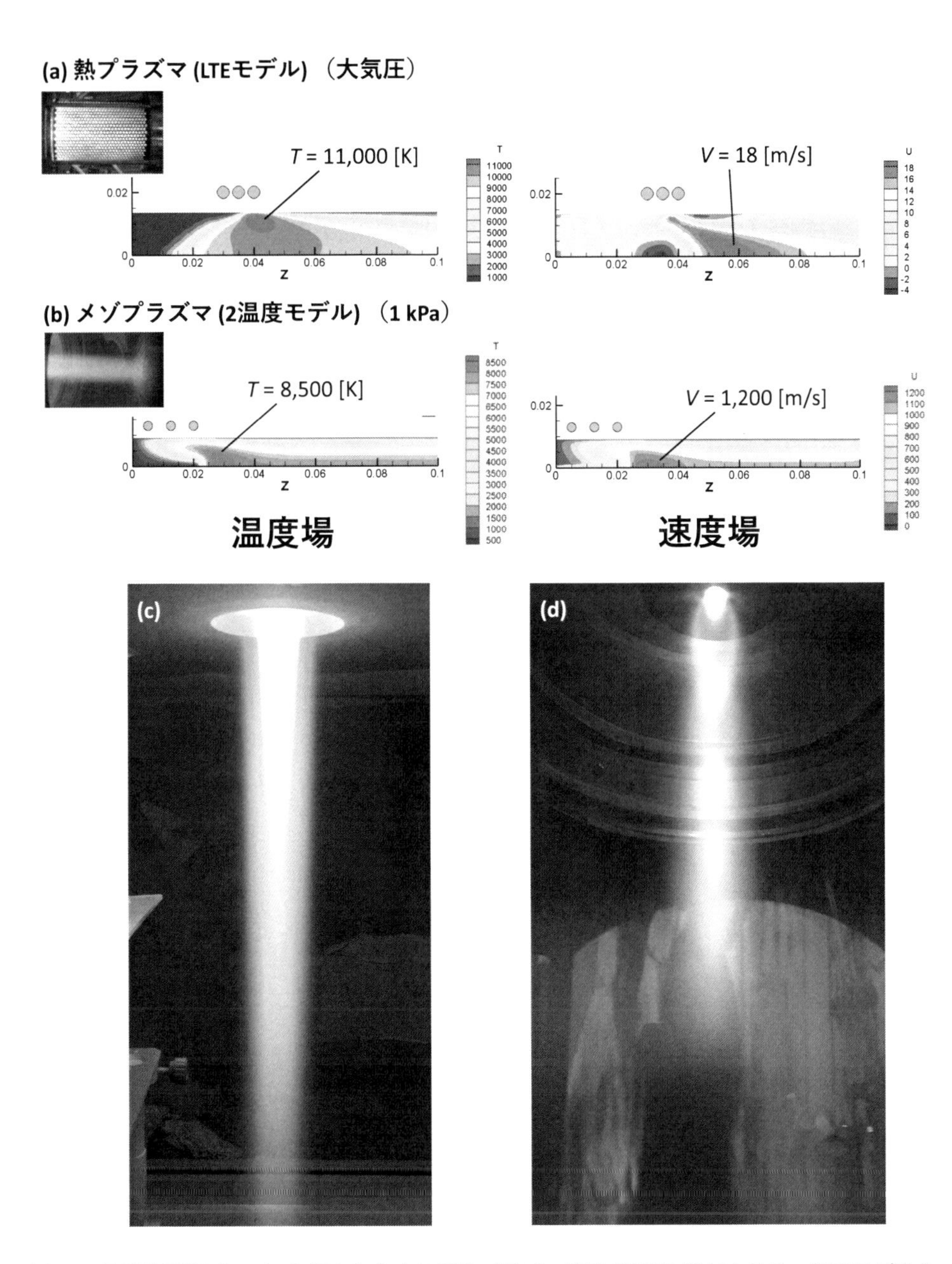

図10　局所熱平衡（LTE）を仮定した大気圧熱プラズマ流及びHAD法における二温度モデルを仮定した時のアルゴンメゾプラズマ流の温度及び速度分布（口絵参照）

を制御することにより，効率の良いプラズマをガラス管中に生成することが可能である。

ここで特筆しておきたいのは，本プラズマ発生の圧力領域である。図9にプラズマの相図を示す。プラズマ温度のプロットには，福政[30]とBoulosら[31]の結果を利用している。AD法では，一般的に 100 Pa - 1 kPa 程度の圧力領域で製膜を行うことが多いが，この領域で発生するプラズマはメゾプラズマと呼ばれる領域に当たる[22, 32)]。電子温度とアルゴンなどの粒子温度が局所熱平衡状態にある熱プラズマや，電子温度に対して粒子温度が低い低圧プラズマに対して，本領域のプラズマは遷移領域にあり，圧力とともに粒子温度が大きく変化する。このことは圧力を制御パラメータとしてプロセスをコントロールできる可能性を意味している。このメゾプラズマ領域はこれまで産業的にも積極利用されてきておらず，プラズマ化学という学術領域の観点からも興味深い。

図 10 にメゾプラズマのシミュレーション結果の一例を示す。メゾプラズマの領域では，電子温度と粒子温度が乖離しており，二温度モデルによって近似することができる。大気圧における局所熱平衡モデルを仮定した際に比べて，プラズマのガス温度が低くなっており，また軸方向の温度勾配が小さくなる。また，プラズマのガス流速も 1200 m/s と非常に高速である。また，大気圧において観察されたトーチ上流側の渦流がメゾプラズマ下では存在せず微粒子の投入にも有利であると考えられる。ただし，ガスの密度が小さいことから，このプラズマ中に投入される実際の粒子の速度，温度場は必ずしもプラズマのガス速度，温度と同じ分布を示すわけではないことに注意する必要がある。

5　HAD 法の特徴[13)]

図 11 にそのようなメゾプラズマ中にセラミック微粒子を投入し，基材に一定時間堆積させたときの膜厚を示す。プラズマを印加しないときには数 μm 程度の膜厚であったが，プラズマを印加すると，他の条件は固定していたにも関わらず，PZT，Y_2O_3 ともに数十 μm のオーダーへと一桁膜厚が増大することがわかる。このことは，プラズマ入力の増大とともに堆積速度が大きく向上していることを意味している。特筆すべきは，プラズマ入力が 1 kW と極めて小さな入力にもかかわらず，堆積速度が一桁向上している点である。通常の直流プラズマ溶射や高周波プラズマ溶射においては，数十 kW のオーダーの電力で溶射することが多いが，一桁から二桁近く低い電力でもこのようなプラズマアシスト効果が見られるのは興味深い。

また，高周波プラズマ援用 HAD の特徴として，堆積時の熱入力が小さく，基材へのダメージが小さいことがあげられる。図 12 に Y_2O_3 微粉末を HAD 法によってスライドガラス上に製膜した時の結果を示す。左上の内枠の図に示すように，スライドガラスの左半分はセロハンテープでカバーされており，その境界部分に製膜を行った。スライドガラス上に製膜を確認できる条件において，テープにダメージは見られておらず，基材への熱入力が小さい状態で製膜ができていることがわかる。

また，プラズマ援用により三次元表面への被覆も容易になる。図 13 は，異なる角度を有する角材のエッジ部に対し Al_2O_3 を製膜したものである。エッジ面に対して基材を傾けることなくそのまま噴射して製膜を行っているが，30° の低角から 75° の高角に到るまで，製膜できているこ

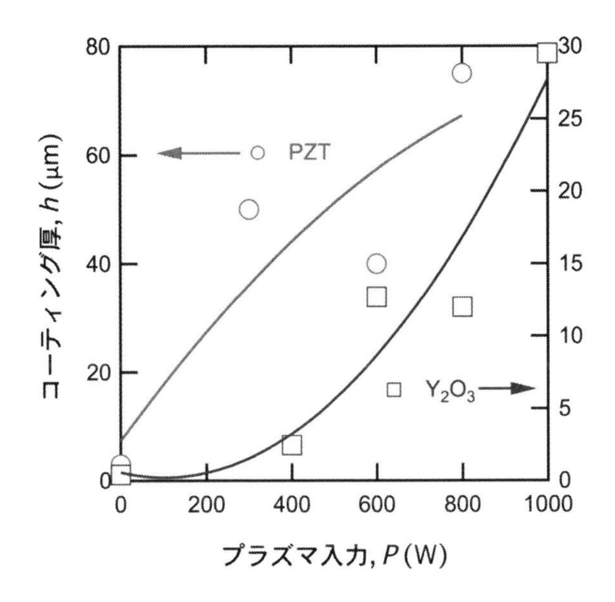

図11　HAD法におけるコーティングの厚さに対するプラズマ入力の影響
（篠田ら（2017）[13]より引用 © 2017 日本セラミックス協会）

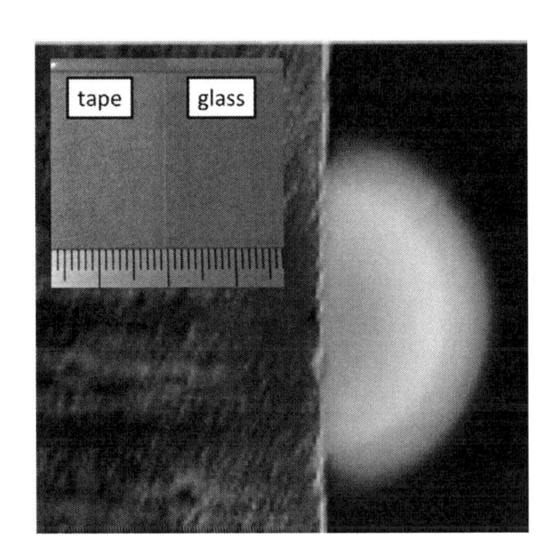

図12　HAD法を用いてY_2O_3微粉末をセロテープとガラスの境界領域に堆積した時の外観写真
（篠田ら（2017）[13]より引用 © 2017 日本セラミックス協会）

とを確認できる。エアロゾルデポジション法では，基材角度に対して粒子の衝突角度を大きくすると，グリットブラストのように皮膜が堆積する代わりに基材のエロージョンが起こり，製膜困難であることが知られている[33]，しかしながら，HAD法では，プラズマ援用効果により，三次元形状への被覆特性が向上する。

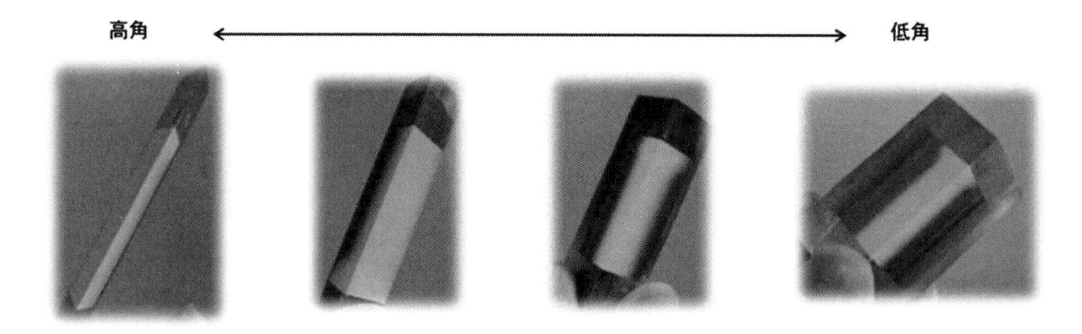

図 13　HAD 法を用いて Al_2O_3 微粉末を角材のエッジに製膜した時の外観写真
エッジの角度は，左から順に 75, 60, 45, 及び 30° である（篠田ら（2017）[13]より引用 © 2017 日本セラミックス協会）

6　高速イオンビームおよび直流プラズマ援用 AD 製膜法による PZT の形成

O_2-FAB ならびに He 直流プラズマ援用が製膜後および熱処理後の PZT 膜の誘電特性に与える影響を評価した結果を表 1 にまとめた。

O_2-FAB ならびに He 直流プラズマ援用を行いながら製膜した PZT 膜の誘電率は，通常の AD 法を用いて形成した PZT 膜の誘電率と比較して，1.4-1.7 倍となった。また，熱処理を行った PZT 膜の誘電率についても同様の傾向が見られた。AD 法は常温プロセスであるために，製膜に使用する原料粉末の粉末表面に存在する不純物や水分が十分取り除かれずに，膜中に残留すると考えられる。O_2-FAB 照射や直流プラズマ援用による製膜後ならびに熱処理後の PZT 膜の誘電率が向上した原因として，主にプラズマ照射によって，原料粉末に含まれていた水分を取り除くことができたためと考えている。

表 1　O_2-FAB ならびに He 直流プラズマ援用が PZT 膜の誘電特性に与える影響

		As-deposited at room temperature	After annealed (500℃)
Normal deposition	ε	70 ± 6	500 ± 35
	tan δ	0.023	0.050 ± 0.006
Using O_2-FAB	ε	100 ± 10	580 ± 10
	tan δ	0.020 ± 0.007	0.041 ± 0.007
Using He Plasma	ε	117 ± 10	570 ± 15
	tan δ	0.020 ± 0.008	0.050 ± 0.008

7　誘導結合型プラズマ援用 AD 法による PZT 膜の形成

誘導結合型プラズマ援用 AD 装置を用いてガラス基板上に形成した PZT 膜の外観写真を図 14 に示す。ガラス基板状に円状の PZT 膜が形成されていることがわかる。膜の直径は約 9 mm であり，膜形状はノズルとして使用した石英ガラスの形状に依存している。さらに，膜が同心円状に変化しているのは，ガラスノズル内のガス流速分布やプラズマ密度分布が影響したためである。

次に，高周波電源の出力（RF Power）を 0，300，500，800W と変化させながら製膜実験を実施した結果を図 15 に示す。なお，製膜実験に使用したキャリアガスはヘリウム，流量は 3.5 L/min，製膜時間は 3 min である。本データは，図 11 にもプロットしてある。評価項目は RF power に対する膜厚および微細組織の変化である。図 14 に示したように，ガラス管ノズル（円形）を使用して製膜した PZT 膜の膜厚は均一ではないため，ここでは円状に製膜された PZT 膜の頂点付近の厚さとして膜厚として規定している。

プラズマ援用を行わずに製膜実験（0 W）を行ったところ，約 3 μm の PZT 膜が形成された。次に，300, 500, 及び 800 W でのプラズマ援用を行いながら製膜を実施すると，PZT 膜の膜厚はそれぞれ，50，40，及び 75 μm となった。RF Power に対する直線的な依存性は見られないが，RF power が増加するに伴う膜厚が増加する傾向が確認された。プラズマ援用を行うことで PZT 膜の製膜速度が 10 倍以上となる可能性を有することを明らかにした。さらに，通常の AD 法のようにノズル開口端が小さくない，石英ガラスのような開口端の断面積が大きなノズルを用いても高速で膜形成ができることを示唆している。

次に，それぞれの PZT 膜の断面を走査型顕微鏡（SEM）にて観察した。プラズマ援用を行わずに製膜した PZT 膜の断面構造（no-plasma）は，これまで報告されている通常の AD 法で形成した PZT 膜の断面と類似している。一方，RF power：800 W にてプラズマを生成しながら

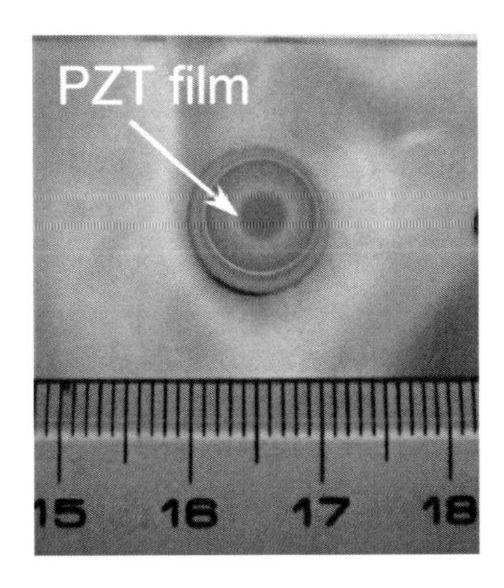

図 14　誘導結合型プラズマ援用 AD 製膜装置により形成した PZT 膜の外観

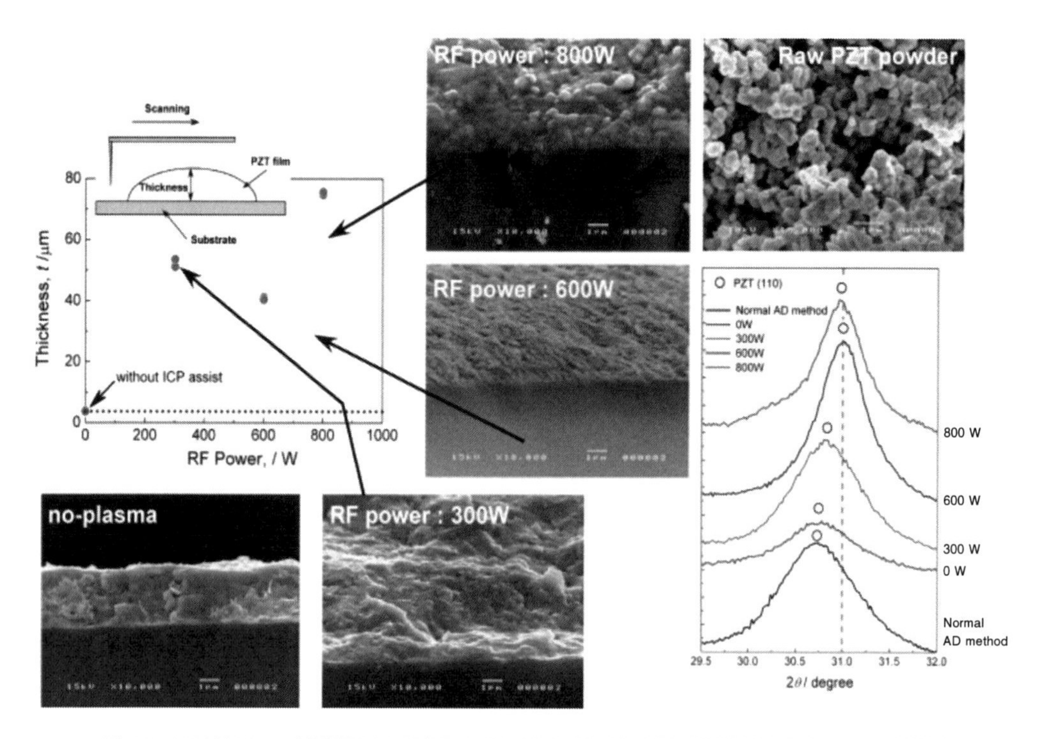

図 15　ICP 援用 AD 製膜装置で形成した PZT 膜の膜厚および微細組織の RF power 依存性

形成した PZT 膜の断面観察において，粒子と思われる形状が断面中に観察された。観察可能な粒子の形状を用いて，その粒度分布ならびに平均粒径サイズを切片法にて測定した。測定によって得られた粒度分布グラフを図 16(a) に示す。平均粒子サイズは 0.34 μm であった。また，製膜に使用した PZT-LQ 粉末（825℃－4 h にてアニール処理後）も SEM にて観察を行い，同様に観察結果を用いて粒度分布ならびに平均粒子サイズを測定した。測定によって得られた粒度分布グラフを図 16(b) に示す。平均粒子サイズは 0.46 μm となった。両者の結果を比較すると，平均粒子サイズにほとんど変化がみられなかった。これは PZT 膜が基板に形成されるときに原料粉末がほとんど破砕せずに PZT 膜が形成されていること可能性があることを示唆している。

さらに，PZT 膜の結晶性を X 線回折装置（XRD）にて評価した。図中の X 線回折ピークはそれぞれ，RF power：0，300，600，800 W の条件でプラズマを発生させながら形成した PZT 膜をナロースキャンにて測定して得られた結果である。なお，通常の AD 法で形成した PZT 膜にて得られた結果も示している。そして，31℃付近にある破線は製膜に使用した PZT 粉末における PZT（110）の回折パターンの回折角度を示している。この結果より，プラズマ援用に用いる RF Power が増加するとともに，回折ピークが右側にシフトすること，原料粒子から得られた PZT（110）回折角度に近づいていることがわかる。さらに，回折ピークもシャープになっている様子がうかがえる。

以上の結果は，プラズマ援用を行うことによって基板に PZT 膜が堆積するときに通常の AD

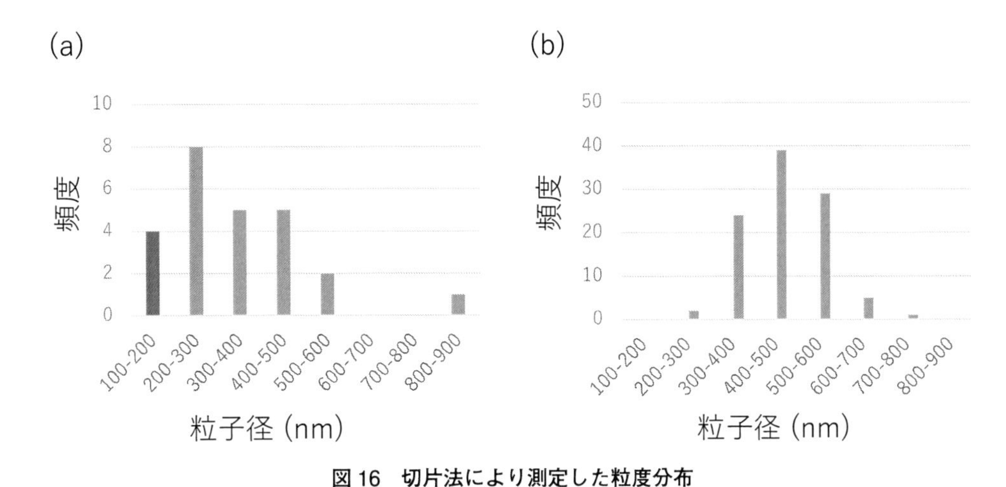

図16　切片法により測定した粒度分布

(a) 膜断面中の粒子の粒度分布，(b) 原料粒子の粒度分布

法と比較して，欠陥等の導入や結晶粒径の微細化という現象が起こりにくいということが考えられる。本課題における製膜速度の高速化やプロセス温度の低温化にプラズマ援用技術は有効であることを示唆している。

8　HAD 皮膜の微細組織及びプラズマ溶射皮膜との比較[14, 34]

HAD 法では従来のプラズマ溶射法とも AD 法とも異なる独自の微細組織が得られることがわかってきた。本節では，得られた Al_2O_3 皮膜の微細組織についてプラズマ溶射法で得られる皮膜と対比させて説明したい。

まず，プラズマ溶射法で得られた Al_2O_3 皮膜の表面組織について図 17(a) に示す。ここでは数十 μm 程度のスプラットが重なり合った構造をしていることがわかる。このときの走査透過電子顕微鏡（STEM）による皮膜断面観察組織を図 17(b) に示す。1-2 μm 程度の厚みのスプラットが重なり合った層状構造をしていることがわかる。また，スプラットの間には空隙，間隙が観察される。中央に枠で示した部分の拡大像を図 17(c) に示す。下層のスプラットとの界面近傍に微細な結晶粒があり，そこから上方へ柱状晶状の組織が観察できる。このことは溶射皮膜では基本的に基材方向への抜熱により凝固・結晶成長が起きていることを示唆している。より精緻に調べるために，電子エネルギー損失分光（EELS）法によって，断面を詳細に観察した。図 17(d-f) に同視野のそれぞれ αAl_2O_3，γAl_2O_3，及び，アモルファス Al_2O_3 の EELS によるマッピング結果を示す。相の同定は，EELS スペクトルにおいて，75-90 eV のレンジで各々のリファレンスデータと比較し，フィッティングすることにより行った。図 17(d-f) に示すように，皮膜は主として γAl_2O_3 から構成されていた。初期原料粉末は αAl_2O_3 であったことから，溶融・凝固に伴い γAl_2O_3 に組成が変化したことがわかる。

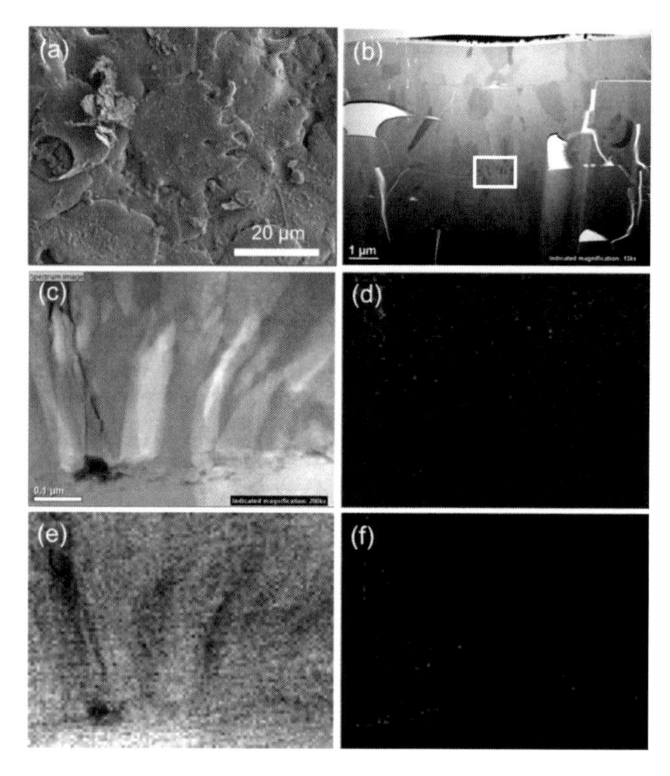

図 17　プラズマ溶射により堆積したアルミナ皮膜の微細構造及び電子エネルギー損失分光法のマッピング図

(a)皮膜表面の走査イオン顕微鏡像，(b)断面の走査電子顕微鏡による円環状暗視野像，及び，(c)拡大図。電子エネルギー損失分光法による（c)図に対応した（d)αAl_2O_3，(e)γAl_2O_3，及び（f)アモルファス Al_2O_3 のマッピング結果（Saeki ら（2018)[34]より引用）

一方で，HAD 皮膜の断面組織の低倍率の電子顕微鏡像を図 18 に示す。均質でクラックのない皮膜を得ることができているのがわかる。

HAD 法で得られた皮膜は，製膜条件にもよるが，マイクロビッカースを用いた試験で，300-1300 HV 程度の間でコントロールすることが可能である。原料と同じ相を有するが，He ガスを用いた場合の方が，Ar ガスに比べてビッカース硬度が高くなる傾向にあった。詳細な検討が必要であるが，He ガスを用いた場合の方が，粒子の飛行速度が大きくなる予備的結果が得られており，粒子が高速で衝突していることが高いビッカース硬度が得られる一因と考えられる。

HAD 法の皮膜の特徴は，AD 法と同様，原料粒子の特性を引き継ぐような条件で製膜することができることである。αAl_2O_3 微粉末を原料としたときに，HAD 法で得られた皮膜の X 線回折パターンを図 19 に示す。Ar ガス，He ガスのどちらをプラズマガスとして用いた場合にも，得られた皮膜は本原料パターンと同じ α 相から構成されることがわかる。プラズマ溶射によって，αAl_2O_3 粉末を溶射すると，粉末は一度溶融してから，堆積時に急冷凝固するため，準安定相である γAl_2O_3 相が得られることが知られているが，今回の結果は，溶射法とも異なる堆積機

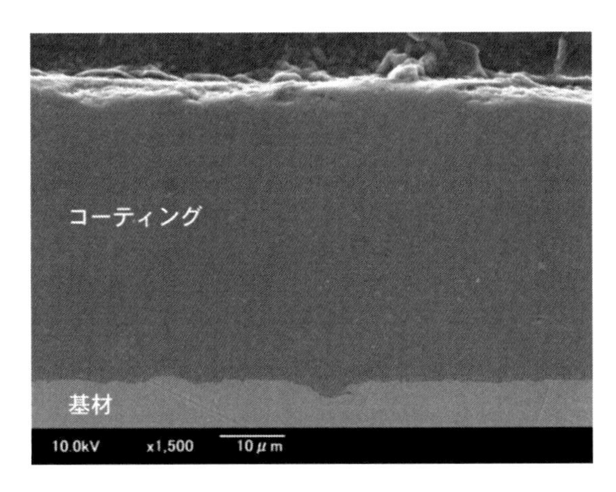

図18　HAD 法で堆積した Al_2O_3 皮膜の断面二次電子像
(Saeki ら（2018）[34] より引用)

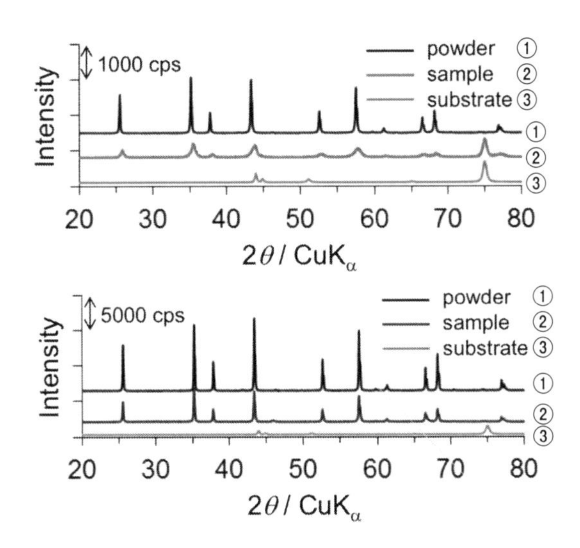

図19　HAD 法で堆積した Al_2O_3 皮膜の X 線回折パターン
プラズマガスに（上）He を用いた場合と（下）Ar を用いた場合。原料粉末及びステンレス基材の回折パターンも併せて示した（Saeki ら（2018）[34] より引用）

構を有していることを示している。

図20(a) に HAD 皮膜の断面の STEM による円環状暗視野像，図20(b-d) に同視野のそれぞれ αAl_2O_3，γAl_2O_3，及び，アモルファス Al_2O_3 の EELS によるマッピング結果を示す。相の同定は，プラズマ溶射皮膜の場合と同じである。各 αAl_2O_3 の結晶粒の表面に 20 nm 程度の活性化相であるアモルファス Al_2O_3 相が析出しており，これらが三次元状にネットワークを形成して互いに結晶粒を結合しているバインダーの役割をしていることがわかる。また，このとき，

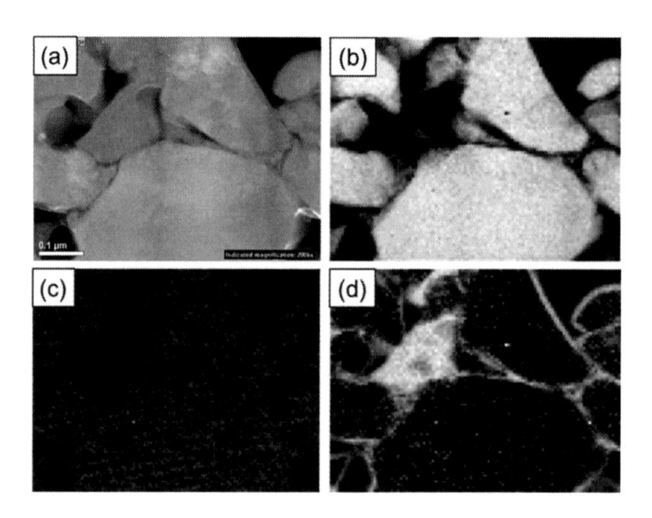

図20　HAD法で得られたAl_2O_3皮膜断面の走査透過電子顕微鏡像及び電子エネルギー損失分光法のマッピング図

(a)走査電子顕微鏡による円環状暗視野像。電子エネルギー損失分光法による（b)αAl_2O_3，(c)γAl_2O_3，及び（d)アモルファスAl_2O_3のマッピング結果（Saekiら（2018）[34]より引用）

γAl_2O_3相は検出されなかった。これらの事実を統合すると，プラズマ中でAl_2O_3微粒子は表面を活性化され，基材に衝突する。この活性化状態の表面はその際に急冷されてアモルファス相を形成する。また，粒子中に溶射時にみられるγAl_2O_3相が観察されなかったことからも，粒子が溶融凝固して，その重なりによって皮膜が形成されていったわけではないことがわかる。

このことは，粒子を構成する結晶子のサイズからも確認できる。皮膜中の結晶子径について，シェラーの式を用いて計算すると，Arガスの場合で，48 nm，Heガスの場合で，20 nm程度であり，原料粉末に比べて，結晶子径はいずれも微細化する傾向にあった。このことは，プラズマ溶射において，急冷凝固した溶射粒子のスプラットと呼ばれる堆積物中の結晶が柱状晶の組織を有するのとは異なる結果であり，定性的にはAD法中で見られる結晶粒の微細化に近い。実際，図21に示すように，粒子の表面を活性化させ，さらに圧力効果とも言うべきAD法における常温衝撃固化現象により緻密化を同時に加えることも可能である。粒子がAD法の組織と同様扁平しており，表面活性に加えて衝突エネルギーをさらに付与することにより，緻密化が図れることを示唆している。同様の条件で作成した皮膜のビッカース硬度は1300 HVであった。

これらの事実を統合すると，HAD法においては，メゾプラズマ流によってAl_2O_3微粒子の表面が活性化される。この表面が活性化したAl_2O_3微粒子が衝突することにより，付着効率の向上が見込まれるとともに，活性状態にあった粒子表面は急冷されてアモルファス相を形成する。一方で，結晶粒そのものは初期原料と同じαアルミナ相を維持しており，プラズマ溶射で溶融し急冷凝固したときに特有のγAl_2O_3が確認されなかったことから，メゾプラズマによってAl_2O_3

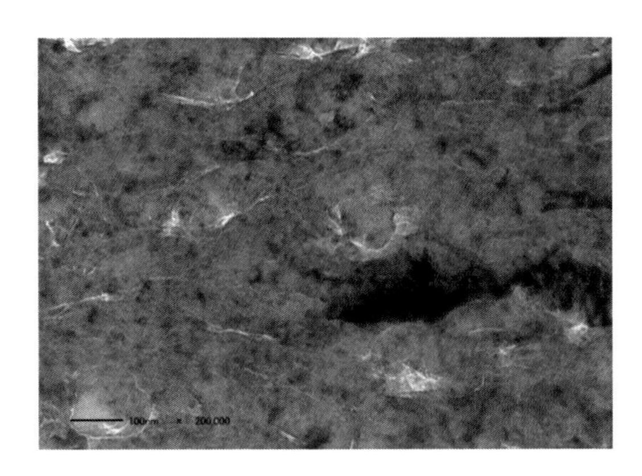

図21　HAD法によって圧力効果と熱効果を重畳して堆積させたアルミナ皮膜断面の透過電子顕微鏡像

(Saekiら (2018)[34]より引用)

粒子は溶融されておらず，初期結晶相を維持したまま堆積されていると考えられる。類似の構造体はYSZ系においても確認されている。

9　まとめ

種々なプラズマ援用技術をAD製膜技術と組み合わせた製膜技術を用いてPZT膜を形成し，プラズマ援用を適用することによって，PZT膜の誘電特性，製膜速度，微細組織構造に与える影響を評価した結果を紹介した。プラズマ援用技術をAD法に応用することによって，誘電特性や製膜速度の向上が可能であると考えている。本プラズマ援用を拡張して，AD法とプラズマ溶射法のハイブリッドであるHAD法とすることで，堆積速度の向上，三次元被覆性能の向上が可能であることを紹介した。本HAD法で得られた皮膜の微細組織は，初期原料結晶相を維持した微粒子の表面をアモルファス活性化相が三次元ネットワーク化して架橋した構造をとっていることが明らかになった。また，メゾプラズマの条件を制御することにより，皮膜の緻密度合いの制御も可能であった。得られた組織は，AD法ともプラズマ溶射法とも異なっており，HAD法特有の製膜領域が存在することを意味している。すなわち，HAD法は，AD法とも溶射法とも異なるプロセスウィンドウを持っているとも言えよう。ファインセラミックコーティング技術を実現するプロセスとして今後のさらなる展開が期待できる。

謝辞

本研究の一部は，NEDO産業技術研究開発関連事業「ナノレベル電子セラミックス材料低温成形・集積化技術」の一環，並びに，総合科学技術・イノベーション会議の戦略的イノベーション創造プログラム（SIP）「革新的設計生産技術」（管理法人：NEDO）における「高付加価値セラミックス造形技術の開発」によって実施されたものである。

文　　献

1) J. Akedo and M. Lebedev, *Jpn. J. Appl. Phys. Part 1*, **38** (9B), 5397-5401 (1999).
2) J. Akedo and M. Lebedev, *Appl. Phys. Lett.*, **77** (11), 1710-1712 (2000).
3) J. Akedo, *Mater. Sci. Forum*, **449-452**, 43-48 (2004).
4) M. Mori and J. Akedo, *Proceedings of the 21st J-K Seminar on Ceramics*, 49-52 (2004).
5) Y. Kawakami, S. Aisawa and J. Akedo, *Jpn. J. Appl. Phys.*, **44** (9B), 6934-6937 (2005).
6) J. Akedo, *J. Am. Ceram. Soc.*, **89** (6), 1834-1839 (2006).
7) J. Akedo, M. Lebedev and S. Baba, *Jpn. J. Appl. Phys.*, **42** (9B), 5931-5935, (2003).
8) M. Mori, S. Miyake, M. Tsukamoto, Y. Makino, N. Abe and J. Akedo, *Trans. Mater. Res. Soc. Jpn.*, **29** (4), 1175-1178 (2004).
9) 森正和，宇都宮健志，三宅正司，明渡純，日本セラミックス協会　第20回秋季シンポジウム講演予稿集，250 (2007).
10) M. Mori, T. Ustunomiya, S. Miyake and J. Akedo, *Proceedings of the 2007 16th IEEE International Symposium on the Applications of Ferroelectrics*, Vols. 1 and 2, 454-456 (2007).
11) 篠田健太郎，明渡純，溶射，**54** (3), 108-112 (2017).
12) 明渡純，篠田健太郎，セラミックス，**52** (10), 687-691 (2017).
13) 篠田健太郎，佐伯貴紀，森正和，明渡純，セラミックス，**52** (10), 703-706 (2017).
14) 篠田健太郎，佐伯貴紀，明渡純，溶接学会誌，**87** (2), 136-143 (2018).
15) 高付加価値セラミックス造形技術の開発 HP，http://www.hcmt.website/.
16) J. Akedo, *J. Therm. Spray Technol.*, **17** (2), 181-198 (2008).
17) 明渡純，セラミックス，**46** (7), 541-548 (2011).
18) E.P. Carton, Shock Compaction of Ceramics and Composites, p. 156, Delft University of Technology (Ph.D. Thesis) (1998).
19) M.W. Chen, J.W. McCauley, D.P. Dandekar and N.K. Bourne, *Nat. Mater.*, **5** (8), 614-618 (2006).
20) K. Naoe, K. Sato and M. Nishiki, *J. Ceram. Soc. Jpn.*, **122** (1421), 110-116 (2014).
21) A. Vardelle, C. Moreau, J. Akedo, H. Ashrafizadeh, C.C. Berndt, J.O. Berghaus, M. Boulos, J. Brogan, A.C. Bourtsalas, A. Dolatabadi, M. Dorfman, T.J. Eden, P. Fauchais, G. Fisher, F. Gaertner, M. Gindrat, R. Henne, M. Hyland, E. Irissou, E.H. Jordan, K.A. Khor, A. Killinger, Y.-C. Lau, C.-J. Li, L. Li, J. Longtin, N. Markocsan, P.J. Masset, J. Matejicek, G. Mauer, A. McDonald, J. Mostaghimi, S. Sampath, G. Schiller, K. Shinoda, M.F. Smith, A.A. Syed, N.J. Themelis, F.-L. Toma, J.P. Trelles, R. Vassen and P. Vuoristo, *J. Therm. Spray Technol.*, **25** (8), 1376-1440 (2016).
22) T. Yoshida, *Pure Appl. Chem.*, **78** (6), 1093-1107, (2006).
23) E.J. Young, E. Mateeva, J.J. Moore, B. Mishra and M. Loch, *Thin Solid Films*, **377-378**, 788-792 (2000).
24) M.F. Smith, A.C. Hall, J.D. Fleetwood and P. Meyer, *Coatings*, **1** (2), 117-132 (2011).
25) K. Terashima, K. Eguchi, T. Yoshida and K. Akashi, *Appl. Phys. Lett.*, **52** (15), 1274-

1276 (1988).
26) K. Terashima, H. Komaki and T. Yoshida, *IEEE Transactions on Plasma Science*, **18** (6), 980-984 (1990).
27) N. Yamaguchi, Y. Sasajima, K. Terashima and T. Yoshida, *Thin Solid Films*, **345** (1), 34-37 (1999).
28) K. von Niessen and M. Gindrat, *J. Therm. Spray Technol.*, **20** (4), 736-743 (2011).
29) H. Huang, K. Eguchi, M. Kambara and T. Yoshida, *J. Therm. Spray Technol.*, **15**, 1, 83-91 (2006).
30) 福政修，熱プラズマ材料プロセシングの基礎と応用，日本鉄鋼協会熱プラズマプロセシング部会編，p. 351，信山社出版（1996）.
31) M.I. Boulos, P. Fauchais and E. Pfender, Thermal Plasmas, p. 452, Springer, (1994).
32) 神原淳，プラズマ・核融合学会誌，**85** (2), 88-93 (2009).
33) M. Lebedev and J. Akedo, *Ferroelectrics*, **270**, 1303-1308 (2002).
34) T. Saeki, K. Shinoda, M. Mori and J. Akedo, to be submitted (2018).

※　本章は2008年6月刊「エアロゾルデポジション法の基礎から応用まで：第2章2節 プラズマ援用AD法」を大幅に加筆し，再構成したものです。

第7章　大面積製膜技術及び3Dコーティングへの展開

明渡　純[*1]，岩田　篤[*2]，篠田健太郎[*3]

1　膜厚制御・表面平坦化プロセス技術

生産技術としてエアロゾルデポジション（AD）法を考えると，製膜速度は大きくとも大面積へのコーティングができないと実用的な技術とはいえない。このような大面積製膜では，膜厚，膜質の均一性を如何に実現するかが大きな課題である。例えば，各種誘電体膜あるいは光学応用膜などの用途では，膜厚設計やその精度において高い品質が要求される。キャパシタ用途では容量密度のばらつきは膜厚精度に大きく依存するため，設計した膜厚で製膜し，かつ面内における膜厚分布を均一にすることが製品の要求品質として当然問われてくる課題である。

AD法においては，膜厚精度を向上させるための一つのポイントは均一な濃度のエアロゾルを発生させることにある。AD法はサブマイクロメートル粒径のセラミックス微粒子を利用してこれをガスと混合してエアロゾル化させるが，この粒径の小さなセラミックス原料粉体は，通常数十～数百 μm の大きな凝集体を形成しており，均質濃度のエアロゾルを形成させるため工夫が必要となる。またこの凝集体がエアロゾル中に混在している場合，濃度の局所的不均一を生じさせるばかりか，凝集体が基板に衝突しても，その凝集の解砕にエネルギーが消費されるばかりで膜形成には寄与せず，逆に基板表面に物理的に付着してマスク効果を発現し，それ以降のその部位における膜形成を阻害する要因となる。また所望の面積に膜形成を行う場合，例えば10 mm幅の矩形ノズルを縦横にスキャンすることでこれを達成するが，その走査プログラムにも膜厚精度は影響される。例えば多少エアロゾル濃度が経時的に揺らぐことがあっても，ノズルのスキャン速度を上げかつスキャン回数を増やすことで膜厚の平均化が行われる。

これらの点をふまえて，100 mm角の面積にAD法によりセラミック膜を形成し，膜厚精度がどの程度まで達成できるかについて検討を行った。

図1は，大面積AD製膜装置の概観で，マルチノズル方式をとり，製膜速度の向上と，膜厚の均一性をはかっている。エアロゾル発生器としては，粉体へのガス吹き付けによる微粒子の分

＊1　Jun Akedo　(国研)産業技術総合研究所　先進コーティング技術研究センター　センター長

＊2　Atsushi Iwata　元・産業技術総合研究所

＊3　Kentaro Shinoda　(国研)産業技術総合研究所　先進コーティング技術研究センター　微粒子スプレーコーティング研究チーム　主任研究員

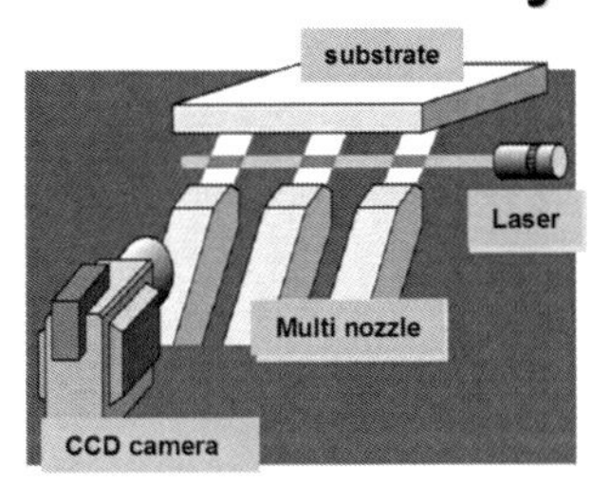

図1　試作した大面積 AD 製膜装置の外観とマルチノズル方式

散方式ではなく，粉体を計量的に搬送させてのち，これにガスを混合させてエアロゾルとした。前者の場合，ガスの吹き付け分散時には，一次粒子など比較的軽く遊離しやすい状態の微粒子が選択的にエアロゾル化されるが，その量を制御することが非常に困難であり，粉体を攪拌する操作を同時に行う場合，この操作により経時的に粉体の状態が変化するため，これによってもエアロゾル化される微粒子の量が変化する。一方粉体を計量的に搬送させる場合は，すなわち経時的に比較的安定な微粒子の供給が可能であるが，その後ガスを混合させてもそのエアロゾルには凝集体が非常に多く存在しており，先に述べたように健全な膜形成は困難であり，かつ膜厚精度も悪くなる。これを解決するために，エアロゾル発生器とノズルとの間に解砕器を設け，ここで凝集体を解砕して，比較的一次粒子リッチな状態に変換し，これをノズルから噴射して製膜を行う方法を取った。解砕方法には，セラミック板にエアロゾルを衝突させる方法を採用した。この場合，エアロゾルを加速させすぎるとセラミック板上に製膜が始まる不具合が生じるため，エアロゾルの加速路の内部設計等の工夫を与えた。

原料粉体にはイットリアを選択した。また基板には 120 mm×120 mm×8 mm^t のアルミナ焼成板を用いた。ノズルは 10 mm 幅の矩形開口を有するノズルを用いた。ノズルと基板の相対走査プログラムの事例としては，基板を XY ステージに固定し，ノズルスリット幅方向を X として，X 方向に 50 mm/s の速度で，100 mm スキャンさせ，次いで Y 方向に 1 mm 変位させ，−X 方向に同速度で 100 mm スキャンさせ，このような走査を繰り返すことで Y 方向 100 mm まで移動させ，さらに逆方向へのスキャンを行い製膜を進めることで膜厚の平均化を行った。

図2(a)には，この成膜操作で作製した 100 mm 角の成膜面積で膜厚約 10 μm の，図2(b)には膜厚約 40 μm の AD 膜の膜厚分布を示す。これらアズデポジションの状態において，膜厚 10 μm サンプルについては，平均膜厚は 11.16 μm，最大値が 11.72 μm，最小値が 10.61 μm であり，標準偏差 σ は 0.24 μm となった。膜厚 40 μm サンプルについては，平均膜厚が 40.62 μm，最大値が 41.67 μm，最小値が 39.69 μm であり，標準偏差 σ は 0.44 μm となった。標準偏差 σ を百分率表示して表現した場合，膜厚精度はそれぞれ ±2.2%，±1.1%であり，厚膜に

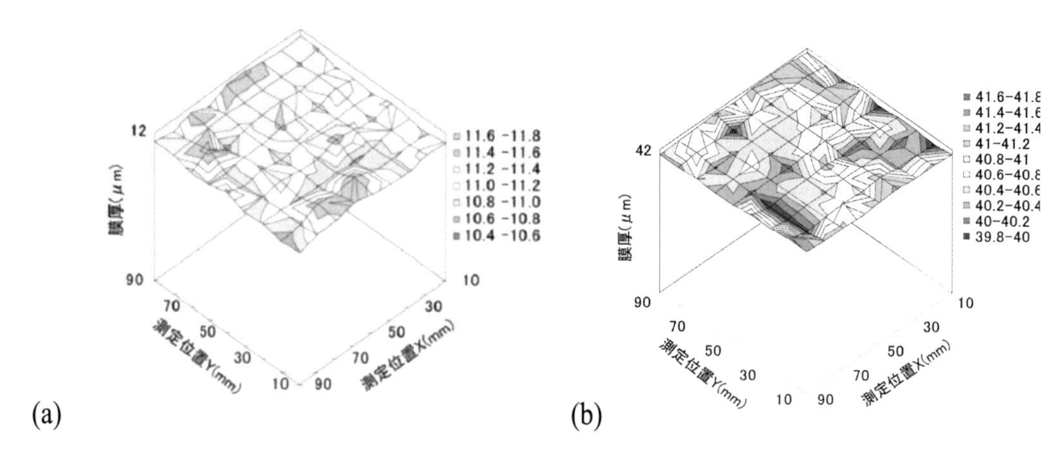

図2　10 cm 角 AD 膜の膜厚均一性（堆積後そのままの状態で測定。研磨処理はしていない）
(a) 膜厚 10 μm サンプル，(b) 膜厚 40 μm サンプル

表1　AD 膜（イットリア）研磨後の表面粗さ

N	1	2	3	4	5	平均
R_a (μm)	0.008	0.009	0.015	0.009	0.007	0.0096
R_z (μm)	0.100	0.133	0.138	0.100	0.063	0.1028

なるほどスキャン回数が多いために平均化が進み，百分率基準での膜厚精度としては高くなることがわかる。これは，通常のスパッタリング法，CVD 法などでは，厚みが増すに従い均一性を得るのが困難になるのに対し逆の傾向を示す。ノズル走査を原理とする成膜法では，空間的，時間的に基板への材料供給が均一化されることによるメリットといえる。

10 μm サンプルの鏡面研磨まで行った膜表面の粗さ測定の結果を表 1 に示す。AD 膜が非常に緻密であることを受けて，研磨により算術平均粗さ R_a は 15 nm 以下，最大高さ粗さ R_z は 138 nm 以下と良好は面精度を有していることがわかる。上記のような平面状への製膜の場合，研磨加工が可能なので，容易に平滑面を得ることができるが，鏡面や薄板などの保持の困難な部材上に膜を形成した場合は，研磨処理の後加工は困難になる。そこで AD 法において，ノズルの往復走査による積層コーティング時に，各層を形成するごとに堆積された膜最表面の不均一な凹凸や不十分な付着強度の微粒子を，製膜中にインプロセスで研削・研磨し，堆積膜の最表面を常に平滑で強固な固着状態にすることを検討した。具体的には，先の第 1 章「AD 法の基本原理と特徴：3.4 粒子流の基板入射角度の影響と表面平滑化」で述べたように，微粒子の基板への入射角度によって，本手法が製膜過程から研削過程に推移することに着目し，第 1 章の図 17 に示すように，製膜用ノズルとは別に，基板に対し浅い入射角度で原料粒子自体の吹きつける研削・研磨用ノズルを設け，微粒子の噴射速度を調整し，堆積膜最表面を研削・研磨することを検討した。実際には，研磨用の粒子として，製膜用より小さな 50 nm 前後の粒子を用い，研削効果よ

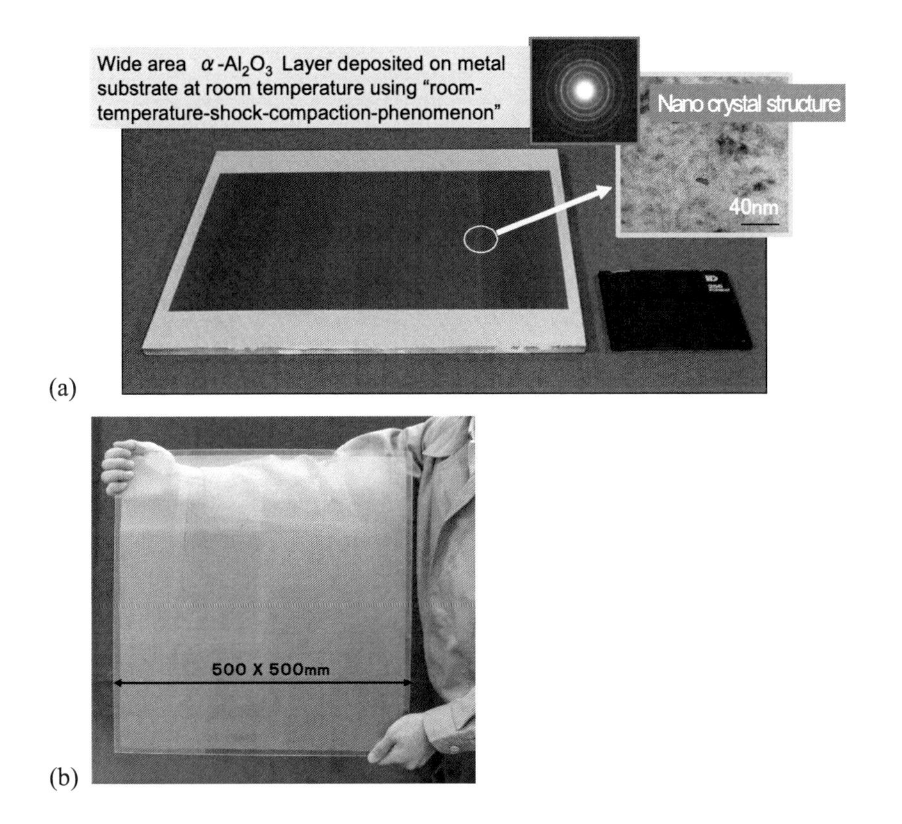

図 3　大面積 AD 膜の製膜事例

(a) 大面積アルミナ膜 : 20 cm × 20 cm×10 μm，(b) 大面積イットリア膜 : 50 cm×50 cm×20 μm（TOTO Ltd. 提供）

り研磨効果を向上させた。PZT について，第 1 章の図 18 に示すように，研磨粒子の照射を行わない通常製膜の場合の表面粗さは，R_a = 71 nm 程度であるが，研磨粒子を照射することで，R_a = 9 nm を実現することができた。また，アルミナ製膜においても第 1 章の図 19 に示すように，通常製膜では，どうしても膜内部に微細なポアが残存し，若干白濁した散乱膜になるが，研磨微粒子の照射を行うと高透明な膜が得られる。

このことによって，図 3 に示すように，20～50 cm 四方にわたり，粒径分布が不均一で凝集性の高い安価な原料粒子を用いても，安定して比較的ポアやクラックのない緻密で均一な微細組織と均一な膜厚分布や高い平滑性を大面積にわたり実現できる可能性が確認できた。

2　4 インチウエハー用均一製膜の検討

AD 量産装置における，LSI プロセスに適合した装置基盤技術として，大面積化および量産安定性を中心に検討を行った。

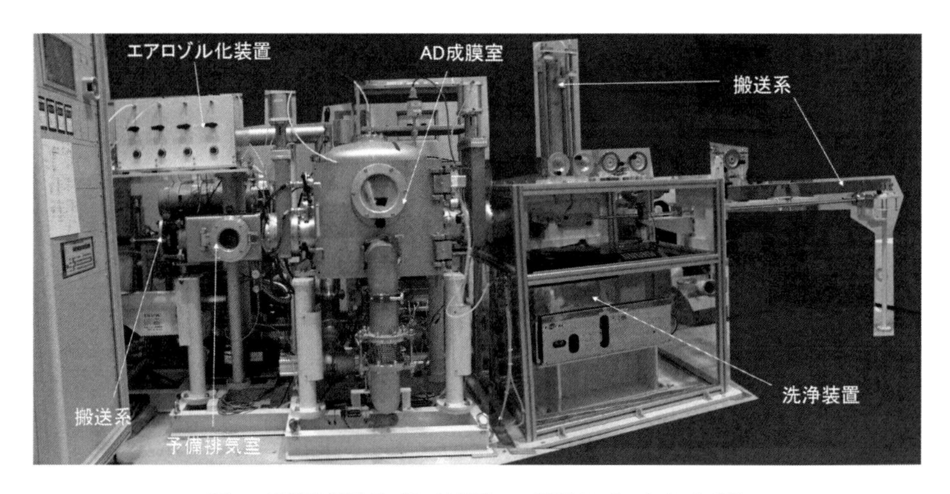

図4　半導体製造ライン対応用AD装置のプロトタイプ機

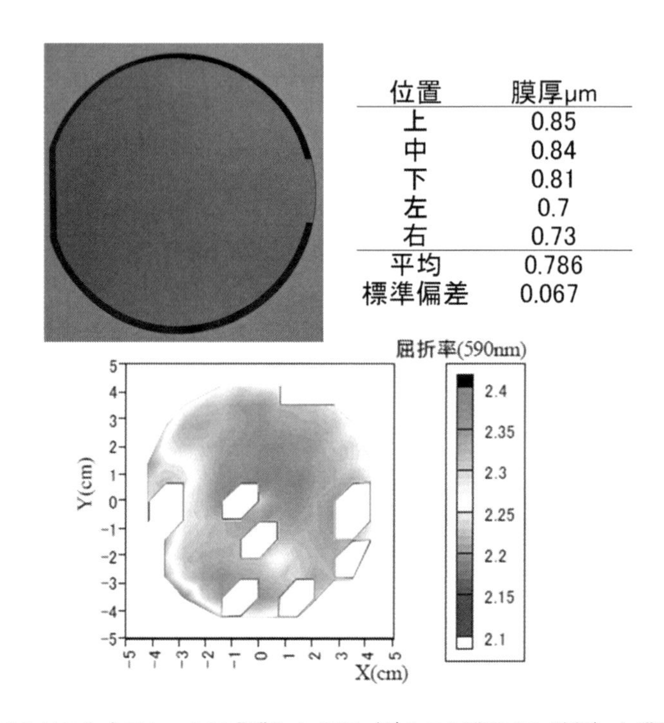

位置	膜厚μm
上	0.85
中	0.84
下	0.81
左	0.7
右	0.73
平均	0.786
標準偏差	0.067

図5　4インチシリコンウエハー上に成膜したPZT（ジルコン酸チタン酸鉛）と膜厚分布例及び屈折率分布例

4インチのSiウエハーを対象として，予備排気室，製膜室，洗浄装置，搬送系からなる，エアロゾルデポジション量産装置プロトタイプ機を設計製作し，技術評価・調整・改造を行った。4インチウエハーを投入し，導波路や変調器の主要材料と期待されるPZT（ジルコン酸チタン酸鉛）をAD法により製膜し，付着した原料粉末を洗浄してから取り出す一貫行程を行えることを

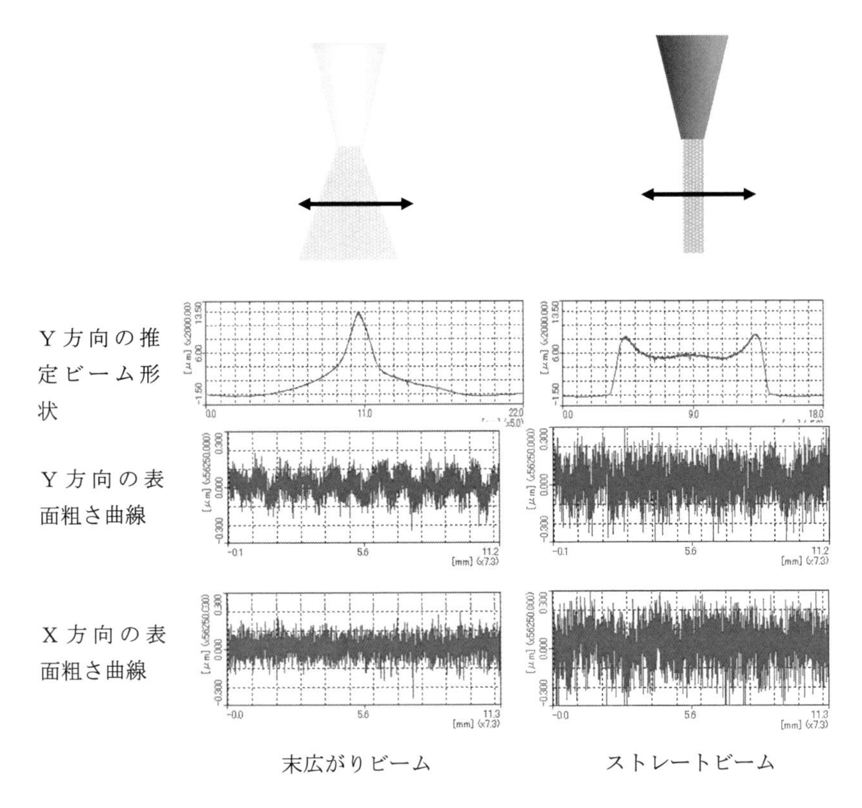

図6　AD法でシリコンウエハー上に成膜したPZTの表面粗さ曲線

検討した。図4にその装置外観を示す。

ノズルとしては，末広がりビームを出すものとストレートビームを出すものの2種類を用いた。ノズルをX方向に往復移動させながら製膜し，両端のウエハーから外れたところでY方向に1 mm移動させることを繰り返して，ウエハー全体をカバーした。膜の微細表面形状を触針式表面粗さ計で測定した。サンプリング長さは，この粗さレベルの標準値0.25 mmではなく2.5 mmとした。また，エアロゾルビームの形状を推定するため，X方向のみの往復運動で製膜し，その膜の断面形状を測定した。

図5に製膜されたPZT膜付のシリコンウエハーを示す。黄色みを帯びた緑色の部分がPZTの製膜領域である。これは末広がりビームで製膜されたものである。ストレートビームの場合，巨視的なX方向の縞様のムラが観測されるが，末広がりビームの方は目立たない。代表的な膜厚は，平均2.06 μm，標準偏差は0.0292 μmで，これは平均の1.4%にあたる。かなり良い膜厚均一性が得られた。

同一条件で得られたPZT膜厚は，ストレートビームで3.59 μm，末広がりビームで2.06 μmであり，ストレートビームの方が製膜速度は大きい。

図6にY方向のビーム形状に相当する，X方向にのみ移動させて作った膜のY方向形状を示

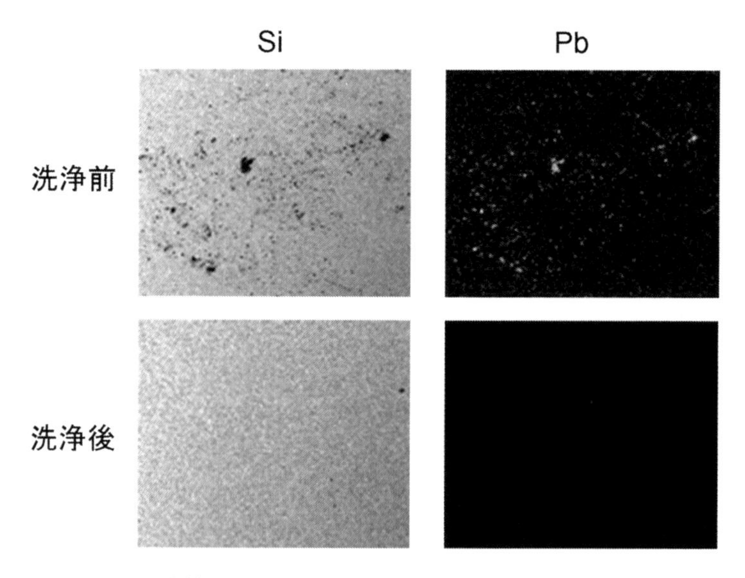

図7　洗浄前後のシリコンウエハー基板裏面のEDS分析結果

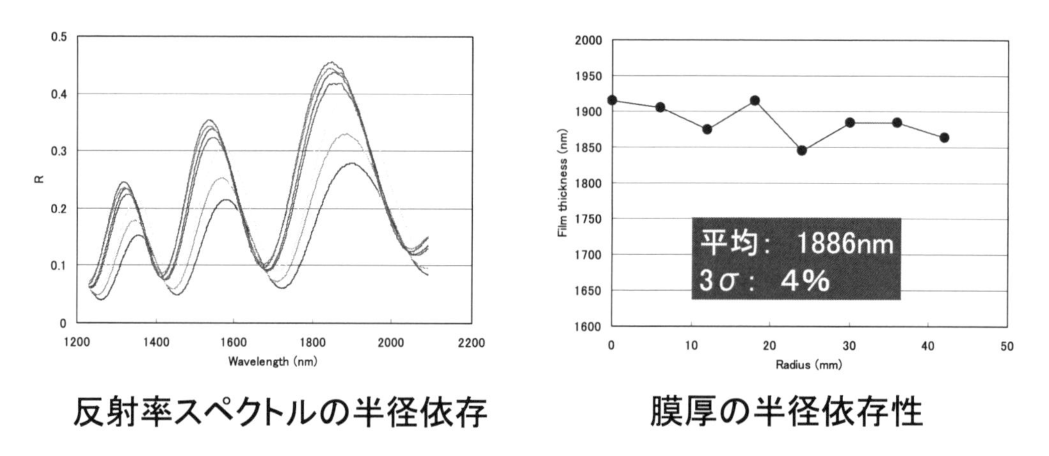

図8　AD製膜ウエハーの膜厚の反射分光法による膜厚モニターによる測定

す。末広がりビームは高いピークが一つあり，ストレートビームでは高原状となる。これらをY方向にオーバーラップさせながら製膜が進んだこととなる。Y方向の形状では，末広がりビームの場合，単一ピークの影響でピッチが1 mmの凹凸が明瞭に見られる。ストレートビームでは高原状の形状のため，明確なY方向の規則性は見られない。X方向に関しては，どちらのビームでも明確な規則性は見られない。表面粗さとしては，末広がりビームではX方向で R_a = 44 nm，Y両方向で R_a = 39 nm，ストレートビームではX方向で R_a = 79 nm，Y両方向で R_a = 76 nmとなり，末広がりビームの方が表面粗さとしては小さくなる。また，ストレートノズルの場合，巨視的なX方向の縞様のムラが観測されるが，末広がりビームの方は目立たない。

AD法は，作りたい膜と同成分の原料粉末を，減圧雰囲気中で基板に吹きつける製膜法である。従って，ウエハーの表面や裏面に，膜にならなかった原料粉末が付着する。ウエハーを後工程のポリッシングに引き渡すに十分なまでに洗浄するために，洗浄機構を開発した。特徴は，純水と窒素ガスの二流体洗浄法であることと，基板チャック面の洗浄工程を付加し洗浄面の汚染を防止したことである。図7に示すように，洗浄により裏面の粉末が除去されていることをEDSのマッピングで確認した。結果，洗浄後の基板裏面の原料粉末（PZT）成分のPb分布は検出限界以下で，十分な洗浄が行えることが確認された。

また，AD製膜装置用にその場膜厚モニターを開発した。比較的表面ラフネスが大きいAD膜の膜厚測定法を，反射分光法を用いて開発した。すなわち，反射率スペクトルを測定し，光学干渉による振動を解析することで膜厚をモニターする。従来から使われている触針式段差測定による膜厚測定法のように段差を作る必要がないので，非接触で製膜中にその場でモニターが行えると考えられる。図8は，実際に本装置に搭載された反射分光法によるその場での膜厚モニタリング結果である。膜厚の測定と同時に，膜の光学特性の均一性についても評価が可能であった。

以上の結果，膜厚均一性はかなり良く，標準偏差は平均の1.4％であった。また，表面粗さはX方向でR_a = 44 nm，Y両方向でR_a = 39 nmであった。シリコンCMOSプロセスと共存して，オンチップ光回路の構成材料をAD法で作成できる可能性が確認できた。

3　ロール・ツー・ロールシステム

ロール・ツー・ロール機構を組み込むことで，フィルム状の部材にもAD法によって製膜を行うことが可能となる。図9に開発したロール・ツー・ロールシステムを示す。大面積チャンバー中にロール・ツー・ロール機構を配置した。本装置では，六連のADノズルが設置してあり，フィルムの進行方向に対して直行する方向に動作させながら，幅60 cmのフィルムや箔に製膜を行うことが可能である。図中の60 cm × 80 cmの写真は，アルミニウム箔上にリチウム電池の正極材料であるリチウムマンガン酸化物（LMO）を堆積させたときのものである。

4　AD法の三次元製膜への展開[1)]

曲面上への製膜例としては，産業用ロール上へのアルミナ製膜例が挙げられる[2)]。図10に示すようにAD法により，長さ300 mmで直径80 mmのアルミニウム合金（A5052）ロール上に均一な1.58 μm厚みのαアルミナ皮膜を得ることができている。ここでは，アルミ合金ロールを軸方向に回転させ，0.8 × 10 mmの矩形ノズルを20 mmの距離でスキャンすることにより製膜した。皮膜の表面粗さは，もともとの基材の表面粗さと同一で，算術平均粗さで0.35 μmであった。同条件で堆積した皮膜のビッカース硬度は1100〜1590 Hv程度であり，焼結アルミナの1600 Hvに比する硬度が得られている。硬質クロムめっき皮膜（800 Hv）と比較して，摩耗

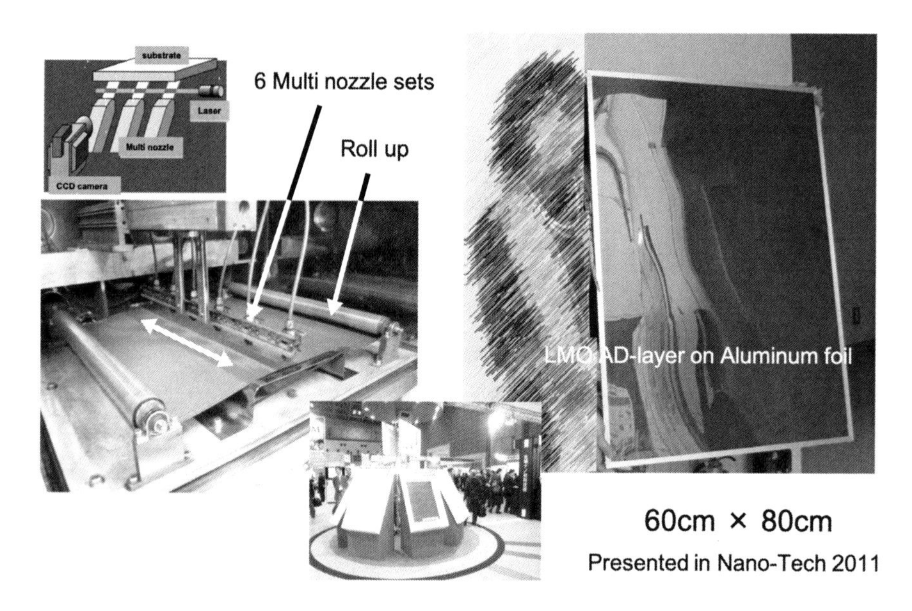

図 9　大面積ロール・ツー・ロールシステム並びにアルミニウム箔上に堆積した幅 60 cm 長さ 80 cm のリチウムマンガン酸化物（LMO）コーティング

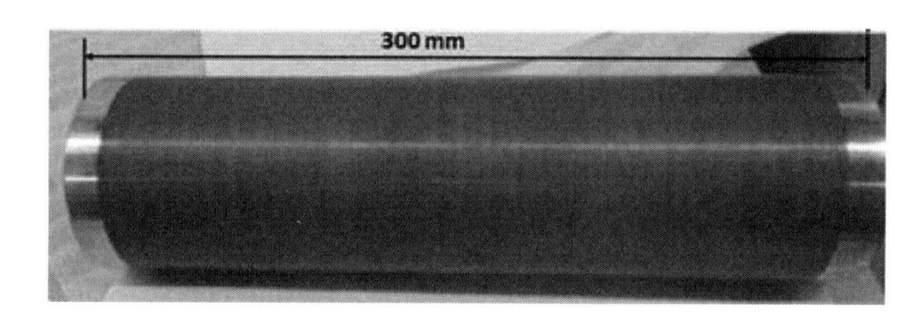

図 10　AD 法によって α アルミナ皮膜を堆積した産業用ローラーの外観

量は 1/4 以下に向上している。

AD 法の複雑形状表面へのコーティング適用例としては，歯科用インプラントフィクスチャーへのバイオセラミックスであるヒドロキシアパタイト（HAp）の製膜事例が報告されている[3)]。ここで用いられたインプラントのフィクスチャー（ネジ）部はチタン製であり，90°，45°，0°の面からなるミリメートルオーダーのネジ山を有している。このフィクスチャーを軸方向に 100 rpm 未満の速度で回転させながら，軸に対して 45°，90° の二方向からノズルで HAp を吹き付けることにより，結晶粒が 50 nm 未満で，バルク並みの緻密さを備えた HAp の皮膜が得られている。密着強度は 35 MPa 以上，硬さも 4.5 GPa を超えるものが得られている（図 11）。表面粗さも 1-2 μm のオーダーであり，従来の代表的な表面処理手法である SLA（Sandblasted, Large-Grit, Acid）法や被吸収性ブラスト材（RBM：Resorbable Blasted Media）法で得られた表面に比べて均一な表面を得ることができている。

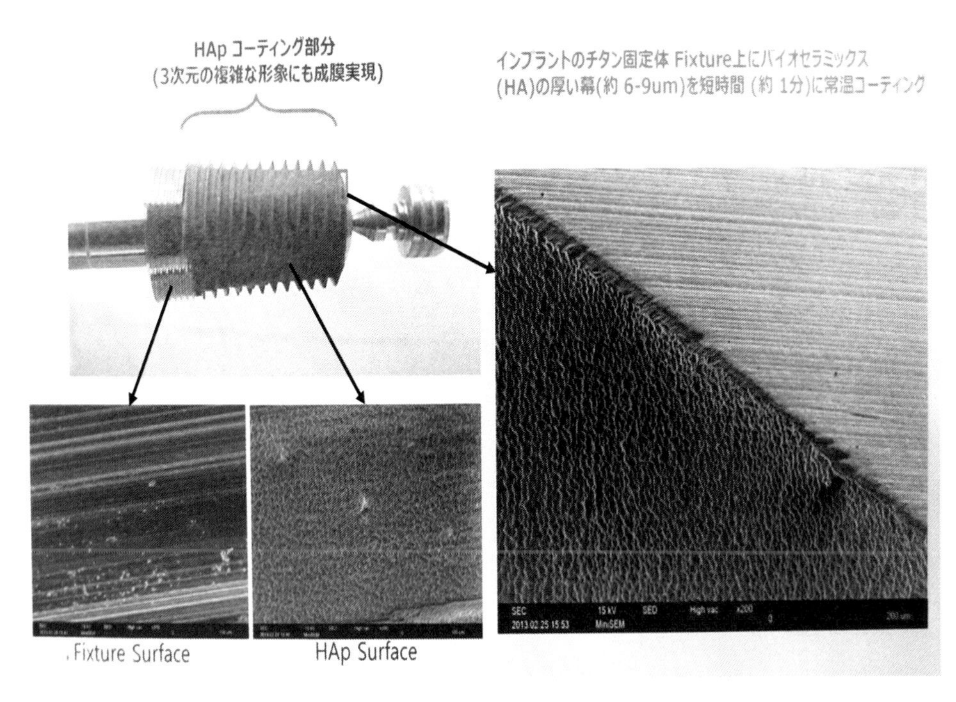

図11　歯科用インプラントのチタン固定体の三次元形状であるネジ部にヒドロキシアパタイトのコーティングをAD法で施した事例（IONES社朴氏提供）

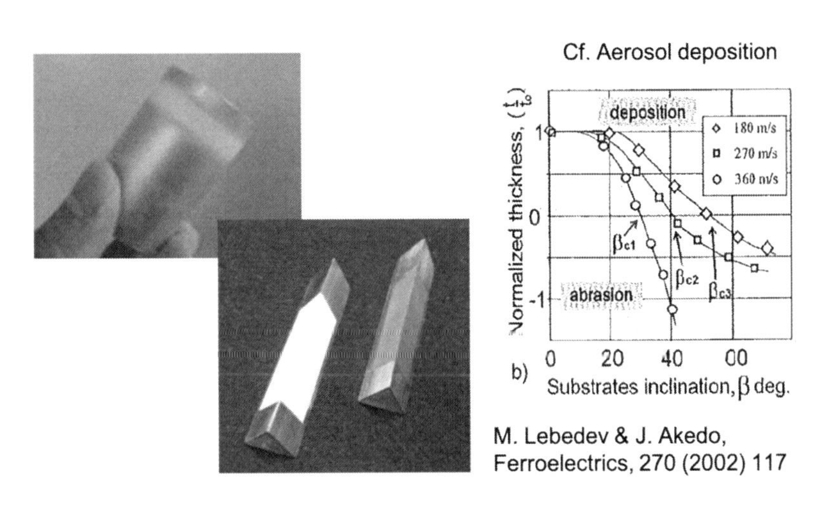

図12　ハイブリッドエアロゾルデポジション（HAD）法を用いて円筒表面やエッジを含む面にアルミナを製膜した事例

図 13　アルミフライパンに HAD 法によりセラミックコーティングを施工した事例

最近，さらなる三次元被覆性能の向上を目指して，SIP「革新的設計生産技術」（管理法人：NEDO）における「高付加価値セラミックス造形技術の開発」の中でハイブリッドエアロゾルデポジション（HAD）法の開発が行われている[4]。プロセスそのものは本書の中で説明しているため，ここでは，三次元表面への製膜事例について簡単に紹介したい。図 12 に HAD 法を用いて円筒及び三角柱上へアルミナを製膜した例を示す。局面やエッジの部分にも製膜できていることがわかる。75° に傾いた面上にも製膜できることが確認されている。それに対して，AD 法では，図に示すように基材に対する粒子の衝突角度が大きくなるとサンドブラストのように皮膜は堆積せず，逆に基材が削れていくような領域が存在する[5]。このことは HAD 法の堆積メカニズムが AD 法と異なることを示していると共に，HAD 法によって三次元被覆性能が向上することを示唆しているとも言えるであろう。図 13 に三次元表面への HAD 法による製膜例としてフライパンへの調理面内へのジルコニアの製膜例を示す。平面部から凹部，そして凸部へと連続的に変わる三次元表面も HAD 法によって被覆できていることがわかる。

5　まとめ

AD 法は，真空プロセスであるものの，PVD や CVD などのように基材を加熱する必要がないことから，基材の自由度も高く，部材の大型化も可能であることを示した。実際，色素増感太陽電池において，ロール・ツー・ロールによる量産化事例も最近報告されている[6,7]。また，AD 法における自由表面への三次元製膜の現状と課題についても概説した。特に，HAD 法によって，三次元表面への製膜の自由度も向上する結果が得られている。今後，CAD などの三次元コンピューター支援設計との組み合わせにより，3D プリンターなどによる複雑造形物へのコーティングも少しずつ可能になっていくと思われる。

謝辞

本研究の一部は，総合科学技術・イノベーション会議の戦略的イノベーション創造プログラム（SIP）「革新的設計生産技術」（管理法人：NEDO）における「高付加価値セラミックス造形技術の開発」によって実施されたものである。

文　　献

1） 明渡純，篠田健太郎，多次元アディティブ・マニュファクチャリング，日本溶接協会，125-142（2018）.
2） N. Seto, K. Endo, N. Sakamoto, S. Hirose and J. Akedo, *J. Therm. Spray Technol.*, **23**, 8, 1373-1381（2014）.
3） J.-H. Park, *Proceedings of the 6th Tsukuba International Coating Symposium*（*Tsukuba, December 4-5, 2014*）, 3-4（2014）.
4） 高付加価値セラミックス造形技術の開発 HP；http://www.hcmt.website/.
5） M. Lebedev and J. Akedo, *Ferroelectrics*, **270**, 1303-1308（2002）.
6） 積水化学工業（株），室温プロセスによるフィルム型色素増感太陽電池　事業化へ；https://www.sekisui.co.jp/news/2017/1302064_29188.html.
7） 積水化学工業（株），世界初！室温プロセスでフィルム型色素増感太陽電池の試作に成功；https://www.sekisui.co.jp/news/2013/1239078_2281.html.

※　本章は2008年6月刊「エアロゾルデポジション法の基礎から応用まで：第2章4節 大面積成膜技術」を追記・再編集したものです。

第8章　微細パターニング技術

朴　載赫[*1]，明渡　純[*2]

1　マスクデポジション法による微細パターンニング

各種デバイス応用でAD法の特徴を生かすには，セラミックス膜の微細なパターニングや積層複合化が重要になる。図1に示すようにマスクに形成された微細な開口を通して，原料粒子を基板に吹き付けることで微細パターンニング（マスクデポジション法）が行える。図2は，そ

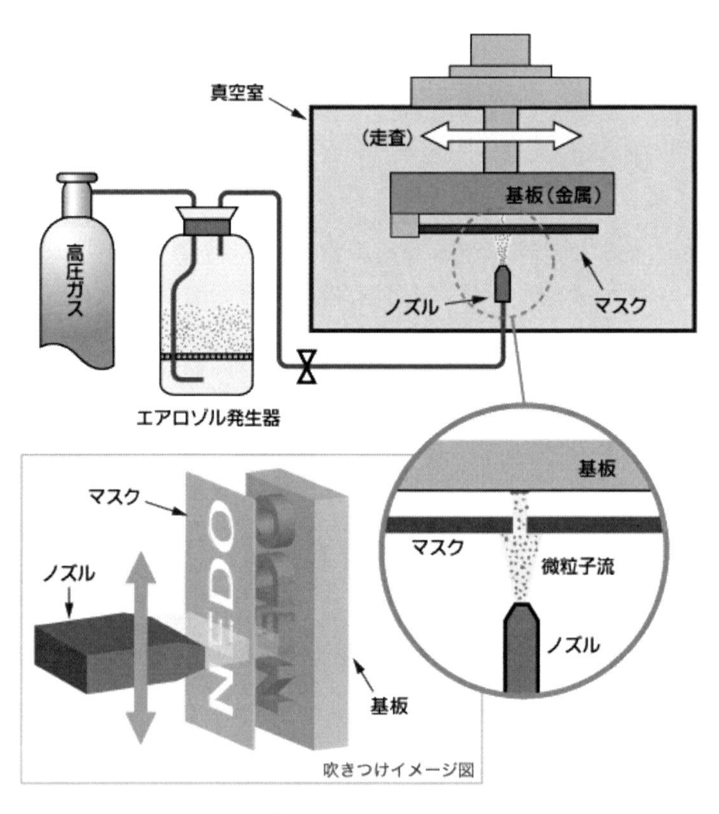

図1　マスクデポジション法による微細パターンニング

＊1　Jae-Hyuk Park　IONES㈱（元・(国研)産業技術総合研究所）
＊2　Jun Akedo　(国研)産業技術総合研究所　先進コーティング技術研究センター　センター長

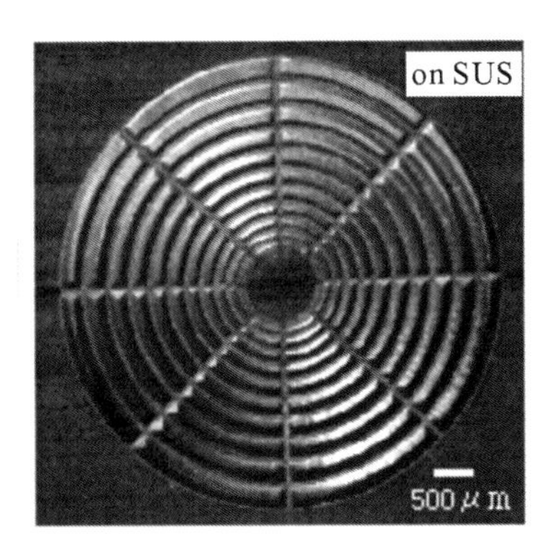

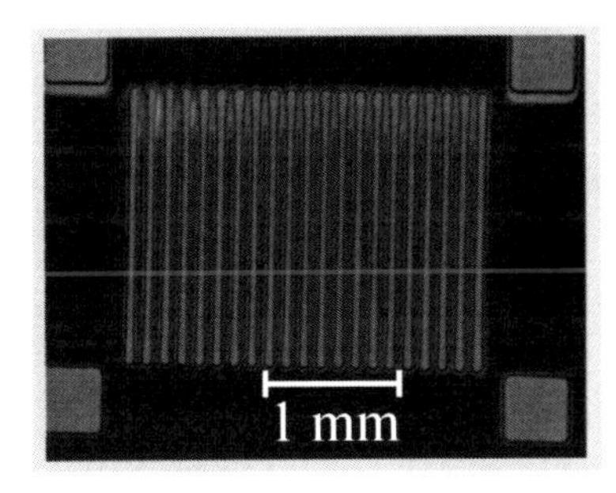

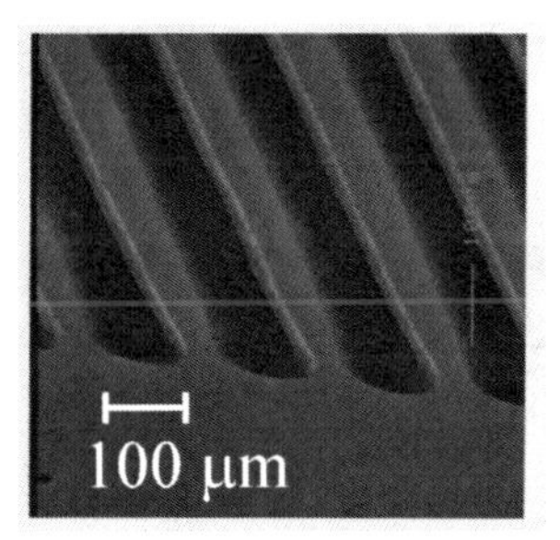

図 2　マスクデポジション法で形成された PZT 厚膜パターン

の一例で，直線状や同心円状の PZT 厚膜の微細パターンが形成されている[1,2]。この様なマスク法のメリットは，機械加工で形成できる直線状のパターンだけでなく曲線状のパターンも容易に形成できる点にあり，圧電膜の応用で，超音波素子など 10 μm 以上の膜厚が必要な用途で有効と考えられる。

このパターンニング法で特徴的なのは，チャンバー内やマスク通過時のエアロゾル流の流れを考慮しなければならない点である。例えば，成膜時の真空度が低いと，超微粒子流はマスクのエッジなどに散乱され易くなり，高精度なパターンニングは期待できない。例えば，図 3 に示すように，セラミックスパターンの断面形状は，台形で，側面の傾斜角度（サイドスロープ）は 35° 程度と緩く，さらに形成された微細パターンの断面形状と使用したマスクの位置関係を詳細に観察すると，マスク開口を通過したエアロゾル流は，マスクの開口部から両側に広がり基板に堆積するのでなく，むしろ，マスク開口部周辺から内側に向かって堆積された膜の側面を削るように堆積される。AD 成膜では，第 1 章 3.4 節「粒子流の基板入射角度の影響と表面平滑化」の図 16 にあるように基板に吹き付けられた微粒子は，その粒径や速度だけでなく基板に対する入射角度などに応じ，堆積からエッチングに移行する[1]。例えば同図 16 で，粒子衝突速度 360 m/sec の場合，この臨界入射角度は，約 35°で，上記，サイドスロープの角度と良い一致を見る。つまり，この膜パターンエッジのブロード化は，堆積された膜のサイドエッジが，エッチ

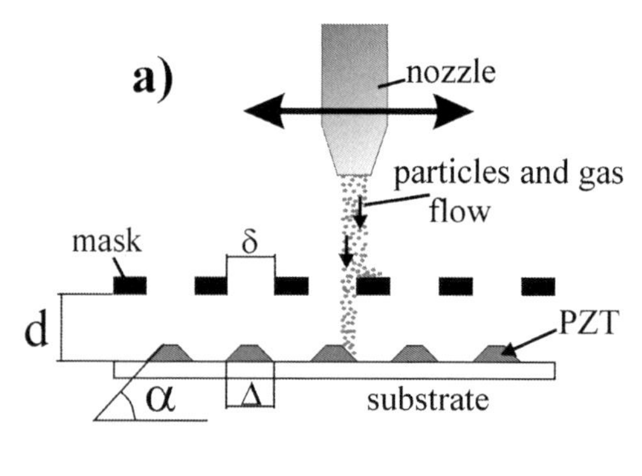

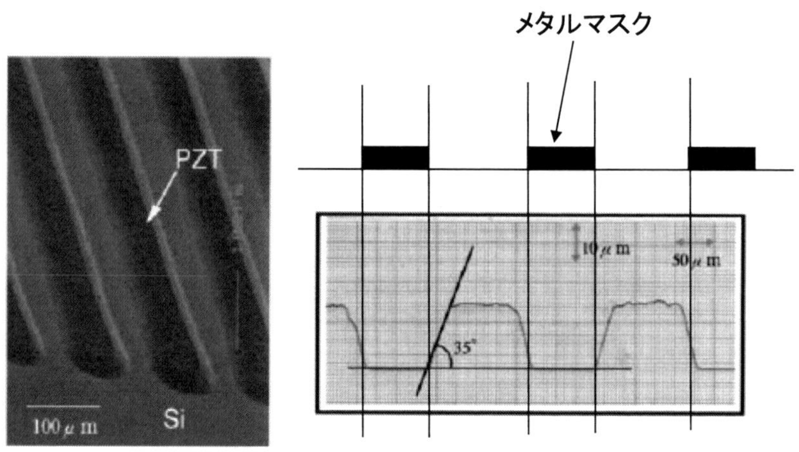

図3　マスクデポジション法のパターン形成メカニズム

ングされ，その角度がパターン側面に対し，臨界入射角度になるときに安定するためと考えられる[1,4]。従って，パターンを微細化していくと，このサイドスロープの傾きのために，厚みのあるパターンニングは困難になる。

このように，微細パターンニングに際しては基板や堆積物の成長表面に対する超微粒子流の衝突速度や入射角度も十分に配慮する必要がある。図4は，この様な点を考慮し，さらに約300℃の基板加熱を行って，最適な条件下でPZTをSi基板，SUS基板，PT/Si基板上に厚膜パターンニングした例[2,3,4]である。基板温度と原料粒子を調整すると，アスペクト比で1以上，線幅50 μm程度パターンが得られている。但し，パターン膜の表面部分をみると，上記，エッチング効果がまだ残っており，断面形状は矩形上でなく，家型をしている。

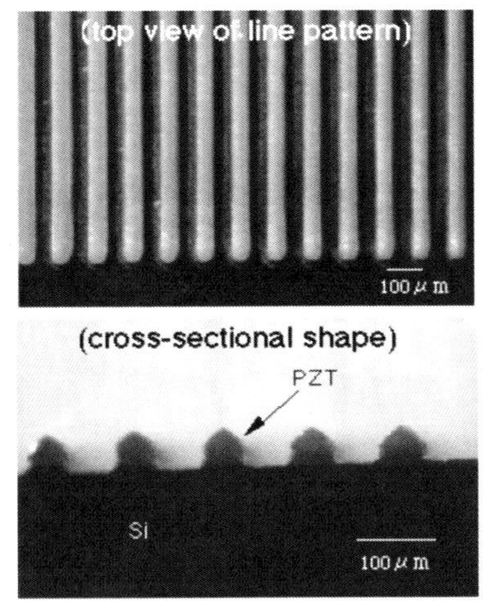

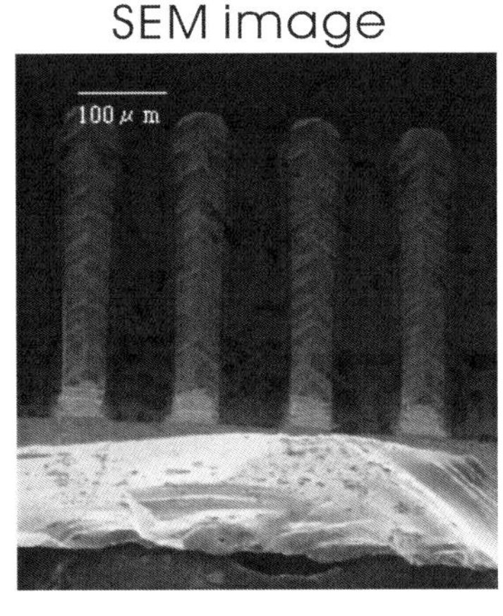

図4　基板加熱（300℃）による厚膜パターンの高アスペクト比化

2　リフトオフ法による微細パターンニング[5)]

上記のマスクデポジション法では，チャンバー内やマスク通過時のエアロゾル流の流れを考慮しなければならず，また，マスク材のエッチング加工精度の点から，エッチング加工できるマスク開口の線幅はマスク材の厚みに制限され，5～30 μm 以下の線幅を達成するのは現実的ではなかった。また，アラインメント精度の点でも実用上の問題は多い。

そこで，より微細なパターンニングに対応するため，半導体微細加工で用いられているフォトレジスト材を用いたリフトオフ法の検討を行った。

まず，フォトレジスト材の硬度や弾性率などの機械特性がマスク材としての選択比に及ぼす影響などを検討した。フォトレジスト材としては，AZ4620，LA900 を用い，線幅 5～60 μm のラインや四角形のタイルパターンを Si 基板上に形成した。図5にリフトオフ法による AD セラミックス膜のパターニング工程を示す。Cr マスクによる直接露光・現像により基板上に形成されたフォトレジスト層に基板表面が露出する貫通パターンを形成し，これをマスクとして，AD 法でセラミックス微粒子を吹きつけ成膜，その後，アセトンなどの現像液によりフォトレジスト層を溶解・除去し，最終的に，微細パターニングされた AD セラミックス層のパターンを得る。AD 法でセラミックス粒子を上記パターニングされたフォトレジスト層に吹き付けると，基板がむき出しになったところへは，セラミックス膜が形成されるが，フォトレジスト表面はエッチングされる。

図6は，この様子を調べた結果である。フォトレジスト材の現像処理条件にもよるが，パターン形成された部分の断面形状は矩形状ではなく横楕円形のサイドスロープをもち，レジスト層厚みは約 10 μm，線幅は基板側で約 8 μm，レジスト表面側では約 80 μm ある。これに，AD 法

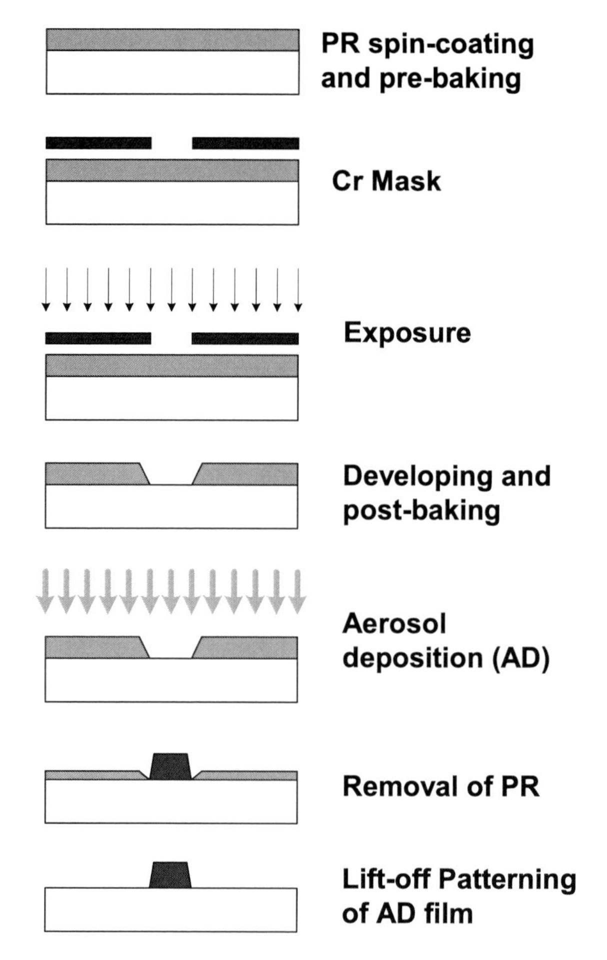

図5　リフトオフ法による AD セラミックス膜のパターニング工程

で PZT 微粒子を吹き付けると，厚み 1.1 μm で線幅 15 μm の PZT ライン状パターンが得られた。このフォトレジスト層のパターン線幅より広がる理由は，図 7 の実験結果に示されるように，セラミック微粒子の吹き付けによりラインパターン端部のレジスト層の厚みの薄い領域からエッチングされるためで，成膜中に徐々にフォトレジストマスクのパターン幅が広がるためと考えられる。また，このとき約 13 μm の PZT を AD 法で堆積する間にレジストマスクは，約 5 μm ほど削られており，AD 成膜に対する選択比は，約 2.6 という結果になった。従って，微細なセラミックスパターンを得るには，レジストパターンの断面形状をなるべく矩形状にすることが重要になる。

また，レジスト材自体のセラミックス微粒子吹き付けに対する耐エッチング性もパターンニング特性に大きく影響する。図 8，表 1 は，レジスト材の材質とパターンマスク形成後のポストキュアのための熱処理温度を変えて，これを調べた結果である。低い温度でポストキュアされた

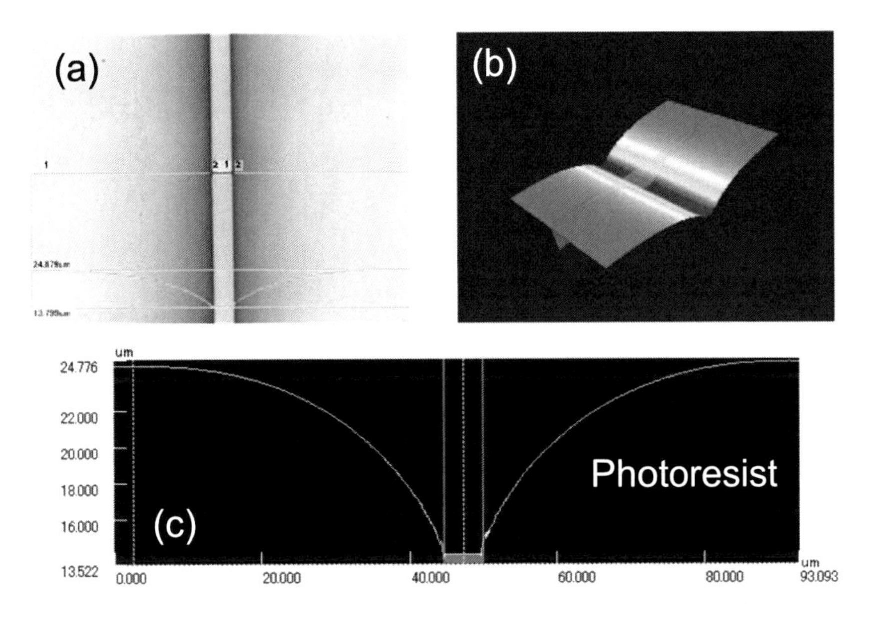

図6　フォトレジストパターンと断面形状

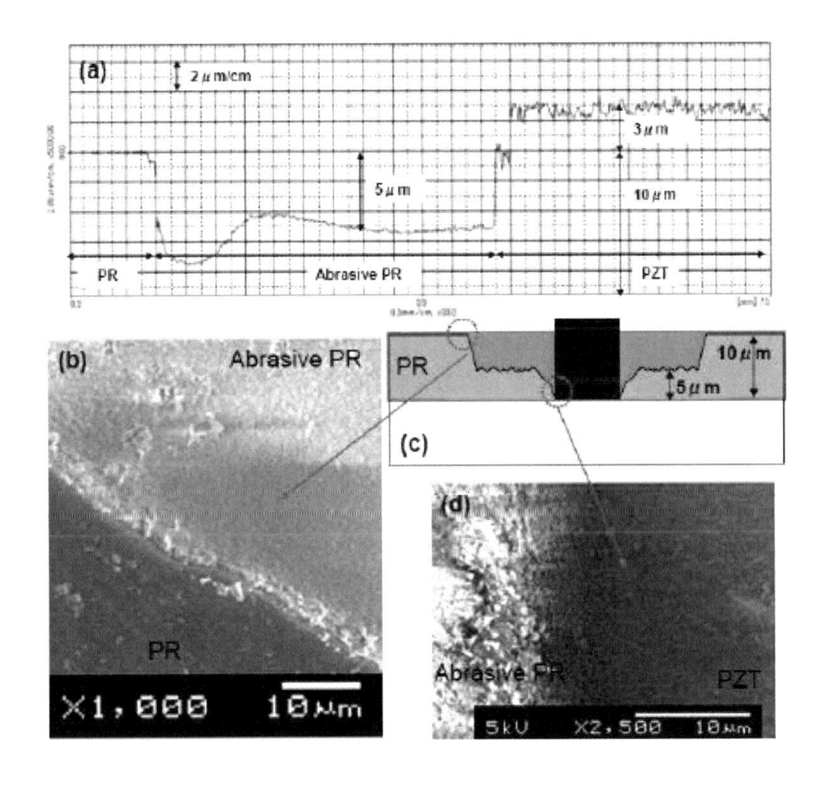

図7　PZT 成膜直後，リフトオフ前のレジストパターンと PZT パターンの断面形状

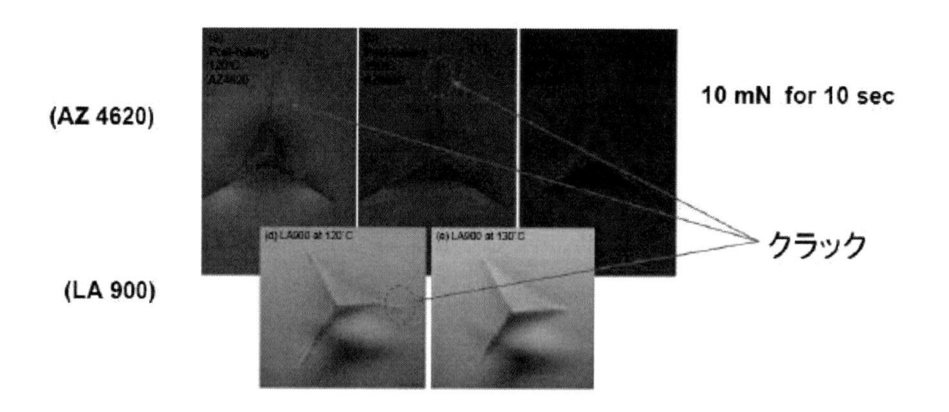

図8　各種ポストキュア状態でのフォトレジストの機械特性評価

表1　各種硬化条件，フォトレジスト材料でのリフトオフ特性

Photoresist	Post-baking temp（℃）	Removal of PR	Lift-off patterning by ADM	Hv	Hit
AZ4620	120	○	×	38.842	14.426
	190	△	△	39.289	12.708
	230	×	○	41.664	10.808
LA900	120	○	○	33.635	11.830
	130	○	○	37.380	11.323

レジスト膜は，概して吹き付けられたセラミックス微粒子にエッチングされ易い。この理由を探るために，また，レジスト膜の機械特性をナノインデンテーションにより評価し，AFMによる表面観察を行った。その結果，微小硬度や弾性率に明確な差は見られなかったが，ポストキュア温度が低くエッチングされ易いレジスト膜は，インデンテーション圧痕にクラックが入っており，脆性的な機械特性であることがわかった。そこで，これを避けるためにポストキュア温度を上げると，今度は，現像時にアセトンなど現像液に不溶になり，レジストマスクを剥がすことができなくなる。従って，ポストキュア温度に関しては，なるべくエッチングされにくく，かつ，現像時にきれいに基板から剥離できる条件を探す必要がある。図9は，これらの条件を考慮して，最終的に得られたフォトレジストリフトオフ法によるAD膜の微細パターニング結果である。PZTよりも硬質で，研磨材料としても扱われるアルミナ微粒子材を用いて，厚み2 μm，線幅8 μm（アスペクト比：0.25）の α-Al_2O_3（アルミナ）膜の微細パターンの形成（成膜時間で約分）されており，図10の断面SEM写真からも，緻密な膜組織になっていることが確認された。

従来成膜法でセラミックス膜を形成する場合，一般にフォトレジスト材の硬化温度より高い温度（400℃以上）の基板加熱下で成膜するため，リフトオフ法は使えず，基板全面に成膜後，

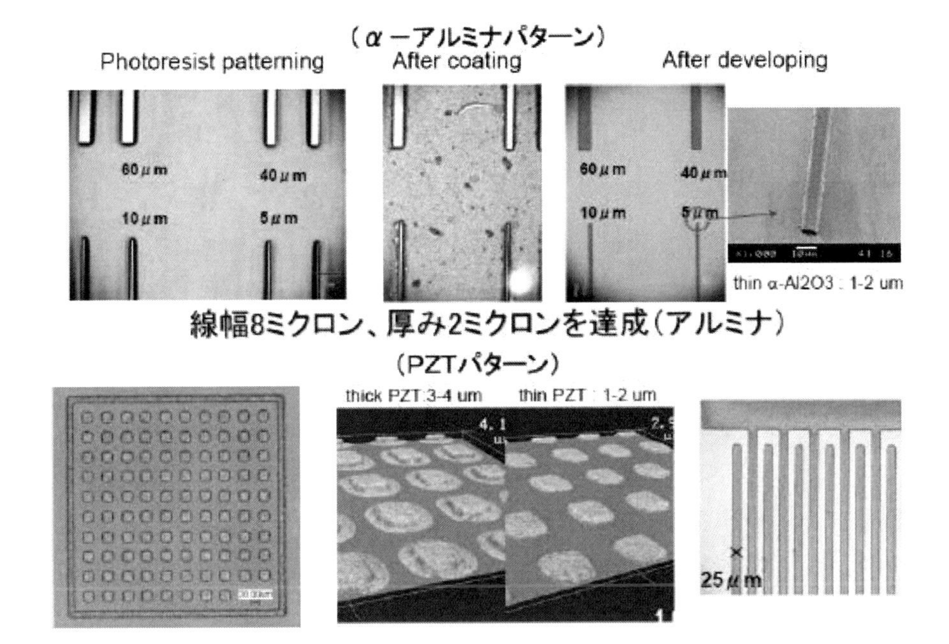

図９　リフトオフ法で形成されたセラミック AD 膜の微細パターン

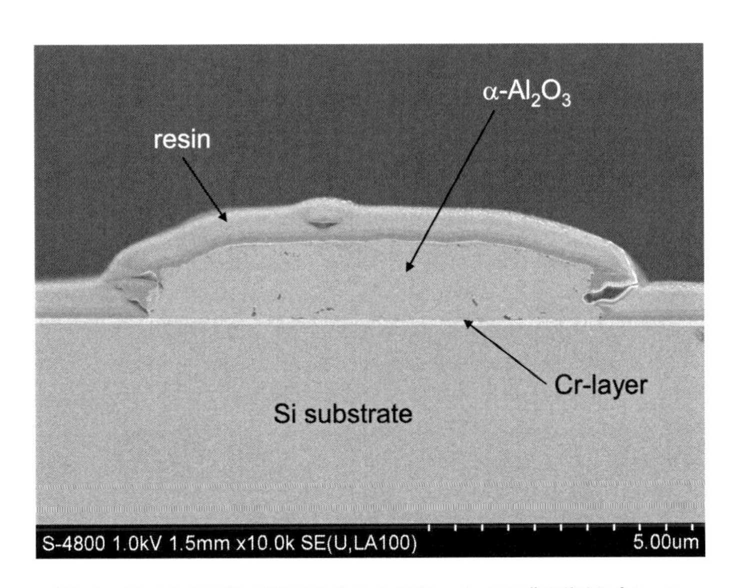

図10　リフトオフ法で形成されたセラミック AD 膜の微細パターン

フォトレジストパターニングし，ICP-RIE などの用いて，長時間かけてセラミックス膜をエッチングする[6~15]。場合によっては，サンプル加熱も必要で，このときのエッチングレートは，条件，材料にもよるが大体，数 μm/hour 程度であり，時間，コストとも大変な負担になる。これに対し，AD 法とフォトレジストによるリフトオフ法の組み合わせは，非常に簡便かつ短時間，常温でセラミックス膜を微細パターニングでき，実用性は高いと考えられる。

文　献

1） J. Akedo, "Study on Rapid Micro-structuring using Jet-molding -Present status and structuring subjects toward HARMST-", J. Microsystem Tech., vol.6, .205-209 (2000).
2） 明渡純，マキシム・レベデフ，"微粒子，超微粒子の衝突固化現象を用いたセラミックス薄膜形成技術－エアロゾルデポジション法による低温・高速コーティング－"，まてりあ，**41** (7), 459-466 (2002)
3） 明渡純，清原正勝，"噴射粒子ビームによる衝撃加工とナノ構造形成－エアロゾルデポジション法によるナノ結晶膜の形成と粉体技術の重要性－"，粉体工学会，**40** (3), 192-200 (2003)
4） J. Akedo, *et al*., Proceedings of International Conference Micro-Material '97, Berlin Germany, pp. 614-617 (1997)
5） J. Akedo, J-H. Park and H. Tsuda, "Fine Patterning of Ceramic Thick Layer on Aerosol Deposition by Lift-off Process using Photo-resist", J. Electroceram., (Accepted) Published online in Web: http://www.springerlink.com/content/w56w695571u63038/.
6） S. Mancha, *Ferroelectrics*, **135**, 131 (1992)
7） T. Kawaguchi, H. Adachi, K. Setsune, O. Yamazaki, and K. Wasa, *Appl. Opt.*, **23**, 2187 (1984)
8） M. A. Title, L. M. Walpita, W. Chen, S. H. Lee, and W. Chang, *Appl. Opt.*, **25**, 1509 (1986)
9） M. R. Poor and C. B. Fleddermann, *J. Appl. Phys.*, **70**, 3385 (1991)
10） K. Saito, J. H. Choi, T. Fukuda, and M. Ohue, *Jpn. J. Appl. Phys.*, Part 2, **31**, L1260 (1992)
11） J. J. van Glabbeek, G. A. C. M. Spierings, M. J. E. Ulenaers, G. J. M. Dormans, and P. K. Larson, *Mater. Res. Soc. Symp. Proc.*, **310**, 127 (1993).
12） D. P. Vijay, S. B. Desu, and W. Pan, *J. Electrochem. Soc.*, **140**, 2635 (1993)
13） X. Li, T. Abe, M. Esashi, Proceedings of MEMS' 2000, 271-276 (2000)
14） C. W. Chung, *J. Vac. Sci.Technol. B*, **16** (4), Jul/Aug, 1894-1900 (1998)
15） K. Wakabayashi, T. Abe, X. Li, M. Esashi, Abstract of FMA-18, 26-P-20, 189-190 (2000)

※　本章は 2008 年 6 月刊「エアロゾルデポジション法の基礎から応用まで：第 2 章 3 節　微細パターニング技術」を再編集したものです。

第9章　オンデマンド・省エネプロセスへの展開

明渡　純[*1]，中野　禅[*2]

1　はじめに

電子デバイス，実装分野における製造プロセスを取り巻く状況は，産業自体のグローバル化や環境負荷への懸念の流れの中で急速に変化してきている。製品サイクルの短期化や多品種・変量生産への対応である。現在，製品マーケットでは，急速に製品仕様の多様化が進んでおり，この波は，コネクターやセンサ，アクチュエータなどの実装品レベルにも波及し，一括大量生産の時代から極端な短納期，多品種・変量生産が要求されている。つまり製品製造に要求される形態が市場ニーズの多様化により大きく変化してきている。例えば，MEMSデバイスを量産する製造ラインは，既存のLSI製造ラインを利用しても，研究開発フェーズの段階から，現状でゆうに10億円以上の設備投資が必要で，製品開発に時間がかかる上，デバイスレベルで量産効果による低コスト化のためには，相当数の生産量が求められる。それが故，これを事業化する際のビジネスリスクは大企業といえど相当なものになる。これが，「MEMS事業化にはキラーアプリが必要。」といわれるゆえんである。一方で，MEMSデバイスなどは，一種の部品と考えられ，その実用化を考えると，本来，多品種・変量的な生産のフレキシビリティが求められるものだともいえる。(仮説ではあるが，一般的に機能部品のモジュール化においても，集積度が増すにつれ，この傾向は高まると考えられ）製品競争力維持のためにコモディティー化を押さえる観点からブラックボックス化とカスタム化を同時的に推し進めると，おのずと多品種・少量生産の必要性が生じ，この中で低コスト化を実現するには，製造技術の観点からさらなるプロセス技術の進化も必要になると考えられる。

また，これからの先端デバイスの製造プロセスを考えると，多様な機能を持つ酸化物エレクトロニクス材料などを薄膜化，高集積化し高度な機能を実現することが，ますます求められるであろう。MEMSデバイスの様な電子デバイスの集積化プロセスにおいては，スパッター法やCVD法に代表される真空薄膜プロセスを多用する研究開発が各所で進められており，今後ますますこの流れは主流となるであろう。しかしながら現時点で意外なことに，このような半導体周辺部品

＊1　Jun Akedo　(国研)産業技術総合研究所　先進コーティング技術研究センター　センター長

＊2　Shizuka Nakano　(国研)産業技術総合研究所　製造技術研究部門　素形材加工研究グループ　グループ長

の集積化で薄膜技術が実用レベルに到達しているものは，数少ない。これは，キャパシターやフィルター部品の事例に見られるように，デバイス化したときの材料レベルでの特性と製造プロセスコストがトレードオフの関係になりがちで，現時点ではバルク材料を工夫，加工し利用する方がコスト，設備，エネルギー消費面で現実的なことが多いということに由来する。真空プロセスでは，純度の高い原材料と超高真空の環境が求められており，これを量産レベルで実用化するには，設備コストやエネルギー消費，環境負荷などの観点から懸念される課題が多々あり，これをブレークスルーすることも重要な課題になると考えられる。

その意味で，これらに対応できるオンデマンド的な製造プロセスや製造システムの構築は，環境負荷低減という観点のみならず，産業競争力の強化という観点からも，今後，重要な課題になると考えられる。実際この様な課題への検討は，センサデバイス用回路基板の実装などアセンブリレベルでは，小規模なセル生産システムという形で始まっている[1]。

以上のような高機能デバイス製造を取り巻く環境の中，「どう機能を実現するか？」だけでなく「どのような作り方で実現するか？」という研究開発の視点もますます重要になる。ここでは，このような視点に立ちエアロゾルデポジション法をベースとしたオンデマンド製造プロセス実現の可能性を検討した。

2 メタルベース MEMS スキャナーへの展開

AD 法が基板材料を選ばず高性能な圧電膜が形成できる点に着目し，より安価で耐衝撃性に強く実用的な小型アクチュエータを目指して，メタルベースのデバイス化を検討した[2]。図 1 は，Si-MEMS 光スキャナー[3]に対し，スキャナー部本体を Si からステンレス基材に置き換え，パンチ加工による打ち抜きでミラー部，ねじれ梁部などを含むスキャナー構造全体を形成し，これに AD 法で圧電膜を直接形成し製作された板波共鳴型の高速マイクロ光スキャナーの製造工程である。基板部に形成された AD 圧電膜が外部電界で伸縮運動することにより，基板全体に曲げ変位が誘起され（ユニモルフアクチュエータとして働き），板波を発生させ，これでミラー部を共鳴励振し，ミラー部で反射したレーザー光を高速走査する。図 2 に従来の Si-MEMS で製作された光スキャナーとの性能比較を示す。同一駆動電圧で比較されており，横軸は共振周波数で縦軸はミラーサイズ×光ビームの走査角度で，ミラー部振れ角の標準的な評価指標である。共振周波数は，空気中で 100 Hz～90 kHz と広範囲に設計でき，光ビームの走査角度も最大 95°が得られた。また，超精密研磨加工されたステンレス板材を用いることで，パンチで打ち抜き加工されたミラー部も 2 mm 角サイズに対し，$\lambda/4$～$\lambda/8$ 程度の平坦性が得られており，本光スキャナーの用途に適応できるレベルにある。Si ウエハを素材として用いた場合，このような大きなミラー走査角度を，10 kHz 以上で実現することは，降伏限界を超えたねじれ梁の破損や共振周波数の低下により実現困難である。最大走査周波数：61 kHz，最大光ビーム走査角：75°で 1 年間以上の連続動作試験の結果，共振周波数の低下や光ビーム走査角度の劣化はみられず金属疲労という

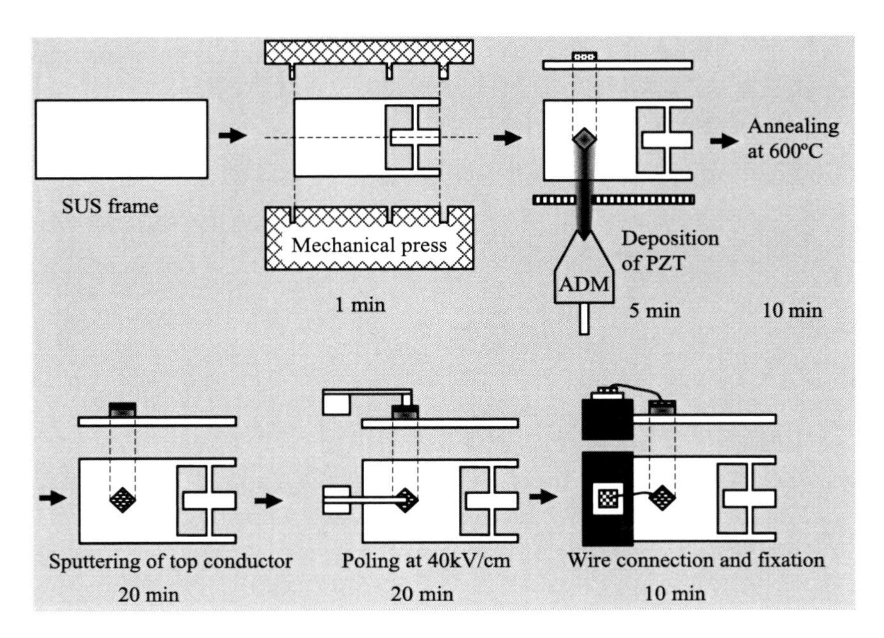

図1　AD圧電膜で駆動されるメタルベース光スキャナーと製造工程

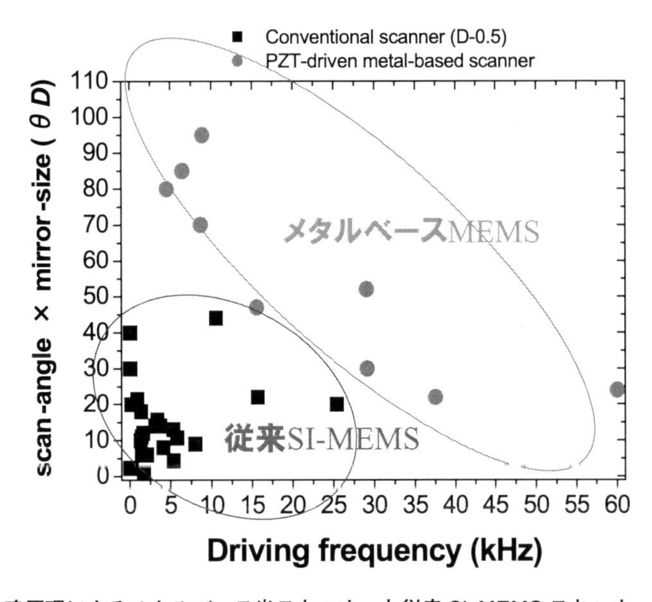

図2　板波共鳴原理によるメタルベース光スキャナーと従来Si-MEMSスキャナーとの性能比較

観点からも実用的な耐久性を有することが確認された。また，ステンレス素材を用いることで，耐衝撃性は大幅に向上することができ，モバイル機器，車載装置への応用を期待できる。さらに，スキャナー構造がステンレスでできているので，それ自体を下部電極にできるため，スパッター法などによる3層構造の下部電極形成工程が省かれ製造工程は大幅に簡略化され，設備導入コストが従来のSi微細加工設備と比べ低く抑えられることなどでデバイスの低コスト化が期待される。

以上の結果から，大走査角の高速光スキャナーの実現という課題に対し，AD法が金属基板上に良質の圧電膜[4]を直接形成できる点を最大限に生かし，かつ，従来機械加工技術と組み合わせることで，シリコンマイクロマシニングをベースとした従来の設計思想を凌駕しうる高性能化と低コスト化が両立できることが確認できた。

3　多品種・変量製造システムへの適用に向けて

先の光スキャナー製造上のAD法の有効性を生産レベルで検証することと，カスタムメイドが要求される医療用マイクロデバイスなどさらに多品種・変量的な生産が要求されるセンサ，アクチュエータ部品に応用展開するための試みとして，図3に示すような機械加工の迅速，多様性

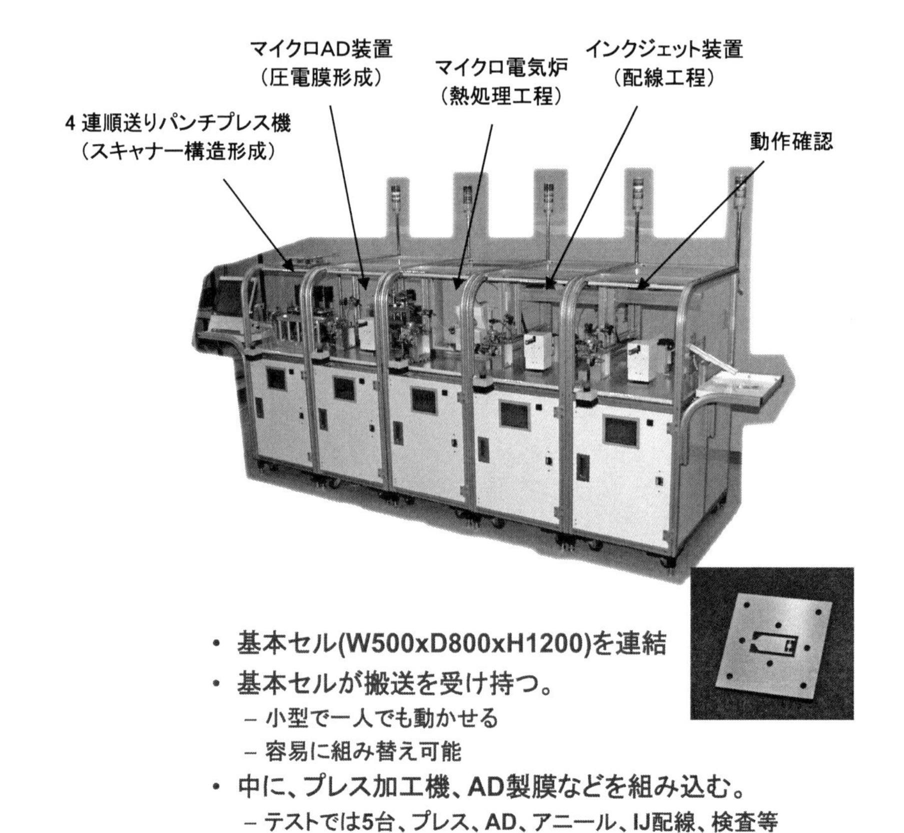

図3　オンデマンドMEMS製造システム

とAD法やレーザー加工，インクジェット法など，オンデマンド性の高い機能材料の形成・加工技術を駆使した製造システムの開発を行った。電子機能デバイスの製造工程にもかかわらず，マスクレスで多品種・変量生産に対応できる製造プロセスを目指した仕様となっている。以下にその構成要素の詳細と検討結果を述べる。

AD法は，その原理の単純さから装置スケールをロールツーロールからデスクトップ規模まで容易にスケール変化させられる可能性を秘めている。図4は，様々な大きさに対応したAD装置の試作例である。現状で最も大きいサイズは，50 cm角の成膜面積に対応できる装置があり，最も小さいサイズでは，デスクトップサイズのものまで試作されている。また，この様な小型AD装置は，宇宙ステーションなどに搭載することを目的に無重力航空機実験などでの成膜実績がある。注目すべきは，AD法の成膜には，高真空が要求されないことと，成膜装置のダウンスケールによって，成膜チャンバーの排気，真空リーク時間が著しく低減されることが挙げられる。

今回上述のメタルベース光スキャナー製造用に試作したAD装置（図5）では，サンプルサイズとしては1デバイスが2 cm角内に収まることを想定し，チャンバーサイズを決定した。

真空引きについては，AD法に必要な真空度は（成膜時）100 Pa程度を見込めれば良いことから，低真空領域での高速排気がポイントとなる。全体のチャンバー部容積（ゲートバルブまで）を先のサンプルサイズに合わせて，約75 cm^3（cc）ときわめて小さく設計することで，排

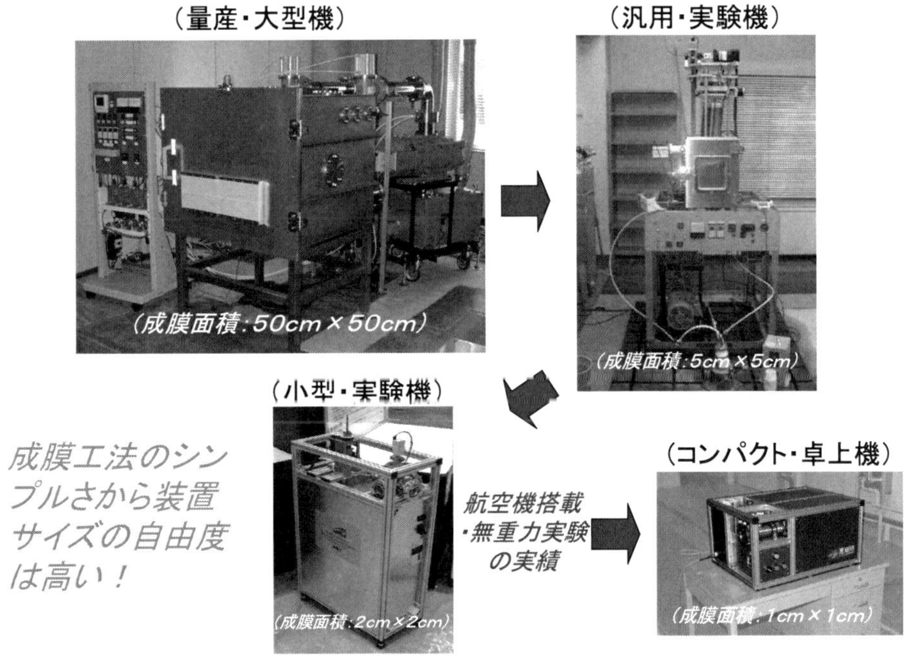

図4　様々なサイズのAD装置

- 高速製膜が可能：実際の製膜時間を削減　~6s
- 常温衝撃固化現象：サンプル過熱などが不要　~0s
- 必要な場所だけ製膜：チャンバーサイズが小さくなる
  →真空引き/リーク時間が短縮　~各2s
  →サンプル取出（大気へ）時間も高速化　~1．5s

Total time（サンプル投入から取り出し可能までの時間）
~10s

高真空必要（10^{-5}~10^{-6}Pa）TMP利用
低い製膜速度（20nm/min以下）
長いタクトタイム（3~5時間）
高い基板温度（550~600℃）

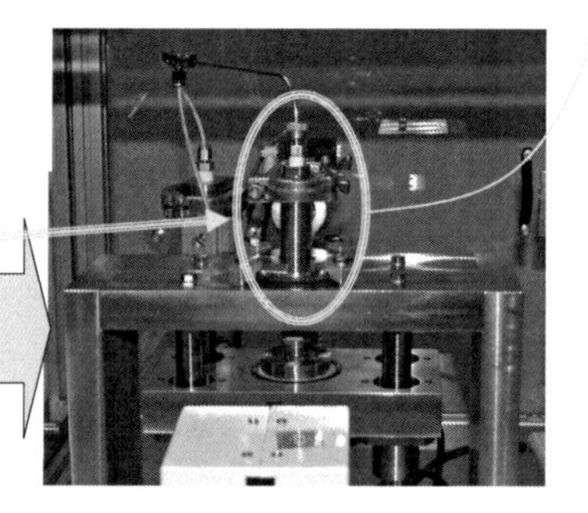

チャンバー容積：~1/2000
低真空：ロータリーポンプ1台

図5　小型化によるタクトタイムの向上

気量15～20 m^3/min程度の卓上型ロータリーポンプ１台で，2 Pa程度までの真空到達時間が約3秒で成膜が可能になる。リーク時間についても約0.1 Paから0.7秒で大気圧に到達する。また，この条件下で，膜形成速度についてはエアロゾル化室の性能にも依存し，現在必ずしも十分ではないが，1 μm/sec前後の成膜レートが得られている。

以上の設計により，3ミクロン厚み，5 mm角のPZT厚膜の成膜では，図6に示すように装置への基板挿入→真空排気→成膜→真空リーク→基板取り出しまでの一連の工程時間が，約10秒と驚異的に短縮させることができた。これは，真空プロセスはバッチプロセスで扱うという，従来の常識を大きく覆すもので，オンデマンド性を具現化する重要なポイントになる。

また，スキャナー本体構造の形成を行うパンチによる打ちぬき加工工程では，ミラーとねじれ梁の部位，スキャナーフレーム全体形状，位置決め穴などを4つの順送分割型にし，4台のマイクロプレス機構で順次ステンレスフープ材を打ち抜き，形状形成するような構成になっている。このことにより部分的な金型の変更，組み合わせの選択により，共振周波数の違いや，ミラーサ

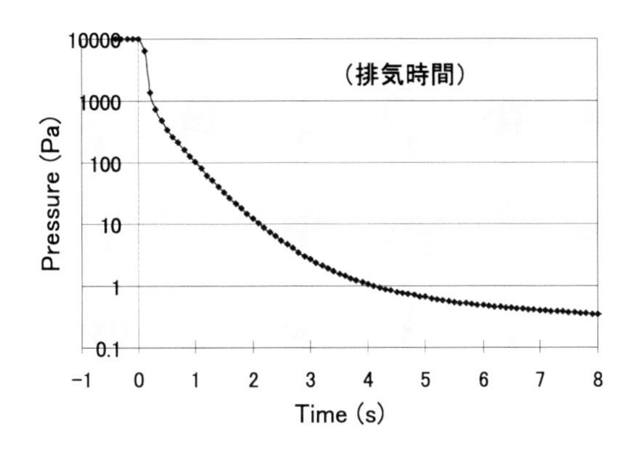

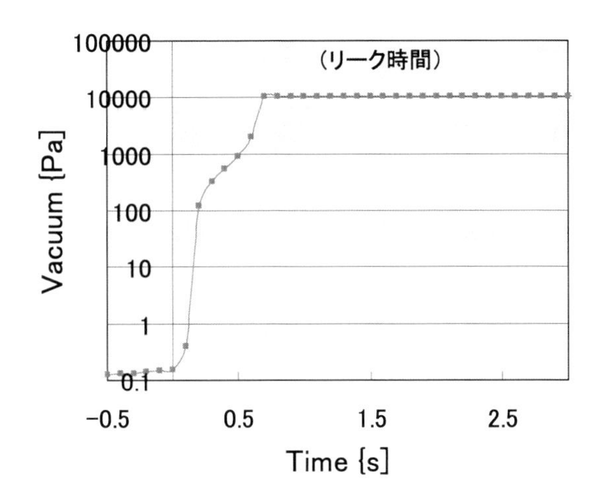

図６　小型 AD 装置の成膜可能真空度到達速度とリーク時間

イズの違いなど，多種類の製造に比較的安価に対応できる構成になっている。この他，小型の熱処理装置，配線用のインクジェット装置などの工程ユニットも試作し，トータルで素材からデバイスまでの製造ができるシステムを構築した。現状で，実用的な製造装置としては，まだ多くの修正，改善が必要であるが，製造設備開発とデバイス設計の同時的な最適化，進化が計れるところも利点と捉えられる。

前節で述べたメタルベース光スキャナーは，この生産システムによる試行錯誤と計算機シミュレーションにより最適設計・製作された。結果，１ラインあたり，１デバイス /min という生産スピードの実現に目処を得ている。これは，月産約 2～3 万個の量産量に当たる。この様な製造工程に置き換えることにより，デバイス性能を向上する中で，表１に示すように，従来 Si 微細加工設備を利用する場合と比較して，大幅なエネルギー消費，設備設置面積，製造時間の削減，環境負荷の低減が可能なことが確認された。

表1　MEMS 製造システムとしての比較

	シリコンリソグラフィ型 MEMS ファクトリ	オンデマンドファクトリ
床面積	300 m^2 （付帯設備込みだと 1000 m^2）	10 m^2 1/30～1/100
電力（kWh/年）	360000	8000 1/45
製造時間	約 12 分/1 個 （プロセス時間/ウエハーあたり個数） 約 1.2 分/1 個 （10 枚 1 バッチ）	設計目標値 1 分/1 個 1/10～1/1
環境負荷	レジスト等捨てる材料 プロセスガス 洗浄工程	**大幅削減！** ほとんど不要

4　まとめと将来展望

AD 法の特徴を最大限に利用し，製品性能の高機能化と低コスト化を両立させ，環境負荷の小さなオンデマンド製造技術の構築を試みる検討を行った。AD 法は，機能性材料を利用する工程において，常温成膜が可能，高い成膜速度，エッチングレスの局所加工などの特徴を持っており，光スキャナー製造について検討した結果，デバイス構造，製造工程の簡略化とプロセスタクトタイムの向上，プロセス装置の簡素化という要素が有効に働き，これを元に材料，素材レベルからのデバイス設計の見直しを行うことで，性能向上と低コスト化，あるいは製造過程での環境負荷低減を両立させたものづくりが可能なことが明らかになった。また，その過程で，量産装置としての改造も加えられ，製造設備開発とデバイス設計の同時的な最適化が計れるメリットもあることがわかった。

文　　献

1）「部品実装にもセル方式」日経ものづくり，2007 年 1 月号，p93
2） J. Akedo, M. Lebedev, H. Sato and J. H. Park：*Jpn. J. Appl. Phys.*, **44**, 7072-7077 (2005)
3） N. Asai, R. Matsuda, M. Watanabe, H. Takayama, S. Yamada, A. Mase, M. Shikida, K. Sato, M. Lebedev and J. Akedo：Proc. of MEMS 2003, Kyoto, Japan, 247-250 (2003)
4） Y. Kawakami and J. Akedo：*Jpn. J. Appl. Phys.*, **44**, 6934-6937 (2005)

※　本章は 2008 年 6 月刊「エアロゾルデポジション法の基礎から応用まで：第 2 章 6 節　オンデマンド・省エネプロセスへの展開」を再編集したものです。

第10章　ナノ粒子分散複合AD膜の作製

横井敦史[*1]，Tan Wai Kian[*2]，武藤浩行[*3]

1　はじめに

セラミックスは，金属，高分子材料と比較して高融点であることから緻密な材料を得るためには，粉末冶金法による焼結により作製され1,000℃以上での高温が必須となる。これに対して，近年，エアロゾルデポジション（AD）法を用いれば，難焼結性であるセラミックスでも室温で透過性を示す程の緻密体が得られることが報告され，産業界からの実用的な期待に加え，現象としての特異性のため多くの研究者からの科学的な興味が集まり，大いなる注目を集めている[1~5]。従来の粉末冶金的な材料製造手法に加え，次世代モノづくりのイノベーションを加速させるキープロセスとして今後益々利用範囲が拡大するものと期待できる。

AD法では，出発原料として粉末（粒子）を用い，これを成膜基板上に高速で吹き付けることで粉末が基板上に堆積・固化し緻密なセラミックス膜が形成される。従って，出発原料としての粉末（粒子）の性質（粒径，粒度分布，純度，等々）が極めて重要となる。一例として，緻密なAD膜を得るためには，適切な粒径を選ぶ必要があり，小さすぎる，または，大きすぎる場合，成膜できないことは経験的にもよく知られている。飛翔する粒子の運動エネルギーが駆動力となり衝撃固化することを考えれば，当然の結果であり，例えばナノサイズの粒子では，質量が小さいことから十分な運動エネルギーを得るためには，より高速で飛翔させる必要があり，また，平均粒径が大きくなり過ぎれば，従来のブラスターのような振る舞いをしてしまい基板を削る，または，微小破壊を招くことになり成膜には至らない。この議論で重要なことは，機能性を付与するために第二相としてナノ物質が添加された「複合膜」をAD法により作製したい場合，マトリックスとなる主成分の粒子と機能性付与のためのナノ粒子を同時にエアロゾル化して飛翔させても，粒径，密度差が大きな混合エアロゾルが均質に基板に到達することは考えにくく，結果として均質な展開組織を有する複合膜を得ることができない（図1(a)）。これまでに我々の研究室では，ナノ粒子とミクロ粒子の混合に関する提案を行ってきた[6~12]。マトリックス粒子表面にナノ粒子を均質に吸着させた複合粒子を作製することができれば，究極の混合状態を得ることができることが知られており（Ordered Mixture）[13, 14]，このような複合粒子を用いて成型，固化さ

＊1　Atsushi Yokoi　豊橋技術科学大学　総合教育院　研究員
＊2　Tan Wai Kian　豊橋技術科学大学　総合教育院　助教
＊3　Hiroyuki Muto　豊橋技術科学大学　総合教育院　教授

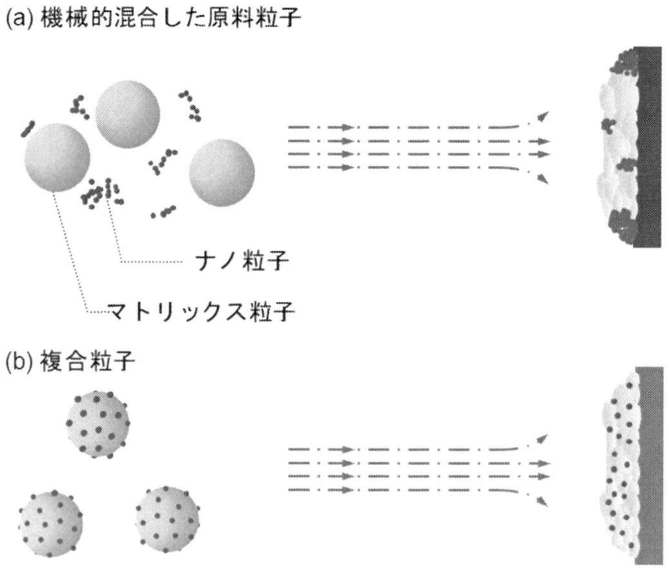

図1 (a) 機械的混合した原料粒子，および，(b) 複合粒子を原料として用いた場合のAD膜の概要図

せることでナノ添加物質が均一にマトリックス内に分散した複合材料を開発してきた。

本稿では，ナノサイズの機能性物質を緻密なマトリックスに均一に取り込んだ，複合AD膜を作製した例について紹介する。

2 静電相互作用による複合化（静電吸着複合法）

ナノ物質とミクロ粒子のような粒径が大きく異なる原料粉末同士の良好な混合状態として，Ordered Mixtureが知られている。我々はこれまでに，静電相互作用を用いてこの構造を実現する手法を提案してきた（静電吸着複合法）。マトリックス粒子とナノ添加粒子の表面電荷をそれぞれ，相反する正および負の電荷に制御し，静電相互作用により静電吸着させることで複合粒子を作製することができる。材料の種類，原料粉末のサイズ，粒子形状を選ばない汎用性の高い手法であり，材料開発のみならず，例えば，医薬品，化粧品，食品など，種々の産業分野への展開も視野に入れた研究を行っている。静電吸着力により複合化する手法であるため，機械的エネルギーを付与する手法と比較して，多くの利点がある。

提案する集積化手法では，交互積層法（Layer-by-Layer：LbL）[15~20]として知られるナノ積層技術を用いる。これにより，粒子表面の表面電荷を任意に調整することができるために，マトリックス粒子とナノ添加粒子の電荷を相反させることで，両者間に働く静電相互作用（引力）によりナノサイズの添加粒子をマトリックス粒子表面に静電吸着させることができる。一例として，マトリックス粒子表面を正に，ナノ添加粒子表面を負に調整した際の複合粒子の作製過程の

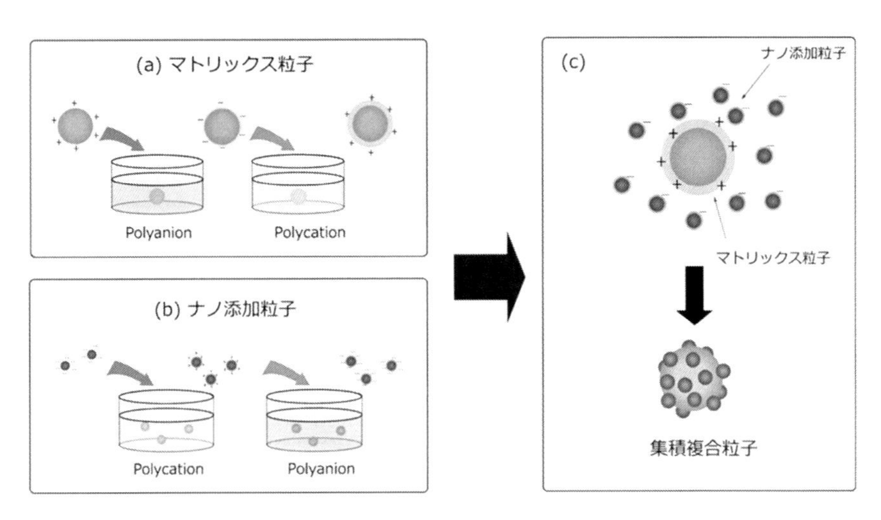

図 2　複合粒子の作製過程模式図

概略図を図 2(a)，(b) に示す。溶液中に微粒子を分散させた場合，粒子自身の物理的，化学的性質を反映した，正，または，負の電荷に帯電する（ゼータ電位）。ゼータ電位は，溶液の pH を変化させることで，制御することができるが，同一素材の大小粒子同士，または，pH 調整により類似したゼータ電位変化をするような粒子同士の複合化を考えた場合，水中に分散した際に，pH を制御しても当然のことながら同一の電荷を有することになることから，静電引力を生じることはなく，複合化することはできない。そこで，LbL 処理により，それぞれの粒子表面の電荷を任意に調整する必要がある。一例として，初期の粒子表面電荷が，負であるナノ添加粒子を考える。粒子の表面電荷を正に反転させるために，正の電荷を有する高分子電解質溶液（例えば Poly(diallyldimetylammonium chloride)：PDDA）に浸漬する。これにより高分子電解質が負電荷を持つ添加粒子表面に吸着し，結果，「見かけの表面電荷」が正に帯電（反転）することになる。更に，負に帯電させたい場合，負の電荷を有する高分子電解質（例えば Poly(sodium 4-styrene sulfonate)：PSS）溶液に浸漬することで高分子電解質の積層膜が粒子表面に形成され，表面電荷は再び負に帯電した添加粒子を調整することができる。この結果，個々の粒子表面に均質，かつ電荷密度の高い電荷を付与することができる。マトリックス粒子（図 2(a)）にも同様の処理を行い，マトリックス，ナノ添加粒子表面の電荷が，それぞれ，正，負となるようにした後，両者を溶液中で混合することで，静電相互作用（静電吸着）により，マトリックス粒子表面にナノ添加粒子が吸着した集積複合粒子を得ることができる。すなわち，粒子表面の表面電荷を自在に制御する技術を確立することで，種々の複合粒子の作製が可能である。

3　集積化技術の応用展開：AD 法によるナノ分散型複合膜

2種以上の異種材料を静電引力により吸着させ，複合粒子を作製する手法を示した。本手法は，表面電荷を調整するだけでナノ物質を吸着させることができることから，如何なる材質，形状の物質でも複合化することができる。この利点を生かして，我々はこれまでに，各種のナノ物質を添加物とした機能性複合膜を AD 法により作製する手法を提案している。粒径比，密度比が大きく異なるマトリックス粒子とナノ添加物を出発原料とした混合エアロゾルを用いた場合，既に，図 1(a) で示したように，均一な複合膜を得ることは困難である。そこで，図 2 で示した集積法により作製した複合粒子を用い，ナノサイズの添加物がマトリックス粒子と同時に基板に衝突するような工夫をした（図 1(b)）。この結果として，ナノ物質が均質にセラミックスマトリックスに分布した複合膜を得ることができる。本稿では，代表的な例として光学特性の制御，電気特性の制御の例を簡単に紹介する。

3．1　光学特性の制御（紫外・近赤外遮蔽可視光透過膜）

近赤外吸収特性を有する ITO（粒径：50 nm）および，紫外光吸収特性を有する CeO_2（粒径：8 nm）をナノ添加物として複合粒子を作製し，AD 複合膜の作製を行った。マトリックスとして，緻密体で可視光透過膜を作製できる Al_2O_3（粒子径：270 nm）を用いた。得られた ITO-Al_2O_3 および CeO_2-Al_2O_3 複合粒子の SEM 像を図 3 に示す。マトリックス粒子である Al_2O_3 粒子の表面において，ナノ添加粒子である ITO および CeO_2 が均一に吸着されている。Al_2O_3 単体，ITO-Al_2O_3，CeO_2-Al_2O_3 複合粒子を出発原料とした場合，さらに，ITO-Al_2O_3 および CeO_2-Al_2O_3 複合粒子を混合して，同時吹き付けによる多元 AD 成膜を行った。得られた AD 膜の外観写真および多元複合膜の断面 SEM 画像を示す。図 4 より得られた膜は，透過性を維持しつつ，ITO および CeO_2 のナノ添加粒子がマトリックス内に均一に分散していることが推察される。また，図 4 より基板上に均一な厚膜の形成が確認されており，図 5 からは ITO およ

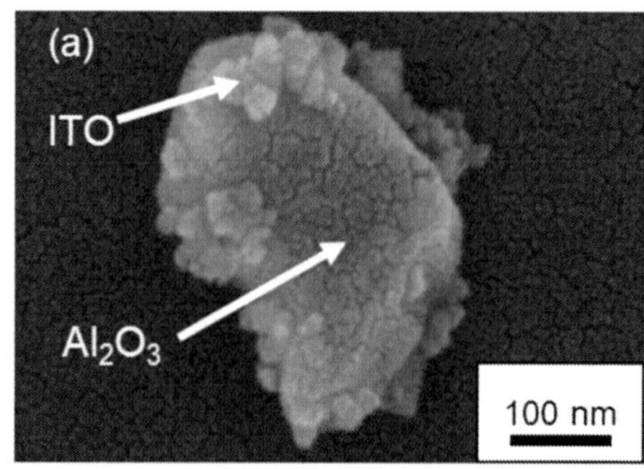

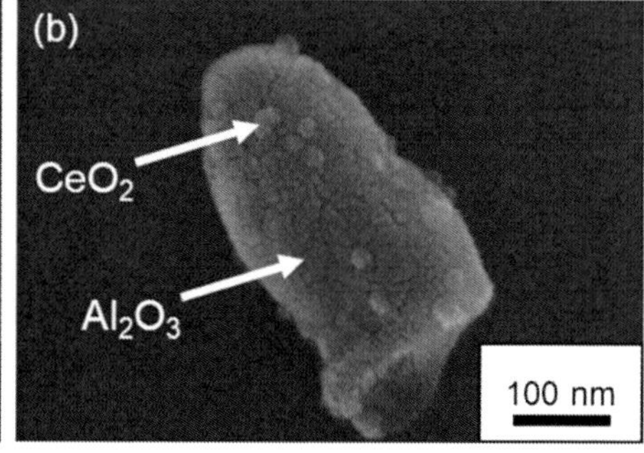

図 3　集積複合粒子の SEM 画像
(a) ITO-Al_2O_3，(b) CeO_2-Al_2O_3

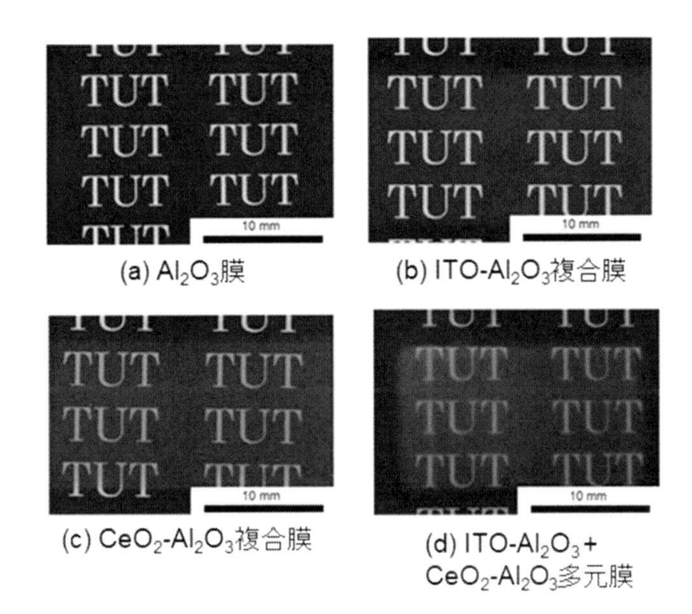

図4　AD法により作製した膜の外観図

(a) Al_2O_3 膜, (b) ITO-Al_2O_3 複合膜, (c) CeO_2-Al_2O_3 複合膜,
(d) ITO-Al_2O_3 + CeO_2-Al_2O_3 複合膜

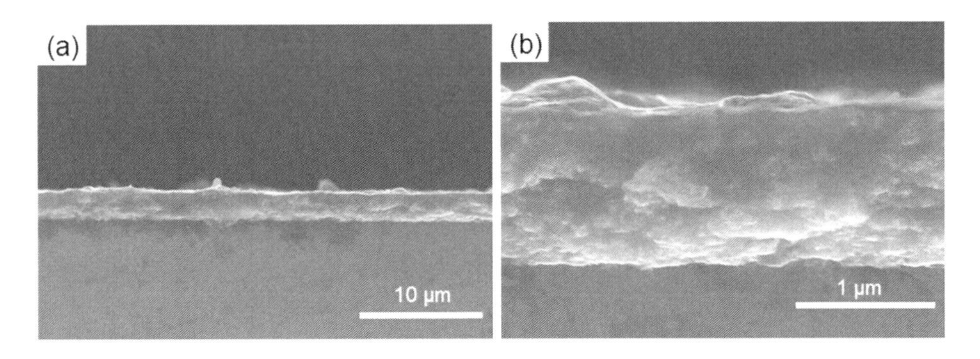

図5　ITO-Al_2O_3＋CeO_2-Al_2O_3 複合膜の断面SEM画像

び CeO_2 ナノ添加粒子の偏析のない緻密な膜が得られていることが認められた。さらに，EDXによる元素マッピングの結果を図6に示す。図よりITOのIn，CeO_2 のCe組織が均一に分散していることが確認された。この結果からも，2種の複合粒子は基板との衝突時に，その均一な組織を保ちながら堆積していることが考えられる。得られたAD膜の光学特性を，UV-Vis-NIR分光光度計を用いて測定した（図7）。Al_2O_3 単体では，全領域において高い透過性を示しているが，ITO-Al_2O_3 膜では，近赤外領域の吸収が，また，CeO_2-Al_2O_3 膜では，赤外領域の吸収が観察された。それぞれ，可視光域では80％程度の透過率を示すことから，透明，かつ緻密なセラミックス機能性膜を作製可能であることがわかる。さらに，ITO-Al_2O_3，CeO_2-Al_2O_3 複合粒子

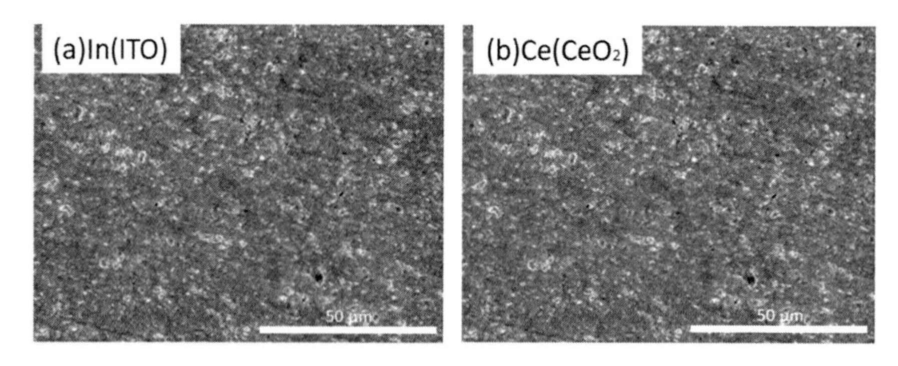

図6　ITO-Al_2O_3+CeO_2-Al_2O_3 複合膜の EDS マッピング

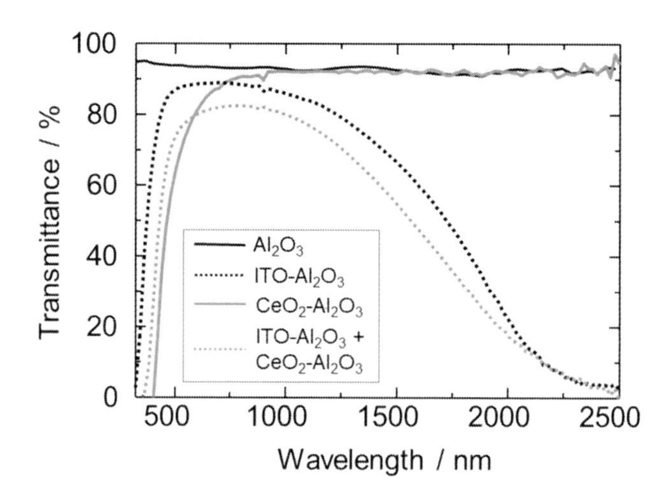

図7　AD 法により作製した膜の光学特性

(a) Al_2O_3 膜, (b) ITO-Al_2O_3 複合膜, (c) CeO_2-Al_2O_3 複合膜,
(d) ITO-Al_2O_3 + CeO_2-Al_2O_3 複合膜

を同時に吹き付けた多元系複合膜は，多少の可視光透過性が失われているものの，両者の特性を反映した多機能複合膜を得ることができている。

3. 2　電気特性の制御（導電性厚膜）

これまでに，ナノ添加粒子を用いた内部構造制御による紫外・近赤外御遮蔽可視光透過膜について説明した。ここでは，電気伝導性の特性付与に関するモデル実験を説明する。高い導電率と高アスペクト比構造を有するカーボンナノチューブ（CNT）をナノ添加物に，またマトリックス粒子には粒子径 3 μm の Al_2O_3 を用いた。静電吸着複合法により複合化を行い，得られた粒子を図 8 に示す。図より Al_2O_3 粒子表面に CNT が均一に吸着している様子が確認された。得られた複合粒子を原料として，AD 複合膜を作製した。得られた複合膜は，CNT に起因した黒色化

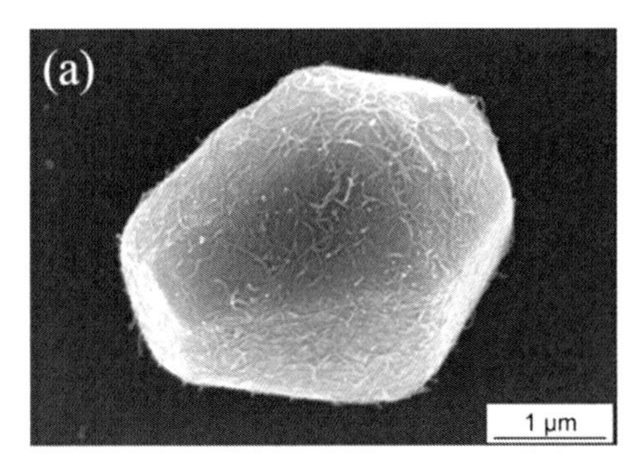

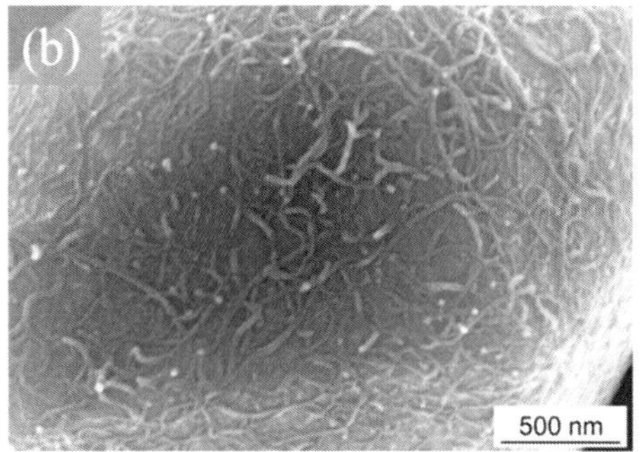

図8　CNT-Al_2O_3 複合粒子の SEM 画像

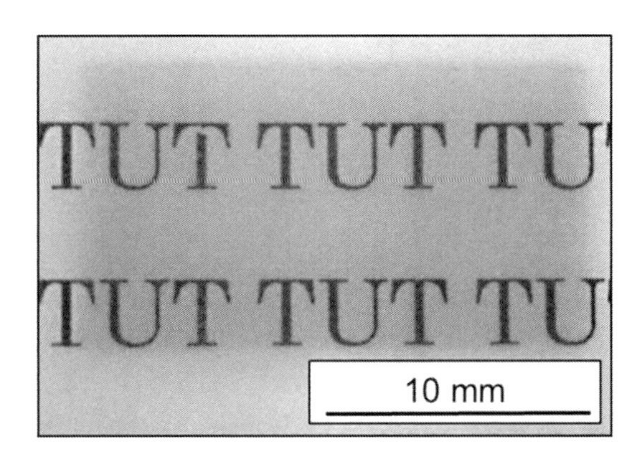

図9　AD 法により作製した CNT-Al_2O_3 複合膜の外観図

が確認されたが，高い透過性を有していることがわかる。また，局所的な黒色体が確認されないことより，膜内にCNTが凝集しないで均質に分散していることがわかる（図9）。得られた複合膜の表面SEM画像および破断面SEM画像を図10，図11に示す。図10より，セラミックス膜中にCNTが均一に配置されていることがわかる。また，図11からはクラックの無い緻密な複合膜が得られていることが確認された。

得られたCNT-Al_2O_3複合膜の導電性を4端子法で評価を行った。測定結果よりCNT-Al_2O_3複合膜は，平均300 kΩ/sqと高い値を有していた。さらに，膜全体の抵抗値が，ほぼ同一の抵抗を示したことより，得られたCNT-Al_2O_3複合膜は，CNTによる導電性パスが均一に導入されていることが考えられる。さらに，複合膜の可視光透過率をUV-Vis-NIRを用いて評価した（図12）。CNTを用いているが，可視光域では平均60％の透過率を示しており，複合膜の原料に用いたCNT-Al_2O_3複合粒子が完全に緻密膜を形成していることが考えられる。

以上のCNTを添加物として用いたモデル実験より，複合膜中にCNTの導電性パスの均一形成が可能であるとともに，導電性の付与が可能であることを示した。

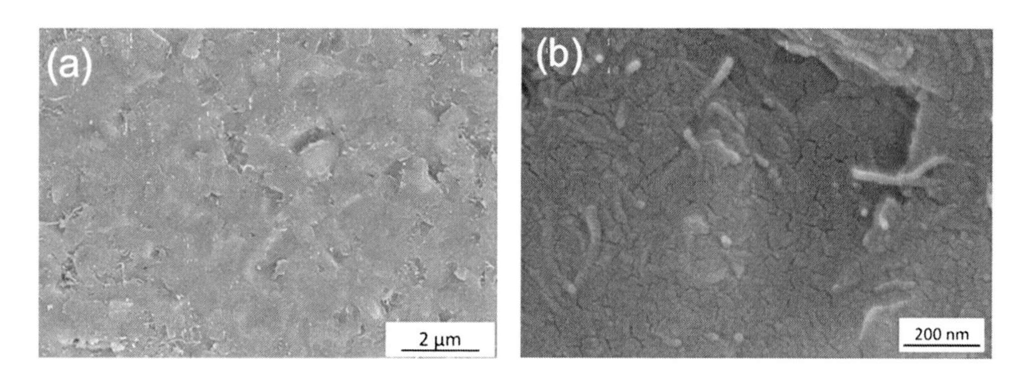

図 10　CNT-Al_2O_3 複合膜の表面 SEM 画像

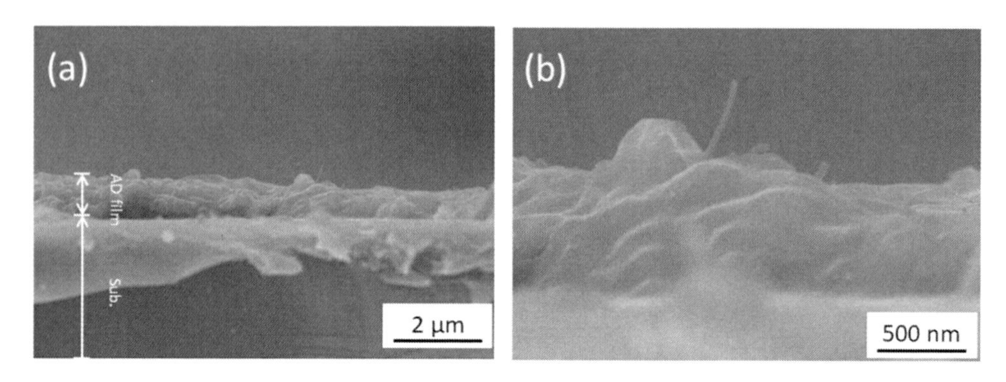

図 11　CNT-Al_2O_3 複合膜の断面 SEM 画像

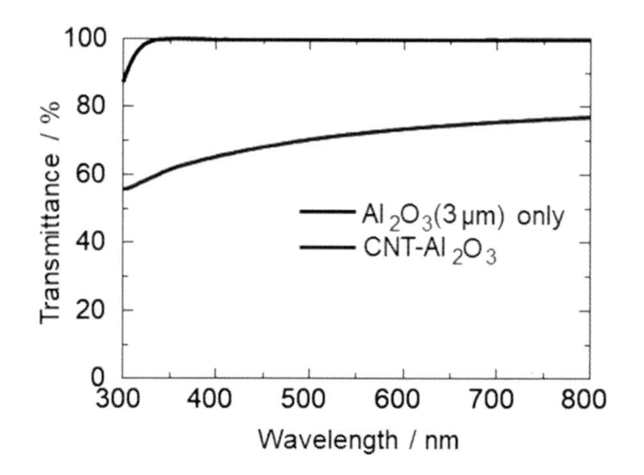

図 12　AD 法により作製した膜の光学特性
(a) Al_2O_3 膜，(b) CNT-Al_2O_3 複合膜

4　おわりに

本章では，粒子表面の表面電荷を制御することで生じる静電相互作用を利用した粒子複合化技術を紹介した。得られた複合粒子をAD法における原料として活用することで，これまでに得られなかった「複合膜」を作製することができることを示した。光学特性の制御の一例として，紫外・近赤外遮蔽可視光透過膜，および電気特性の付与の例として，導電性厚膜を紹介した。複合粒子を用いることで，AD法の原理上，不可能と思われた，ナノ物質がマトリックス内に均一に分散した複合膜を作製することを示すことができた。提案する手法によりAD法による成膜技術の活用範囲が益々拡大すると確信している。

謝辞

本稿で紹介した研究成果は，豊橋技術科学大学　電気・電子情報工学系，松田厚範教授，同，河村剛助教の助言を受けながら，本研究室の学生とともに行ったものである。本研究は，内閣府SIP戦略的イノベーション創造プログラム，革新的設計生産（ナノ物質の集積複合化技術の確立と戦略的産業利用）の支援により行われたものである。

文　　献

1）D. Popovici, H. Nagai, S. Fujishima and J. Akedo, *J. Am. Ceram. Soc.*, **94**, 3847（2011）
2）N. Seto, K. Endo, N. Sakamoto, S. Hirose and J. Akedo, *J. Therm. Spray Technol.*, **23**, 1373（2014）
3）J. Akedo, *Ceramic Integration and Joining Technologies*, 489（2011）
4）J. Adamczyk and P. Fuierer, *Surf. Coat. Technol.*, **350**, 542（2018）
5）S. Johnson, E. Glaser, S. Cheng and J. Hite, *Mater. Res. Bull.*, **76**, 365（2016）
6）武藤浩行，未来材料，**11**, 52（2011）
7）武藤浩行，羽切教雄，ケミカルエンジニアリング，**57**, 456（2012）
8）小田進也，横井敦史，武藤浩行，粉体および粉末冶金，**63**, 311（2016）
9）横井敦史，小田進也，武藤浩行，セラミックス，**51**, 381（2016）
10）横井敦史，武藤浩行，耐火物，**69**, 356（2017）
11）横井敦史，Tan Wai Kian，武藤浩行，レーザ加工学会誌，**25**, 37（2018）
12）X. Wei, A. Yokoi and H. Muto, *Nanoparticle Technology Handbook*（*Third Edition*）, Elsevier, 781（2018）
13）P. M. C. Lacy, *Trans. Instn. Chem. Engers.*, **21**, 53（1943）
14）J. A. Hersey, *Powder technol.*, **11**, 41（1975）
15）G. Decher, *Science*, **277**, 1232（1997）
16）G, Decher, J. D. Hong and J. Schmitt, *Thin Solid Films*, **210/211**, 831（1992）

17) H. Krass, G. Papastavrou and D. G. Kurth, *Chem. Mater.*, **15**, 196 (2003)
18) K. Ariga, J. P. Hill and Q. Ji, *Phys. Chem. Chem. Phys.*, **9**, 2319 (2007)
19) P. Podsiadlo, B. S. Shim and N. A. Katov, *Coordin. Chem. Rev.*, **253**, 2835 (2009)
20) P. Schuetz and F. Caruso, *Colloidal Surface A*, **207**, 33 (2002)

第３編
エアロゾルデポジション法の応用技術

第11章　エアロゾルデポジション法製膜体の半導体製造装置用部材への展開

清原正勝*

1　はじめに

半導体自体は，電化製品のように店頭で販売されていないので分かりにくいかも知れないが，実際には多くの電化製品に利用されている。例えば，エアコンには湿度センサーが使われているが，そのセンサーは半導体で出来ている。炊飯器が，おいしいご飯を炊けるのも半導体で火力を決め細やかに制御しているからである。1980年代にはパーソナル・コンピューターが普及し，これを動かすCPUも半導体で，その他，携帯電話／スマート・フォーンへ進化し，デジタルカメラ，テレビ，洗濯機，冷蔵庫，LED電球など，さまざまなデジタル家電製品に半導体が使われ，いつでも，どこでも，人と情報とが繋がるユビキタス社会の実現と情報化社会を支えて来てきた。これまでは，さまざまな電子機器や電子デバイスが独立に稼動しスタンドアローン的な使い方であったが，昨今は，モノとモノを繋ぎ，新たな価値を創造するといったIoT時代，大量のデータから深層学習させるAI（人工知能）時代に突入し「超スマート社会」（第4次産業化（Industory 5.0））が始まりつつある。今まで以上に，電子機器を構成する電子デバイス（半導体）等の小型化・高性能化が余儀なくされつつあり，コスト据え置きでのその生産性は加速度的向上が要求されている。図1には，過去10年間のDRAMのデバイスの回路線幅とDRAM生産

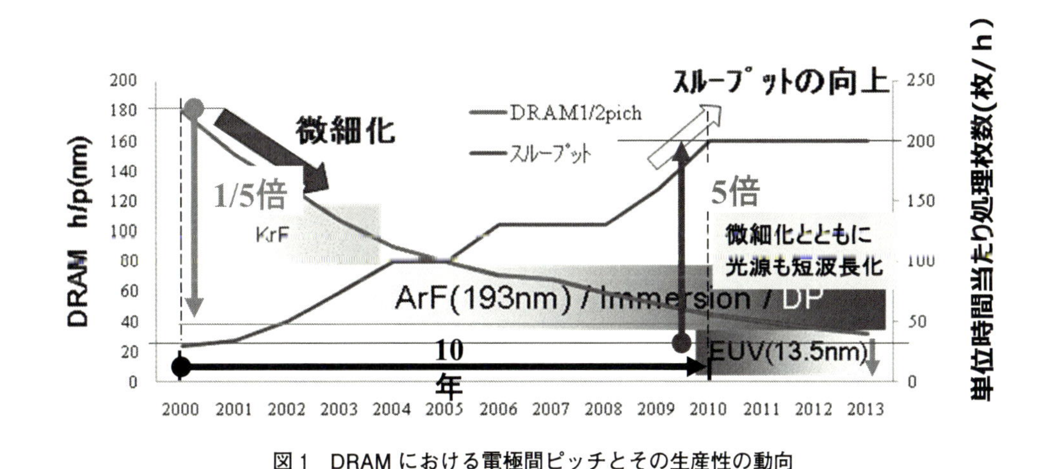

図1　DRAMにおける電極間ピッチとその生産性の動向

＊　Masakatsu Kiyohara　TOTO㈱　総合研究所　フェロー／副所長

における単位時間当りの生産スピードを示した生産性の推移を示すが，いずれとも，ここ10年間で線幅は1/5，生産スピードは5倍まで向上している。

このような中で，最先端仕様の半導体を作製するのに重要なのが半導体製造装置であり[1)]，半導体を製造するために必要な「ツール（道具）」である。このツールが最先端でなければ，最先端の半導体を生み出すこともできない。図2に，半導体製造装置に用いられた部材の沿革をまとめた[2)]。当初は金属材料がメインであったが，1980年代からファインセラミックスブームと共に，セラミックスの持つ軽い・硬い・強いといった機械的物性を中心に展開が広がり，最近では，セラミックスの持つ機械的物性の応用だけではなく，プラズマ耐食性やメタルコンタミフリーといったデバイス特性や生産歩留まりの確保を目的とした用途にも期待されている。昨今では，装置メーカー及び材料供給メーカーが共に開発を進めているようであり，最近の代表的なセラミック部材を表1[3)]にまとめた。また，これら装置におけるセラミックスの使用形態も，以前は，ほとんどがセラミックス焼成体から切り出加工品での使用であったが，装置の大型化，複雑形状といった変化に伴いセラミックコーティング技術にも注目が集まり，代表的な技術として，溶射法[4～6)]が，装置内の部分的な部材に合わせて応用されている。

このような中，半導体の小型化・高集積化に伴う半導体デバイスの回路線幅の細線化が加速する中で，プロセス工程内で発生するゴミ・コンタミネーションが，デバイス歩留まりを下げることが，深刻な問題となっている。そこで，半導体製造装置用の部材改善が要求され，プロセス中に発塵する塵（パーティクル）の個数および塵（パーティクル）のサイズを制御していく必要が出ている。

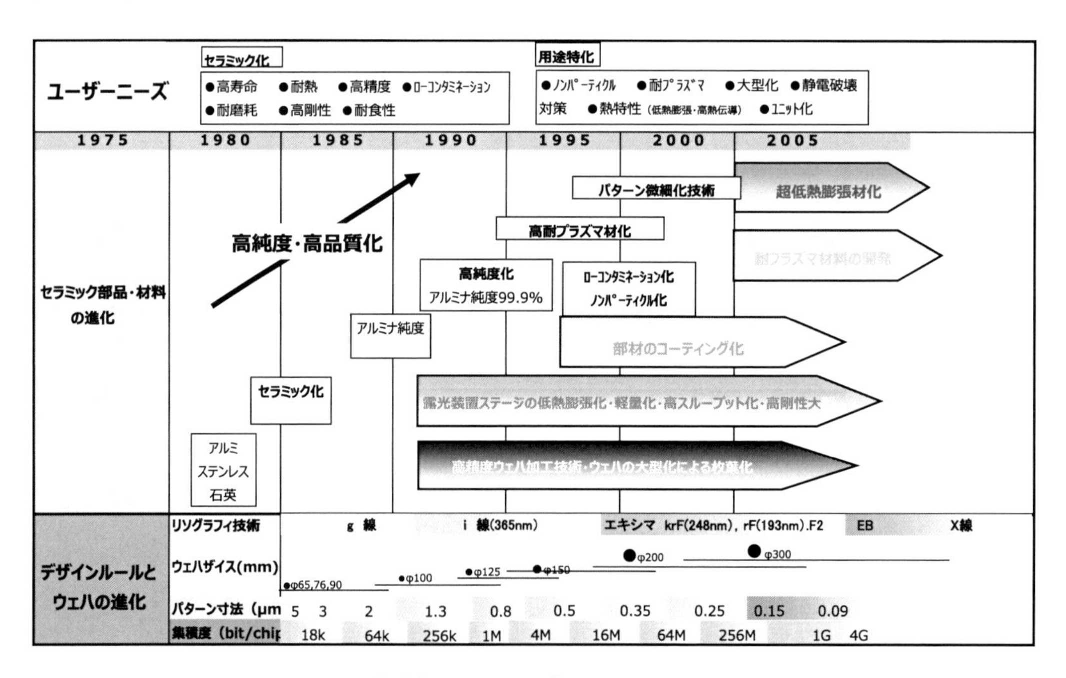

図2　半導体ロードマップとセラミックス開発

表1　半導体装置部材への代表セラミックス材料の応用例

半導体装置	適応部位	適用材料	適用理由
All	搬送アーム	Al_2O_3	剛性（たわみ），加工精度・コスト
CVD	ステージヒータ	AlN, SiC	熱特性・腐食性
プローバ	ウェハーステージ	Al_2O_3	平面度，剛性
エッチャー	ウェハーステージ（ESC）	Al_2O_3	電気的特性
All	ウェハーリフター	Al_2O_3	加工精度，耐食性，メタルコンタミ，コスト
エッチャー	チャンバー内構成材料	Al_2O_3, Y_2O_3	耐プラズマ性，低発塵（パーティクル）

＊小林義之：第37回高温材料技術講習会：「半導体製造装置用材料として期待されているセラミックス」
日本セラミックス協会 高温・構造材料部会予稿集，P2-3（2005）より

本章では，このような半導体製造プロセス環境の中でセラミックスの新たなコーティング技術として開発されたエアロゾルデポジション法（AD法）[7~9]技術の適合性について論じる。

2　半導体製造装置用部材への応用について

2. 1　半導体製造プロセスにおける課題

半導体の製造プロセスは，Siウェハ上にトランジスタなどを含む電子回路を高集積化させる前工程と高集積化させたSiウェハからワンチップずつに切断するダイシング，パッケージにマウントさせた電子デバイス製品を検査する後工程に大きく分けられる。

特に，前工程は，Siウェハの表面にLSIチップを作る工程で，微細な加工や結晶の回復処理など，物理的・科学的なプロセスが主体で，半導体の小型化・高集積化で最も重要な工程である。具体的には，①ウェハ上に薄膜を形成する成膜工程，②各半導体素子用途に応じた微細パターンを焼き付ける露光・現像工程，③微細パターンにあわせて，不要な部分を削りだすエッチング工程，④不純物を添加してP型・N型の半導体領域を形成する不純物拡散工程の順番で作られる。この中のエッチング工程とは具体的には，露光装置で微細にパターン化された回路に沿って，薬品やイオンの化学反応（腐食作用）を利用して形成したウェハに形成した薄膜をパターン形状に加工する工程である。方式としては薬品で行うウェットエッチングとイオンの化学反応で行うドライエッチングの二方式があるが，ウェットエッチングは，装置が安価であることや大量処理が可能であることから生産性は高いが，エッチング反応に方向性がなく基本的には等方性で微細化に限界があり，エッチングの反応速度を制御することが困難であるといった課題がある。一方，1970年代後半に開発されたプラズマエッチングに代表される図3に示すドライエッチング装置は，エッチングの反応種となるラジカルやイオンを効率的に発生させることができ，イオンを電界で加速して照射すること，さらには発光スペクトルを観測することにより，エッチングが終了した時点もモニターすることができることから，これらの特徴を有効に利用したドライエッチング技術は，異方性エッチングや高速エッチングを可能[10]とした。これらのことから半導体製造プロセスの基盤技術として，これまで半導体の微細配線化を牽引してき，現在で

＜半導体ドライエッチング装置の構成図＞

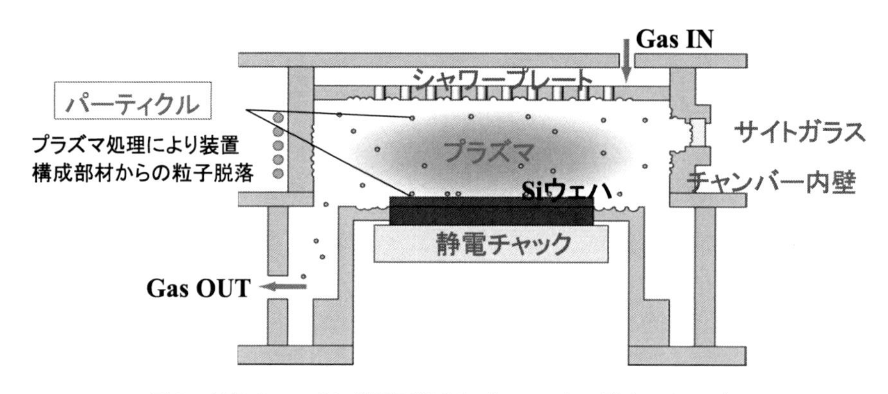

図3　ドライエッチング装置構成とパーティクル発生メカニズム

はこのエッチング工程に，ドライエッチング装置が約9割以上も採用され主流となっている。

このようなドライエッチング装置では，具体的には，塩素系，フッ素系，臭素系のガスなど腐食性が強いガスとプラズマを利用して行われ，この際，当然装置内の構成部材も，この腐食性のガスとプラズマに曝され，ある一定期間使用するとプラズマにより侵食を受けたチャンバー内部材から塵（パーティクル）としてゴミが発生，コンタミネーションすることが避けられないこととして，最近課題となりつつある。

具体的な不具合としては，プラズマ侵食の進行に伴って，部材から離脱した粒子（パーティクル）が，ウェハーや上部電極，下部電極近傍に付着し，その付着物がプロセス中の熱等により拡散し，半導体デバイスのエッチングの精度への悪影響や歩留まりに影響を与えることが知られている。そこで，その対策として装置構成部材の交換頻度が高くなり，生産のスループットを低下させるだけでなく，半導体デバイスの性能や信頼性が損なわれるという問題になっている。

また，近年ではこのスループットを更に向上させる目的で，エッチング装置においては高速エッチングが可能な高密度プラズマが使用されており，装置内に搭載されているさまざまな部材は，より過酷な環境に曝され，これまで以上に，これら部材に要求される耐プラズマ性の改良を余儀なくされている。

そこで各装置メーカでは，このプラズマ耐食性を向上させる目的で，石英ガラス上にサファイアコートを施す工夫の試みやフッ素ガスプラズマに耐食性がある材料として，従来のアルミナ（Al_2O_3）から窒化アルミニウム（AlN）やイットリア（酸化イットリウム：Y_2O_3）が注目され，ドライエッチング装置内の部材として検討が始まっている[11]。

昨今では，プラズマ耐食性に優れたY_2O_3といった材料が主流になりつつあるが，Y_2O_3は焼成温度が高く（1600～1800℃）焼成時の雰囲気制御も難しく難焼結材料であることや，これまで部材として使われてきたAl_2O_3セラミックスと比較しても高価であること，さらに機械的強度がAl_2O_3の約半分程度と，強度的にも問題があることから，部材としての適用が制限されているのも実情である。そこで，これまで使われてきた Al_2O_3 セラミックスといった安価な部材の表面にプラズマ耐食性を持つ Y_2O_3 セラミックスをコーティングする技術が注目され，溶射法による Y_2O_3 コーティングが盛んに検討されてきている。

2. 2　パーティクル発生のメカニズムについて

我々は，まず AD 法のプラズマ耐食部材への適合性を確認するために，エッチング工程での部材からの発塵のメカニズムについて，詳細に調べることにした。試験には現在プラズマ耐食性部材として使われている Y_2O_3 の焼成体と溶射法から作製された部材のドライエッチング工程での組織変化を調べることにした。その組織変化を示した SEM 写真像を図 4 に示す。

プラズマ照射試験前（Before）の写真を見ても，難焼結性の Y_2O_3 は，いずれの部材とも表面に数 μm～数十 μm の気孔（ポア）があることが確認できる。これら部材を実際のドライエッチング工程で用いられる CF_4 のハロゲンガス中で数時間のプラズマ照射を施した結果，組織写真（After）からもわかるように，いずれの試料ともポア周りのエッジ部分が丸身を帯びていること，特に，溶射法で作製されたサンプルについては，粒界部まで侵食が進み粒子の脱落が起こりそうな状況まで確認された。

このように，ドライエッチング工程におけるハロゲンガスとプラズマによる部材の侵食は，部材中のポアを基点に侵食し，粒界部の侵食は構成粒子の脱落まで引き起こすことが示唆された。すなわち，プラズマ耐食性及び低発塵性を実現するには，この侵食の起点になるポアを無くすことが最も重要であり，さらに，粒界侵食での粒子脱落があったとしても，デバイスの回路間を跨いで，断線させ問題とならないような数～数十 nm サイズまで粒子サイズが小さいことが，重要であることがわかった。

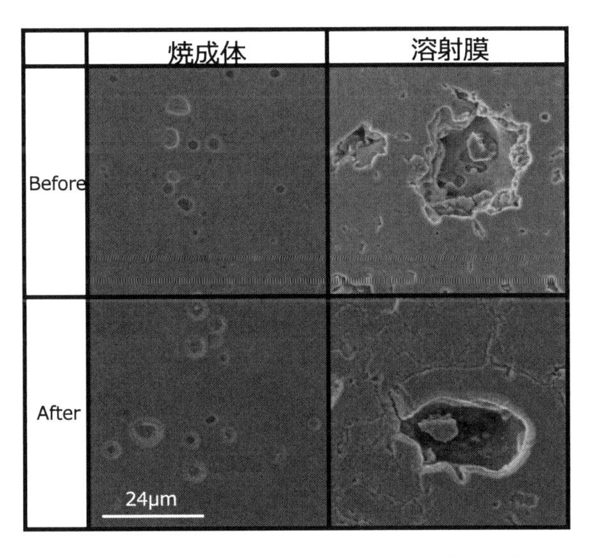

図 4　プラズマ照射試験前後の部材表面状態変化

これらのことから我々は，AD 法で作製した製膜体は，部材侵食の起点になるポアを含まないこと，さらに 10～20 nm と十分小さいサイズの結晶子から構成された緻密質であることから，このプラズマ耐食性及び低発塵性を抑制できる技術であり，これまでにない半導体製造装置用プラズマ耐食性部材として期待できると考えられた。

3　AD 法による低発塵性部材の開発について

本節では，実際に AD 法により作製した Y_2O_3 膜とそのプラズマ耐食性と低発塵性について評価した結果を述べる。AD 法での Y_2O_3 製膜は，原料純度 99.9%，平均粒子径約 0.5 μm 程度の Y_2O_3 微粒子を用いて，エアロゾル化する搬送ガスにヘリウムガスを用いて作製した。基板には，半導体製造装置部材として使われているアルミ合金，アルミナ焼結体，石英ガラス基材を用いた。

図 5 には今回製膜した Y_2O_3 の各種基材の断面観察写真と，参考までに，現行の部材として用いられている Y_2O_3 の焼結体と溶射法の製膜体の断面観察写真を示す。AD 法で作製した各 Y_2O_3 製膜体は，いずれも緻密質であること，また，実際の現行品として用いられている Y_2O_3 部材については，いずれも数～数十 μm サイズのポアが観察された。

作製された AD 法の製膜体については詳細を観察するために，図 6 に AD 法の Y_2O_3 製膜体の透過型電子顕微鏡図（TEM 像）を示す。今回作製した Y_2O_3 製膜体の製膜についても AD 製膜体特有の 10～20 nm レベルの細かい結晶子サイズの集合体であることが確認できた。

表 2 には，AD 法で作製した Y_2O_3 製膜体の代表的なサンプルと現行用いられている Y_2O_3 部材（焼結体と溶射法作製体）の機械的，電気的物性をまとめた。AD 法で作製した膜は，焼成体，溶射法で作製した膜の電気的絶縁耐電圧より高く，体積抵抗値は焼成体並みの高い値を示し

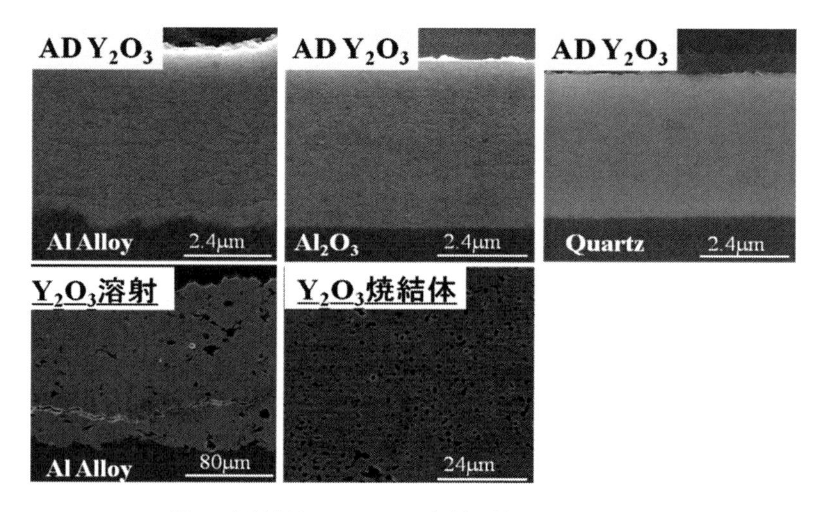

図 5　各種方法による Y_2O_3 部材の断面 SEM 像写真

図6　AD法で作製した製膜体のTEM像写真

表2　各種方法によるY_2O_3部材の電気的・機械的特性比較

	Y_2O_3-焼結体	Y_2O_3-溶射法	Y_2O_3-AD法
ビッカース硬度（GPa）	6.7	5.4	9.2
密着強度[1]（MPa）	−	24	80
体積抵抗率（Ω・cm）	＞10^{14}		＞10^{14}
絶縁破壊電圧（V/μm）	−	−	300
ポア占有率[2]（面積%）	1.1	7.9	0.05

1）引き出し法による測定，2）SEM写真像から2値化

た。基材との密着力[12, 13]は，溶射法より高い値を示すことから十分実用性のある膜質レベルであることが確認できた。また，硬度は，イットリア焼結体の6.7 GPaを大きく上回る9.2 GPaと大きな値を示すことも明らかになった。

次に，これらの試験片については，装置部材の機能的評価としてプラズマ耐食性の評価を行った。評価には，異方性エッチングに最も広く用いられている平行平板型の反応性イオンエッチング（RIE：Reactive Ion Etching）装置を用いて，装置内に試験片を設置，実際にエッチングを行うことで試料に損傷を与えた。この際試料の一部をSiウェハで被覆し，図7に示すように，プラズマに暴露させない領域を確保した。また，エッチング条件は，絶縁膜ドライエッチング工程で用いられる四フッ化炭素と酸素の混合ガス（CF_4+O_2）を用い，投入電力1 kWで，6時間の照射を行った。参考までに，半導体・フラットパネルディスプレイ製造装置に使用実績がある高純度Al_2O_3焼成体のHIP処理品も比較として評価に加えた。

評価としては，エッチング終了後，プラズマに曝された部分とSiウェハで被覆した部分の段差を触針式表面形状測定器により測定し，その段差を侵食深さとして求め，さらに照射前後での表粗さ（Ra）の変化についても測定を行った。より詳しい考察をするために，Y_2O_3サンプルについては試験前後の試料表面を走査型電子顕微鏡（SEM：Scanning Electron Microscope）で観察を行ない，エッチング部と非エッチング部の表面状態の変化についても評価を行った。

<プラズマ照射条件>

プラズマ照射装置	Reactive Ion Etching(RIE)
プロセスガス	CF_4(40ccm)+O_2(10ccm)
周波数	13.56MHz
出力	1kW(0.55W/cm^2)
照射時間	6 h

図7 プラズマ耐食性の評価方法の説明図

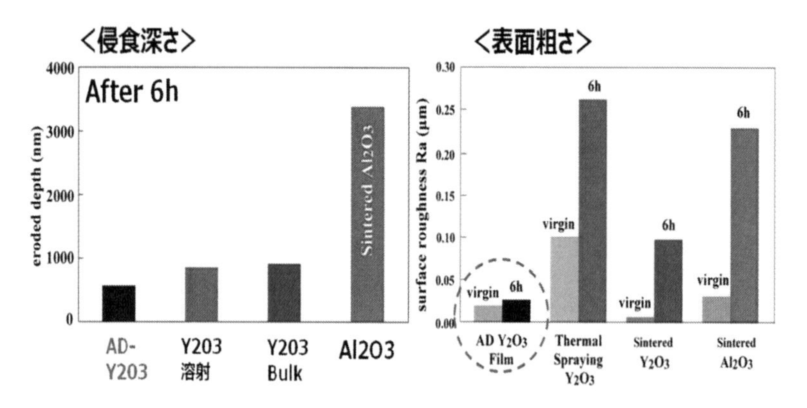

図8 プラズマ耐食性評価結果（侵食深さ・表面粗さの変化）

6時間照射試験前後の侵食深さの変化と表面粗さの比較結果を図8に示す。Y_2O_3系材料は，比較で用いた高純度Al_2O_3焼成体HIP処理品と比べると侵食深さは1/4，すなわち約4倍の耐食性を有することがわかる。また，プラズマ耐食性の向上したY_2O_3系材料においては，AD法で作製した試験片が焼成体，溶射法で作製した試験片より侵食深さは若干小さいような傾向を示したが，ほとんど同程度の侵食深さと考えている。照射試験前後での表面粗さの比較を行うと焼成体，溶射法で作製した試験片は6時間後の試験片の表面粗さ（Ra）が初期状態の状態に比べて3倍から5倍以上に大きく粗れているのに対して，AD法で作製した試験片の変化はほとんど変化がないことがわかった。図9に，これら試験前後での各試験片の表面状態を観察したSEM像を示すが，焼成体，溶射法で作製した試験片は，表面にクレータ状の数μmオーダーの窪みがはっきりと観察されており，各試験片の構成粒子の脱落を裏付ける結果であった。この結果は，焼成体・溶射法で作製したY_2O_3の試験片のプラズマ侵食は，まずは，ポアを起点に侵食が

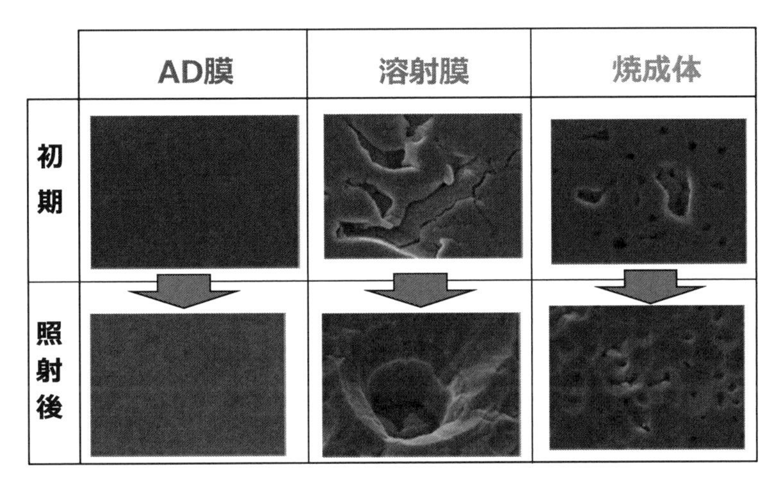

図 9　各種方法による Y_2O_3 部材のプラズマ耐食性評価での組織変化

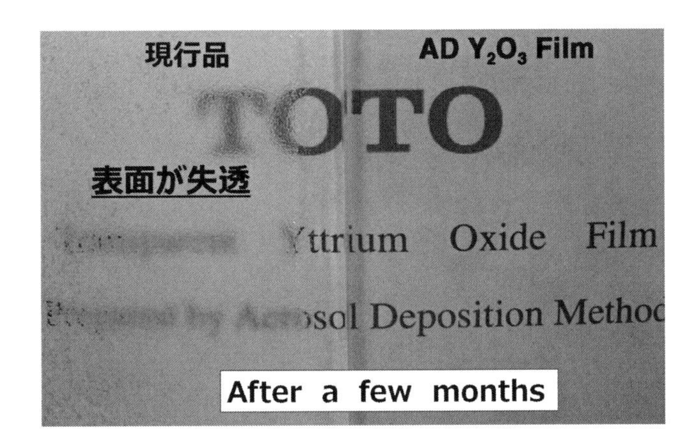

図 10　AD 法による Y_2O_3 覗き窓部材のフィールド試験結果（数か月）

進み，粒界層を侵食し，数 μm オーダーの構成 Y_2O_3 粒子が脱落することを示唆するものであった。それに対して，AD 法で作製した試験片については，そのようなはっきりした窪みが観察されておらず，AD 法で作製した試験片は，ポアも少なく，nm オーダー粒子から構成された緻密な膜構造体であることから，プラズマ侵食は AD 法での構成された nm オーダーの Y_2O_3 粒子が薄く 1 枚ずつ剥ぎ取られたために，表面粗さ（Ra）の変化も少なく，SEM で観察された表面状態の変化も少なかったものと考えられた。つまり，AD 法で作製した製膜体は，塵（パーティクル）発生の少ない低発塵性を実現できる技術であることを確信した。

この結果を受け，図 10 には，装置の覗き窓を想定して AD 法で Y_2O_3 を製膜した石英ガラスと通常の石英ガラスを用いて実機実環境下で数カ月使用後の状態を示す。AD 法で作製した製膜体は，数カ月後使用してもガラスの失透もなく透光性を維持したままであることがわかった。この結果は，AD 法で製膜した Y_2O_3 部材の実機採用を決める大きな切っ掛けとなり，現在，本技術はプラズマ耐食性部材作製技術として弊社で製品化し，半導体デバイスの高機能化や生産性向上を目的に，多くの半導体デバイスメーカーの製造工程に採用される結果となった。

4　まとめ

本稿では，エアロゾルデポジション法（AD 法）の製膜体の特徴を生かした Y_2O_3 の応用として，半導体製造用のドライエッチング装置への耐食性部材の製品開発について紹介した。本技術で製品化されたドライエッチング用プラズマ耐食性部材は，実機に搭載され，既に数年が経過しているが，従来から用いられてきた部材に対しての低発塵性や部材の長寿命化において高い評価が得られている。

これから始まる「超スマート社会」（第 4 次産業化（Industory 5.0））時代において，AI や IoT の情報化社会が進むにつれ，これから益々半導体デバイスの高機能化・低消費化等のニーズは，高まる一方であり，デバイスの構造は更に複雑化，回路線幅の細線化が，さらに加速することが言われている。これらのニーズが高まるにつれて，生産する装置においては，これまで以上にプラズマ耐食性及び低発塵性のスペックは厳しくなっていくことが予測されている。そこで，装置構成部材においても，装置チャンバー内壁をも含めてすべての部材にこれまで以上にプラズマ耐食性を付与したいといったニーズも高まってきており，我々も更なる用途展開を見据えた商品化を推進中である。

文　　献

1) K. Maeda, Hajimete no handoutai souti, kougyoutyousakai, Tokyo（1999）12th, ed.p.10
2) Y. Nakamura, *FC Report*, **23**(4)（2005）
3) Y. Kobayashi, Text of 37th Seminar of High –Temperature Ceramics, Osaka, Japan, 2005, **1**, 1-7（2005）
4) T. Itsukaichi, *FC Report*, **23**(1), 12-17（2005）
5) R. Harada, *FC Report*, **23**(1), 18-22（2005）
6) Y. Itoh, *FC Report*, **23**(1), 23-27（2005）
7) J. Akedo *et al.*, *Jpn. J. Appl. Phys.*, **68**(1), 44（1999）
8) J. Akedo *et al.*, *Sensor & Actuator A-Phys.*, **69**, 106（1998）
9) J. Akedo *et al.*, *Jpn. J. Appl. Phys.*, **38**, P1-9B, 5397（1999）
10) 市川幸美，佐々木敏明，堤井信力，“プラズマ半導体プロセス工学”，内田老鶴圃，p.209 (2003).

11） M. Nakahara, Text of 38th Seminar on Engineering Ceramics, Osaka, Japan, 2006, 34-39（2006）
12） D. W. Butler, *J. Phys. E.*, **3**, 970-971（1970）
13） J. M. Burkstrand, *J. Vac. Sci. Technol.*, 20440-441（1982）

第12章　色素増感太陽電池への応用

時田大輔[*1]，藤沼尚洋[*2]

1　緒言

近年，エネルギー需要の高まりとともに，発電所からのエネルギー供給に加えてオフグリッドでのエネルギーマネジメントが注目されている。また，スマートフォンを始めとするモバイル機器の台頭により，身の回りのもの全てがインターネットに接続されるIoT社会も提唱され，エネルギー利用の在り方は多様化の一途をたどっている。このような社会の実現に向けては，従来にないスタイルでの電力供給が重要であり，光，熱，振動等から電力を取り出す環境発電デバイスが求められている。この中でも光をエネルギー源とする光発電デバイス（太陽光もしくは室内光発電）は，比較的高い出力を得ることが出来る点から，研究開発および製品化が世界中で活発に行われている。

色素増感太陽電池（以下DSC）は，次世代の光発電デバイスとして注目されている[1,2]。DSCは，影や壁面など本来光発電に不向きと考えられてきた場所でも出力が低下しにくい発電デバイスであり，従来の住宅屋根への展開だけではなく，室内環境や半屋外環境での応用が期待されている。

当社は室内光下で効率的に発電するDSCの開発を行っており，産業技術総合研究所の明渡らと共同で，エアロゾルデポジション（以下AD）法を用いてDSCのフィルム化に成功している。

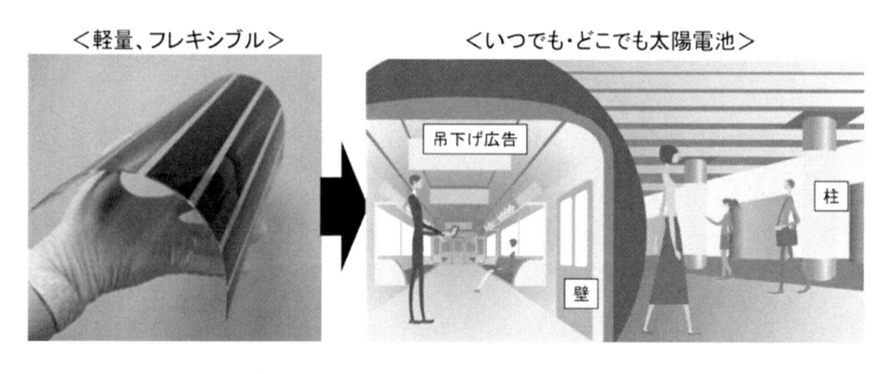

図1　AD法によって開発したフィルム型DSCの外観と応用例

＊1　Daisuke Tokita　積水化学工業㈱　R&Dセンター　開発推進センター　PVプロジェクト
＊2　Naohiro Fujinuma　積水化学工業㈱　R&Dセンター　R&D戦略室　開発企画グループ

開発したフィルム型 DSC は，軽量，薄型，フレキシブル等の特徴を有しており，これにより従来のガラス型太陽電池では適用が困難であった新たな用途展開が可能となる（図 1)。

2　DSC のフィルム化に向けた課題と AD 法の応用

フィルム型 DSC は図 2 のように，透明導電フィルム，TiO_2 多孔膜，増感色素，電解液および対極から構成される。電解液には酸化還元対（主に I^-/I_3^-）を含有した非水電解液が，対極には酸化還元対への触媒能を有する物質（主に白金やカーボン）が用いられる[3]。透明導電フィルム側から入射した光は，TiO_2 多孔膜に吸着した増感色素によって吸収され，続いて増感色素内で励起した電子が TiO_2 多孔膜へと移動する。TiO_2 多孔膜中の電子は主に濃度勾配によって拡散し，さらに透明導電膜へと移動する。透明導電膜から外部回路を通った電子は対極表面で酸化還元対の酸化種（I_3^-）と還元反応を生じる。生成した還元種（I^-）が電解液中を拡散した後，増感色素を再還元することで，一連の光電変換サイクルが完結する。このサイクルにおいて，DSC の高性能化の為には，増感色素の吸着量を増やしつつ，電解液の含侵性を高める為に，TiO_2 多孔膜を均質に構造制御することが重要となる。

DSC のフィルム化に向けた最大の課題は TiO_2 多孔膜の形成であった。従来，十分な比表面積，多孔度および伝導性を有する TiO_2 多孔膜の形成には，TiO_2 ナノ粒子を成膜後に 500℃以上で焼成する必要があった。低温で TiO_2 膜を形成した場合には，TiO_2 粒子同士のネッキングが進行せず，粒界抵抗に起因する膜中の電気抵抗が大きくなり，発電性能が大幅に低下してしまっていた。一方で，汎用的な透明導電フィルム（ITO-PEN や ITO-PET 等）の耐熱温度は 200℃以下であり，基材により TiO_2 膜のプロセス温度が制限されていた。これらの温度条件の両立が

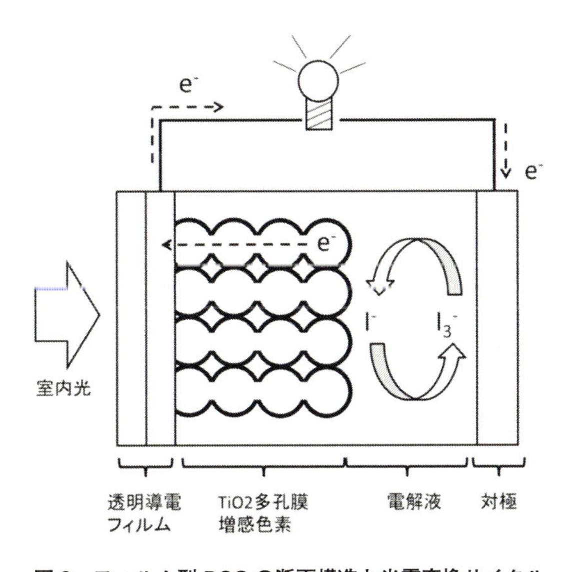

図 2　フィルム型 DSC の断面構造と光電変換サイクル

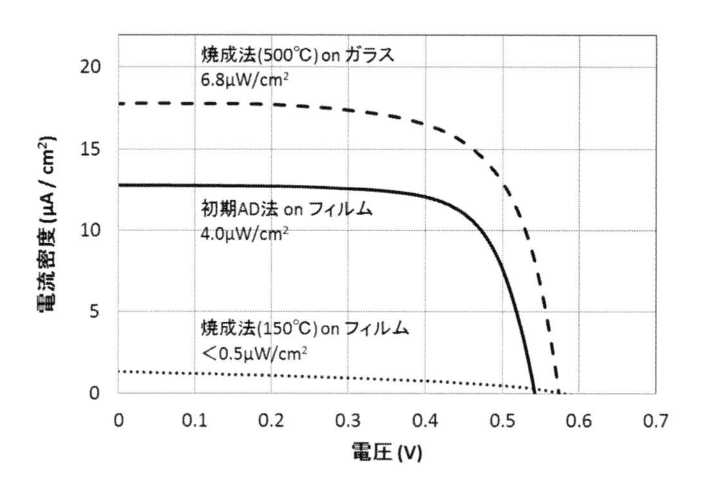

図3　開発初期の AD 法および焼成法で作製した TiO_2 多孔膜の発電性能

DSC のフィルム化への課題であった。

当社は，明渡らと共同で，微粒子をエアロゾル化させ物理的に衝突させる AD 法[4]を用い，TiO_2 多孔膜の室温形成と，それを用いたフィルム型 DSC の開発を行ってきた。AD 法で作製した TiO_2 多孔膜は，衝突エネルギーによって TiO_2 ナノ粒子間のネッキングが促進されており，室温形成にも関わらず，得られた DSC は一定の光電変換特性を示した[5]。

しかしながら開発初期の AD 法で作製した TiO_2 多孔膜は，従来の焼成法で作製した膜と比べ，発電性能が劣るという課題を有していた（図 3）。本稿では，AD 法の原料粉体の構造を制御し，TiO_2 多孔膜の光学特性および DSC の発電性能を改善した結果について紹介する。

3　発電性能を抑制する要因特定

始めに，開発初期に得られた TiO_2 多孔膜の構造観察と光学測定を行い，発電性能を抑制している要因を分析した。初期の AD 法による TiO_2 多孔膜の断面構造を走査型電子顕微鏡（SEM）で観察した結果，TiO_2 多孔膜中には数百 nm サイズの不均一な空隙が存在していることが明らかとなった（図 4）。このようなサイズの空隙は屈折率の異なるドメインとなる為，光が入射した時に意図しない散乱現象を生じさせ，発電性能を抑制する原因になりえる。そこで，実際に TiO_2 多孔膜の光反射特性を，増感色素が吸着した TiO_2 多孔膜の積分反射スペクトルを測定することで評価した。その結果，AD 法で作製した TiO_2 多孔膜は，一般的な白色 LED の発光波長領域（400～800 nm）において，高い反射率を示すことが明らかとなった（図 4）。

次に，上記 TiO_2 多孔膜に生じた不均一な空隙の発生原因を推察した。AD 法のプロセスを鑑みると，上記空隙は，エアロゾル化する前の原料粉体中に元来存在していた空隙に由来するか，エアロゾル化した粉体が基材衝突時に形成した可能性が考えられた。そこで，原料粉体の細孔分

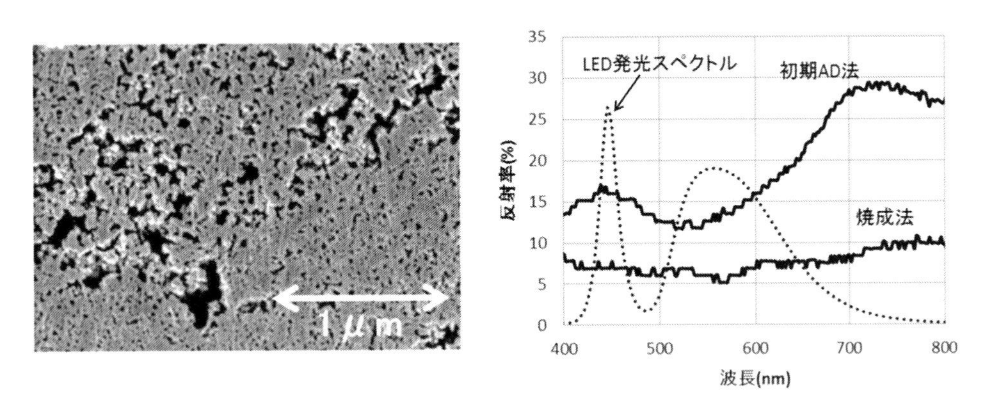

図 4　開発初期の AD 法で作製した TiO_2 多孔膜の断面構造（左）と光学特性（右）

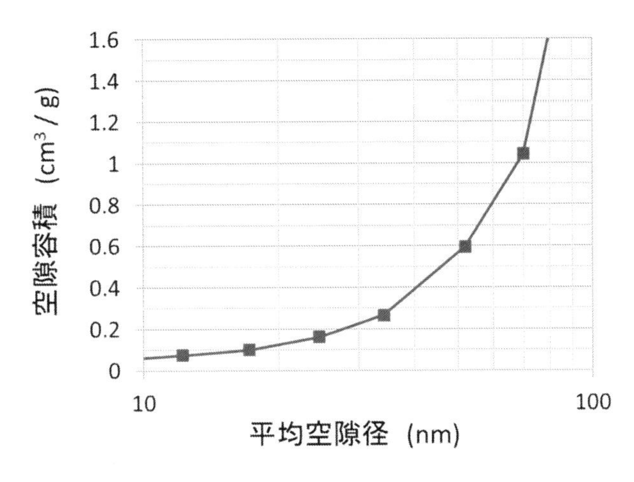

図 5　AD 法原料粉体の空隙分布

布をガス吸着法によって測定した。その結果，原料粉体中には数百 nm の空隙が元来存在することが明らかとなり，TiO_2 多孔膜中の空隙は，TiO_2 粒子合成時の一次粒子の凝集に起因するものと考えられた（図 5）。ここで，仮にエアロゾル化前の原料粉体における凝集状態が，AD 法による膜形成後の空隙構造に影響を及ぼすのであれば，積極的に原料粉体の凝集状態を制御することで，多孔膜の構造制御が可能ではないかと考えた。

4　原料粉体の構造制御

本仮説に基づき，TiO_2 原料粉体の凝集構造の制御を試みた。構造制御の方法としては，原料粉体中の凝集した粒子を一次粒子の状態まで離散化させた後に，異なる凝集構造を構築することを考えた。具体的な離散化の方法として，汎用性の高いビーズミルによる湿式分散を選択した。

図6は，ビーズミル分散処理時間に対して，TiO_2の平均凝集径をレーザー回折法により算出したものである。この結果から，ビーズミル分散処理時間が長くなるほど，TiO_2粒子の凝集が緩和されていることが伺える。

TiO_2原料粉体を30，60，もしくは120分間ビーズミル分散処理し，得られた分散液の溶媒を除去することでTiO_2粉体を調整した。これらTiO_2粉体の構造をガス吸着法によって測定したところ，分散処理を行うことによって原料粉体中に元来存在していた数百nmサイズの空隙が大幅に減少し，30～40 nm程の空隙が支配的となることが明らかとなった。また分散処理時間が長くなるほど，得られる粉体中の空隙は減少することも明らかとなり，分散液中においてTiO_2粒子の凝集を低減させることで，溶媒除去後に得られる粉体の構造がより緻密となる傾向が示された（図7）。

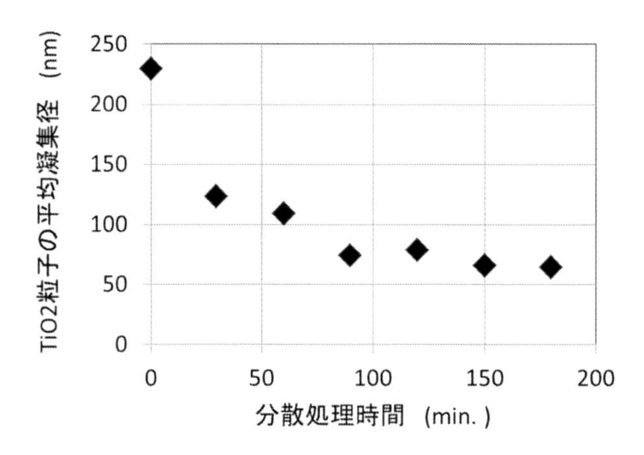

図6　ビーズミル分散処理時間と溶媒中のTiO_2粒子の平均凝集径

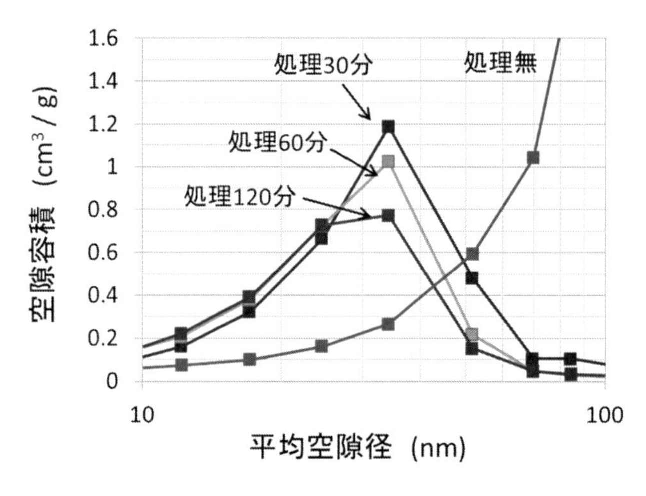

図7　分散処理時間と溶媒除去後に得られたTiO_2粉体の空隙分布

5　TiO_2 多孔膜の構造制御およびフィルム型DSCの発電性能

粉体の凝集構造制御が可能となったことから，続いてAD成膜後の膜構造への影響を検証した。空隙率が最も低かった分散処理条件で TiO_2 粉体を調製し，AD法を用いて TiO_2 多孔膜の作製を行った。成膜は，50 Paの減圧下で2 LPMの N_2 ガスをキャリアガスとして用いて行った。得られた TiO_2 多孔膜の断面構造をSEMで観察した結果を図8に示す。分散処理を行った後でAD法によって作製した TiO_2 多孔膜中では，数百nm程度の不均一な空隙が大幅に減少しており，従来の焼成法で作製した TiO_2 多孔膜と比較しても同様な均質性を有していることが明らかとなった。また得られた TiO_2 多孔膜の光反射特性を測定したところ，不均一な空隙が少ない TiO_2 多孔膜では，反射率の低減も観測された（図8）。

以上の結果を踏まえ，分散処理を行ったうえでAD法によって成膜した TiO_2 多孔膜を用い，フィルム型DSCの作製と発電性能の評価を行った。発電評価は1直列の評価用セルを用いて行い，透明導電フィルムにはITO-PEN，増感色素にはRu錯体色素，電解液には I^-/I_3^- と高沸点溶媒からなる溶液，対極には白金電極を用いた。作製したDSCに200 luxの白色LEDを照射し，電圧を掃引しながら電流を計測することで，電圧-電流曲線と発電性能を測定した。

その結果，AD法を用いて作製したDSCであっても，空隙構造がより均一化した TiO_2 多孔膜では，従来の焼成法で得られた TiO_2 多孔膜と同程度の発電性能を示すことが確認できた（図9）。特に電流値の向上が顕著であり，反射率の低減により発電に寄与する光吸収率の増加が示唆された。

本結果により，原料粉体の凝集構造を積極的に制御することで，AD法によって形成される多孔膜の構造制御と，光発電デバイスの性能向上が可能であるという新たな知見が得られた。

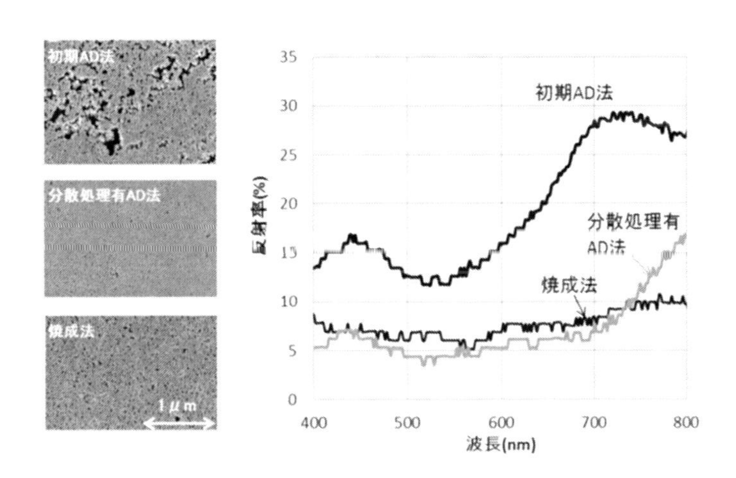

図8　各方法で作製した TiO_2 多孔膜の断面構造

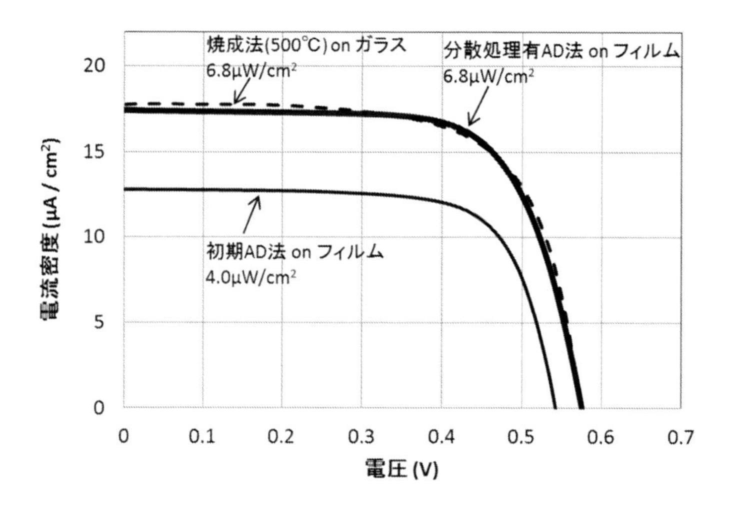

図9　分散処理有 AD 法で作製した TiO_2 多孔膜の発電性能

6　フィルム型 DSC の製造とアプリケーション例

ここまで，フィルム型 DSC の室内環境下での発電性能改善を目指した取り組みを紹介してきた。当社は，ロール・ツー・ロールによるフィルム型 DSC の生産を目指しており，現在はフィルム基材上に数十～百 m 規模で連続 AD 成膜の検討も行っている。

さらに当社は，社外連携を通じてフィルム型 DSC のアプリケーションの提案も積極的に行っている。例えば，サイネージの分野では，大日本印刷株式会社と共同で電子ペーパーにフィルム型 DSC を搭載した電子看板を提案している（図 10）。この電子看板は，室内光下で DSC によって発電された電力を用いて駆動する為，電気配線の工事や電池交換が不要というメリットを有し

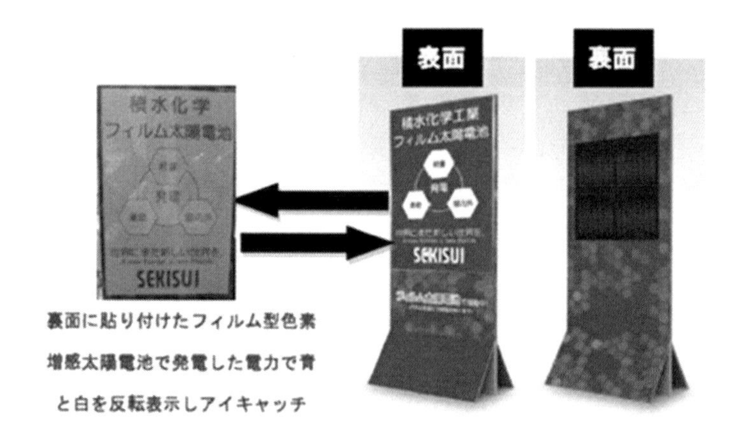

図 10　DSC を搭載した電子看板（口絵参照）

図 11　DSC を搭載したセキュリティーセンサー（口絵参照）

ている。表示部は 2 色反転表示がなされ，これによりアイキャッチ性を高めることが出来る。本プロトタイプは，既に都内のコンビニエンストアの店頭に電子看板として設置され，1 年間の実証試験を完了している[6]。

IoT の分野では株式会社 Secual と共同でセキュリティーセンサーへの展開も検討している（図 11）。センサーには二次電池，フィルム型 DSC，予備の一次電池が搭載されており，薄く軽量である為，窓や壁に張り付けて使用可能である。また DSC で発電した電力で直接駆動する一方，余った電力を二次電池に充電することで，夜間や雨の日でもセンサーを駆動させることが出来る[7]。

7　総括

本稿では主に，AD 法を用いた TiO_2 多孔膜の形成とフィルム型 DSC への応用例を紹介してきた。エアロゾル化前の原料粉体の構造を制御したことで，多孔膜の構造を制御することが出来，従来の焼成法と同等の発電性能を示すことが分かった。今後はフィルム型 DSC の普及に向け，AD 法の連続生産技術の確立と，新しいアプリケーションの提案を行っていきたいと考えている。

文　献

1) T. Miyasaka, *et al., Electrochemistry*, **75**, 2, (2007)
2) T. Yamaguchi, *et al., Chem. Commun.*, **45**, 4767, (2007)
3) B.O' Regan, *et al., Nature*, **353**, 737, (1991)
4) J. Akedo, *et al., Jpn. J. Appl. Phys.*, **38**, 5397 (1999)
5) 積水化学工業株式会社プレスリリース（2013年12月5日），https://www.sekisui.co.jp/news/2013/1239078_2281.html
6) 積水化学工業株式会社プレスリリース（2017年3月29日），https://www.sekisui.co.jp/news/2017/1302064_29186.html
7) 積水化学工業株式会社プレスリリース（2017年12月1日），https://www.sekisui.co.jp/news/2017/1314514_29186.html

第13章　AD法により成膜した圧電厚膜の特性と振動発電デバイス応用

川上祥広*

1　はじめに

本章では，エアロゾルデポジション（AD）法により機能性材料である圧電セラミック厚膜を形成し，その圧電特性向上について検討した結果と最近の応用事例として振動発電デバイスを試作評価した結果について紹介する。

圧電材料は機械的応力が加わると電気分極の大きさが変化し，その変化の大きさに応じて圧電セラミックス表面上に形成した電極に電荷が生成される圧電効果を示す。また逆に圧電体に電場を印加すると電気分極の変化に応じて格子歪を生じる逆圧電効果を生じる。この圧電効果は電束密度をD（C/m^2），応力（N）をT，圧電定数をd（pC/N）とすると$D = d \cdot T$の関係式で表され，また逆圧電効果は歪をS，電場をE（V/m）とすると$S = d \cdot E$の関係式で表される。このように圧電定数dは圧電材料の性質を表す代表的な物性値である。また圧電材料は結晶格子が対称中心を持たず，電気的に極性を有する材料が示す性質であるため特性に異方性を生じる。圧電セラミックスは強誘電体セラミックスの自発分極の向きを分極処理によって揃えることで作製される。矩形形状の圧電セラミックスでは座標系のx，y，z軸をそれぞれ１軸，２軸，３軸で表し，分極軸方向を３軸にとる。逆圧電効果を例にとると，３軸方向に電場を加え，電場の向きと直交する１軸方向に歪む場合の圧電定数をd_{31}，３軸方向に電場を加え，電場の向きと同じ３軸方向に歪む場合の圧電定数をd_{33}で表す。この圧電定数が材料の特性の良否を決定する主たる指標になる。次節では，この圧電定数d_{31}に着目し組成比を調整した圧電セラミックス材料をAD法により成膜し熱処理を行い圧電特性向上の検討を行った結果について紹介する。

また，圧電セラミックスはその圧電効果や逆圧電効果を利用して各種センサやアクチュエータへ応用されている。圧電セラミックスを使用したアクチュエータデバイスでは固体の変形を直接利用することができるため応答性，精度，発生力に優れた変位素子が作製可能であり，加えて巻き線などの部品が不要になりシンプルな構成でデバイスの小型化が容易である。これらの特徴を生かし自動車の燃料噴射用アクチュエータや，スマートフォンの音響素子やカメラのオートフォーカス機構などに応用されている。圧電セラミックスの新しいプロセス技術の研究開発も進

---

*　Yoshihiro Kawakami　(公財)電磁材料研究所　研究開発事業部
デバイス用高機能材料開発部門　特任研究員

んでいる。厚さ1 μm程度の圧電薄膜をスパッタ法や化学溶液法などの薄膜形成技術によりシリコン基板上に形成し微細加工技術を用いてデバイスを作製する圧電MEMS（Micro Electro Mechanical Systems）技術の研究が現在活発に行われている[1]。この圧電MEMS技術により角速度センサやインクジェットヘッドなどが既に実用化されている[2,3]。

また，近年では圧電セラミックスの新しい応用としてエネルギー分野の研究も進められている[4]。圧電効果を利用した環境発電技術の一つである振動発電デバイスである。振動発電デバイスは環境に存在する機械的な振動をエネルギー源として活用する技術であり既にリモコンスイッチとして実用化されている[5,6]。今後はネットワーク技術を活用するIoTデバイスや無線送信用の自立電源としての応用が期待されている[7]。振動発電技術の原理には電磁誘導，静電誘導，磁歪効果などを利用した方式があるが圧電方式は部品構成をシンプルにすることが可能なため発電エネルギー向上に加えデバイスの薄型，小型化が検討されている[8]。一般的な圧電式の振動発電技術では振動板上に圧電体を形成し片持ち梁構造にして自由端に錘を配置し振動板を曲げ変形させて圧電体に応力を加え発電する方式がとられる。圧電効果を利用した発電エネルギーは後節で説明するが圧電体の体積に比例し[9]，加えて圧電体の曲げ変形により発電するデバイスでは可撓性と堅牢性が要求されるため薄膜よりも厚膜の圧電体を使用することが有利である。また厚膜を形成する基板材料にも同様の条件が要求されるため脆性材料ではなく堅牢性に優れた金属材料を基板として使用することが望ましい。圧電セラミックスの一般的な厚膜形成技術は印刷法であるが通常のセラミックスの焼結プロセスで作製されるため基板には耐熱性と化学的安定性の観点からセラミックスが使用されている[10~12]。一方，AD法は固体粒子をキャリアガスと混合したエアロゾルを噴射ノズルから音速程度の速度で噴射し基板に衝突させ，粒子の破砕変形を利用した厚膜形成技術であり，常温衝撃固化現象（RTIC）により，常温で緻密な微結晶組織からなる固化膜を形成させることが可能な技術である[13]。そのため基板材料の選択肢が広く，印刷法で使用されているセラミック基板に限らず，樹脂や金属基板へ室温で厚膜形成が可能である。AD法を圧電膜形成プロセスとして応用した事例は解説記事やレビュー論文などで報告されている[14~17]が，圧電膜形成にAD法を使用するメリットとして，①印刷法に比べ低温で厚膜が形成できること，②焼結助剤を使用せずに緻密な厚膜を形成できるため組成制御が容易なこと，③粒径が数十nmの微細な粒子から膜が形成できるため堅牢性が期待できること，④粉末のノズル噴射により成膜できるため大面積の成膜ができること，⑤成膜時に緻密化されるため焼結収縮による寸法変化がないプロセスであること，などが挙げられる。本解説では，第2節でAD法により形成した圧電膜の圧電定数 d_{31} に着目し特性向上を検討した結果を，第3節で，ステンレス基板上に圧電厚膜を形成し具体的なデバイス応用として振動発電デバイスを試作評価した結果について紹介する。

2　AD法で成膜した圧電膜の圧電特性

2. 1　圧電セラミックス材料の選択

現在最も多く使用され，優れた特性を示す圧電セラミックス材料には毒性の強い鉛が多く含まれている。将来的に環境発電などの応用を想定した場合，毒性の強い鉛を含まない材料を使用することが望ましい。以上の状況を踏まえAD法を用いた圧電厚膜のデバイス応用を検討するにあたり鉛系圧電セラミックスと鉛を含まない鉛フリーの圧電セラミックスの2つの系統の材料について圧電特性向上の検討を行った。鉛系圧電セラミック材料ではバルクのセラミックスで最も大きな圧電d定数を示すことが報告されている$Pb(Ni_{1/3}Nb_{2/3})O_3$-$PbZrO_3$-$PbTiO_3$系化合物（以下PNN-PZT）と鉛フリー圧電材料としては，結晶粒径を調整することで大きな圧電d定数を示すことが報告されている$BaTiO_3$に着目しAD法により圧電厚膜を形成し評価を行った。

2. 2　AD法で成膜した鉛系圧電セラミックスPNN-PZT厚膜の圧電特性

2. 2. 1　試料の作製・評価方法

鉛系圧電セラミックスの中で大きな値の圧電定数を示すことが報告されているPNN-PZT系材料の3成分組成の状態図と圧電特性マップを図1に示す。図1 a）は報告されている状態図であり[18]，図1 b）は実際にバルクのセラミックスを試作し特性の評価を行い作成した特性マップである。

PNN-PZ-PT組成系の固溶体はその組成比により結晶系が菱面体と擬立方晶，正方晶系を示し，その結晶相境界組成で特性がピークを示すことが知られている[18]。図1 b）に示したように実験結果でも組成が0.5PNN-0.35PT-0.15PZ近傍の材料は3つの結晶系の相境界であり圧電特性もピークを示し高変位な特性を示すアクチュエータ用の材料として広く使用されている[19]。代表的なPNN-PZT系圧電セラミックスのバルクの圧電特性を表1に示す。AD法で特性向上を

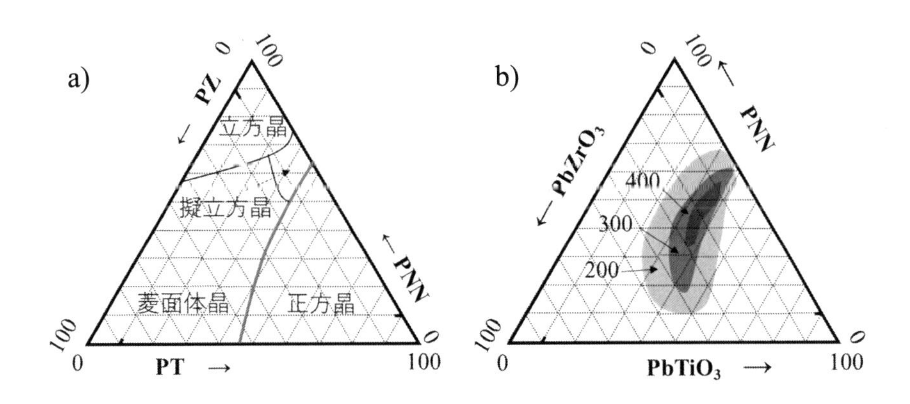

図1　PNN-PZT系材料の状態図と特性マップ（各軸の値は組成比の%）
a）PNN-PZT系材料の状態図，b）圧電定数d_{31}（pm/V）の特性マップ

表1　代表的なPNN-PZT系圧電セラミックスの特性（圧電定数は変位特性から算出）

組成	$0.5Pb(Ni_{1/3}Nb_{2/3})O_3$-$0.35PbTiO_3$-$0.15PbZrO_3$		
圧電定数	d_{31}	500 pm/V	(at 1 kV/mm)
比誘電率	ε_r	5540	(at 1 kHz)

検討するにあたり，このバルクで優れた特性を示す組成比の粉末を固相法で作製しAD法による膜形成と熱処理を行い特性の評価を行った。

PNN-PZT系材料の厚膜形成条件を検討した結果，粉末の粒径を調整することで□1 cm^2の面積当たり約20 μm/分の成膜レートで膜密度が約95％の厚膜を形成できることが確認された[9)]。特性に与える熱処理の影響を調べるためにAD法で成膜した0.5PNN-0.35PT-0.15PZ組成の厚膜を900℃以上の温度で熱処理を行った結果，Pb成分の揮発により異相の生成が確認されたためPbの揮発抑制に効果のあったMnOを0.05 mol％添加したセラミック粉末を固相法で作製した。ボールミルで原料粉末を湿式混合し，950℃で仮焼後，遊星ミルにて乾式粉砕してAD法による成膜用の粉末を作製した[16)]。特性評価用の基板には熱処理による成分拡散の影響のないイットリア部分安定化ジルコニアの基板を使用した。この試作した粉末を用いてAD法でN_2をキャリアガスとして4 L/分の流量で減圧チャンバー内のノズルから噴射して，電極としてPt/Tiを形成した外形25 × 2 × 0.05（mm）の形状のジルコニア基板上に厚さ約10 μm成膜した。その後，大気中の雰囲気で炉材により試料をカバーして850，900，950℃の温度で15分間保持することで熱処理を行った。熱処理後，膜表面にAuをスパッタ法で形成し，梁長が10 mmの片持ち梁状に固定し電極間に1 kV/mmの電界強度で膜厚方向に電圧を印加することで生じる自由端の変位をレーザー変位計により測定して圧電定数d_{31}を求めた[20)]。また比誘電率はLCRメータを用いて± 0.5 Vで1 kHzの電圧を印加した際の静電容量を測定することにより求めた。

2. 2. 2　結晶粒径と圧電特性

図2にAD法で形成し熱処理したPNN-PZT膜の表面を観察したSEM像を示す。熱処理温度の上昇に伴い結晶粒が成長し950℃の熱処理条件で粒径は1 μm以上になることが確認された。

この観察した膜表面の結晶粒から平均粒径を求め，測定した電気的特性との関係を整理した結果を図3に示す。変位特性から求めた圧電定数$-d_{31}$の最大値は950℃で熱処理した膜で220 pm/Vであることが確認された。圧電定数は粒径の増加に伴い大きくなる傾向を示すが

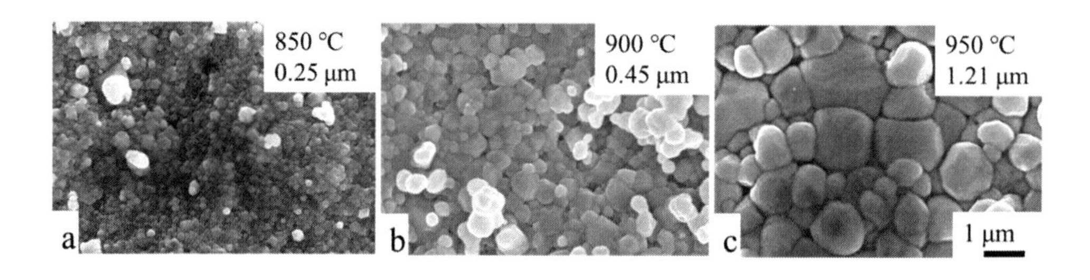

図2　熱処理後のPNN-PZT膜表面のSEM観察像

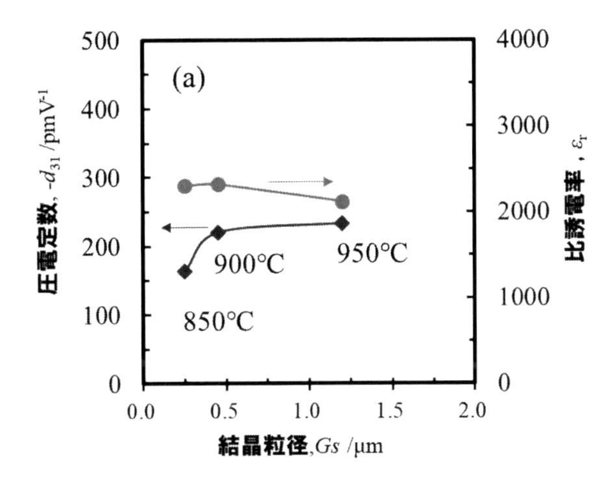

図3　PNN-PZT膜の結晶粒径と圧電特性の関係

0.5 μm以上の粒径では飽和する傾向を示している。圧電定数の大きさは表1に示したバルクの特性と比べると同じ組成にもかかわらず半分以下であり，熱処理による粒成長以外に特性を向上させる要因があると考えられる。先に図1で示したようにPNN-PZT系材料の特性は組成比に大きく依存するため，次に圧電膜における組成比と特性の関係について調査を行った。

2. 2. 3　組成比と圧電特性

バルクのPNN-PZT系セラミックスでは圧電定数 $-d_{31}$ は図1の特性マップに示したように組成相境界近傍で特性がピークを示す。AD法で形成した膜の特性ピークを示す組成を調査することを目的にPNN配合比を50，38%で固定し，PZとPTの組成比を変え特性の評価を行った。検討した材料組成を表2と表3に示す。試料の水準番号0にバルクで特性ピークを示す組成比を選択した。

膜の熱処理は950℃で15分保持する条件で行った。熱処理後の膜の圧電定数と誘電率を評価した結果を図4に示す。図4は横軸に $PbZrO_3$ の比率（%）を取り組成比と特性の関係を示している。

図4(a)のPNN成分の比率が50%，図4(b)の38%のどちらの組成系においてもPZ/PTの組成比を調整することで圧電定数 d_{31} は300 pm/V以上の値まで大きく向上し，本条件下では最大

表2　0.5PNN-0.5PZT系の試作組成比

試料名	$Pb(Ni_{1/3}Nb_{2/3})O_3$	$PbTiO_3$	$PbZrO_3$	
①-0	0.5	0.35	0.15	←バルクの特性ピーク
①-1	0.5	0.37	0.13	
①-2	0.5	0.39	0.11	
①-3	0.5	0.41	0.09	

※各組成に0.05% MnOを加える

表3　0.38PNN-0.62PZT 系の試作組成比

試料名	$Pb(Ni_{1/3}Nb_{2/3})O_3$	$PbTiO_3$	$PbZrO_3$	
②-0	0.38	0.385	0.235	←バルクの特性ピーク
②-1	0.38	0.405	0.215	
②-2	0.38	0.415	0.205	
②-3	0.38	0.425	0.195	
②-4	0.38	0.435	0.185	

※各組成に 0.05% MnO を加える

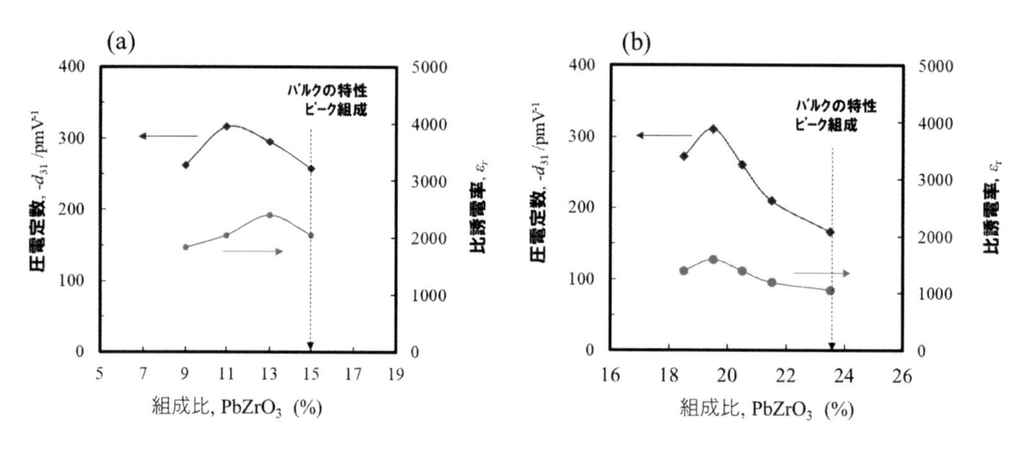

図4　PNN-PZT 系圧電厚膜の組成比と圧電特性
（a）PNN 50%の組成系，（b）PNN 38%の組成

で 311 pm/V の値を示すことが確認された。また，圧電膜の圧電定数がピークを示す組成はバルクで最大の特性を示す組成よりも PZ の成分比率が約 4%少ない組成比であることが確認された。次に，0.38PNN-0.62PZT 系の組成で作製したバルクと AD 膜の特性を比較整理した結果を図 5 に示す。AD 法で形成した膜の圧電定数の最大値はバルクの最大値よりも小さくなることが確認された。加えて先に述べたように特性がピークを示す組成比はバルクと膜で異なっている。これは基板上に膜が形成されている場合，膜自体の変形が基板により拘束されていることや熱処理による基板材と膜の熱膨張率の違いに起因する熱応力が関係していると考えられる。

以上，鉛系圧電セラミックとして PNN-PZT 系組成の材料に着目し AD 法でジルコニア基板上に形成した圧電厚膜の特性向上に関する検討を行った。その結果，特性向上には 900℃以上の熱処理により 0.5 μm 以上の粒成長が有効であること，その粒成長させた膜では組成比を調整することで特性を調整することが可能であり，膜の特性ピークを示す組成はバルクで特性がピークを示す組成比からずれていることが確認された。圧電膜をデバイスに応用する際にはバルクと異なる最適な組成比を選択する必要があるという知見が得られた。

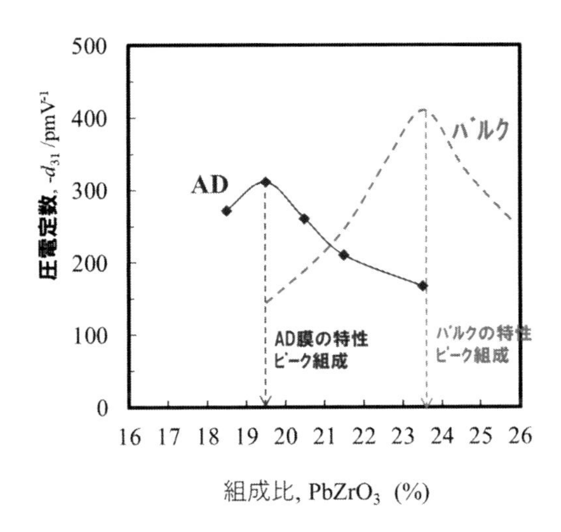

図5　同じ組成系で試作したバルクとAD膜の組成比と圧電定数の比較

2. 3　AD法で成膜した非鉛系圧電セラミックス$BaTiO_3$厚膜の圧電特性

近年，非鉛系圧電セラミックスはペロブスカイト型の化合物を中心に材料組成に加え微細組織を制御することで鉛系圧電材料に近い特性を示す材料が開発されている[21~24]。特に非鉛系の圧電材料の中で$BaTiO_3$はプロセス技術の進展により結晶粒径を約1 μmに調整することで特性がピークを示すことが確認されている[25, 26]。本節では非鉛圧電材料として$BaTiO_3$（以下BT）をAD法で成膜し，その粒径に着目して特性向上の検討を行った結果を紹介する。

成膜用のBT粉末は堺化学社製のBT01粉末を1100℃で3時間保持して熱処理を行い，遊星ボールミルを用いて300 rpmで1時間乾式粉砕し作製した。特性評価用の基板材には鉛系と同じく表面にPt/Tiを電極として形成したジルコニア基板を使用した。AD法による成膜は鉛系の材料と同じ条件で約10 μmの厚膜を形成した。通常のBTセラミックスは焼結させるのに1300℃以上，焼結助剤を使用しても1200℃の焼成温度が必要となる[27]ので成膜したBT膜はポストアニールとして既存技術の焼成温度以下の800，1000，1100，1200℃で1時間保持して行った。熱処理後，膜表面にAu電極をスパッタ法で形成し3 kV/mmの電界強度で膜厚方向に電圧を加え分極処理を行い，電気的特性の評価は鉛系材料と同様な方法で行った。図6に熱処理を行ったBT膜表面を電子線顕微鏡（SEM）で観察した結果を示す。AD法で形成したBT膜の結晶粒は熱処理温度の上昇に伴い粒成長し，1200℃で熱処理した膜の結晶粒径は1.4 μmになることが確認された。図7に結晶粒径と電気的特性の関係を示す。図7(a)に示したように誘電率は粒径約1 μmで約2700のピークを持つ傾向が確認された。BTは強誘電体であり結晶粒内には強誘電体の自発分極のドメイン構造が存在し，誘電率はドメイン構造の影響を受けることが報告されている[25]。BTは室温で正方晶の結晶構造であり電場の加わる向きが格子のa軸方向とc軸方向で誘電率の大きさが異なる。BT単結晶では電場をa軸に平行，即ち自発分極方向に垂

図 6　熱処理した BT 膜表面の結晶粒の SEM 観察像

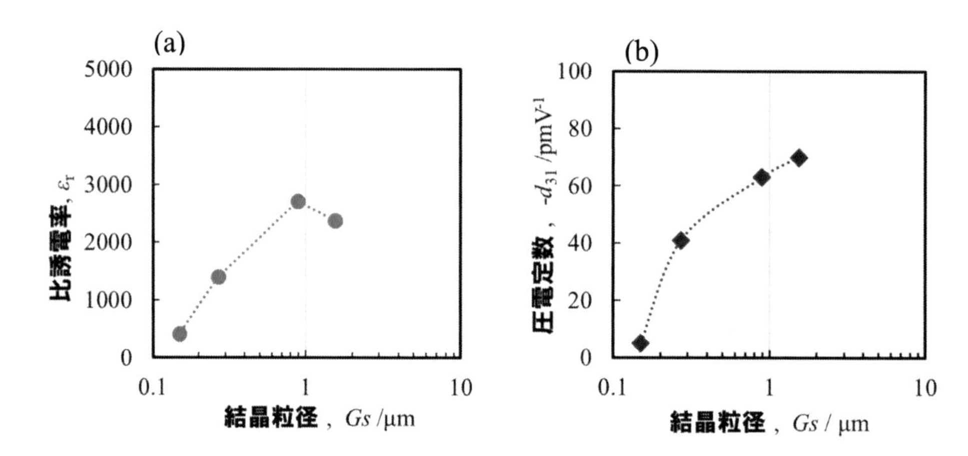

図 7　AD 法で形成した BT 膜の結晶粒径と圧電特性の関係

直に印加した場合，誘電率は約 4000，c 軸に平行，即ち自発分極方向に電場が印加された場合の誘電率は約 150 と報告されている[28]。AD 法で形成した圧電膜において粒成長に伴い粒内の自発分極のドメイン構造が変化することが確認されており[29, 30]，誘電率の特性変化に影響を与えていると考えられる。

AD 法で形成した BT 膜の圧電定数は図 7(b)に示したように粒径の増加に伴い大きくなる傾向を示し，今回の実験条件では粒径 1.4 μm の BT 膜で $-d_{31}$ は 70 pm/V の最大値を示すことが確認された。バルクの BT セラミックスでは粒径を約 2 μm に制御することにより特性が向上し，圧電定数 $-d_{31}$ は 185 pm/V を示すことが報告されている[23]。しかし AD 法で形成した BT 膜の圧電定数はバルクに比べ半分以下の値である。ジルコニア基板上に形成し 1200℃で熱処理された BT 膜は約 30 MPa の圧縮応力が働いていることが報告[29]されており基板による変位の拘束や残留応力がバルクよりも特性が小さくなる要因となっていると考えられる。

以上，非鉛系圧電セラミックスとして BT 厚膜を AD 法により形成し圧電特性向上に関する検討を行った。室温で成膜した BT 膜を既存の厚膜技術である印刷法の焼成温度以下の温度で熱処理を行った結果，熱処理温度の上昇に伴い粒成長し圧電特性が向上することが確認された。

3　ステンレス基板上への圧電形成技術と振動発電デバイスへの応用

3. 1　圧電効果による振動発電エネルギー

最後に圧電厚膜を使用したデバイス応用について紹介する。圧電式振動発電技術は，圧電体に機械的な応力を加えることにより発電する技術である。振動発電デバイスで圧電体に応力を加える一般的なやり方の一つは振動板上に圧電体を形成し片持ち梁状に固定し，先端に錘をつけ曲げ変形させる方法である。振動板の先端に荷重を加え振動板を曲げ変形させることにより圧電体の長手方向に引張／圧縮の応力を加えることができる。このような圧電体の曲げ変形による発電エネルギーU (J) は，圧電定数をd (pm/V) として圧電効果による応力T (N/m^2) と電束密度D (C/m^2) の関係$D = d \cdot T$，平行平板構造のコンデンサの静電容量C (F) と電荷Q (C)，電位差V (V) との関係$Q = CV$とコンデンサに蓄えられるエネルギーの$U = 1/2\ CV^2$関係式から求めることができる。以上の関係から発電エネルギーUは，圧電材料の圧電定数，比誘電率，真空の誘電率，圧電体に加わる応力，圧電体の厚さ，圧電体の電極面積をそれぞれ，d_{31}，ε_r，ε_0，T，t_p，Aとすると(1)式のように整理することができる。

$$U = \frac{{d_{31}}^2}{2\varepsilon_0 \cdot \varepsilon_r} \cdot {T_1}^2 \cdot (t_p \cdot A) \tag{1}$$

この式は発電エネルギーが，圧電材料の物性値${d_{31}}^2/\varepsilon_r$，圧電体の長手方向に加わる応力T_1，圧電体の有効体積（$t_p \cdot A$）の3つの要素と定数$1/(2\varepsilon_0)$の積で表されることを示している。なお${d_{31}}^2/\varepsilon_r$ (pm/V)^{2}を性能指数（*FOM*：Figure of Merit）と定義する。したがって，(1)式によれば発電エネルギーを大きくするには，圧電材料の性能指数*FOM*を大きくすること，圧電体へ加わる応力を大きくすること，圧電体の体積を増やすことが有効となる。

3. 2　AD法による圧電膜形成に適したステンレス基板と圧電特性

振動発電デバイスで使用する振動板には，バネ性としての弾性係数や，信頼性としての耐食性などが要求される。加えて第2節で検討したようにAD法で形成した圧電膜の特性向上には熱処理を行うことが有効であり，デバイスで使用される基板材には圧電厚膜の熱処理条件に対応した耐熱性が要求される。基板材がステンレスのような金属の場合，圧電膜を形成して高温で熱処理を行うとステンレス材の成分と圧電膜の成分が界面で相互に拡散して膜の特性を低下させてしまうことが課題として報告されている[31, 32]。我々はその対策を検討した結果Fe-Cr-Al系組成の耐熱性ステンレス鋼が高温の熱処理に対して有効であることを見出した[33]。Fe-Cr-Al系ステンレスは大気中で1200℃の温度で熱処理を行うと厚さ約1 μmのα-Al_2O_3層の熱酸化被膜がステンレス表面に形成され鉛系，非鉛系どちらの圧電膜の熱処理過程においても，この被膜が拡散防止層として機能することが確認された[16, 33]。このステンレス基板上に前節で特性向上を検討した鉛系圧電材であるPNN-PZT膜と，非鉛系圧電材である$BaTiO_3$膜を形成し圧電特性と振動発

表4　AD法でステンレス基板上に形成した圧電膜の特性

圧電材料	圧電定数 d_{31} pm/V	比誘電率 ε_r	性能指数 *FOM* $(pm/V)^2$
$Pb(Ni_{1/3}Nb_{2/3})O_3$-$Pb(ZrTi)O_3$	−163	1100	24.1
$BaTiO_3$	−40	2600	0.6

電特性の評価を行った。予めAl_2O_3の熱酸化被膜を形成したFe-Cr-Al系ステンレス基板上にPt/Ti層を電極として形成し評価用の基板を作製し圧電特性の評価を行った。成膜と特性評価の条件は前節と同様である。ステンレス基板上に形成したPNN-PZT膜は950℃で，BT膜は1200℃で熱処理を行い，圧電特性を評価した結果を表4に示す。圧電定数は鉛系，非鉛系どちらもジルコニア基板上の膜よりも特性が小さくなることが確認された。ジルコニアとステンレスでは熱膨張係数が異なるためステンレス基板の方が大きな残留応力を受けることが確認されており[29]，この圧縮応力と基板拘束により圧電膜中の格子が拘束され圧電特性を低下させていると考えられる。また(1)式に示された発電エネルギーの性能指数*FOM*はPNN-PZT膜が24 $(pm/V)^2$，また鉛フリー材料であるBT膜は0.6 $(pm/V)^2$となることが確認された。

3. 3　振動発電特性

振動発電特性の評価用の基板として外形が，長さ25 mm，幅5 mm，厚さ0.1 mmのFe-Cr-Al系ステンレス材を使用した。圧電膜はその片面に長さ20 mm，厚さ約10 μmの厚膜をAD法で形成し熱処理を行い発電性能の評価用の素子を作製した。成膜後PNN-PZT膜は900℃で，BT膜は1000℃で熱処理を行ったのち，室温で60 Vの電圧を1分間印加して分極処理を行い評価用の試料とした。発電性能の評価は片持ち梁の梁長が15 mmになるように素子の片側を固定し，自由端の先端に重さ3 gの錘を両面テープで固定することで構成した。圧電素子の発電エネルギーは270 kΩの負荷抵抗を圧電体に並列接続し振動発電素子の先端に付けた錘を3 mm撓ませて1回スナップ振動させることで応力を圧電素子に加え，圧電効果により負荷抵抗に発生する電圧をオシロスコープで測定し，振動が減衰して電圧が発生しなくなるまでのエネルギーを合計することにより発生したエネルギーの評価を行った。1回のスナップ振動により発生したエネルギーはPNN-PZT膜が4.8 μJ，BT膜が0.28 μJとなりPNN-PZT膜はBT膜に比べ約15倍のエネルギーを発電していることが確認された。

3. 4　発電エネルギー増加の検討

将来的に圧電式の振動発電デバイスを環境発電技術として広く応用するには鉛フリーの圧電材料を使用することが望ましく，IoT向けの振動発電のロードマップ[7]によるとIoTデバイスの低消費電力化が進み，数十μJのエネルギーでIoTデバイスが駆動できるようになることが想定されている。この数十μJのエネルギーを発電させることを目的にBT膜を使用して発電エネル

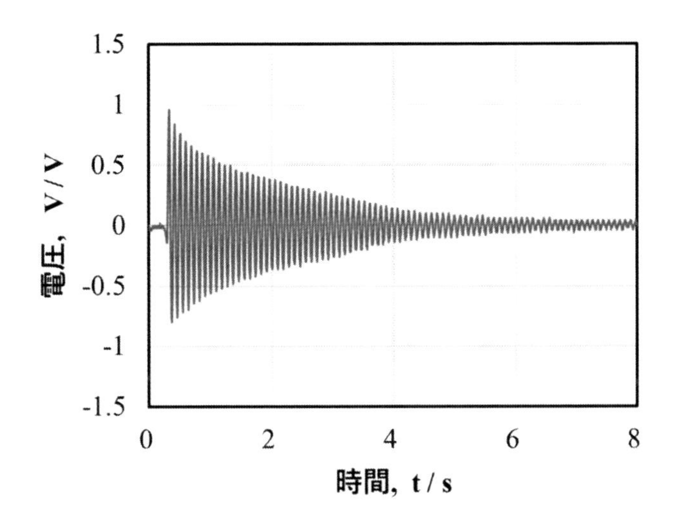

図8　ステンレス基板上に形成したBT厚膜の振動発電電圧波形

ギーを増加させる検討を行った。BT膜の性能指数は同じ製造条件ではほぼ一定なので(1)式の発電エネルギーの関係式に基づき，応力と体積の増加による発電エネルギー増加の検討を行った。具体的には40×40 mmのステンレス基板上に30×40 mmの外形で厚さ10 μmのBT膜を形成することで圧電体の体積を増加させ，1000℃で熱処理を行った後，表面にAuを電極として形成し評価用サンプルを作製した。発電エネルギーの評価は素子の先端に重さ9 gの錘をセットして先端を大きく15 mm撓ませることで応力を増加させ1回のスナップ振動で，振動が減衰するまでの電圧波形を測定し負荷抵抗を1 kΩから1 MΩの範囲で変化させて発生エネルギーの評価を行った。その測定電圧波形の1例を図8に示す。負荷抵抗10 kΩのときに最大の発電エネルギー37 μJが得られることが確認され，将来的にIoTデバイスを駆動することが可能な鉛フリーの圧電式振動発電デバイス実現の可能性が示唆された。以上紹介したように，今後はステンレス基板上にAD法を使用して非鉛圧電厚膜を形成する技術をさらに検討することで，鉛を使用しない実用レベルの圧電厚膜デバイスを実現することが期待できる。

4　まとめ

以上AD法の新展開としてAD法で成膜した圧電厚膜の圧電特性と振動発電デバイスに応用した研究成果について紹介した。AD法で成膜した圧電厚膜を既存の厚膜形成技術である印刷法による焼成温度以下の温度範囲で熱処理を行い特性向上の検討を行った。鉛系圧電材料のPNN-PZT系セラミック厚膜では特性ピークを示す組成がバルクと圧電厚膜では異なることが確認され，圧電定数 $-d_{31}$ は最大でバルクの約8割の値311 pm/Vを示した。非鉛系圧電材料の

$BaTiO_3$ セラミック厚膜では，結晶粒径の増加に伴い圧電定数 $-d_{31}$ の値も増加し粒径 1.4 μm の膜でバルクの約 4 割の値 70 pm/V を示すことが確認された。デバイス応用では圧電膜の熱処理に適したステンレス基板構造を開発し振動発電デバイスの試作評価を行った。鉛系圧電膜は非鉛系圧電膜よりも約 15 倍の発電性能を示し，非鉛圧電膜においても膜形状や発電条件を検討することで 1 回のスナップ振動で 37 μJ のエネルギーを発電できることが確認された。今回紹介した以外にもステンレス基板上に AD 法で圧電厚膜を形成する技術を活用することで，メタルチューブの表面に圧電膜を形成した小型超音波モータ[34)]や圧電厚膜型インクジェットヘッド[32)]，光スキャナー[14, 35, 36)]，振動センサ[16)]，アレイ型の赤外線センサ[16)]など多くのデバイスへ発展的な応用が可能である。今後はデバイスの特性向上に加え，実用化を促進するための AD 法のプロセス技術の検討も重要である。生産性，品質を考慮した粉末と装置の開発と製品のビジネスモデル構築など出口戦略が重要であると考えている。

謝　辞

本研究の鉛系圧電厚膜に関するテーマは NEC トーキン株式会社（現，株式会社トーキン）のご協力のもと行われました。AD 法による非鉛系圧電厚膜形成技術とデバイス開発を検討するにあたり公益財団法人電磁材料研究所の前理事長 増本健 博士，現理事長の荒井賢一 博士，東北大学大学院教授の杉本諭 博士のご指導を賜りました。また AD 法に関わる研究全体にわたり国立研究開発法人産業技術総合研究所 先進コーティング技術研究センター センター長の明渡純 博士にはご支援を賜りました。ここに厚く御礼申し上げます。

文　　献

1）http://www.research.kobe-u.ac.jp/eng-dynamics/piezomems/ （2018 年 9 月 20 日アクセス）

2）E. Fujii, R. Takayama, K. Nomura, A. Murata, T. Hirasawa, A. Tomozawa, S. Fujii, T. Kamada, and H. Torii：*IEEE Trans. Ultrason. Ferroelectr. Freq. Control.*, **54**, 2431-2437（2007）.

3）https://www.epson.jp/technology/manufacturing/micro_piezo.htm（2018 年 9 月 20 日 アクセス）

4）神野伊策：表面技術，**67**（7），348-352（2016）

5）https://www.enocean.com/jp/technology/energy-harvesting/（2018 年 9 月 20 日アクセス）

6）http://www.toto.co.jp/company/press/2015/06/17_001849.htm（2018 年 9 月 20 日アクセス）

7）N. L. Fantana, T. Riedel, J. Schlick, S. Ferber, J. Hupp, S. Miles, F. Michahelles and S. Svensson：“Internet of Things – Converging Technologies for Smart Environments and Integrated Ecosystems”,（Editors：O. Vermesan and P. Friess, River Publishers, 2013）, Chapter 2.

8) A. Oishi, H. Okumura, H. Katsumura and H. Kagata：*J. Phys. Conference Series*, **557**, 012131 (2014)
9) 川上祥広：表面技術，**69** (11), 500-506 (2018)
10) T. Futakuchi, Y. Nakamura and M. Adachi：*Jpn. J. Appl. Phys.*, **41** (11B), 6948-6951 (2002).
11) T. Nakaiso, K. Kageyama, A. Ando, and Y. Sakabe：*Jpn. J. Appl. Phys.*, **44**, 6878-6880 (2005).
12) Y. Sakai and M. Adachi：*Jpn. J. Appl. Phys.*, **54**, 10NA02 (2015).
13) 明渡純："エアロゾルデポジション法の基礎から応用まで"，(明渡純 監修，シーエムシー出版，2008)，pp1-39.
14) J. Akedo, J.H. Park and Y. Kawakami：*Jpn. J. Appl. Phys.*, **57**, 07LA02 (2018)
15) J. Akedo and J. Ryu："Advanced Piezoelectric Materials：Science and Technology-Chapter15 Aerosol Deposition (AD) and Its Applications for Piezoelectric Devices", (Editor：K. Uchino, Woodhead Publishing Series in Electronic and Optical Materials, 2017), pp575-614
16) 川上祥広："エアロゾルデポジション法による圧電セラミック厚膜の形成とその圧電特性"，博士論文，東北大学 (2017).
17) 川上祥広，安井基博，三好哲："エアロゾルデポジション法の基礎から応用まで－第3章 AD法による圧電デバイス応用開発"，(明渡純 監修，シーエムシー出版，2008)，pp104-145.
18) 栗原和明，近藤正雄："積層セラミックデバイスの材料開発と応用"，(山本孝監修，シーエムシー出版，2006)，pp225-226.
19) https://www.tokin.com/product/pdf_dl/sekisou_actu.pdf　(2018年9月20日アクセス)
20) Q. M. Wang and L. E. Cross：*Ferroelectrics*, **215**, 187 (1998).
21) Y. Saito, H. Takano, T. Tani, T. Nonoyama, K. Takamori, T. Honma, T.Nagaya, and M. Nakamura：*Nature*, **432**, 84-87 (2004).
22) H. Takahashi, Y.Numamoto, J.Tani, S.Tsurekawa：*Jpn. J. Appl. Phys.*, **45** (9B), 7405-7408 (2006).
23) T. Karaki：*Jpn. J. Appl. Phys.*, **46** (4), L97-98 (2007).
24) K. Ohbayashi, T. Matsuoka, K. Kitamura, H. Yamada, T. Hishida and M. Yamazaki：*Jpn. J. Appl. Phys.*, **56**, 061501 (2017)
25) T. Hoshina：*J. Ceram. Soc. Jpn.*, **121**, 156-161 (2013).
26) G.P. Khanal, S. Kim, M. Kim, I. Fujii, S. Ueno and S. Wada：*J. Ceram. Soc. Jpn.*, **126**, 536-541 (2018).
27) B. S. Purwasasmita，星英梨子，木村敏夫：*J. Ceram. Soc. Jpn.*, **109**, 191-196 (2001)
28) L.Eyraud (Ed.), "Dielectriques Solides Anisotropes et Ferroelectricite", (Gautier-Villars, 1967)
29) Y. Kawakami, M. Watanabe, K. I. Arai and S. Sugimoto：*Jpn. J. Appl. Phys.*, **55**, 10TA10 (2016)
30) T. Miyoshi, M. Nakajima and H. Funakubo：*Jpn. J. Appl. Phys.*, **48**, 09KD09 (2009)

31) S. Baba and J. Akedo：*J.Am.Ceram.Soc.*, **88**, 1407-1410（2005）.
32) 安井基博："エアロゾルデポジション法の基礎から応用まで"（明渡純 監修，シーエムシー出版，2008），pp120-128.
33) Y. Kawakami M. Watanabe, K. I. Arai and S. Sugimoto：*Trans. Mater. Res. Soc. Jpn.*, **41**, 279-283（2016）.
34) 川上祥広："エアロゾルデポジション法の基礎から応用まで"（明渡純 監修，シーエムシー出版，2008），pp104-119.
35) J. Akedo, M. Lebedev, H. Sato, J.H. Park：*Jpn. J. Appl. Phys.*, **44**, 7072-7077（2005）
36) J. H. Park, Y. Kawakami, M. Suzuki and J. Akedo：*Jpn. J. Appl. Phys.*, **50**, 09ND19（2011）.

第14章　ゼオライト膜・アロフェン膜

松本泰治[*1]，佐伯和彦[*2]，飯塚一智[*3]，明渡　純[*4]

1　はじめに

ゼオライトに代表されるマイクロ孔を有する無機多孔質物質は，吸着や分離などの特性から吸湿，有害物質除去，化学物質精製など様々な産業分野で利用されている。無機多孔質物質の多くは粉体として合成されるため，ハンドリング向上を目的として，粒状・顆粒状・膜状・シート状などに固化して利用されている。これらの固化方法には，なんらかの結合材が用いられている。たとえば，ゼオライトでは可塑性粘土を約20％添加し，水と混練することで粒状等に成形後，乾燥・焼成し固化体が製造されている。しかしながら，結合材の添加は，固化体中の多孔質物質の含有量を低減させるだけでなく，少なからず細孔を隠ぺいし吸着能力を減少させる。無機多孔質物質の膜状・シート状材料は，液体や気体との接触面積が大きく吸着速度が大きいなどの利点から要求が高いが，固化に加えて基材との密着性も必要とされる。

エアロゾルデポジション法（以下，AD法）は，サブミクロンレベルのセラミック微粒子を常温のガスと混合しエアロゾル状態とし，ノズルを通して音速に近い秒速150～400メートルのスピードで高速噴射して基材に衝突させることで，基材の表面に高緻密・高密着なセラミックス膜を形成する技術である[1,2)]。すなわち，AD法は原料微粒子及び基材を加熱することなく，常温でコーティング可能であることに特徴がある。

このAD法の常温における固化現象に着目した，多孔質物質であるゼオライトとアロフェンのAD法によるコーティング膜の作製を紹介する。

＊1　Taiji Matsumoto　栃木県産業技術センター　材料技術部　無機材料研究室　特別研究員チームリーダー

＊2　Kazuhiko Saeki　栃木県産業技術センター　材料技術部　無機材料研究室　特別研究員

＊3　Kazutomo Iizuka　栃木県産業技術センター　材料技術部　無機材料研究室　主任

＊4　Jun Akedo　(国研)産業技術総合研究所　先進コーティング技術研究センター　センター長

2 ゼオライトコーティング膜

2. 1 ゼオライトの特性

ゼオライトは，一般式 $M_{2/n}O \cdot Al_2O_3 \cdot xSiO_2 \cdot yH_2O$（$x \geqq 2$）で表されるアルミノケイ酸塩である。ここで，M は陽イオン，n は陽イオンの価数である。ゼオライトの構造はケイ酸塩の縮合構造であり，その基本構造単位は 1 個のケイ素（Si）原子が 4 個の酸素（O）原子に取り込まれたメタン型四面体構造である。この SiO_4 四面体の O を共有し無限に三次元的に縮合した編み目構造はテクトケイ酸塩と呼ばれ，さらに，ゼオライトは Si の一部をアルミニウム（Al）で置換したテクトアルミノケイ酸塩である。TO_4（T は Si 及び Al）の四面体が酸素を共有し縮合した構造は二次構造単位 SBU（Secondly Building Units）と呼ばれている。これらの SBU が三次元的に連結して構成されるフレームワーク構造は，現在までに約 240 種類が知られている[3)]。そのフレームワーク構造には，アルファベット 3 文字のコード（Framework Type Code）が付けられている[3)]。ゼオライト構造の一例として，図 1 に LTA 型フレームワーク構造モデルを示す[3)]。

ゼオライトのフレームワークが形成する孔は，その大きさが 0.1 nm～数 nm で，かつ 0.1 nm 単位の一定の径を有し，かつ規則正しく配列するため，ゼオライト構造中にはトンネル状の細孔が存在する。この細孔の大きさは低分子の化合物の大きさとほぼ同じであることから，ゼオライトはその細孔内への進入の可否により分子を分ける性質（分子ふるい機能）を示す。また，フレームワークはかご状の空洞を形成し，細孔から進入した物質を吸着する性質（吸着機能）を示す。さらに，フレームワーク中の Si^{4+} が Al^{3+} によって置換されることによりゼオライトのフレー

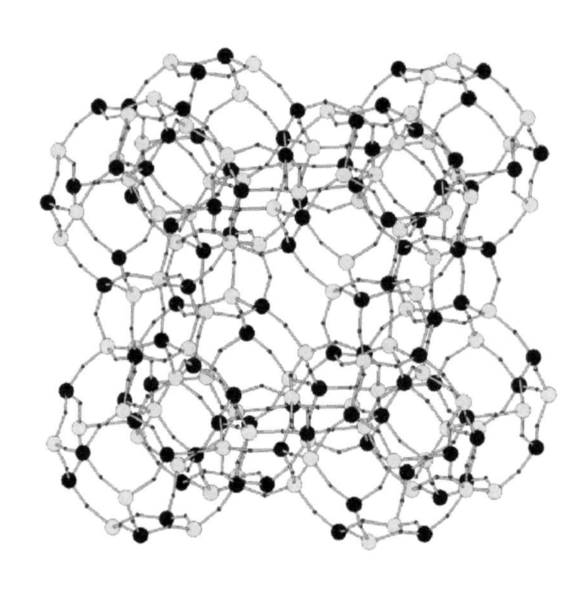

図 1 ゼオライト（LTA 型）の構造モデル

ムワーク構造は縮合アニオンとなる。その電荷を中和するために空洞内にアルカリ金属及びアルカリ土類金属のカチオンが存在し，そのカチオンには水分子が配位する。このカチオンは，ゼオライト骨格とは弱い静電的結合のため，他のカチオンと容易に交換が可能である（イオン交換機能)。カチオンが H^+ に交換されると，ゼオライト内に酸点が発現し（固体酸性)，触媒として働く（触媒機能）ことが知られている。

2. 2　AD法によるゼオライトコーティング

ゼオライトは一般には数 μm の結晶粒子からなる粉体として水熱法によって合成される。また，ゼオライトは熱力学的にはアルミノケイ酸塩組成における準安定相であるため，加熱によって構造分解し，その温度は，ゼオライトの構造，組成によって異なるが，400～800℃である。そのため，ゼオライトは非焼結性であり，固化には一般的に結合材が用いられている。また，ゼオライトの分子ふるい特性を利用するための膜状化の方法として，アルミナなどのセラミックス多孔体基材上に水熱合成法を用いてゼオライトを析出させる方法が取られている[4～8]。この方法によるゼオライト膜は緻密で空隙が無く，かつ基材との密着性にも優れており，水-エタノールの分離膜等として実用化されている。しかしながら，水熱合成法は合成に数十時間～数日程度の長時間を要する，強アルカリ条件のためアルミニウムやガラス等のアルカリと反応する基材が利用できない，樹脂への密着性が低い等の課題がある。

AD法によって，ゼオライトが成膜できれば，次のメリットが期待できる。

①常温成膜であることからゼオライトの構造分解がない。

②乾式のため基材に制約がない。

③数時間程度の高速成膜が可能である。

ここでは，ゼオライト試料として市販のNa型ゼオライトYの粉体試料（東ソー㈱：HSZ-320NAA）を用いたAD法によるコーティング膜の作製について紹介する[9, 10]。

ガラス基材上にコーティングしたゼオライト膜断面の走査型電子顕微鏡（SEM）像を図2に示す[10]。基材上に緻密な膜が形成されていることが認められ，また，膜と基材の密着性が高いことも確認された。コーティング膜の結晶構造をX線回折法で調べた結果，図3に示すようにコーティング膜はゼオライトYの構造を有していた。ゼオライト膜の回折線を見ると，ゼオライトY粉体と比較して高さは低いが半値幅が広く，プロファイルがブロード化していることから，結晶粒子の微細化が示唆された。

得られた膜について，ゼオライトの特性の一つであるイオン交換性を塩化カリウム溶液を用いた K^+ との交換によって調べた。その結果を表1に示す。ゼオライト膜のイオン交換容量（CEC）はゼオライトY粉体とほぼ同じ値を示した。このことは，コーティング膜においてもゼオライトの多孔質構造が維持されていることを示している。

AD法による成膜機構は「常温衝撃固化現象」と呼ばれ，結晶粒子の衝突による破砕変形で粒子間及び粒子-基板間の結合と緻密化が進むことが知られており，アルミナやチタン酸ジルコン

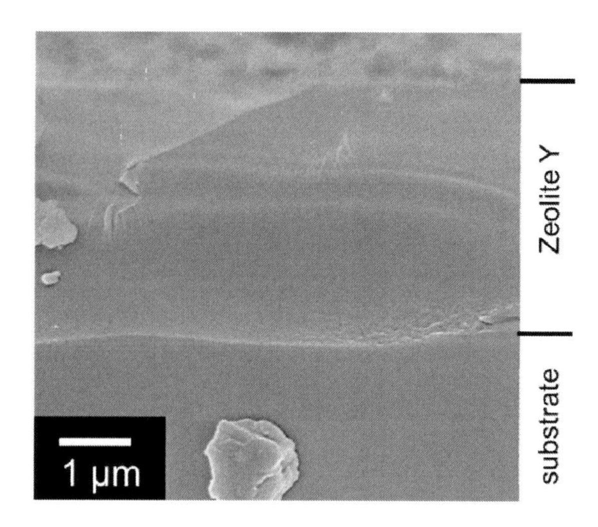

図2　ゼオライトＹ膜断面の走査型電子顕微鏡像

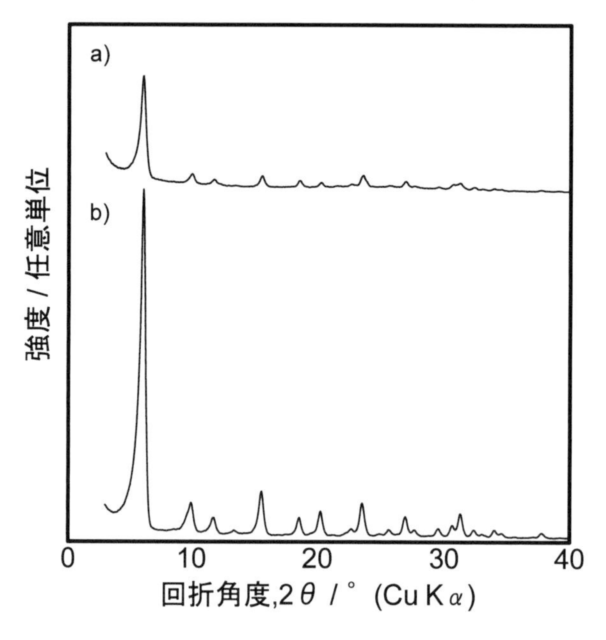

図3　ゼオライトＹの膜及び粉体のＸ線回折図
a）ゼオライト膜，b）ゼオライト粉体

表1　ゼオライトＹ粉体及び膜のイオン交換特性

試　料	イオン交換容量（CEC）(meq. / 100 g)
ゼオライトＹ粉体	288
ゼオライトＹ膜	274

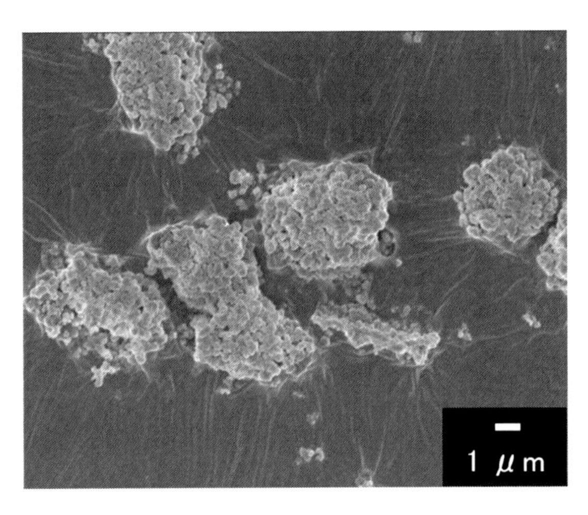

図4　ゼオライトY粉体の走査型電子顕微鏡像

酸鉛（PZT）のAD法によるコーティング膜では，粒子の破砕変形が確認されている[11]。ゼオライトYの原料粉体は，図4に示すようにサブミクロンサイズの単結晶一次粒子が，貫入凝集して数μmのポーラスな二次粒子を形成している。これに対しAD法によるゼオライトコーティング膜は緻密化しており，かつゼオライトYの一次粒子も観察されない。この結果は，ゼオライトYの原料粉体は基材との衝突によって二次凝集粒子のみならず，単結晶一次粒子も破砕されていることを示している。前述のX線回折の結果も，ゼオライトY結晶粒子の微細化を示しており，これらのことから，ゼオライトYにおいてもアルミナやPZTと同様の粒子の破砕変形による成膜機構で固化していると考えられる。

3　アロフェンコーティング膜

3. 1　アロフェンの特性

アロフェンは，火山灰など火山噴出物に由来する土壌に多く賦存する非晶質アルミニウムケイ酸塩鉱物であり，図5に示すような直径3.5 nm～5.0 nmの中空球状粒子で，球壁に0.3 nm～0.5 nmの貫通孔が多く存在する[12, 13]。このような特徴的構造のためアロフェンは大きな表面積を持ち，吸着性，調湿性を有する。特に，調湿性については，人間が快適と感じる相対湿度40～70%に調湿できる細孔径は，毛細凝縮が起こる相対蒸気圧と細孔半径の関係式であるKelvin式から，相対湿度50%で細孔半径2 nm，65%では3 nmであると知られていることから[14]，アロフェンの内径約4 nmは調湿性に最適な物質である。アロフェンの調湿性及び吸着性を利用した用途では，ボード状建材が実用化されているが，布や紙のような薄くフレキシブルに形状変化が可能な膜状形態が求められている。膜状にアロフェンを成形する方法として，樹脂などをバインダーとして用いた塗料・コーティング材が開発されているが，バインダーの使用はアロフェン

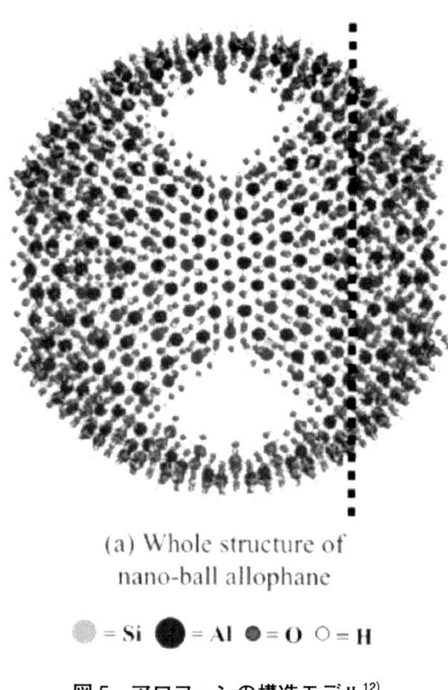

図5　アロフェンの構造モデル[12]

の細孔の一部が隠蔽される欠点がある。また，これらの塗膜は基材との密着性に課題がある。

3. 2　AD法によるアロフェンコーティング

アロフェンは栃木県真岡産天然試料を水ひ精製した後，200メッシュのふるいを通過した粉体を用いた。

AD法により不織布基材上に成膜されたアロフェン膜の外観図を図6に示す。成膜時は，基材を平滑な状態としたが，成膜後に図6に示すようにアロフェンコーティングされた不織布を湾曲しても膜が剥落しない密着性の良いアロフェン膜が得られた。

不織布基材上に成膜されたアロフェン膜断面のSEM像を図7に示す[15]。基材上にアロフェン膜が形成されていることが認められ，膜内部にはサブミクロンオーダーの空隙が多数あり緻密膜ではなく，多孔膜が形成されている。また，アロフェン膜と基材の密着性が高いことが確認された。

なお，ガラス及びアルミニウム板を基材とした場合も，不織布と同様に密着性の高いアロフェン膜が成膜できる。

透過型電子顕微鏡（TEM）観察によってアロフェン膜の微細構造を調べた結果を図8に示す[15]。TEM像からアロフェン膜は，数nmの球状粒子が緻密化していることが分かる。このことから，AD法によるアロフェン膜は，中空球状粒子が破壊されることなく成膜されることが明らかとなった。

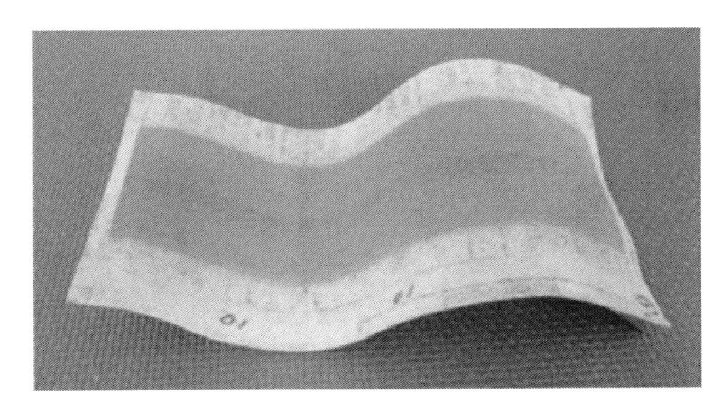

図6　アロフェン膜の外観（口絵参照）
基材：不織布

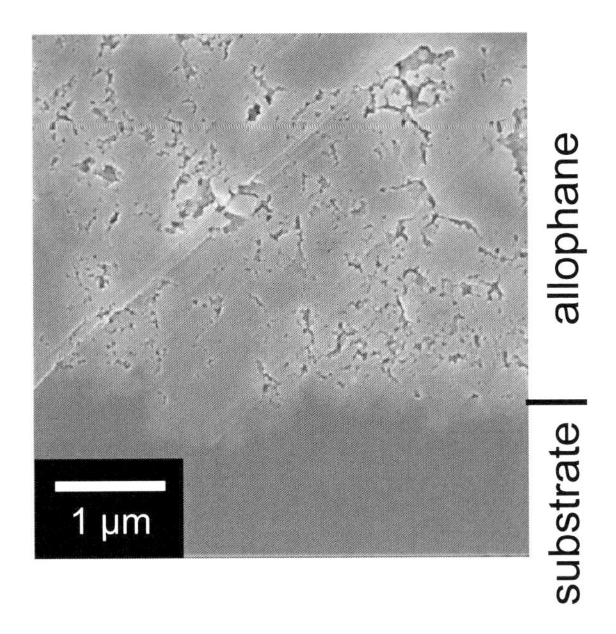

図7　アロフェン膜断面の走査型電子顕微鏡像

ゼオライト膜の項で述べたように，アルミナやゼオライトのような結晶性物質，言い換えると原子配列の三次元的な長距離秩序を有する物質のAD法による成膜機構は，結晶粒子の衝突による破砕変形で粒子間及び粒子–基板間の結合と緻密化が進む。これに対し，アロフェン粒子の場合は，中空球状粒子内に原子配列の短距離秩序を持つものの，一般的な結晶のように原子配列に長距離秩序は有していないことから，アロフェンの成膜機構は，アルミナなどの結晶性物質と異なるものと考えられる。

図9にアロフェン粉体とアロフェン膜（基材：アルミニウム）のX線回折図を示す。アロフェ

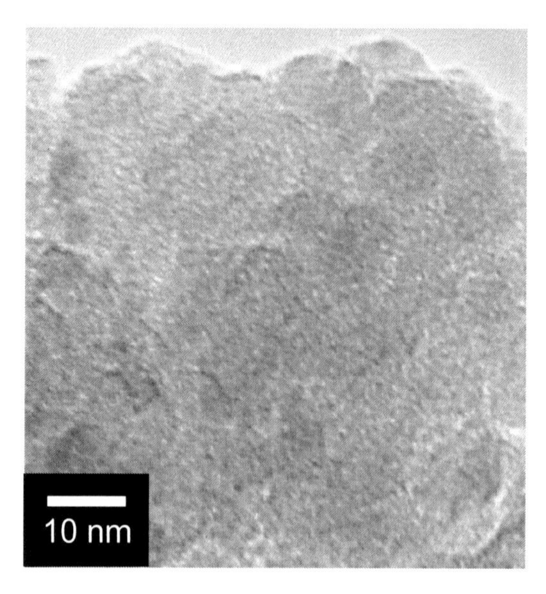

図８　アロフェン膜の透過型電子顕微鏡像

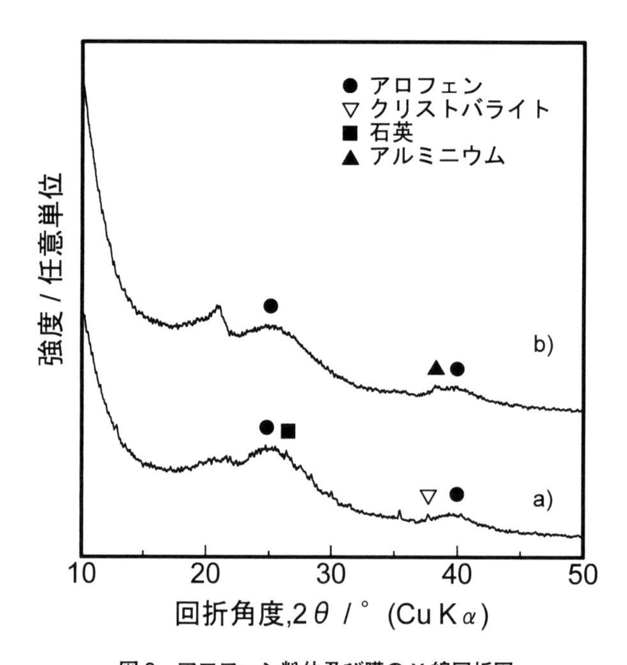

図９　アロフェン粉体及び膜のＸ線回折図

a）アロフェン粉体，b）アロフェン膜（基材：アルミニウム）

ン粉体の結果から，アロフェンの回折線は，25°付近と40°付近にブロードピークとして認められる。23°付近にもブロードなピークが認められるが，これは不純物の火山ガラスなど非晶質由来によるものと考えられる。アロフェンと非晶質はともにブロードな回折線であり，明瞭な結晶構造を持たないことを示しているが，その回折角は異なっている。これはアロフェンの構造には，Si,Al-O のネットワーク構造にある程度の秩序性を有するためである[11]。また，結晶性の不純物として，SiO_2 組成鉱物であるクリストバライトと石英のピークがわずかに認められる。

図 10 にアロフェン粉体の SEM 像を示す。アロフェン粉体の SEM 像では，アロフェンが数 μm の形状等方性の凝集粒子を形成していることが分かる。また，数 μm の形状異方性粒子や不定形粒子も観察され，これらは元素分析の結果，Si を主成分としており，図 9 の X 線回折で確認されたガラスや石英・クリストバライトである。

アロフェン膜（基材：アルミニウム）の回折パターンにおけるアロフェンの回折ピーク位置はアロフェン粉体のそれと一致している。このことは，AD 法による成膜過程でアロフェンの Si,Al-O のネットワーク構造に変化がないことを示している。また，アロフェン膜には，クリストバライトと石英のピークは認められない。このことは，ガラスや石英は AD 法成膜時に膜に取り込まれないことを示唆している。

アロフェン粉体と膜の赤外線吸収スペクトルを測定した結果，図 11 に示すとおりに帰属されるピークが現れた。これらの吸収は H_2O を除いて，アロフェン粉体の X 線回折パターン（図 10）において同定されたアロフェン，クリストバライト，石英，火山ガラスのいずれの構造にも存在する結合に由来する。図 11 b) アロフェン膜（基材：アルミニウム）において現れた吸収の種類は，図 11 a) アロフェン粉体と同じであり，含有物質の構造に変化はないことを示しているが，その強度比が異なった。990 cm^{-1} 付近の (Si,Al)-O 非対称伸縮振動及び 570 cm^{-1} 付近の (Si,Al)-O 対象伸縮振動の吸収に対する，3,400 cm^{-1} 付近の O-H 伸縮振動の強度比を見ると，アロフェン膜の強度比はアロフェン粉体のそれに比較して大きくなっている。X 線回折の結果から分かるとおり，AD 法によるアロフェン膜にはクリストバライト，石英が含まれず，また，非晶質も少ない可能性がある。図 5 の構造モデルから分かるように，アロフェンはクリストバラ

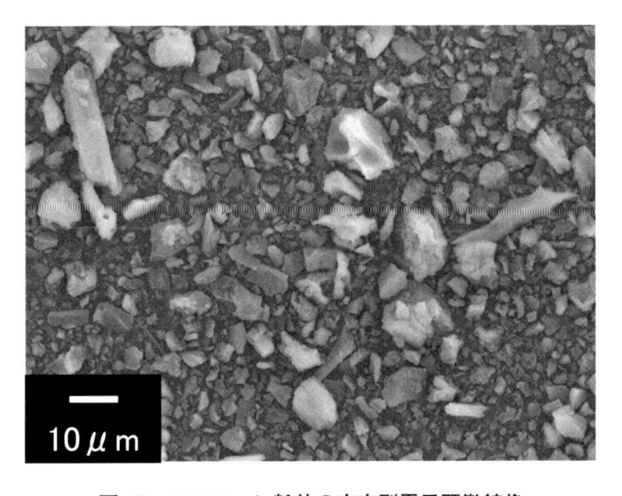

図 10　アロフェン粉体の走査型電子顕微鏡像

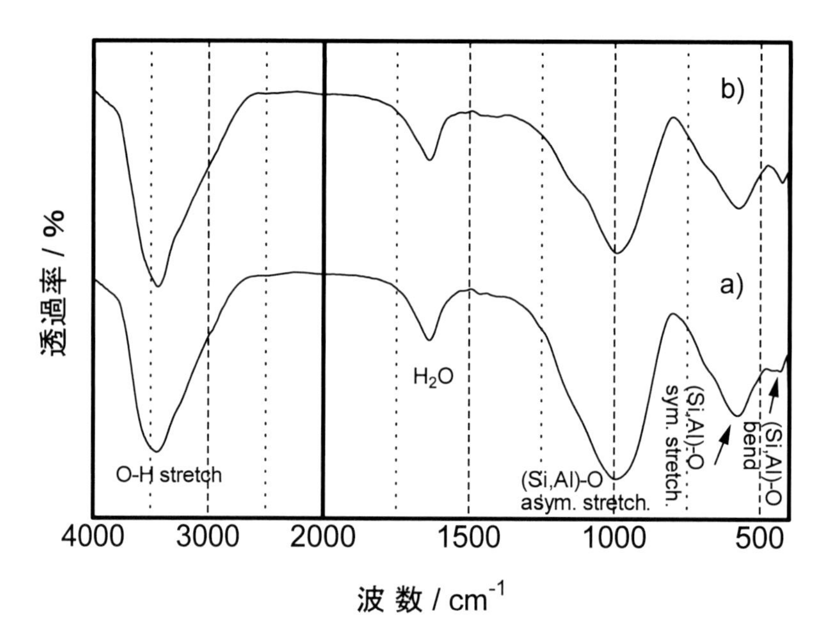

図11　アロフェン粉体及び膜の赤外吸収スペクトル
a）アロフェン粉体，b）アロフェン膜（基材：アルミニウム）

イト，石英，火山性ガラスと比較して，その構造中にOH基の含有量が多いことから，アロフェン膜は相対的にアロフェン含有量が増加し，それに伴いOH基の存在量が増加して，O–H伸縮振動の吸収も増大したと推察される。

アロフェン膜（基材：不織布）の各物性値を表2に示す。引っかき硬度（鉛筆法）（JIS K 5600）による硬度はH以上を示した。アロフェンは中空構造のため，セラミックスの焼付け塗装（4H以上）と比較するとやや硬度が低いものの，樹脂塗装（F～H）より高い値を示した。この結果は，AD法によるアロフェン膜は，樹脂系結合材を用いたアロフェン塗膜よりも高い硬度が得られることを示している。さらに，膜の耐久性は硬度とともに，耐屈曲性も求められる。アロフェン膜の曲げ試験の結果，90°以上に屈曲してもアロフェンの剥離および剥落は認められず，高い耐屈曲性と基材との密着性が確認された。密着性については，テープ剥離試験を行った結果，剥離がなくテープの粘着力4N/10mm以上の密着強度があることが分かった。

アロフェン膜（基材：不織布）とアロフェン粉体の相対湿度と吸湿率の関係を図12に示す[15]。アロフェン膜は，アロフェン粉体と同等の吸湿性を有していることが分かる。成膜過程でアロフェンの中空球状粒子が破壊された場合，吸湿率が減少あるいは消失することから，吸湿率の結果はアロフェン膜には中空球状粒子が存在することを示唆している。

表2　アロフェン膜の物性

項　　目	結　　果
硬度（鉛筆硬度）	H以上
密着力（テープ剥離）	4 N / 10 mm以上
曲げ剥離（90°）	剥離なし

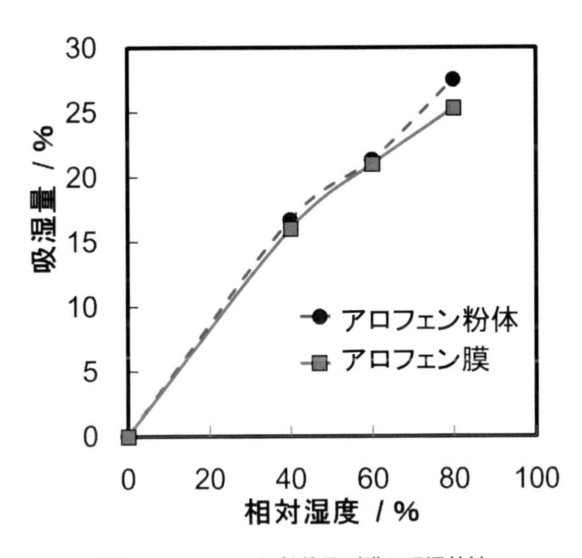

図12　アロフェン粉体及び膜の吸湿特性

4　おわりに

多孔質物質であるゼオライトとアロフェンを，AD法を用いることで，多孔質物質の細孔を維持しながら，バインダーレスで基材と密着性良く成膜することに成功した。得られたゼオライト膜とアロフェン膜は，吸着や分離の分野で広く利用が期待されるが，今後は大面積化と，分離分野ではクラックレスの実現が課題である。また，ゼオライトは種類が多く，種類ごとに結晶構造，細孔容積，密度，粒子径等が異なることから，各ゼオライト種に適したAD法の成膜条件の探索も必要となる。

文　　献

1) J. Akedo, *J. Thermal Spray Tech.*, 17, 181 (2008)
2) 明渡純，エアロゾルデポジション法の基礎から応用まで，シーエムシー出版（2008）

3) Ch. Baerlocher, L. B.McCusker and D. H.Olson, "Atlas of Zeolite Framework Types (6th ed.)", p.1-11 (2007)
4) H. Kita, K. Horii, Y. Ohtoshi, K. Tanaka and K. Okamoto, *J. Mater. Sci. Lett.*, **14**, 206-208 (1995)
5) K. Aoki, K. Kusakabe and S. Morooka, *AIChE J.*, **46**, 221-224 (2000)
6) J. J. Jafar and P. M. Budd, *Micro. Mater.*, **12**, 305-311 (1997)
7) L. C. Boudreau and M. Tsapatsis, *Chem. Mater.*, **9**, 1705-09 (1997)
8) A. Nakahira, S. Takezoe, Y. Yamasaki, Y. Sasaki and Y. Ikuhara, *J. Am. Ceram. Soc.*, **90**, 2322-2326 (2007)
9) 飯塚，湯澤，加藤，廣瀬，明渡，松本，第62回応用物理学会春季学術講演会要旨集，08-060 (2015)
10) 松本，佐伯，飯塚，明渡，日本セラミックス協会第31回秋季シンポジウム，1B21 (2018)
11) J. Akedo, *J. Amer. Ceram. Soc.*, **89**, 1834-1839 (2006)
12) K. Okada, H. Morikawa, S. Iwai, Y. Ohira and J. Ossaka, *Clay Sci.*, **4**, 291-303 (1975)
13) Z. Abidin, N. Matsue and T. Henmi, *Clay Sci*, **13**, 1-6 (2005)
14) S. Tomura, *J. Ceram. Soc. Japan*, **110**, 71-77 (2002)
15) 松本，鈴木，飯塚，佐伯，明渡，第62回粘土科学討論会要旨集，154-155 (2018)

第15章　プラスチック材料へのエアロゾルデポジションの応用

冨樫春久*

1　はじめに

プラスチック材料は，透明性，軽量性，耐衝撃性，易加工性などの長所を活かして，ガラスの代替品として光学部品にも利用されている。しかしながらプラスチック材料は，ガラスを始めとする無機物のバルク体に比べて傷つきやすく，耐擦傷性，耐薬品性，耐久性などに乏しいという欠点を有している。プラスチック材料の実用に際してはその欠点を補うべく，各種ハードコート処理が施されている。

主な用途としては，スマートフォン，携帯電話，タブレット，PC，TV等の家電製品の筐体や，意匠性の高い化粧品容器筐体，自動車内外装部品，また液晶ディスプレイ（LCD）等に使用される光学機能フィルム，CD，DVD，BD等の光学記録媒体等が挙げられる。それぞれの用途において要求されるレベルは異なるものの，ハードコートには基材との密着性，耐擦傷性，硬度，耐薬品性，耐久性（耐熱性，耐寒性，耐湿性），透明性等が要求される。

プラスチックハードコートは，表1に示すように[1]，各種材料が使用されているが，その中でもUV硬化性樹脂を用いた処理が生産性，経済性の点で他の硬化システムと比較して優位であり，広がりを見せている。基材に熱的ダメージを与えない事もUV硬化系の大きなメリットで

表1　プラスチック材料への各種ハードコートの分類

コート剤	化学物質	表面硬度	特徴	欠点
有機系	メラミン樹脂 ウレタン樹脂 アクリル樹脂	やや硬い	取り扱い容易 リコート性良好	硬さ，耐久性不十分
	UV硬化型 多官能アクリレート	硬い	生産性が高い リコート可能	耐候性が低い
シリコン系	シラン化合物	硬い	硬さと耐久性の両立	リコート性が劣る 耐衝撃性が弱い
無機系	金属酸化物	最も硬い	PVD，CVD等 ドライプロセスによる 製膜	プラスチック 密着弱い 生産性低い

* Haruhisa Togashi　荒川化学工業㈱　研究開発本部　コーティング事業　NC 1グループ　主任研究員

あり，特に熱に弱いフィルム基材へのハードコート処理はUV硬化のメリットを活かした用途と言える。

2 有機系ハードコート剤と硬さ

高硬度化要求は最終製品の高性能化，特に近年はガラス代替を目論み，鉛筆硬度試験で９Ｈもの硬度が要求される事がある。高硬度化を達成する方法として，反応性ナノシリカ微粒子をUV硬化樹脂に分散させたUVハードコート剤が開発されている[2)]。粒子のサイズがナノレベルであるため，透明性を損なう事がなく，有機系ハードコートとしては非常に優れた硬度，耐摩耗性を有する硬化膜を得る事ができる。

鉛筆硬度比較例（一般ハードコート材料／無機粒子配合タイプ）

基材	多官能アクリル樹脂(DPHA)	ナノコンポジットタイプ
ポリカーボネート板	HB～H	H～3H
アクリル板	3～5H	6H～9H
易接着PET(100µm)	2H	3H～7H
TAC(80µm)	2H	3H～5H

●多官能アクリル樹脂：ジペンタエリスリトールヘキサ/ペンタアクリレート、●ナノコンポジットタイプ：荒川化学製　ビームセット９０７系
●乾燥後膜厚：１０～３０µm（硬化後、クラックを発生しない最大値で比較）、●硬化条件：高圧水銀灯　５００mJ/cm²

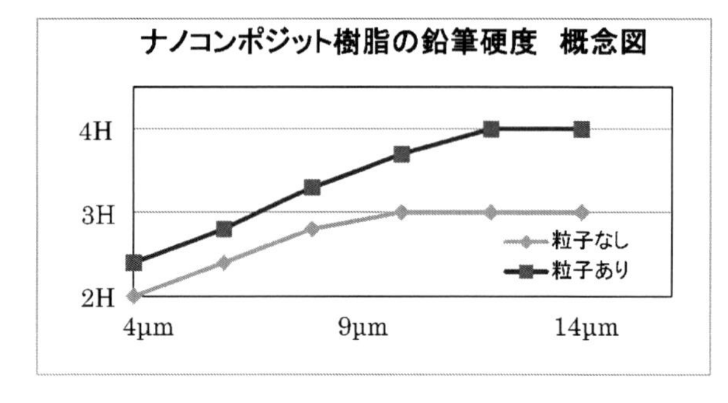

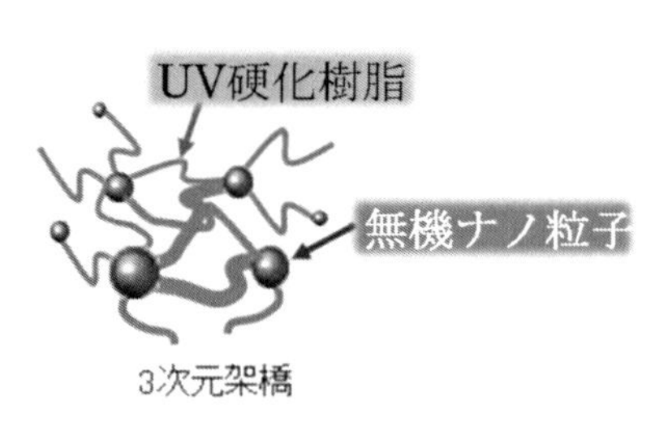

図１　ナノコンポジットタイプのイメージ図と鉛筆硬度

しかしながら，このようなハードコート剤においても例えばガラスのような無機物のバルク体には傷つき性の観点では到底及ばず，非常に高い硬度が要求されるスマートフォン表面等には薄いガラスが用いられているのが実情である。

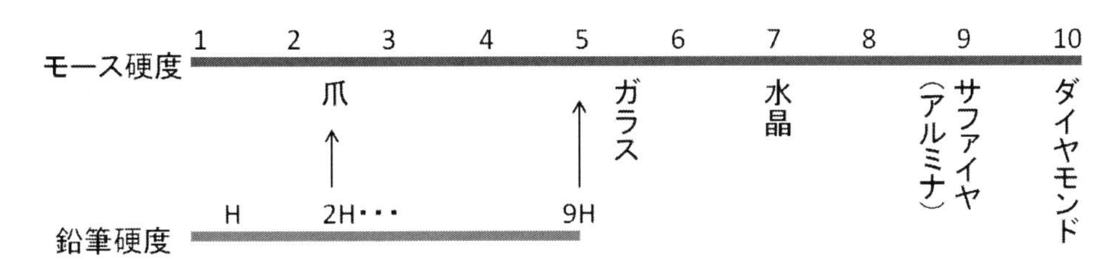

図2　モース硬度と鉛筆硬度の比較

3　プラスチック基材向けの無機系ハードコート

無機系ハードコートのプラスチック材料への適用はその製膜温度に大きな課題がある。無機膜の一般的な作成法である容射法は非常に硬質で均質な膜が得られるが，そのプロセス温度は1,000℃を超え，プラスチック基材への適用は到底叶わない。近年，ドライプロセスではPVD法，CVD法において材料・プロセスの改良が進みプラスチック材料への適用例が見られている[3]。また，ウエットプロセスではゾル-ゲル法を用いたシリコーン系コーティングの報告が数多くなされている[4,5]。

しかしながら，PVD法やCVD法で作成された無機膜は硬質であるが，厚膜化する際にはプロセス応力に無機／有機界面の密着力が耐えきれず，剥離やクラックが発生するため，膜厚が1 μm以下の薄膜で適用される事が殆どである。このため成形品に占める無機物層の厚みが不足し十分な硬度が発現しない。また，高真空を必要とし，更にCVD法の場合は原料ガスの維持管理に特別な設備が必要になる等プロセスに関わる懸念が多い事も課題である。

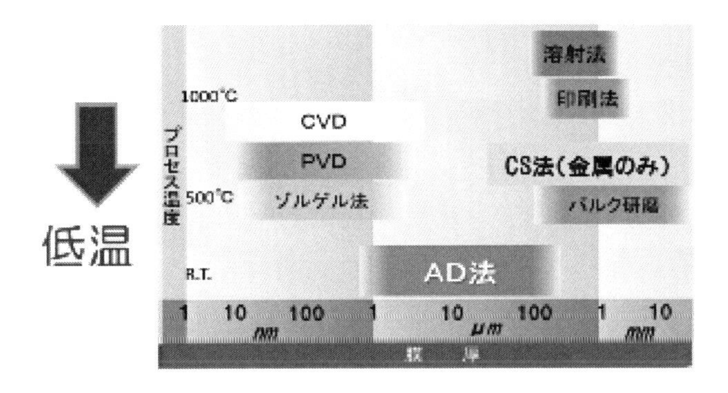

図3　無機系コート手法のプロセス温度と製膜可能膜厚

一方ゾル-ゲル法を用いたシリコーンコーティング剤は密着，プロセス等の課題をクリアしているように見えるが，実際は主に3官能原料を使用し，2官能原料も併用する等，架橋度を落として硬化の際の収縮応力を低減して製膜するため，無機物本来の魅力である硬さが不十分である。

表2　各種ハードコートの特徴

	UVコート	シリコンハードコート（ゾルゲル）	AD	PVD CVD	溶射/塗工焼成
プラスチック基材への適用	○	○	○	△	×
透明度	○	○	△	○	×
硬度	×	×	○	△	△
プロセス温度	低い	比較的低い	**低い**	高い	とても高い
プロセス・材料コスト	安い	安い	**比較的安い**	高い	−

エアロゾルデポジションは以下表2に示すように，プロセス温度がほぼ常温であり，熱に弱いフィルム形状のプラスチック基材にも適用可能な無機膜の形成法である。また，得られる膜質も硬質で条件を整えれば数 μm を超える厚膜化も可能であり，プラスチック基材上への高硬度無機系ハードコートの製膜法として適していると言える。

4　プラスチック材料への AD 処理

エアロゾルデポジション法も他の無機膜の形成法と同様に，その殆どが金属・セラミックなど無機基材へのコーティングであった。弊社と(国研)産業技術総合研究所の共同開発チームは，一般のプラスチック上では衝突するセラミック粒子によって容易に表面エッチングされてセラミックコートができないが，弊社の有する有機無機ハイブリッド上には，強固なアンカリング層を形成することができ，その結果，AD 法によってセラミック膜が密着性よく形成可能であることを見出した。

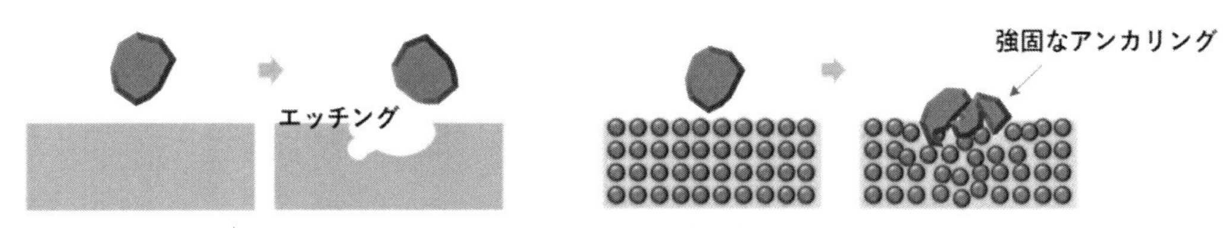

図4　荒川化学有機無機ハイブリッドによるアルミナ粉アンカリング概念図

当社の有する有機無機ハイブリッドは，シングルナノサイズ以下のシリカ粒子が有機ポリマー中に分散した構造を持ち，その微細なシリカ粒子が有機ポリマーとの間に多数の共有結合を有しているのが特徴である。以下にポリイミド-シリカハイブリッドの例を示すが，透過型顕微鏡写真において 5 nm 程度のシリカ粒子がポリイミド膜中に無数に分散している構造を有している事が分かる。またこのシリカ粒子の表面はマトリックスとなるポリイミドの高分子鎖と多数の共有結合を形成し，強固に結びついている。この高分子マトリックスに共有結合したシリカ粒子の存

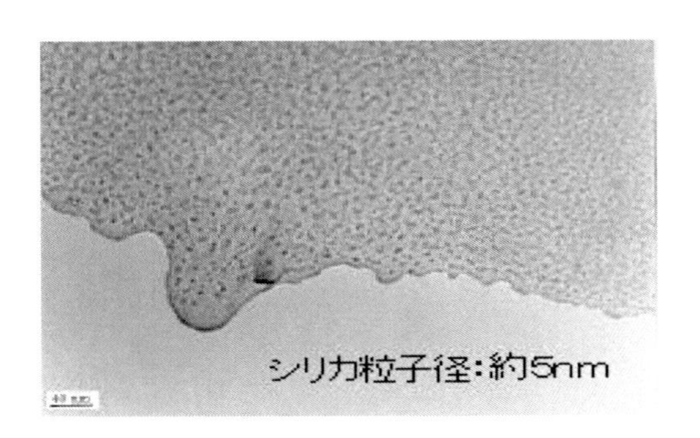

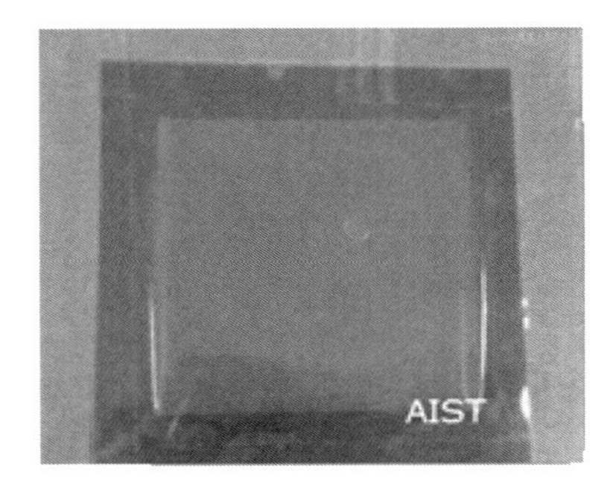

図 5　荒川化学有機無機ハイブリッドの TEM 像と AD 処理した塗膜

在により，他の一般的なポリイミドとは異なって，AD 法により良質の無機酸化物膜が得られている。

またコーティング用途への適用例として，シルセスキオキサンを用いる方法でも同様の特徴を有する組成膜が得られる。特に本開発で用いたシルセスキオキサンは R に光硬化できる置換基を導入し，紫外線硬化にて有機無機ハイブリッド膜の形成が可能となっている。

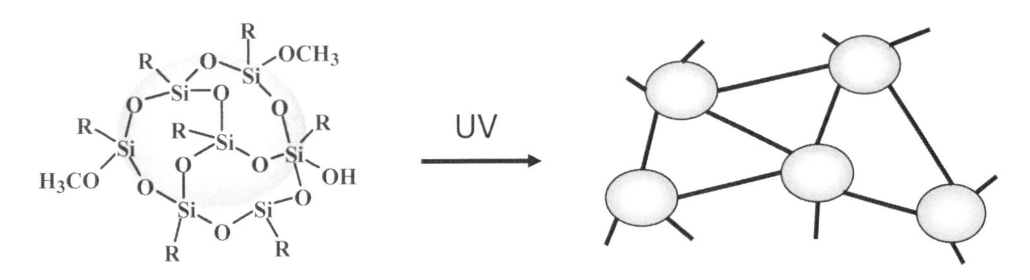

図 6　光硬化シルセスキオキサンのモデル図

また，これら化学構造的な特徴による膜の密着力向上と製膜時に発生する応力を緩和する物理的な構成の工夫により以下の様な AD 法による無機層を有する構造体を得るに至った。

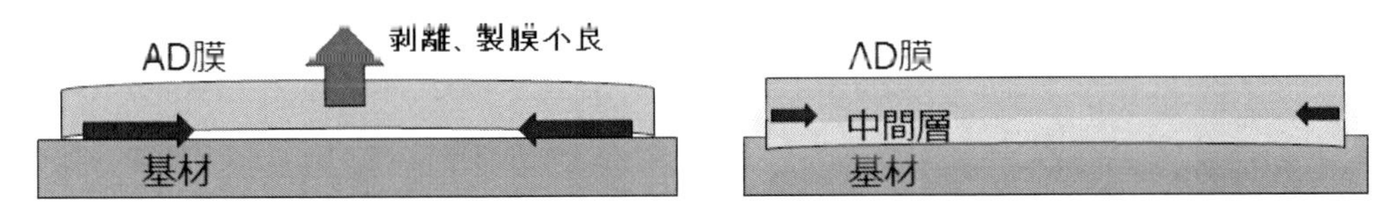

図 7　エアロゾルデポジション法における応力と緩和イメージ

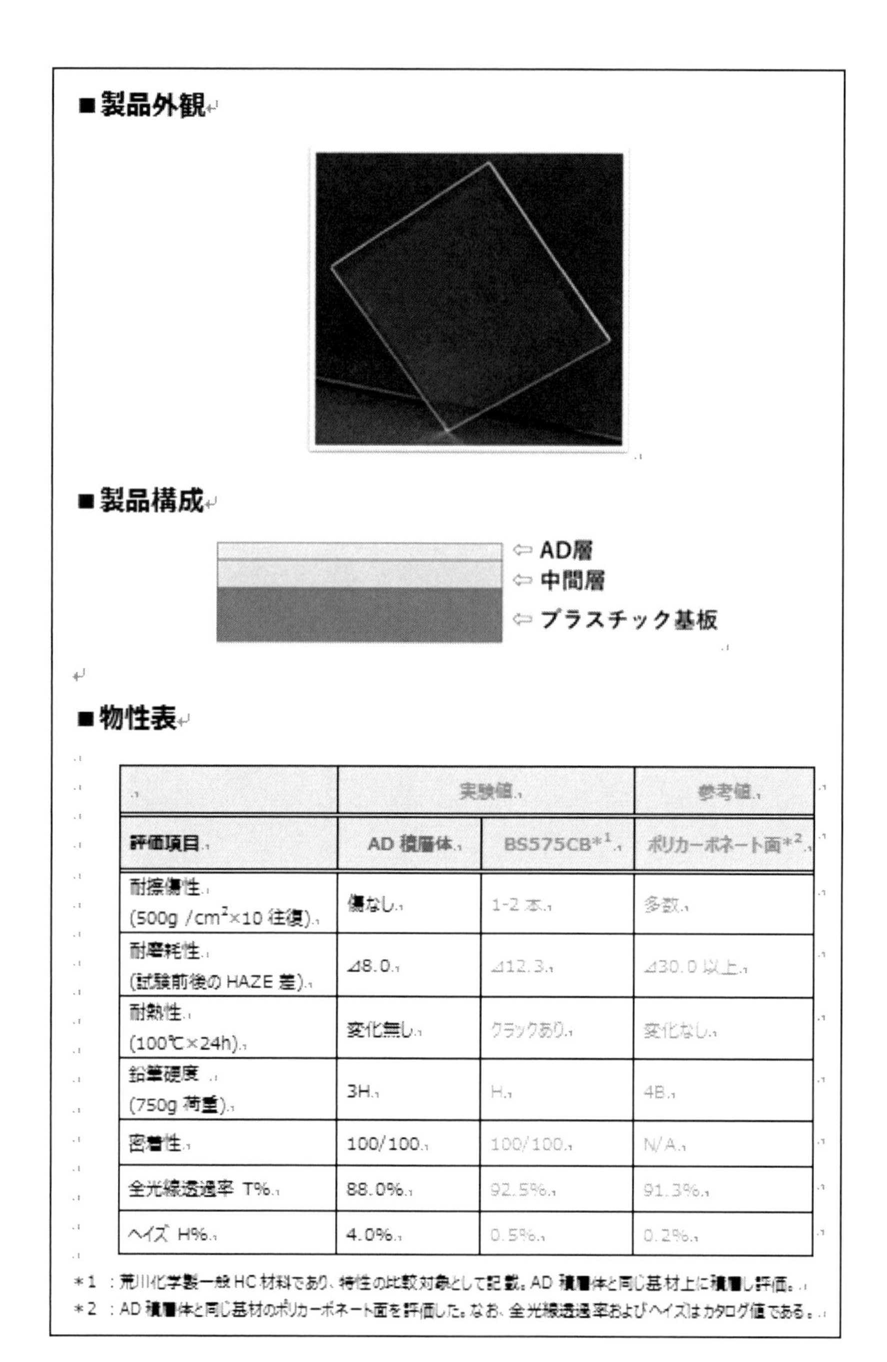

■製品外観

■製品構成

■物性表

	実験値		参考値
評価項目	AD 積層体	BS575CB*1	ポリカーボネート面*2
耐擦傷性 (500g /cm²×10 往復)	傷なし	1-2 本	多数
耐摩耗性 (試験前後の HAZE 差)	⊿8.0	⊿12.3	⊿30.0 以上
耐熱性 (100℃×24h)	変化無し	クラックあり	変化なし
鉛筆硬度 (750g 荷重)	3H	H	4B
密着性	100/100	100/100	N/A
全光線透過率 T%	88.0%	92.5%	91.3%
ヘイズ H%	4.0%	0.5%	0.2%

＊1 ：荒川化学製一般 HC 材料であり、特性の比較対象として記載。AD 積層体と同じ基材上に積層し評価。
＊2 ：AD 積層体と同じ基材のポリカーボネート面を評価した。なお、全光線透過率およびヘイズはカタログ値である。

図８　ポリカーボネート基材上に製膜したAD積層体の物性値

5　プラスチック材料へAD処理した材料の用途と今後の展開

5. 1　家電製品筐体

家電製品筐体は硬さ以上に意匠性が求められる場合がある。現状では各種筐体は以下に示すように1層から数層の意匠層を設け風合を出し，その上に傷つき防止層を有する構成（若しくは基材プラスチック自体に着色し傷つき防止層を積層する構成）が一般的である。

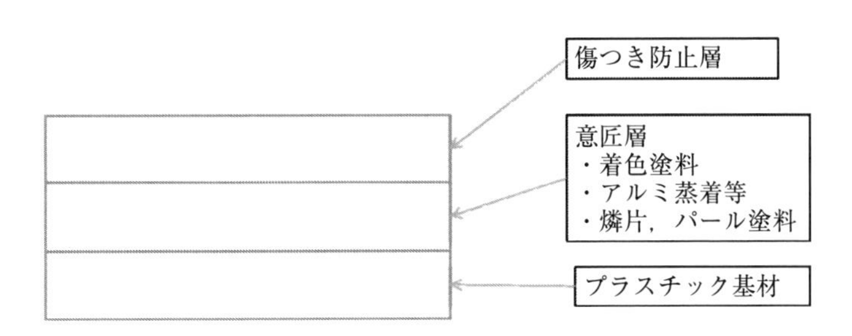

図9　家電筐体の層構成

しかし，これらの場合は着色層の製膜工程が多く工程の猥雑化やコストアップ又は基材着色の構成では意匠性不足が指摘される。一方，明渡らによってセラミック着色AD膜が開発されている。ハードコート機能と意匠性を1層で発現できる本手法は非常に有用であると考えられる。

図10　セラミック着色AD膜（口絵第22章図27を参照）

5. 2　樹脂グレージング

樹脂グレージングとは樹脂ガラスとも呼ばれ，車の窓をガラスからポリカーボネート等の合成樹脂製の窓材に変更したものを指す。軽量化に伴う燃費性能の向上（CO_2排出量の削減）やデザインの自由度などにより，サンルーフ，クォータ・ウインドウ，リア・ウインドウなどの一部に採用されている。なお，実装品は樹脂基材の表面に，耐候性や耐傷性を向上させるため，ハー

表3　欧州 ECE No.43 に記載されている耐摩耗性の規格

種類	摩耗試験後のHAZE			
	クラスL		クラスM	
	車外側	車内側	車外側	車内側
試験条件	1,000 回転	100 回転	500 回転	100 回転
樹脂	2%以下	4%以下	10%以下	4%以下

＊クラスLは運転席左右の側面窓，クラスMはそれ以外の領域

ドコート塗料が塗布されている。また，ガラス並みの硬度を達成するために最表層の無機化が成されており，有機／無機複合コート剤が採用されている有望な市場である[6,7]。

筆者らは本テーマ向けに基礎検討を実施しており，実用化に可能性を見出している。本テーマの課題は耐久試験時の有機／無機界面の剥離であり，熱収縮率の差に起因していると推察される。

5. 3　建材外装

プラスチックを用いた建材は，軽量，透明，安全性，加工性等のメリットから，木材，ガラス等製品の代替が進んでいる。建材用途は外使いも想定されるため，長期耐久性と意匠性が必要とされ，アクリル系やウレタン系又はシリコン系の塗料が使用されてきた。近年ではこれらの耐久性，意匠性に加えさまざまな機能を持った塗料が本用途向けに使用されている。その代表的なものとしては酸化チタンの光触媒能を利用したセルフクリーニングが挙げられる[8]。その他に建材向けに要求される機能は，紫外線等特定の波長の光をさえぎる遮光性，近赤外線を反射させ内部の温度上昇を抑制する遮熱性等が挙げられる。何れも無機材料を使用した機能付与が一般的であり，これらの材料をAD法にて膜の表面又は内部に複合化する事で，機能付与が可能となると考えられる。

6　おわりに

本稿ではプラスチック材料へのAD処理について期待を含めた展開を記載した。プラスチック材料へのAD処理は黎明期にあり，確立された技術やマーケットは少なく今はまだ目立たない存在である。ただしプラスチック材料へのハードコートについて，高硬度化，高機能化，高意匠化の要求は留まる事なく，今後無機材料の利用が拡大する事は間違いないであろう。それに伴い，異種材料の密着性の改善など技術の確立に加え，コストダウン，環境負荷低減対応の重要性が増して来ると考えられる。これらは無機膜形成の共通課題でもあり，その1つの解としてAD法が有力と考えられ，今後の技術・市場の発展を期待している。

文　　献

1) 帝国インキ製造株式会社　技術情報トピックス，No.114（2003. 2）
2) 特許3474330号
3) 矢澤哲夫監修，「プラスチックハードコート材料の最新技術」，シーエムシー出版（2008）
4) 竹田博光著，「セラミックコーティング」，日刊工業新聞社（1988）
5) 作花済夫著，「ゾル―ゲル法の応用」，アグネ承風社（1997）
6) 広島県立総合技術研究所　西部工業技術センター研究報告，No.52（2009）
7) 特許4536824号
8) 山松節男，工業塗装，**216**，25-28（2008）

第16章　絶縁層，放熱基板

明渡　純*[1]，青柳倫太郎*[2]，津田弘樹*[3]

1　はじめに

近年，省エネルギーや自然環境問題の意識が高くなるとともに低消費電力，長寿命，高輝度を特徴とするLED照明が急速に普及し，絶縁ゲート型バイポーラトランジスタ（IGBT）を利用した車両，エネルギー，産業機械分野向けインバータなどのパワーデバイスに関する研究開発が積極的に進められている。その一方で電子機器の小型化，薄型化，高集積化の浸透により電子デバイス，電子部品が高密度に実装され，発熱密度は増加している。そのようなパワーデバイスにおいては，放熱がデバイスの性能や寿命に影響するため，熱設計，熱流体解析，放熱対策が重要な課題の一つになっている。

これまでの電子機器などで一般に利用されてきたガラスエポキシ樹脂系などのプリント回路基板（PCB）では，パワーデバイスを実装して使用する動作環境の場合，熱伝導が十分ではないために，放熱の面では必ずしも適しているとは言えない。このためパワーデバイスを実装する基板では，放熱能力を向上したセラミックベース基板や金属ベース基板などが用いられている。

セラミックベース基板の代表的な例としては，アルミニウムや銅などの金属板を接合したセラミック基板がある。熱伝導率の高い窒化アルミニウムベース基板の両側にアルミニウム板を直接接合，または，鑞接した基板にIGBTなどのパワーデバイスを実装[1,2]する。このようなセラミックスベース基板は優れた電気絶縁特性と放熱特性を示すが，熱膨張係数の違いに起因した熱的なストレスによるセラミック基板からの金属剥離やクラックが生じる問題[3,4]がある。また，基板加工形状や形状規模に製造上の制約や製造コストに難点がある。

金属ベース基板[5]の例には，絶縁金属基板（IMS）があり，典型的な単層絶縁金属ベース基板の場合，図1に示すような絶縁層に対して放熱用金属基材と電気的な回路配線用の導体箔層で挟み込まれた構造としている。金属基材には，0.3 mm～3 mm程度のアルミニウム系基材，銅系基材，鉄系基材などが使用されている。絶縁層には，エポキシ樹脂系基材，ポリイミド（PI）

＊1　Jun Akedo　(国研)産業技術総合研究所　先進コーティング技術研究センター
センター長
＊2　Rintaro Aoyagi　(国研)産業技術総合研究所　先進コーティング技術研究センター
微粒子スプレーコーティング研究チーム
＊3　Hiroki Tsuda　(国研)産業技術総合研究所　先進コーティング技術研究センター
微粒子スプレーコーティング研究チーム

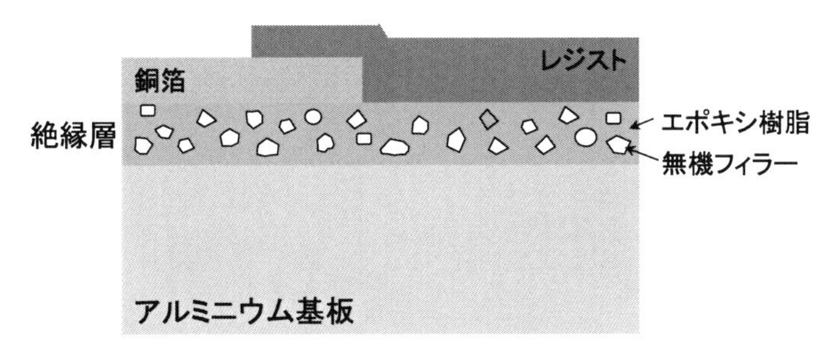

図1　単層絶縁金属ベース基板の一例

樹脂系基材等が使用され，求められる電気絶縁特性に応じて50 μm～200 μm程度の厚みで構成した絶縁層が広く利用されている。絶縁層の熱伝導性をより高くするために，アルミナやシリカなどの熱伝導性に優れる無機フィラーをエポキシ樹脂材に充填している。このような無機フィラーの充填率を増加すると熱伝導率は向上するが，絶縁層自体の結合強度や絶縁層と金属ベース基板，または，銅箔電気回路パターンなどである導体箔層との密着性等の機械的特性が損なわれる側面がある。

2　放熱基板用絶縁層の開発概要

パワーデバイスを実装する放熱基板には，電気絶縁特性，放熱特性，機械的特性，信頼性を必要としている。金属ベース基板においては，デバイスの高集積実装化等に伴って，発熱密度がさらに増加しより高い放熱性が求められ，これに応えつつ，その他に要求される特性を満たすためには電気絶縁層が重要になるので，ここでは金属ベース基板における電気絶縁層に注目し開発した。

金属ベース基板における電気絶縁層の放熱特性を向上させるには，熱伝導度の高い材料を使用するか，電気絶縁特性，機械的特性等その他の特性を維持しつつ，電気絶縁層を薄くして熱伝導度を高くすることが考えられる。

一方，エアロゾルデポジション（AD）法は，サブミクロン程度のセラミック微粒子を常温環境にて高速で基板へ噴射し，微粒子が基板へ衝突する衝撃固化現象を利用して成膜する技術であり，緻密で密着性の高いセラミック膜の形成が可能である。

このようなAD法の特徴を生かして，安価な材料であるアルミナ原料粉末を用いて，電気絶縁層をAD法により金属基板に形成し放熱基板用電気絶縁層の可能性を検討した。

3　AD法による電気絶縁層の形成

セラミック粉末をAD法により金属基板に成膜し，金属基板上に電気絶縁層を形成した。セラ

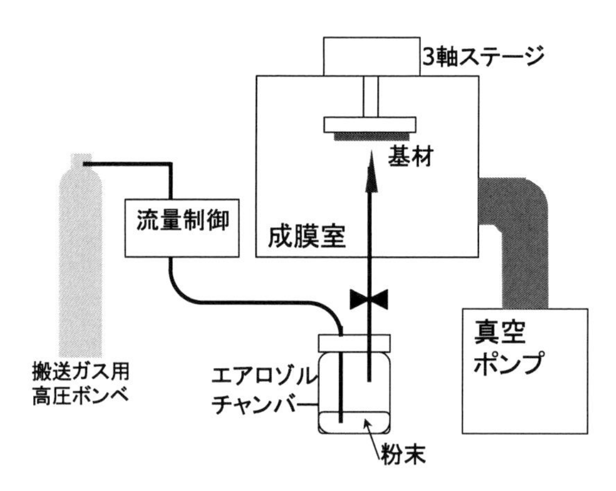

図2　使用した成膜装置構成

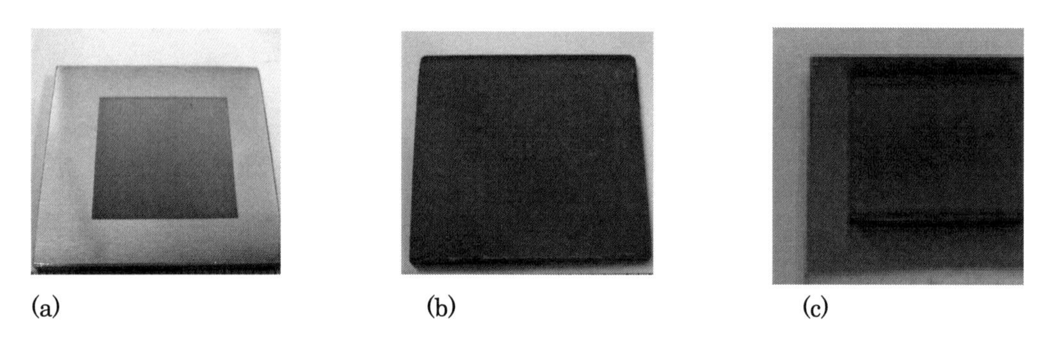

図3　(a) アルミニウム，(b) 銅，(c) ステンレス鋼の金属基板上に成膜した電気絶縁層の例

ミック粉末にはアルミナ粉末を，金属基板にはアルミニウム，銅，ステンレス鋼などを用いた。成膜には，図2に示すようにエアロゾルチャンバー，成膜室，真空ポンプ，搬送ガス供給系から構成される一般的な成膜装置を使用した。

図3には基材としてアルミニウム，銅，ステンレス鋼の各種金属基板に成膜した電気絶縁層の例を示す。電気絶縁層にはアルミナ膜が形成されている。

4　電気絶縁層の評価

金属基板にAD法で成膜した電気絶縁層に電極を形成し，金属基材との間に直流の電圧を印加し絶縁耐電圧，リーク電流を測定し，電気絶縁特性を評価した。電気絶縁特性については，電気絶縁層の絶縁耐電圧の膜厚依存性，成膜前処理条件依存性，基板依存性を検討した。

機械的特性の評価には，超微小硬度計を用いて，電気絶縁層の硬度を測定し，電気的特性との関連性を解析した。

また，金属基板に形成した電気絶縁層を温度波熱分析法により熱拡散率を測定し，熱的特性を簡便に評価した。

5　電気絶縁層の特性

金属基板にアルミニウムを使用して，異なる成膜前処理のアルミナ粉末を用いて形成した電気絶縁層の膜厚とその形成膜の直流絶縁耐電圧および電気絶縁層の膜厚とその絶縁耐電界との関係を図4に示す。電気絶縁層の膜厚が厚くなるとともに絶縁耐電圧は高くなる傾向にあるが，絶縁耐電圧が膜厚に比例して増加するわけではなく，電気絶縁層の厚み増分に対して，絶縁耐電圧の増加分が低下してきている。言い換えれば，電気絶縁層の厚みに対して絶縁耐電界が一定ではなく，電気絶縁層が厚くなるに従い，絶縁耐電界が低下してきている。また，成膜前の粉末処理に絶縁耐電圧や絶縁耐電界が影響している。

アルミニウム基板の場合，電気絶縁層が10 μm程度の厚みで，絶縁耐電圧が1.4 kV以上となり，成膜前粉末処理によっては，おおよそ2 kV近い絶縁耐電圧を示した。

金属基板にアルミニウム，銅，ステンレス鋼を用いて，アルミナ10 μm程度の厚みとなる電気絶縁層として形成した場合における電気絶縁特性を測定した代表的な結果を図5に示す。アルミニウム基板，銅基板上に形成したアルミナ電気絶縁層の絶縁耐電界は，200 V/μm程度であったのに対して，金属基板がステンレス鋼の場合，絶縁耐電界が約100 V/μm高い300 V/μm程度であった。ステンレス鋼上に形成した電気絶縁層の厚みが10 μmの場合，絶縁耐電圧が3 kVとなる。このようにAD法で成膜した電気絶縁層の電気絶縁特性は，使用する基板材質に影響される。

図6には，アルミニウム基板に形成した10 μm程度の厚みである電気絶縁層の代表的なリーク電流密度と体積抵抗率を示す。本測定の例では，1000 kV/cmの直流電界において1×

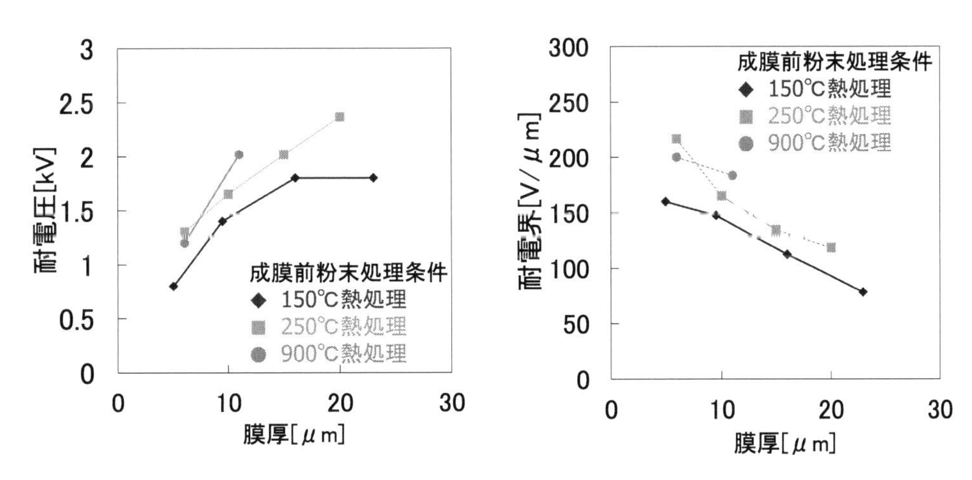

図4　アルミニウム金属基板上に形成したアルミナ絶縁層の膜厚と絶縁耐電圧および絶縁耐電界の関係

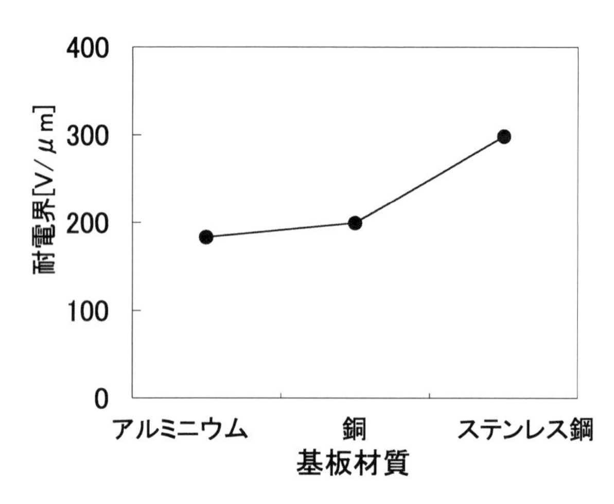

図5　各種金属基板上にアルミナ電気絶縁層を形成した場合における絶縁耐電圧

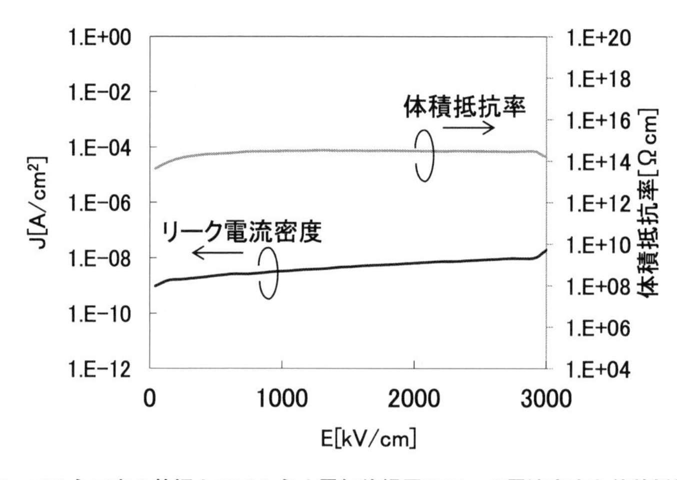

図6　アルミニウム基板上のアルミナ電気絶縁層のリーク電流密度と体積抵抗率

10^{-8} A/cm^2 の微小電流密度であり，体積抵抗率はアルミナのバルク体とほぼ同程度であった。

6　電気絶縁特性と機械的特性との関係

電気絶縁特性を評価した電気絶縁層の硬度を測定した結果，金属基板がアルミニウムに成膜した電気絶縁層では，ビッカース硬度が800～1000 Hvであった。これに対してステンレス鋼基板に成膜した電気絶縁層では，1600 Hv程度のビッカース硬度が得られた。

図7には，測定した電気絶縁層のビッカース硬度と絶縁耐電界との関係をプロットした。電気絶縁層のビッカース硬度が絶縁耐電界とおおよそ線形の関係にあることがわかる。つまり，AD法で形成した電気絶縁層の機械的特性と絶縁特性には，強い関係があると考えられる。そし

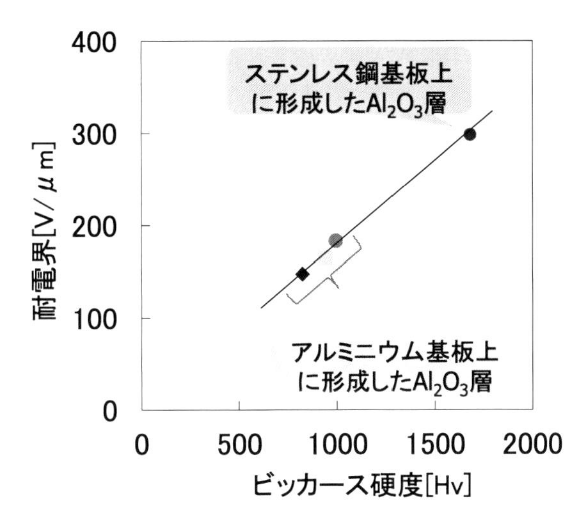

図 7　電気絶縁層の硬度と絶縁耐電界の関係

て，電気絶縁層を形成する下地となる基材の影響を受けて電気絶縁層の硬度がより硬いと絶縁耐電界が高くなる傾向が示唆される。

7　熱的特性

アルミニウム金属基板に形成した厚み 10 μm であるアルミナ電気絶縁層サンプルの熱拡散率を測定して熱的特性の評価を行った。熱拡散率については，周期的に発熱する温度波を絶縁層に加え，膜厚，基板厚方向に伝搬する温度波の位相差を金属基板裏面で検出し，実際の放熱を想定

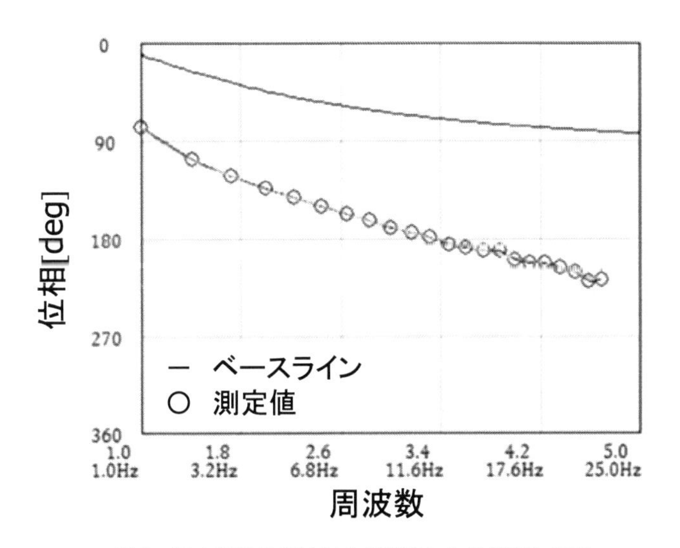

図 8　温度波熱分析法により検出した位相遅れ結果

した金属基板を含む熱拡散率を温度波熱分析法により測定した。

図8には，温度波熱分析法により測定した位相遅れの結果を示す。位相遅れより計算した熱拡散率は，8.4×10^{-5} m^2/s であった。この数値は金属基板に使用したアルミニウムの熱拡散率である 9.7×10^{-5} m^2/s[6]に近い値であり，電気絶縁層を薄くすることでアルミニウム金属にかなり近い放熱機能の役割を果たせると考えられる。すなわち，電気絶縁層を薄くすることによって，高い絶縁特性を維持しながら金属基板と一体で優れた放熱特性を示し，デバイスの実装形態によっては，放熱基板としての活用の可能性が期待される。

8　最近の研究開発動向

アルミナは AD 法の基本材料でもあり，産総研では古くから放熱・絶縁特性のみならず多くの応用を視野に入れた研究に取り組んできた。近年では AD 法の普及とともに国内外においても多くの機関において AD 膜を放熱・絶縁デバイスに展開する研究が行われている。ここでは AD 法を用いた国内外の絶縁層，放熱基板に関する研究事例を紹介する。

AD 法に関する研究は，世界各国において行われており，特に韓国では大学・研究機関・民間企業において精力的な研究がなされている。比較的早い時代の報告例として 2008 年に報告された Korea Electronics Technology Institute（KETI）と Seoul National University の Cho と Kim の論文[7]が挙げられる。彼らはハイパワーLED 用放熱絶縁体としてアルミニウム基板上にアルミナを AD 法で作製し，従来のメタルコアプリント基板（MCPCB）と放熱基盤としての特性の比較を行った。この報告[7]によると，得られたアルミナ膜は 10 μm 以上の厚みにおいて 1000 V 以上，約 100 kV/mm の絶縁性を有しており，前節で示した図7のアルミニウム板上のアルミナ膜とほぼ同等の性能が示されている。また LED を実装し放熱特性を評価したところ，パッケージング構造，ベアチップ構造ともに AD 膜を用いた方が熱容量が小さく放熱特性が大きく改善することが報告されている。

近年では 2017 年に Korea Institute of Materials Science（KIMS）のグループが AD 法を改良した Granule spray in vacuum（GSV）と称する方法を用いて放熱絶縁基板用に窒化アルミニウム（AlN）絶縁膜を形成し，報告を行っている[8]。図9に従来のサーマル・インターフェース・マテリアル（TIM）を用いた放熱基板と絶縁膜を用いた放熱基板の構造，ヒートフローを示す。この報告では高放熱・絶縁材料である窒化アルミニウム AlN を金属基板上に膜として形成することで絶縁・放熱性能を得るとともに，金属基板とセラミックスを接合するための TIM が不要となることから高放熱特性も大きなメリットとして挙げられている。実際の性能試験において従来構造のものよりも高い放熱性が得られていると報告されている。

また“aerosol deposition”“heat dissipation”をキーワードとして Google Scholar で検索すると LED モジュール用の放熱基板を視野に入れた報告・特許出願が数多くなされていることがわかる。

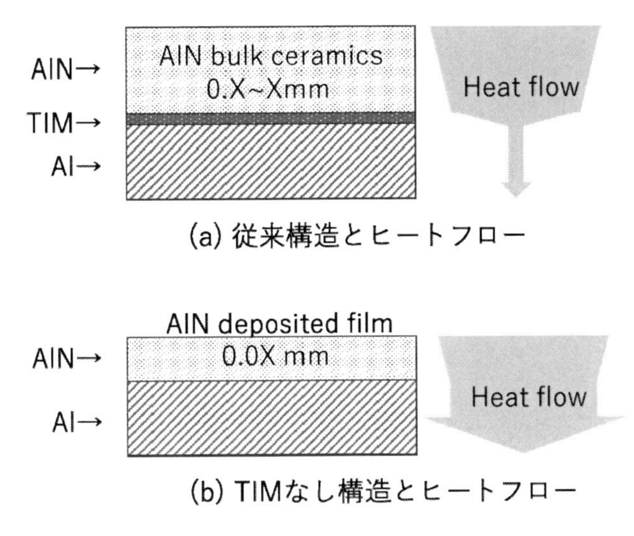

図9　TIMを用いない放熱基板の構造

日本国内ではハイパワーデバイス，高輝度LEDデバイスなどへの注目が増す中，産総研に対し，AD法による放熱基板用絶縁層形成に関する技術相談が数多く寄せられている。ここでは国からの支援を受け，AD法をデバイス開発に用いている2社の取り組みについて簡単に紹介する。

広島市の㈱アカネ[9]では独自技術である銅-炭素複合材（Cu-C）を用いた放熱基板の開発を行っており，絶縁膜や金属膜作製プロセスとしてAD法の適用を試みている。平成26年度には戦略的基盤技術高度化支援事業（サポイン事業）に採択されており，ヒートシンクや独自開発の高放熱素材上に直接にAlN絶縁膜やCu膜をAD法で形成しLED，IGBT用の放熱基板の開発に取り組んでおり，その成果の一部は報告書として中小企業庁のホームページに掲載されている[10]。

また愛知県の㈱美鈴工業[11]ではここまで述べてきた絶縁放熱としてではなく，ヒーターデバイス用の絶縁伝熱層としてAD法によるアルミナ膜に着目し，こちらもサポイン事業で性能の高度化に取り組んでいる。美鈴工業が製品化しているSteel Heaterはステンレス基板上に絶縁ガラスを印刷・焼成しその上に抵抗体パターンを形成した構造をしており，抵抗体を通電することで発熱した熱がステンレス基板に伝わる面発熱ヒーターである。このヒーターは既にプリンターの定着ヒーターや半導体製造装置用ヒーターとして市場に出回っている。美鈴工業ではヒーターの性能を向上させるためにはガラス層を薄くすることが必須であると考え，ガラス層の代わりにアルミナAD膜を用いることを検討している。図10に中部経済産業局ホームページ[12]に掲載されている従来技術によるSteel HeaterとAD法による絶縁層形成を導入した新技術によるSteel Heaterの構造，問題点，利点の比較を示す。上述したようにステンレス上に形成したアルミナ膜は高い絶縁耐圧を示すことから，この応用はAD法によるアルミナ絶縁膜の特性を生かしたものといえる。

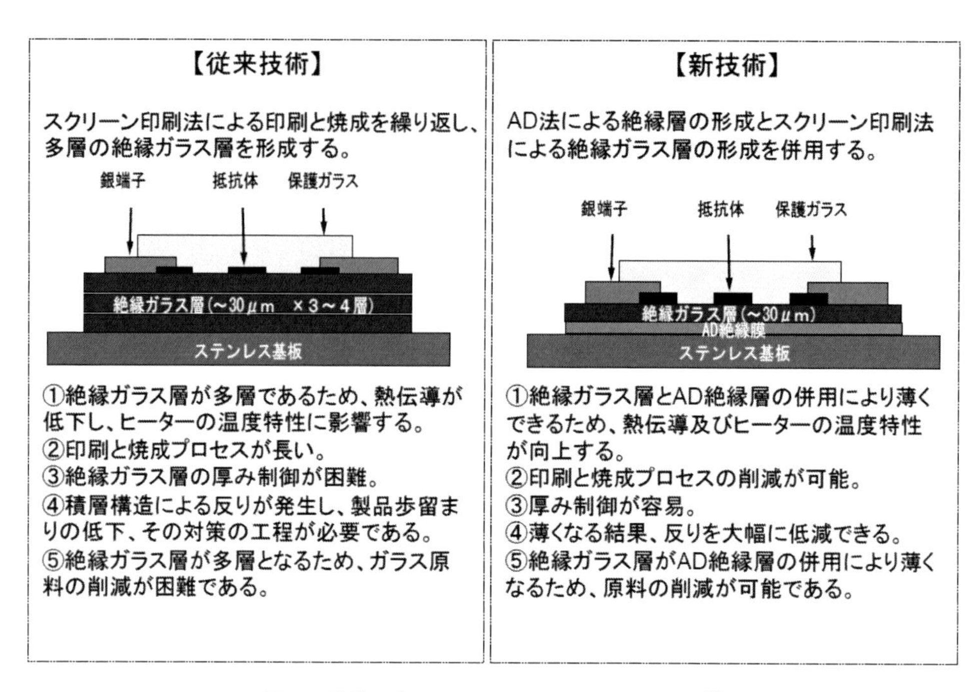

図 10 美鈴工業において開発中の Steel Heater[12)]

9 おわりに

金属基板上にアルミナ粉末を用いて AD 法により電気絶縁層を形成し，放熱基板への応用を検討してきた。AD 法で形成したアルミナ電気絶縁層の絶縁特性，機械的特性，熱的特性を明らかにし，電気絶縁層数十 μm 程度での厚みで，高い絶縁特性を保持しつつ，放熱効果の高い放熱基板用電気絶縁層としての可能性を検証した。

国内外の動向からわかるように AD 法で作製したアルミナ膜や窒化アルミ膜の絶縁・放熱の応用に対するポテンシャルは高く，産業界からの期待も非常に高い。しかしながら従来のバルク材と比較するとピンホールなど局所的絶縁不良の懸念など実用化に向けた課題は数多く残されている。今後は高品質膜，高効率成膜など AD 法における生産技術の確立が必要である。

文　献

1) J.F. Burgress, Solid State Technology, p42, May (1975)
2) 高見沢秀男，Hybrids, 6 (2), 29-40 (1990)
3) A, B. Kabaar, C. Buttay, O. Dezellus, R. Esteves, A. Gravouil, L. Gremillard,

Microelectronics Reliability, **79**, 288-296（2017）
4）H. Lu, C. Bailey, C. Yiu, *Microelectronics Reliability*, **49**, 1250-1250（2009）
5）米本神尾，サーキットテクノロジ，**9**（6）, 459-464（1994）
6）Jim Wilson, Material Data, August, 2007
7）H-M. Cho and H-J. Kim, *IEEE ELECTRON DEVICE LETTERS*, **29**, 991-993（2008）
8）Y. Kim *et al. Scientific Reports*, **7**, 6637（2017）
9）http://akane-kk.jp
10）http://www.chusho.meti.go.jp/keiei/sapoin/portal/seika/2014/0601h.pdf
11）http://www.misuzu-industry.co.jp/WebJpn/index.html
12）http://www.chubu.meti.go.jp/interface/php/chubu/kikai/sapoin/index.php/files/kenkyuchu?id=147

第17章　リチウム二次電池への応用

秋本順二*[1]，片岡邦光*[2]，永田　裕*[3]，明渡　純*[4]

1　はじめに

リチウム二次電池は，携帯型電子機器用の電源として1990年代に最初に実用化されて以来，スマートフォンやノートブックPCなどの電子機器用途を中心に，小型で軽量，長寿命のバッテリーとして広く普及してきた。今後は，自動車用電源，或いは定置型蓄電池などの大型用途での普及・展開が期待されていることから，益々その需要拡大が見込まれている。このような大型用途においては，電池の更なる高エネルギー密度化，高出力化という性能面での改善と共に，更なる安全性の向上，低コスト化といった課題への対応が重要となっている。そのため，構成部材自体の性能向上をはじめとして，電極製造プロセス，電池構成，電池システムの変更も視野に入れた次世代電池・革新電池の研究開発が国内外で精力的に取り組まれている。例えば，現行のリチウム二次電池よりもエネルギー密度の向上が期待されるリチウム空気電池をはじめとする金属空気電池，リチウム硫黄電池，或いはリチウムをナトリウムに代替したナトリウム二次電池などの研究開発が展開されている[1)]。

一方，現行のリチウム二次電池の安全性に関する課題を解決できる技術として全固体電池への期待も大きい。最近，全固体電池の電極製造プロセスにエアロゾルデポジション法（AD法）を適用することで，良好な電解質-電極界面が形成され，優れた電池特性が報告されており，AD法が全固体電池の製造プロセスとして注目されている。

本章では，第2節で現行のリチウム二次電池の現状と課題，第3節で全固体電池への期待について概説すると共に，全固体電池実現のためのキーマテリアルとして，第4節で電解質材料，第5節で正極材料の最近の研究開発動向を具体的な材料の特徴と共に述べ，第6節においては

＊1　Junji Akimoto　(国研)産業技術総合研究所　先進コーティング技術研究センター
エネルギー応用材料研究チーム　研究チーム長

＊2　Kunimitsu Kataoka　(国研)産業技術総合研究所　先進コーティング技術研究センター
エネルギー応用材料研究チーム

＊3　Hiroshi Nagata　(国研)産業技術総合研究所　先進コーティング技術研究センター
エネルギー応用材料研究チーム

＊4　Jun Akedo　(国研)産業技術総合研究所　先進コーティング技術研究センター
センター長

AD 法の全固体電池への適用について紹介する。

2　リチウム二次電池の現状と課題

現行のリチウム二次電池は，正極にリチウムを主要構成元素として含有した遷移金属酸化物を，負極にリチウムを含まない黒鉛系炭素材料や合金などを用い，さらに電解液に非水系溶媒を用いた材料によって構成されている。すなわち，現行のリチウムイオン電池の構成においては，正極材料酸化物がリチウムイオンの供給源であり，また，酸化物中に含有しているリチウムのうち，充放電反応に利用可能なリチウムの量によって電池容量が決定される。さらに，充放電時の正極と負極の電位差によって電池の作動電圧が決定される。従って，単セルの性能を決定づける最も重要な構成部材が正極である。図 1 に現行のリチウム二次電池の構成を概念図で示す。充電時に，正極活物質の結晶構造中のリチウムイオンが結晶構造から脱離し，負極活物質であるグラファイトの層間に挿入され，放電時には，元の正極活物質の結晶構造に戻る化学反応を利用した電池であり，正極，負極共に活物質の結晶構造を維持した反応であることから，反応の可逆性が高く，繰り返しの充放電サイクル特性も他の二次電池に比べると格段に優れていることが特徴である。表 1 に，現行のリチウム二次電池の主要な構成要素，および代表的な材料についてまとめた。

一方，電極の高エネルギー密度化のための方策としては，電極材料活物質自体のリチウム吸蔵・放出量を増大できる高容量な新規材料を適用すること，正極材料活物質のリチウムの脱離・挿入反応が起こる電位を高めること，電極の極板中の活物質の割合を増大させること（電極密度の向上），の 3 点での対応が検討されてきた。このうち，電極密度の向上については，活物質の

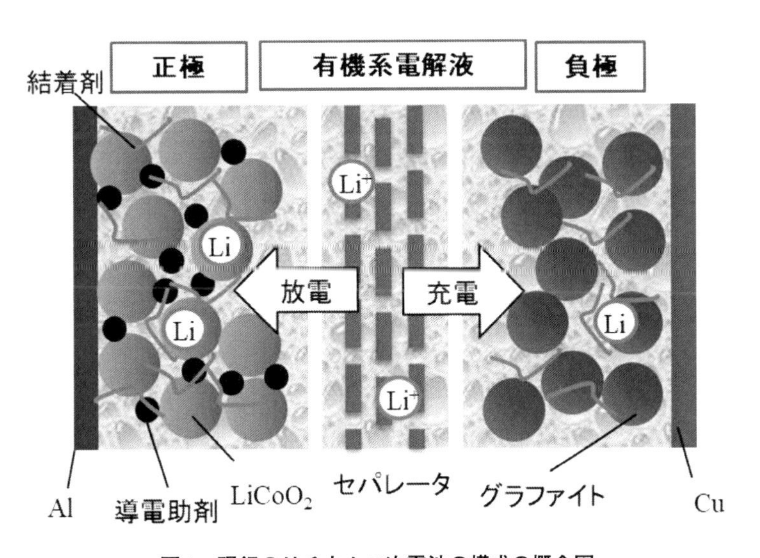

図 1　現行のリチウム二次電池の構成の概念図

表1　現行のリチウム二次電池の主要な構成要素，および代表的な材料

構成材料		材料例
正極	正極活物質	$LiCoO_2$，$LiNi_{1/3}Co_{1/3}Mn_{1/3}O_2$，$LiFePO_4$
	導電助剤	アセチレンブラック，カーボンブラック
	集電体	アルミニウム箔
負極	負極活物質	グラファイト，ハードカーボン，LTO，SiO/C
	集電体	銅箔
バインダー	溶剤系	PVDF，ポリアクリレート
	水系	SBR（スチレンブタジエン共重合体）
セパレータ		PP（ポリプロピレン），PP/PE
電解液	電解質	$LiPF_6$
	非水系溶媒	EC（エチレンカーボネート），PC，DMC，EMC

形態制御，導電助剤，結着剤の最適化，塗工電極中の電極組成の最適化（活物質割合の増大），電極構造の最適化，等が検討されているが，すでに限界にまで達していると言われており，大幅な向上は困難な状況となっている。したがって，今後の対応としては，高容量・高電位の正極材料活物質が重要であり，第5節で最近の動向について概説する。

3　全固体リチウム二次電池への期待

このような状況で，現行のリチウム二次電池の容量を遙かに凌駕するような新たな電池構成，電池システムが提唱されているが，これらの実現には，未解決の課題も多く，いくつかのブレークスルー技術が必須と考えられる。中でも，図2に示す現行のリチウム二次電池の構成要素をすべて固体の材料で構成する全固体電池が注目されている。

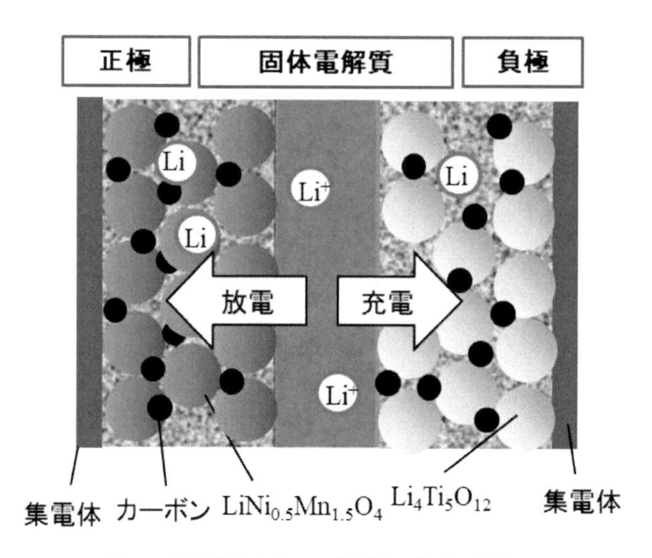

図2　全固体リチウム二次電池の構成の概念図

全固体電池は，現行のリチウム二次電池と比べて，高いエネルギー密度が期待できる点，可燃性の有機系電解液を使用せず，固体の電解質材料を用いることで，高い安全性が可能となることから，次世代蓄電技術として早期の実現が期待されている。しかしながら，現行のリチウム二次電池では，電解質が液体であることから，電極表面（界面）におけるリチウムイオンの拡散が容易であったのに対して，すべての構成部材を固体とすることで，固体－固体間の界面の抵抗が大きくなり易く，電池動作のためにはこの抵抗成分を低減する必要がある。

4　固体電解質材料の研究開発動向

4. 1　無機固体電解質材料

全固体電池のキーマテリアルは固体電解質（リチウムイオン伝導体）である。全固体電池の固体電解質部材として機能するためには，室温で高いリチウムイオン伝導性（～10^{-3} S/cm）をもつこと，電気化学的な安定性が高く広い電位窓が可能なことが重要であり，長年にわたって，イオン液体，ポリマーなどの有機系材料から無機系材料，或いは両者の複合系材料について広く検討されている。特に化学的な安定性が高く，リチウムイオン伝導性が近年飛躍的に向上してきた無機系の材料が注目されている。その結果，すでに薄膜の全固体電池で実用化されてきたLIPONを凌ぐ固体電解質材料が多く報告されている。表2に代表的な無機系のリチウムイオン伝導体とその室温における導電率を示す。この中で，硫化物系における最近の進展が顕著であり，10^{-2} S/cm台のリチウムイオン伝導体として，$Li_{10}GeP_2S_{12}$ などの材料系が発見された。これに対して，より化学的な安定性が高い酸化物系においては，これまでに，NASICON型 $Li_{1+x}Al_xTi_{2-x}(PO_4)_3$，ペロブスカイト型 $La_{2/3-x}Li_{3x}TiO_3$ などが良好なイオン伝導性が報告されていたが，主要な構成元素としてチタンを含有することから，耐還元性に問題があり，低電位の負極材料，金属リチウム負極などの使用は困難であった。

表2　代表的な無機系リチウムイオン伝導体とその導電率

化学組成	結晶構造	室温の導電率（S/cm）
＜酸化物系＞		
$La_{0.57}Li_{0.30}TiO_3$	ペロブスカイト型	5×10^{-4}
$Li_{1.3}Al_{0.3}Ti_{1.7}(PO_4)_3$	NASICON型	7×10^{-4}
Al-doped $Li_7La_3Zr_2O_{12}$	ガーネット型	4×10^{-4}
$Li_{6.5}La_3Zr_{1.5}Ta_{0.5}O_{12}$	ガーネット型	8×10^{-4}
$Li_{2.9}PO_{3.3}N_{0.46}$	アモルファス	3.3×10^{-6}
$Li_{1.5}Al_{0.5}Ge_{1.5}(PO_4)_3$	ガラスセラミックス	4×10^{-4}
$33Li_2BO_3 \cdot 33Li_2SO_4 \cdot 33Li_3CO_3$	ガラスセラミックス	1.8×10^{-6}
＜硫化物系＞		
$Li_{9.54}Si_{1.74}P_{1.44}S_{11.7}Cl_{0.3}$	LGPS型	2.5×10^{-2}
$Li_{10}GeP_2S_{12}$	LGPS型	1.2×10^{-2}
$Li_7P_3S_{11}$	ガラスセラミックス	5.2×10^{-3}

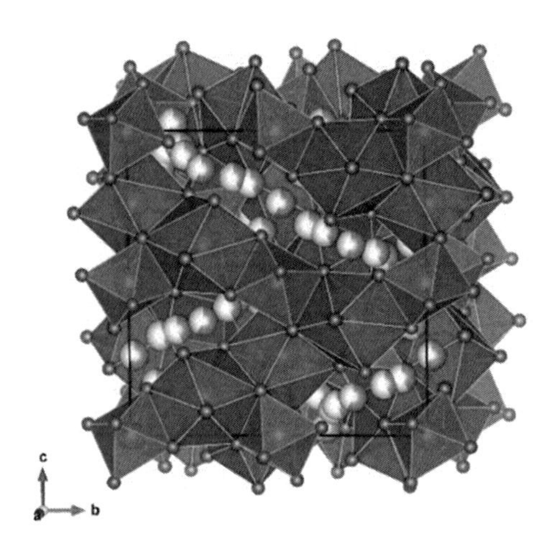

図3　ガーネット型リチウムイオン伝導体 LLZO の結晶構造

最近，優れたリチウムイオン伝導性と共に，金属リチウムに対する耐還元性を示す材料として，ガーネット型構造を有する $Li_7La_3Zr_2O_{12}$（LLZO）およびその関連材料が注目されている[2)]。ガーネット型 $Li_7La_3Zr_2O_{12}$ の結晶構造[3)]を図 3 に示す。ガーネット型リチウムイオン伝導体は，2003 年に $Li_5La_3Ta_2O_{12}$ 組成についてのイオン伝導性が最初に報告されて以来すでに 15 年が経過し，これまでに元素置換，Al または Ga のドーピングなどにより，様々な化学組成について探索が進展し，特性の改善がなされてきた。本節では，高いリチウムイオン伝導性を有するガーネット型材料について，多結晶体に関する代表的な化学組成と特性，単結晶育成，薄膜合成についての最近の研究動向を概説する。

4. 2　ガーネット型材料の多結晶体の合成

これまでに報告されているガーネット型材料の代表的な化学組成と導電率について，報告された年代順に表 3 にまとめた。最初にイオン伝導性が報告された $Li_5La_3Ta_2O_{12}$ は，金属リチウムや $LiCoO_2$ などの正極材料との界面での反応性が低いこと，電気化学的安定性に優れていることから，全固体電池の固体電解質として非常に魅力的な材料であることが報告された。しかしなが

表3　ガーネット型リチウムイオン伝導体の代表的な化学組成とその導電率

化学組成	空間群	室温の導電率	文献
$Li_5La_3M_2O_{12}$（M = Nb,Ta）	Ia-3d	10^{-6} S/cm	(4)
$Li_6BaLa_2M_2O_{12}$（M = Nb,Ta）	Ia-3d	10^{-5} S/cm	(5)
Al-doped $Li_7La_3Zr_2O_{12}$	Ia-3d	4×10^{-4} S/cm	(8)
$Li_7La_3Zr_2O_{12}$	I4$_1$/acd	10^{-6} S/cm	(9)
$Li_7La_3Sn_2O_{12}$	I4$_1$/acd	10^{-6} S/cm	(10)
$Li_{6.5}La_3Zr_{1.5}M_{0.5}O_{12}$（M = Nb,Ta）	Ia-3d	8×10^{-4} S/cm	(11,12)
(Ga,Al)-doped $Li_7La_3Zr_2O_{12}$	I4-3d	1×10^{-3} S/cm	(13)

ら，その粒内のイオン伝導性は室温で10^{-6} S/cm 程度であり，また，活性化エネルギーも0.56 eVであり，更なる特性改善が必要であった[4]。

その後の研究で，イオン伝導性の向上のため，欠陥とリチウム量の制御を目的として，価数の異なる陽イオンによる元素置換を行うことによる材料探索が行われ，特性の改善が報告された。まず，$Li_5La_3Ta_2O_{12}$のLaの一部をBaで置換した$Li_6BaLa_2Ta_2O_{12}$の合成が報告され，イオン伝導率は室温で4.0×10^{-5} S/cmに向上すると共に，活性化エネルギーは0.40 eVと小さくなった。さらに，粒界抵抗の低減も顕著であった[5]。一方，5価のTaをイオン半径が異なる5価の他元素に置き換える検討もなされ，$Li_5La_3Bi_2O_{12}$，$Li_5La_3Sb_2O_{12}$などが報告されたが，その導電率はNbやTa系と同等であった[6,7]。

特性が大きく改善したのは，2007年にMuruganらによって報告された$Li_7La_3Zr_2O_{12}$（LLZO）であり，室温で5×10^{-4} S/cmの導電率であること，金属リチウムに対する耐還元性を有することが明らかとなり，ガーネット型酸化物固体電解質材料は，酸化物系で有力な候補材料のひとつになった[8]。一方，立方晶系ではなく，正方晶系の$Li_7La_3Zr_2O_{12}$，$Li_7La_3Sn_2O_{12}$，$Li_7La_3Hf_2O_{12}$などが存在することが明らかとなったが，導電率は10^{-6} S/cm程度と低く，両者の特性の違いは，結晶構造中のリチウム配列の違いから説明された[9,10]。

次いで，LLZOの4価のZrを，5価のNbやTaで置換することにより，リチウム量の最適化を行うことで，LLZOの特性改善がなされた。その結果，NbまたはTaを0.5置換した$Li_{6.5}La_3Zr_{1.5}Nb_{0.5}O_{12}$，$Li_{6.5}La_3Zr_{1.5}Ta_{0.5}O_{12}$近辺の組成で，導電率は最大値となり，室温で$8 \times 10^{-4}$ S/cm程度であることが明らかとなった[11,12]。また，Nb置換体した焼結体を固体電解質部材とする全固体電池の良好な電池動作が報告されている。

一方，Liの一部をAlやGaで置換することで，LLZOの特性が改善され，最近，AlとGaの両方を置換させた材料系において，室温での導電率が1.2×10^{-3} S/cm，活性化エネルギーも0.26 eVという特性が報告されており，現状，ガーネット系材料で報告されている最も高い導電率である[13]。

4. 3　ガーネット型材料の単結晶育成

ガーネット系材料の単結晶育成については，これまでにフラックス法を適用した検討がなされてきた。炭酸リチウムなどをフラックス材とする方法によって，50 μmサイズの微小な単結晶合成が報告されていたが，固体電解質部材として評価できるようなサイズの合成は困難であった[3,14]。これに対して，大型の単結晶育成技術である融液からの結晶成長が最近報告されており，浮遊帯域溶融（FZ）法の適用によって，cmサイズの棒状の単結晶育成が報告されている。中でも，$Li_{6.5}La_3Zr_{1.5}Nb_{0.5}O_{12}$の大型単結晶育成により，室温でも$1.3 \times 10^{-3}$ S/cmの導電率が電解質部材として得られること，単結晶を基材として薄膜電極をゾルゲル法により成膜することで電池動作することが報告されている[15,16]。

4. 4　ガーネット型材料の薄膜合成

ガーネット系材料の薄膜作製について，これまでにゾルゲル法，PLD 法をはじめとする様々な手法で検討されている。しかしながら，いずれも導電特性としては，多結晶体で報告されている値よりも顕著に低い導電率であった。この原因としては，結晶性が低いこと，不純物の存在などが考えられる。

エアロゾルデポジション法については，SUS 基板に対して Al ドープ LLZ や LLZTa 系についての成膜が報告されている[17,18]。しかしながら，導電率は，いずれも多結晶体で報告されている値よりも 2 桁程度低く，ガーネット系材料の特性が発揮できていない。成膜後に 400℃でアニールすることで特性が改善できた報告もあることから，結晶性の低下が導電率低下の主要な原因と考えられ，更なる改善が必要である。

5　正極材料の研究開発動向

現状のリチウム二次電池の正極材料，および次世代材料として期待されている材料について，電圧と容量の関係を図 4 に示す。現行のリチウムイオン電池の正極材料としては，リチウムイオン電池が実用化された当初から使用されているリチウムコバルト酸化物をはじめとする層状岩塩型構造を特徴とする材料系，リチウムマンガン酸化物のスピネル型構造，リン酸鉄リチウムな

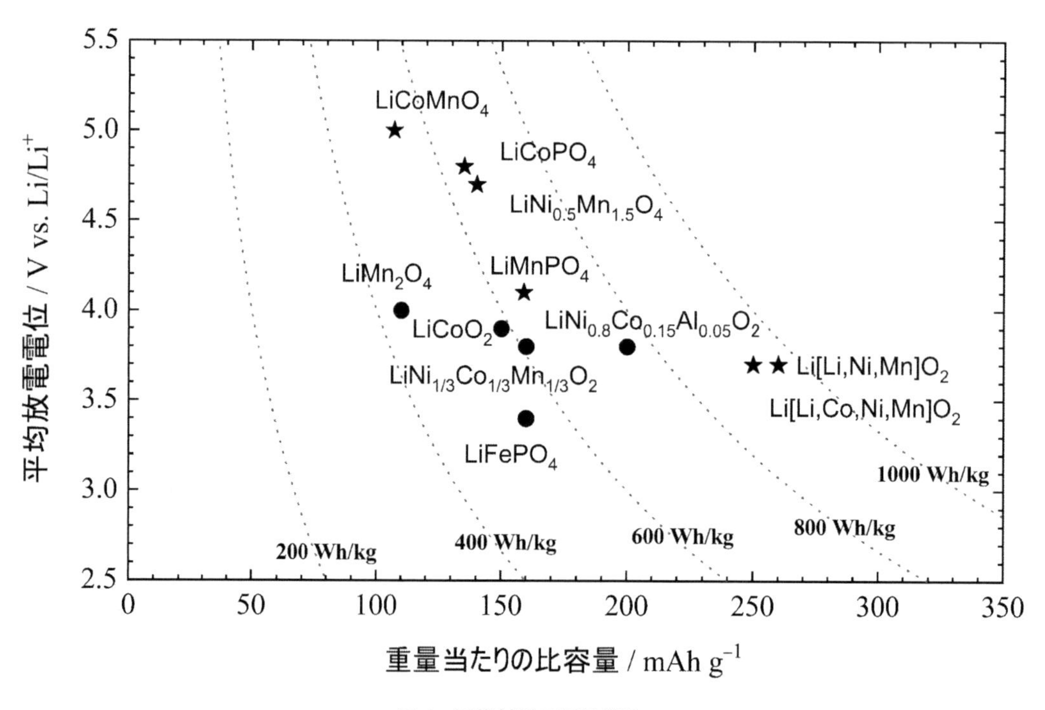

図 4　正極材料の電池特性

どのオリビン型構造の材料が使用されている。これらの正極材料酸化物は，リチウムイオンの挿入・脱離反応の電位が，リチウム基準で 3.4-4.1 V と高く，またその充放電容量も酸化物重量当たり 100-200 mAh/g であり，さらに充放電反応の可逆性も高いことから，材料として選択されている。

全固体電池においても，これらの正極材料の活用が可能であるが，更なる高エネルギー密度のためには，高電位正極，高容量正極の新しい材料系が期待されている。特に，高電位でも電気化学的に安定な固体電解質を使用することで，現行の電解液では分解して使用できないような高い電位での電池動作が可能となり，エネルギー密度の向上が期待されている。本節では，これらの現行，および次世代の正極材料の特徴について，層状岩塩型構造，スピネル構造，オリビン構造の代表的な材料について概説する。

5. 1　層状岩塩型構造

リチウムコバルト酸化物 $LiCoO_2$ に代表される層状岩塩型の結晶構造（図 5）は，菱面体晶系，空間群 R-3m に属し，理想的な二次元平面の中で，リチウムイオンは正三角形の頂点位置に整然と配列した構造である[19]。表 4 に，本節で紹介する正極材料について，化学組成式，結晶構造の特徴，実際に得られる放電容量，平均の放電電位，酸化物重量当たりのエネルギー密度をまとめた。

これらの中で，リチウムコバルト酸化物は，電極密度が高くとれること，電圧が高いこと，充放電効率が極めて高いことから，いち早く実用化された正極材料である。しかしながら，希少なコバルト資源を使用していることから，大型用途への適用では，資源量が豊富で，かつ低コスト化が期待できる他の高容量正極材料が使用されている。一方，小型用途は，リチウムコバルト酸化物は依然として最も重要な正極材料である。

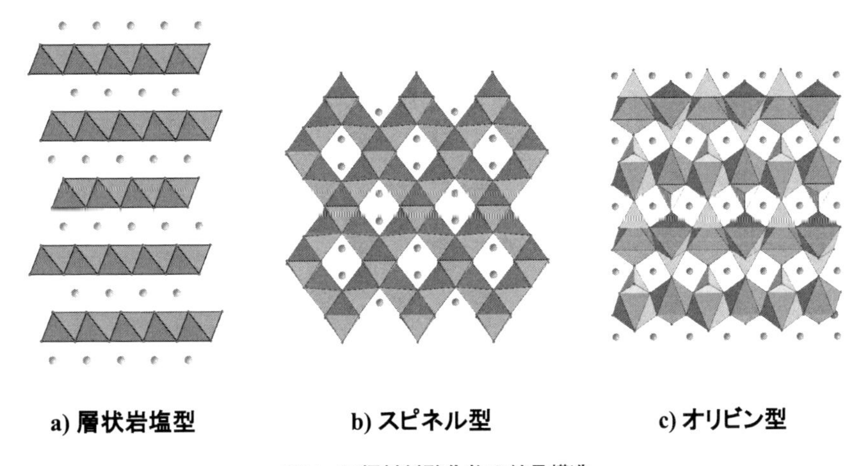

図 5　正極材料酸化物の結晶構造
a）層状岩塩型，b）スピネル型，c）オリビン型

表4　正極材料の結晶構造と電池特性

正極材料	結晶構造	放電容量 (mAh/g)	放電電圧 (V vs. Li/Li^+)	重量エネルギー密度 (Wh/kg)
<現行材料>				
$LiCoO_2$	層状岩塩型	150	3.9	585
$LiNi_{0.8}Co_{0.15}Al_{0.05}O_2$	層状岩塩型	200	3.8	760
$LiNi_{1/3}Co_{1/3}Mn_{1/3}O_2$	層状岩塩型	160	3.8	608
$Li_{1.1}Al_{0.1}Mn_{1.8}O_4$	スピネル型	110	4.0	440
$LiFePO_4$	オリビン型	160	3.4	544
<次世代候補材料>				
$Li[Li,Co,Ni,Mn]O_2$	層状岩塩型	260	3.7	962
$Li[Li,Ni,Mn]O_2$	層状岩塩型	250	3.7	925
$LiNi_{0.5}Mn_{1.5}O_4$	スピネル型	140	4.7	658
$LiCoMnO_4$	スピネル型	107	5.0	535
$LiMnPO_4$	オリビン型	159	4.1	652
$LiCoPO_4$	オリビン型	135	4.8	648
$LiNiPO_4$	オリビン型	—	5.1	—

リチウムコバルト酸化物と同じ層状岩塩型の結晶構造を有するリチウムニッケル酸化物（$LiNiO_2$）は，1990年代前半に高容量正極として実用化が期待されたが，高温で酸素を容易に解離するという熱安全性に重大な課題があることが判明したため，実用化には至らなかった。しかしながら，ニッケル系が可能とする高容量，および高い電子伝導性のメリットを活用するため，現在は，Co，Alを導入した$LiNi_{0.8}Co_{0.15}Al_{0.05}O_2$，およびNi, Co, Mnを主要構成元素とした$LiNi_{1/3}Co_{1/3}Mn_{1/3}O_2$組成とすることで実用化されている。中でも，$LiNi_{0.8}Co_{0.15}Al_{0.05}O_2$は，現行正極材料の中で最も高容量が得られる。また，現在，大型用途で使用されている$LiNi_{1/3}Co_{1/3}Mn_{1/3}O_2$については，より高容量化のために，更にニッケル組成が多い，$LiNi_{0.5}Co_{0.2}Mn_{0.3}O_2$や$LiNi_{0.8}Co_{0.1}Mn_{0.1}O_2$などの組成について実用化検討が進められている。これらの正極材料も充電電圧を上げることにより高容量化が可能となるため，全固体電池の実現で，更なる高容量化が期待できる。

層状岩塩型構造を有する次世代材料としては，リチウム過剰組成を有するLi_2MnO_3（ABO_2型の構造式で標記すると$Li[Li_{1/3}Mn_{2/3}]O_2$）をベースとする材料系が注目されている。Li_2MnO_3の結晶構造は，基本構造は$LiCoO_2$などと同様の層状構造であるが，過剰のリチウムが遷移金属の層にも占有し，単斜晶系，空間群C2/mに属する結晶構造で知られている。特に，Mnの一部をNiやCoで置換した$Li[Li_{0.2}Co_{0.13}Ni_{0.13}Mn_{0.54}]O_2$においては，電圧範囲2.0-4.8 Vにおける放電容量として240-280 mAh/g程度が報告されている（表4）。しかしながら，①レート特性の改善が必要，②初回充放電サイクルの不可逆容量が大きい，③充放電サイクルに伴い，結晶構造がスピネル構造へ変化することに起因した放電電圧の低下，といった課題の解決が必要と言われている。

5. 2　スピネル型構造

リチウムマンガン酸化物に代表されるスピネル型の結晶構造（図5）は，立方晶系，空間群Fd-3mに属し，その骨格構造はMnO_6八面体の連結で形成され，リチウムイオンは［110］方向に配列することで，三次元的なリチウム伝導のネットワークが構築されている。八面体席にMnのみが占有した定比組成の$LiMn_2O_4$については，充放電サイクルに伴う劣化が顕著であることが判明し，現在はリチウム過剰で，かつアルミニウム置換した$Li_{1.1}Al_{0.1}Mn_{1.8}O_4$組成で実用されている（表4）。本材料の特徴は，充電状態，すなわちすべてのリチウムが脱離した状態における結晶構造の安定性であり，酸素解離が起こりにくいことから安全性にメリットがある。スピネル型リチウムマンガン酸化物の充放電特性は，放電電圧が4.0 Vと現行正極材料の中では最も高電位であるが，放電容量は110 mAh/gが結晶構造的に限界である。

スピネル型構造を有する次世代材料としては，リチウムマンガン酸化物のMnの一部をNiで置換した$LiNi_{0.5}Mn_{1.5}O_4$において，Ni^{2+}/Ni^{4+}の酸化還元反応によって，4.7 Vという高電位に電位平坦部を有することが知られている。本材料は，マンガンスピネル$Li_{1.1}Al_{0.1}Mn_{1.8}O_4$よりも高容量であり，サイクル特性も良好であることから，高電位の酸化物正極材料として注目されている。

また，リチウムマンガン酸化物のMnの半分をCoに置換した$LiCoMnO_4$は，同じくスピネル型構造を有し，Co^{3+}/Co^{4+}の酸化還元反応によって，$LiNi_{0.5}Mn_{1.5}O_4$よりも更に高い5.0 Vという高電位に電位平坦部を有することが知られている。これまで定比組成の$LiCoMnO_4$の合成が困難であり，組成ずれに伴って，Mn^{3+}/Mn^{4+}の酸化還元反応に起因する4 V領域での反応が同時に観測されていたが，最近，溶融塩を使用した合成法によって，比較的定比に近い$LiCoMnO_4$の合成が報告されている[20)]。これらの材料は，現状の有機系電解液を使用した電池系では，高電位における電解液の分解反応のため，実用化されていないが，全固体電池での正極の候補材料として重要である。

5. 3　オリビン型構造

オリビン型構造を有するリン酸鉄リチウム（$LiFePO_4$）は，3.4 V級の電位を有し，かつ170 mAh/gの理論容量を有した材料として実用化されている。その結晶構造（図5）は，斜方晶系，空間群Pnmaに属し，PO_4四面体とFeO_6八面体の連結によって骨格構造が形成されており，その間隙にリチウムイオンが占有した一次元イオン伝導体である。本材料の特徴として，酸素とリンの共有結合性が強く，極めて酸素解離が起こりにくいため，安全性の点で優位性が高いことが挙げられる。物質自体の電子伝導性が低い欠点を克服するため，一次粒子をナノ粒子化すると共に，炭素を表面に被覆するなどの複合化した材料とすることで，出入力特性に優れた材料として実用化されている。資源的な制約を受けない鉄のみを主要構成元素として使用しているため，電位がやや低いという欠点はあるものの優れた正極材料である。

オリビン型構造を有する次世代材料としては，リン酸マンガンリチウム（$LiMnPO_4$），リン酸コバルトリチウム（$LiCoPO_4$），更には，リン酸ニッケルリチウム（$LiNiPO_4$）などが，170 mAh/g程度の理論容量を持つこと，また，安全性に優れる，といったリン酸系の特徴は維持しつつ，高電位化が可能となることから期待されている（表4）。これらの材料系は，$LiFePO_4$よりも更に電子伝導性が低いため，ナノレベルでの粒径制御，および導電性材料のコーティング技術が必要と考えられる。最近，$LiCoPO_4$を正極材料とする全固体電池の研究開発が報告されており，特に，リン酸系の固体電解質材料との相性が良いことから，重要な正極材料として期待されている。

6　エアロゾルデポジション（AD）法の全固体電池への応用

全固体電池の製造プロセスは，現在のところは未確定であり，様々なプロセスが提案されている。例えば，グリーンシートを積層させて，低温焼結することで一体成型する方法では，現行のセラミックスコンデンサーの作製プロセスを応用することができるため，電解質層の厚みをミクロンオーダーとすることが可能である反面，焼成プロセスが必要なため，共焼成で反応しないような材料の組み合わせを選ぶ必要があり，前述の現行の正極材料をそのまま適用することは困難な場合が多く，新たな電極活物質の開発が必要となる。一方，電極シートは現行LIBで採用されているような塗工プロセスや薄膜の成膜プロセスで作製し，PLD法などの薄膜プロセスによって，電極上に電解質膜を成膜するプロセスも検討されているが，良好なイオン伝導性を有する電解質膜が，LIPONなどの限られた材料系でのみしか実現できていない。

このような状況で，最近，明渡らによってエアロゾルデポジション法を利用した常温成膜プロセスによって，全固体電池が作製できることが報告されて以来，AD法が全固体電池の成膜技術として注目されている。AD法は，常温衝撃固化現象を利用した成膜プロセスであることから，常温で，バイダーレスで異種セラミックスを強固に接合可能であることから，固体-固体の良好な界面形成が可能となる。既存技術の焼成プロセスで接合する際には，接合界面での反応相の生成を避けることができず，この反応相が良好な電子・リチウムイオンの伝導を妨げてしまうことが問題であるのに対して，どのような材料系の組み合わせでも反応相を形成せずに，成膜可能であることが大きなメリットと考えられる。従って，AD法を活用することで，現行の電極活物質がそのまま活用できるため，現行のリチウム二次電池と同等の容量・電圧といった性能が引き出せる特長がある。

最近，エアロゾルデポジション法を適用して作製された電極，或いは全固体電池について，電極と電解質材料との複合化による電池動作が報告されている[22~26]。一例として，著者らのグループでエアロゾルデポジション法を適用した$Li_4Ti_5O_{12}$電極について，通常の塗工法で作製した正極と組み合わせて現行の液系電解液を用いたコインセルで評価した場合の充放電特性を図6に示す。基材には，アルミニウム箔を使用し，電極厚みは数μm程度であるが，バインダーフリー，導電助剤も使用していないものの，ほぼ塗工電極と同等の実効容量を発現できている。さ

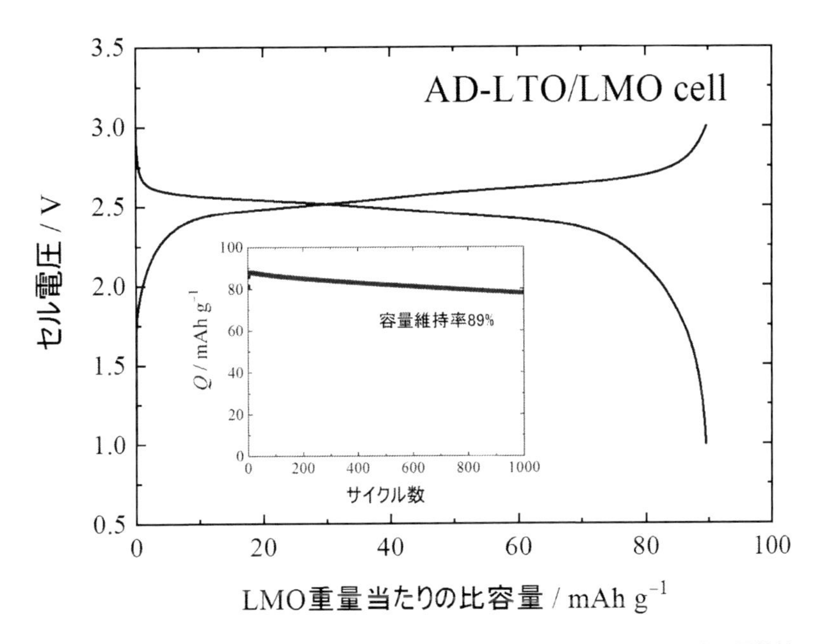

図 6　AD 法で作製された $Li_4Ti_5O_{12}$ 電極を使用したリチウム二次電池の充放電特性

らに，1C 相当の時間率（約 1 時間で充電または放電を行う）での評価においても，1000 サイクル程度まで，容量維持率 89％を維持して充放電可能という優れた特性を示した。

一方，全固体電池については，NASICON 型固体電解質材料をコーティングした正極活物質 $LiNi_{1/3}Co_{1/3}Mn_{1/3}O_2$ を原料とすることで，優れた電池特性が報告されている[23]。最近，著者らも NASICON 型の電解質材料 $Li_{1.5}Al_{0.5}Ge_{1.5}(PO_4)_3$ と $LiNi_{1/3}Co_{1/3}Mn_{1/3}O_2$ を混合して成膜した複合電極を，ガーネット型固体電解質材料 $Li_{6.5}La_3Zr_{1.5}Nb_{0.5}O_{12}$ の単結晶基板上に成膜することで，60℃での電池動作に成功している[27,28]。

7　今後の展望

次世代の蓄電池として期待されている全固体電池について，キーマテリアルの材料開発の進展，並びにエアロゾルデポジション法を適用した電池作製技術に概説した。

固体電解質については，ガーネット型材料の最近の展開により，酸化物系材料も導電率が大幅に向上してきた。しかしながら，電解質と電極との固体-固体間の界面を接合するためには，ブレークスルーとなる材料・技術の新たな開発が必要不可欠である。特に，現状では電子伝導性の観点での取り組みがほとんどなされていない。また，電池の製造プロセスという観点からも，酸化物型全固体電池の実現のためには，新たな技術の開発が必要である。

一方，全固体電池実現への課題として，最近，リチウム金属のデンドライト成長に伴う内部短絡がクローズアップされている。特に，リチウム金属を電極として，ガーネット型電解質材料の焼結体を用いた際の金属リチウムのデンドライト成長については，解決すべき重要な課題と考えられる。最近，著者らのグループで，ガーネット系材料の大型単結晶の育成に成功し，内部短絡してしまう臨界電流密度の大幅な増大が可能なことを報告している[18]。ただし，固体中の金属リチウムのデンドライト成長のメカニズムや，固体-固体界面の接合方法など，原理を解明しないと解決できない課題が多くある。早期の実用化が期待されているだけに，基礎研究に立ち返った研究を推進する必要がある。

エアロゾルデポジション法を適用することで，固体-固体の界面が比較的うまく接合できることが報告されている。常温のプロセスであることから材料の組み合わせ，選択に制限がないことが大きなメリットと考えられる。今後，複合電極のための電解質材料と正極材料の最適な組み合わせ，組成，粉体物性，結晶性の制御により，現行の液系電池並みの優れた充放電特性が期待できると考えている。

文　　献

1） 国立研究開発法人新エネルギー・産業技術総合開発機構「二次電池技術開発ロードマップ2013」，http://www.nedo.go.jp/content/100535728.pdf

2） S. Ramakumar, C. Deviannapoorani, L. Dhivya, L.S. Shankar, R. Murugan, *Prog. Mater. Sci.*, **88**, 325 (2017)

3） J. Awaka, A. Takashima, K. Kataoka, N. Kijima, Y. Idemoto, J. Akimoto, *Chem. Lett.*, **40**, 60 (2011)

4） V. Thangadurai, H. Kaack, W. Weppner, *J. Am. Ceram. Soc.*, **86**, 437 (2003)

5） V. Thangadurai, W. Weppner, *Adv. Funct. Mater.*, **15**, 107 (2005)

6） R. Murugan, W. Weppner, P. Schmid-Beurmann, V. Thangadurai, *Mater. Sci. Eng.*, **B143**, 14 (2007)

7） J. Percival, E. Kendrick, P.R. Slater, *Solid State Ionics*, **179**, 1666 (2008)

8） R. Murugan, V. Thangadurai, W. Weppner, *Angew. Chem. Int. Ed.*, **46**, 7778 (2007)

9） J. Awaka, N. Kijima, K. Kataoka, H. Hayakawa, K. Ohshima, J. Akimoto, *J. Solid State Chem.*, **183**, 180 (2010)

10） J. Percival, W. Kendrick, R.I. Smith, P.R. Slater, *Dalton Trans.*, **26**, 5177 (2009)

11） J.L. Allen, J. Wolfenstine, E. Rangasamy, J. Sakamoto, *J. Power Sources*, **206**, 315 (2012)

12） 浜尾尚樹，片岡邦光，秋本順二，セラミックス，**53**, 260 (2018)

13） D. Rettenwander, G. Redhammer, F. Preishuber-Pflugl, L. Cheng, L. Miara, R. Wagner, A.Welzl, E. Suard, M.M. Doeff, M. Wilkening, J. Fleig, G. Amthauer, *Chem.*

Mater., **28**, 2384 (2016)
14) J. Awaka, A. Takashima, H. Hayakawa, N. Kijima, Y. Idemoto, J. Akimoto, *Key Eng. Mater.*, **485**, 99 (2011)
15) K. Kataoka, H. Nagata, J. Akimoto, *Scientific Reports*, **8**, Article number 9965 (2018)
16) K. Kataoka, J. Akimoto, *ChemElectroChem*, **5**, 2551 (2018)
17) C.-W. Ahn, J.-J. Choi, J. Ryu, B.-D. Hahn, J.-W. Kim, W.-H. Yoon, J.-H. Choi, J.-S. Lee, D.-S. Park, *J. Power Sources*, **272**, 554 (2014)
18) D. Hanft, J. Exner, R. Moos, *J. Power Sources*, **361**, 61 (2017)
19) J. Akimoto, Y. Gotoh, Y. Oosawa, *J. Solid State Chem.*, **141**, 298 (1998)
20) Y. Hamada, N. Hamao, K. Kataoka, N. Ishida, Y. Idemoto, J. Akimoto, *J. Ceram. Soc. Jpn.*, **124**, 706 (2016)
21) 明渡純，産総研 TODAY, **3**, 9 (2012)
22) R. Inada, K. Shibukawa, C. Masada, Y. Nakanishi, Y. Sakurai, *J. Power Sources*, **253**, 181 (2014)
23) S. Iwasaki, T. Hamanaka, T. Yamakawa, W.C. West, K, Yamamot, M. Motoyama, T. Hirayama, Y. Iriyama, *J. Power Sources*, **272**, 1086 (2014)
24) C.-W. Ahn, J.-J. Choi, J. Ryu, B.-D. Hahn, J.-W. Kim, W.-H. Yoon, J.-H. Choi, D.-S. Park, *Carbon*, **82**, 135 (2015)
25) T. Kato, S. Iwasaki, Y. Ishii, M. Motoyama, W.C. West, Y. Yamamoto, Y. Iriyama, *J. Power Sources*, **303**, 65 (2016)
26) Y. Iriyama, M. Wadaguchi, K. Yoshida, Y. Yamamoto, M. Motoyama, T. Yamamoto, *J. Power Sources*, **385**, 55 (2018)
27) J. Akimoto, T. Akao, H. Nagata, K. Kataoka, J. Akedo, in Abstract book of "The 35th Intl. Korea-Japan Seminar on Ceramics", p.114 (2018)
28) 片岡邦光，赤尾忠義，永井秀明，秋本順二，明渡純，自動車技術，Vol.72, p.38 (2018)

第18章　酸化物全固体リチウム二次電池の開発

入山恭寿[*1]，本山宗主[*2]，山本貴之[*3]

1　はじめに

リチウムイオン電池を凌駕する高エネルギー密度をもつ次世代電池の研究開発が活発に進められており，酸化物全固体リチウム二次電池はその候補の一つである。酸化物全固体リチウム二次電池の模式図を図1に示す。リチウムイオン電池では有機電解液が用いられるが，酸化物全固体リチウム二次電池ではLi^+伝導性の酸化物系固体電解質が用いられる。ここでは，正極に$LiCoO_2$(LCO)，負極にLi金属を用いた場合を想定しているが，正極側ではリチウムイオン(Li^+)の挿入脱離反応が，負極側ではLi金属の析出溶解反応が起こる。電池のエネルギー密度の指標の一つとしてWh/kg（重量エネルギー密度）が用いられるが，Wh/kg = V×Ah/Kgであることを考えると，極めて単純には電池の作動電圧（V）の向上，電極容量（Ah/Kg）の高い材料の利用がエネルギー密度の増大に有用である。酸化物系固体電解質は一般に耐酸化性に優

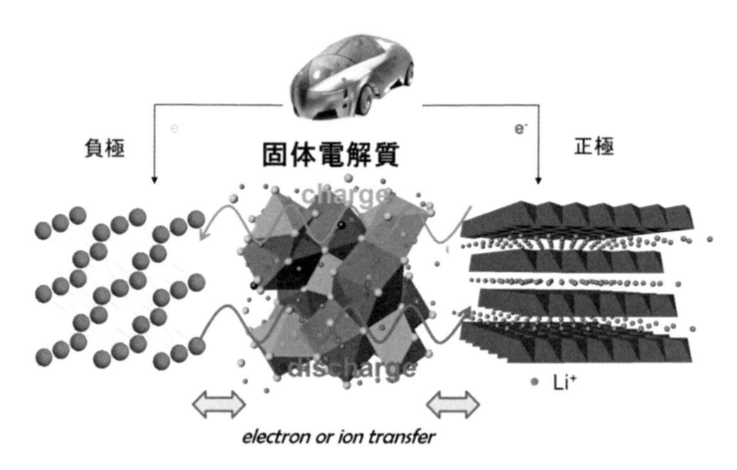

図1　全固体リチウム電池の反応模式図

＊1　Yasutoshi Iriyama　名古屋大学　工学研究科　教授
＊2　Munekazu Motoyama　名古屋大学　工学研究科　講師
＊3　Takayuki Yamamoto　名古屋大学　工学研究科　助教

れ，これは“V”の向上に有利である。また，固体電解質がデンドライト成長を防止する隔壁として機能するため，高容量負極材料であるLi金属（～3860 Ah/kg）を利用することも可能と考えられ，これは“Ah/kg”の向上に有利である。更に，

・安全性の向上（有機電解液は可燃性，固体電解質は不燃性）
・長寿命化（副反応（電極の溶出，電解液の分解等）の防止）
・液漏れの解消（電池の簡素化）

など，電池の高エネルギー密度化に加えて安全性・寿命・信頼性の向上等も期待できる。小型の酸化物全固体リチウム二次電池は薄膜電池として既に実用化されており，数万回の充放電が可能である。それら電池の電極活物質は一般にミクロンオーダーの薄膜であり，スパッタリング法などの真空技術を用いて作製される。こうした小型電池は，IoTの分野等での活用が期待される。一方，車載用などの大型デバイスの電源としても酸化物全固体リチウム二次電池は期待されているが，その場合には数十μm厚みの電極-固体電解質複合体を広範囲に構築する必要がある。無論，その複合体は高電流密度で充放電可能となるように低抵抗である必要がある。

酸化物全固体リチウム二次電池の性能を左右する一つの因子は，電極－固体電解質の接合である。酸化物系固体電解質は硬くて脆い材料であり，正極も一般には$LiCoO_2$等のリチウム含有遷移金属酸化物である。そのため，両物質の粉末を混合し押しつけるだけでは点接触となり反応界面を十分に得ることができない。一方，焼結すれば両者を接合することは可能であるが，相互拡散に起因した高抵抗な反応相が形成されやすい。これらは共に界面でのLi^+移動を阻害し，電池の出入力特性を低減させる要因となる。そこで注目されるプロセスの一つが，常温で緻密なセラミックス膜を作製できるエアロゾルデポジション（AD）法である。本章では，AD法を用いて電極－固体電解質を常温接合した複合材料の膜（複合膜）を作製し，これを用いた酸化物全固体リチウム二次電池の開発事例について述べる

2　複合膜構築における出発粒子の影響について

2. 1　出発粒子の混合方法の影響について

AD法では成膜する粒子をポットにいれ，それをガスで巻き上げて成膜する。電極-固体電解質の複合膜を構築する場合，例えば電極粒子上に固体電解質を均一に分散した粒子を用いることが複合膜の均一性を向上する上で有用である。

図2は，$LiNi_{1/3}Co_{1/3}Mn_{1/3}O_2$（NCM：日本化学社製：平均粒径10 μm）と固体電解質（Li-Ti-Al-P-O（LATP：オハラ社：平均粒径0.5 μm）の複合膜を構築する際に，機械混合（ホソカワミクロン社製：ノビルタ）した粒子と，メノウ乳鉢で手混合した粒子を用いてSUS基板上にAD成膜した試料の光学写真である。機械混合した粒子を用いると剥離やムラが目視では確認できない複合膜が得られるが，手混合した粒子を用いると部分的に剥離が認められ，膜の濃淡が目視でも確認される。このように，できるだけ均一な複合膜を構築する上では出発粒子をあらかじ

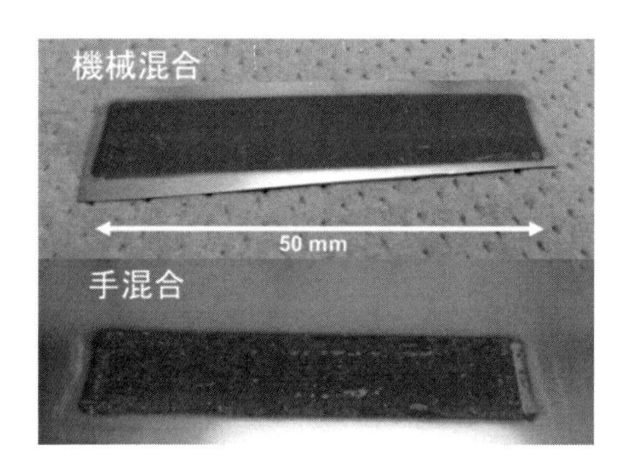

図2　機械混合と手混合で作製した複合粒子を用いた成膜体の光学写真

めよく複合化した粒子を用いることが重要である。

2. 2　出発粒子の表面被覆の影響について[1)]

上述したNCM粒子表面上に転動流動コーティング装置（パウレック社製）を用いてアモルファスのNb-Oを10-40 nm被覆した粒子を作製した。以後，Nb-Oをx nm被覆した粒子を「Nb-x粒子」と表記する。図3に示すように被覆したNbがNMC粒子表面にほぼ均一に被覆している様子がわかる。

これらの粒子を用いてSi基板上に作製した複合膜の断面SEM像を図4に示す。Nb-0粒子（すなわちNb-Oを被覆していないNMC粒子）を用いた場合，Si基板上に薄膜は堆積しなかった。一方，Nb-10，Nb-20，Nb-30，Nb-40の各粒子を用いると，同じ粒子径でも成膜が起こるようになる。

Nb-30粒子を用いてSUS基板上に作製した薄膜の断面TEM像およびEDX像を図5にまと

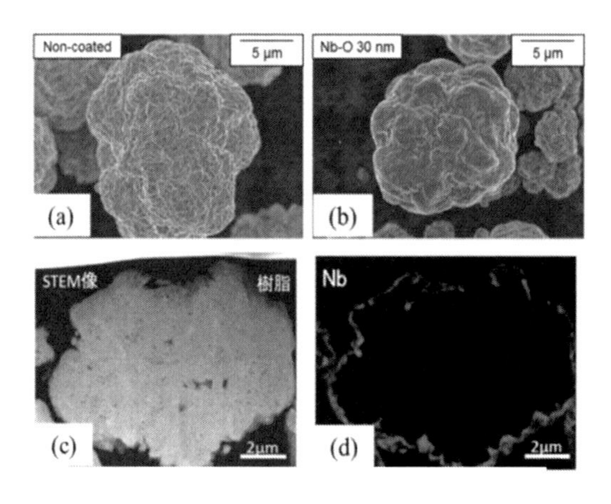

図3　(a) NCM母粒子，(b) Nb-30，(c) Nb-30の断面STEM，
(d) (c) のNbのEDXプロファイル

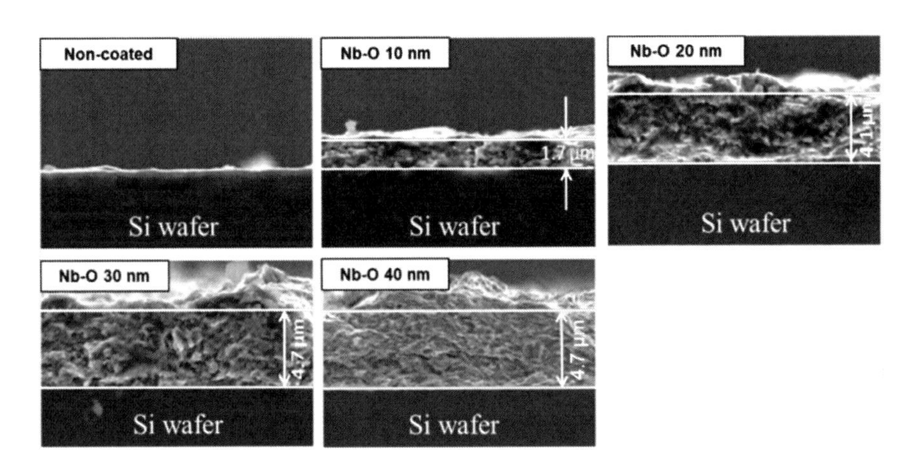

図4　Nb-x 粒子を用いて Si 基板上に作製した AD 膜の断面 SEM 像

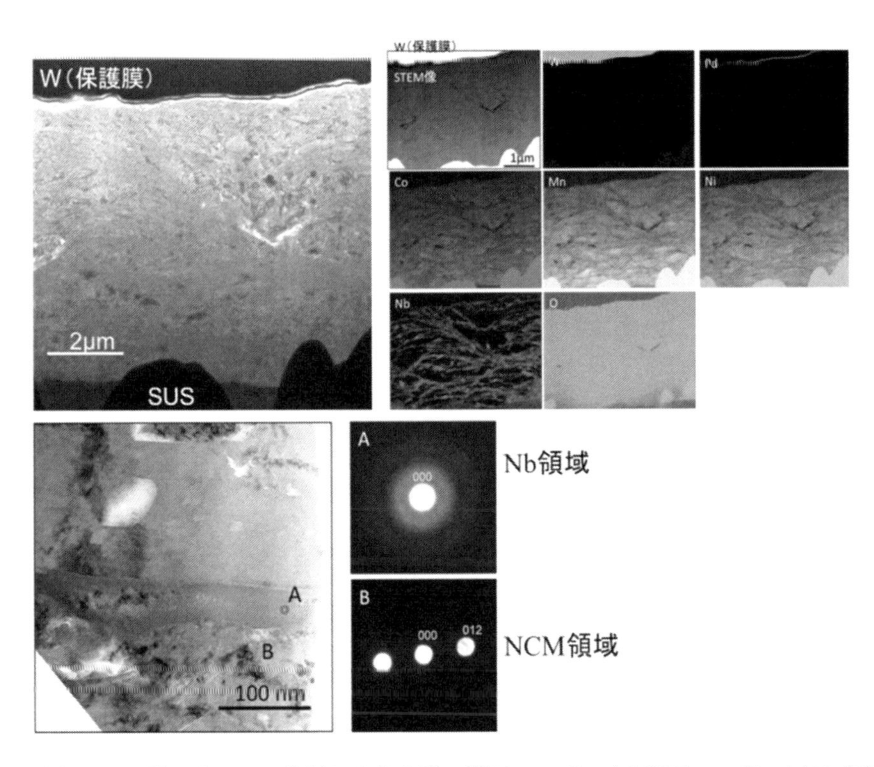

図5　(a) Nb-30 粒子を用いて作製した複合膜の断面 TEM 像，(b) 断面 EDX 像，(c) Nb(A) と NCM(B) 領域の TEM 像及びナノディフラクションパターン

めて示す。緻密な薄膜が形成されていることがわかる。また，EDX 像からわかるように Nb は NCM の粒界を埋めるように膜内部で網目状に分布している。また，Nb と NCM 近傍の TEM 像と Nb 領域（A）及び NCM 領域（B）で計測した電子線回折像から，NCM 領域は結晶性で

あるが，Nb 領域はアモルファス状態であることもわかる。Nb-O は 500℃以上に加熱すると結晶化することから，成膜過程での膜内温度は 500℃未満であるといえる。実際，作製した複合膜を 500℃に加熱すると Nb が凝集することを確認した。出発粒子である NCM の粒子径は 10 μm で，AD 成膜に用いる粒子としては大きすぎるサイズだと考えられるが，Nb-O を数十 nm 被覆することで成膜が可能になることから，粒子の破砕・変形以外の要因で成膜過程での表面活性化の因子が増幅されている可能性が考えられる。

Nb-30 粒子，及び Nb-x 粒子を用いて作製した薄膜の組成（原子数比）を ICP 測定した結果を表 1 にまとめて示す。Nb-30 粒子は，Ni，Co，Mn の原子数比がほぼ等しく，その三倍量にあたる Li が存在し，化学量論比にほぼ一致する。また，R 値（R＝Nb/(Ni＋Co＋Mn)）は 0.013 である。これに対し，薄膜中では R 値が Nb-O の被覆厚みとともに 0.038-0.102 まで増大し，Nb-30 粒子よりも大きい。図 3 に示すように Nb は粒子表面のみに存在することから，出発粒子の表面近傍が膜内部へ優先的に取り込まれると考えられる。また，膜内部の Ni，Co，Mn の比率を比較すると，例外なく Ni ＜ Co ＜ Mn の序列となる。NCM 粒子内部では Ni は＋2，Co は＋3，Mn は＋4 で存在し，これらのイオンは等価なサイトを占有し[2]，そのイオン半径はほぼ等しい[3]。渕田らが指摘するように，成膜に局所的なプラズマが関与すると考えると[4]，この組成変化は結合エネルギーの差に起因するスパッタ率の違いで説明することが可能である。即ち，Nb-O 被覆による粒子帯電状態の変化が関与していると推察される。この帯電は粒子が SUS の搬送管を通過する過程で生じると考えられ，実際に Nb-O よりも仕事関数が SUS に近い Si-O を被覆した粒子を用いると図 4 に示すような成膜は生じない。従って，単なるアンカー効果とは考えにくい。

また，L 値（Li/(Ni＋Co＋Mn)）に着目すると，膜内部での Li 量が粉末より大きくなっている。過剰な Li は Nb-O 領域に取り込まれ，固体電解質として機能するアモルファス Li-Nb-O が形成されていると考えられる[5]。

表1　Nb-30 粒子及び Nb-x 粒子を用いて作製した薄膜の組成分析結果（atom%）

*R＝Nb/(Ni＋Co＋Mn)　L＝Li/(Ni＋Co＋Mn)

	NCM 粉体 (NbO 30 nm)	薄膜			
		NbO 10 nm	NbO 20 nm	NbO 30 nm	NbO 40 nm
Li	50.3	50.9	50.8	50.5	50.2
Ni	16.3	15.1	14.9	14.5	14.5
Co	16.4	15.6	15.4	15.2	15.1
Mn	16.4	16.6	16.2	15.9	15.6
Nb	0.62	1.8	2.7	3.9	4.6
R	0.013	0.038	0.058	0.086	0.102
Li	1.02	1.08	1.09	1.11	1.11

2. 3　出発粒子の形状が複合膜組織に及ぼす影響について

複合膜内部の固体電解質の体積分率を ε，固体電解質の真の Li^+ 伝導率を σ，厚み方向に対する固体電解質の屈曲度を ρ とすると，複合膜内部の有効イオン伝導率（σ_{eff}）は

$$\sigma_{eff} = \frac{\varepsilon}{\rho}\sigma$$

と表される。ε が同じであれば，σ_{eff} を向上するためには ρ が出来るだけ小さいことが望ましく，その分布幅を小さくすることは反応の均一性を向上する上で有用である。そのような複合組織を構築するためには，固体電解質は基板に対して水平に分布させるのではなく，出来るだけ垂直方向に分布させる必要がある。この際，出発粒子の形状は複合組織に影響を及ぼす一因となる。

偏平形状の $LiCoO_2$ 粒子（日本化学製）と形状加工して作製した球状 $LiCoO_2$ 粒子の表面にアモルファス Nb-O を被覆した粒子を用いて作製した複合膜中の Nb の断面 EDX を図6に示す。偏平粒子を用いると，Nb が基板に対して水平に分布している様子がわかる。複合膜内部において Nb 領域を Li^+ が移動する状況を考えると，Li^+ は膜厚方向に迂回しながら移動しなければならない。これは ρ を増大させ，σ_{eff} を減少させる要因となる。一方，球状粒子を用いると，この水平方向への分布が緩和されている様子がわかる。この結果は，複合膜内部の組織を制御する上で出発粒子の形状が重要な因子となることを示している。

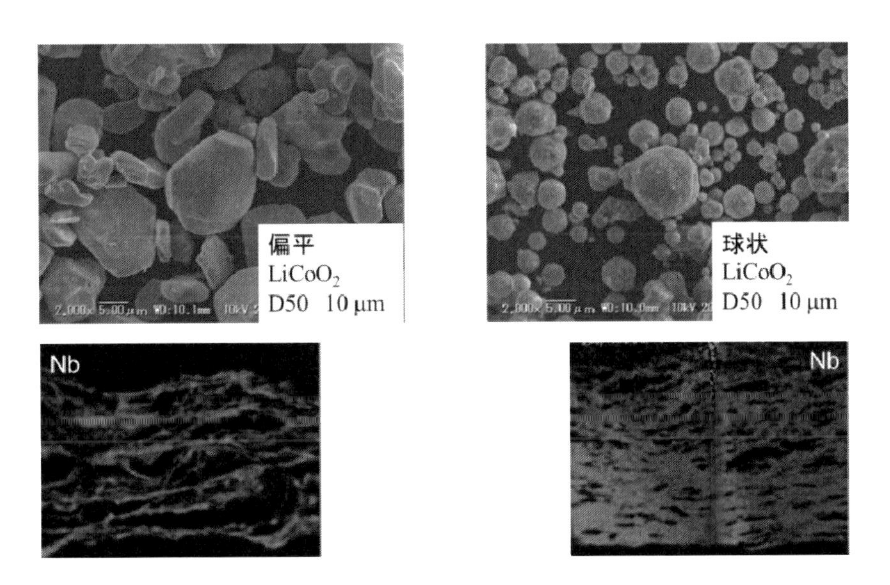

図6　偏平粒子と球状粒子の表面に Nb-O を被覆した粒子で作製した複合膜中における Nb の EDX プロファイル

3　AD法で作製される電極-固体電解質複合膜を用いた酸化物全固体リチウム電池の開発

3. 1　4V級酸化物全固体リチウム電池の開発[6)]

NCM粒子（平均粒径：10 μm）の上にLATP（平均粒径：0.5 μm）を機械混合で分散した。この際，混合するLATPの含有量（重量%）を0, 2, 5, 10, 20%に変えた。以後は，これら粒子をLTP-0, 2, 5, 10, 20と表記する。作製された複合粒子のSEM像を図7(左)に示す。母粒子であるNCMの周りに，子粒子であるLATPが付着している。この被覆率を画像解析ソフトを用いて計算した結果を図7(右)に示す。LATPの含有量が5%の時に被覆率が最大値（～70%）を

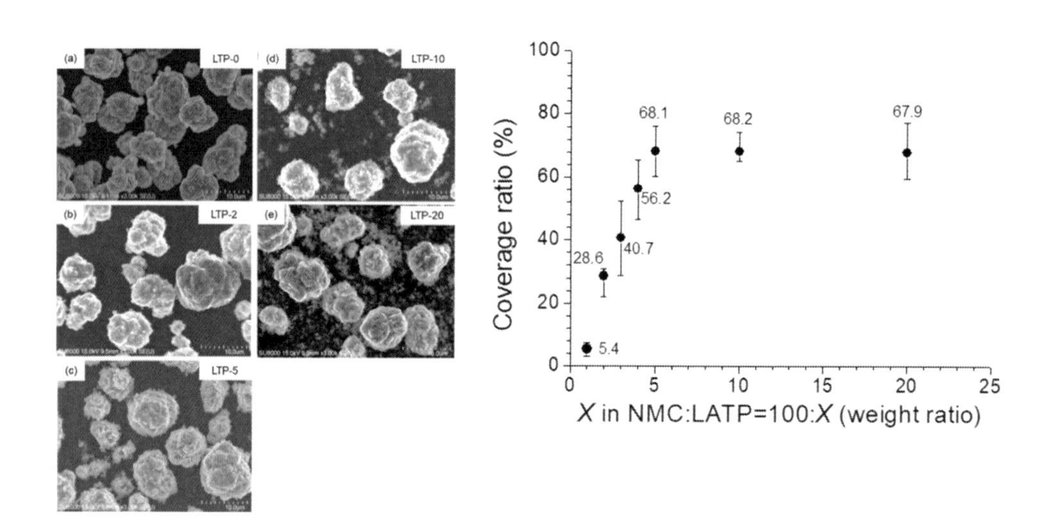

図7　（左）NCM上にLATPを被覆した粒子（LTP-0, 2, 5, 10, 20）のSEM像と，（右）画像解析から求めた被覆率

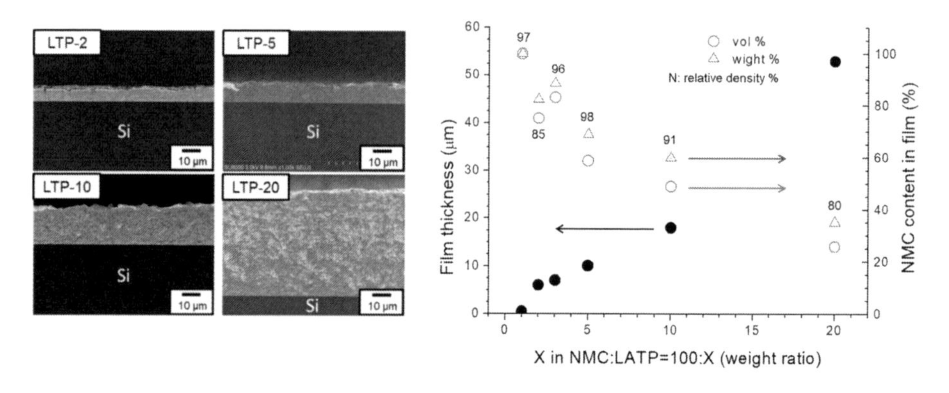

図8　（左）LTP-2, 5, 10, 20を用いてSi基板上に作製した複合膜の断面SEM像。（右）複合粒子を用いて作製した複合膜と，複合膜内部のNCM含有量の相関。図中の数字は見かけの密度。

示し，これより多くのLATPを複合化しても被覆率は一定となった。SEM像を見ると，LTP-10，LTP-20ではNCMに付着していない脱落したLATP粒子が認められる。

これら粒子を用いてSi基板上に成膜したNCM-LATP複合膜の断面SEM像を図8(左)に示す。また，図8(右)には作製した複合膜の厚み（●）と膜内のNCM含有量（体積%（○），重量%（△））の関係をまとめて示す。NCM粒子単独ではほとんど成膜されないのは，AD成膜に本来適した粒径ではないことに起因していると考えられる。一方，LATPと複合化した粒子を用いると成膜が認められるようになるのは，2.2項で述べた出発粒子の帯電の影響に起因すると考えられる。LATPの含有量が増大すると，複合膜の厚みは増大し，一方で複合膜内部のNCM含有量は減少する傾向がある。また，図8(右)のグラフ中の数値は，SEMから求めた膜厚をもとに算出した見かけの密度であるが，LTP-5までは100%に近い密度が得られているのに対し，

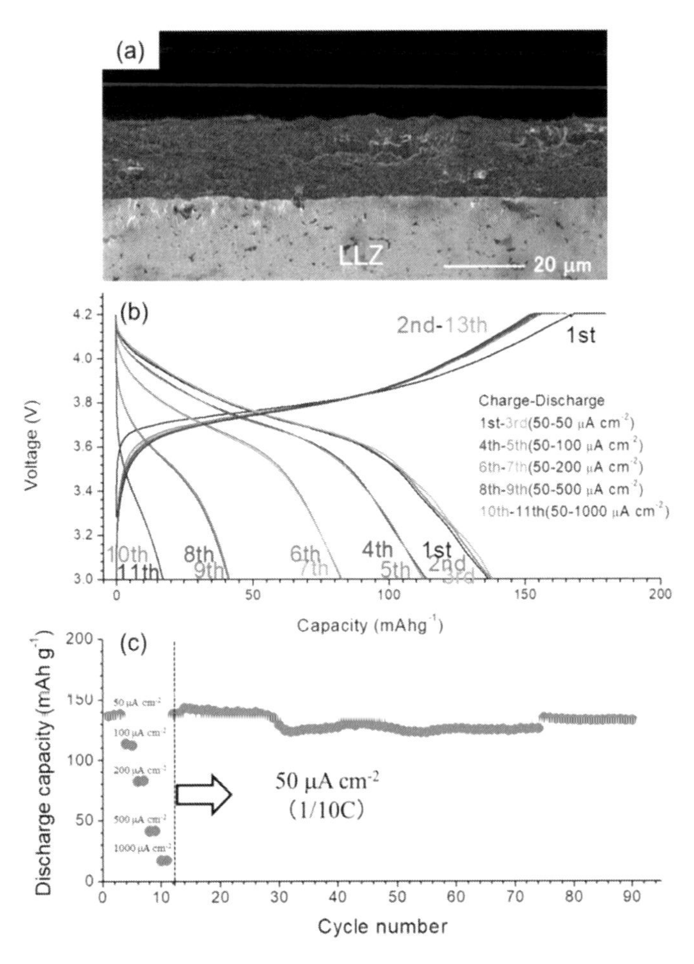

図9　(a) LTP-5を用いてLLZペレット上に成膜した複合膜の断面SEM像。(b) Li/LLZ/NCM-LATP全固体リチウム電池の充放電曲線。(c) 全固体リチウム電池のサイクル特性。

LTP-10 以降になると密度が減少する傾向が認められている。LATP 単独で成膜すると圧粉体が構築されることを考えると，LTP-10 以降で密度が低下するのは，脱落した LATP 粒子の成膜に起因すると推察される。

以上の検討から，密度が高く比較的厚い膜が形成できる LTP-5 を用いて，酸化物全固体リチウム電池の開発を進めた。図 9 には $Li_7La_3Zr_2O_{12}$（LLZ：豊島製作所）の緻密なペレットの片面に LTP-5 を用いて NCM-LATP 複合膜を成膜した試料の断面 SEM 像を示す。AD 成膜する際の LTP-5 の粉体量を増やすことで 20 μm 程度の厚みの複合膜が LLZ 基板上に成膜できる。LLZ は Li 金属に対しても安定な固体電解質であるため，複合膜を成膜した反対側に Li 金属を蒸着することで，Li/LLZ/NCM-LATP の酸化物全固体リチウム電池が構築できる。この電池を 100 度で充放電測定した結果を図 9(b)に示す。充電電流は 50 $\mu A/cm^2$ で一定とし，放電電流を 50-1000 $\mu A/cm^2$ に変えて放電容量の変化を調べた。その結果，1000 $\mu A/cm^2$ の電流密度においても放電容量が観測される程度の酸化物全固体リチウム電池が構築されることがわかった。この測定の後，放電電流値を 50 $\mu A/cm^2$ に固定して放電容量のサイクル依存性を測定した結果を図 9(c)に示す。充放電反応を繰り返しても安定した放電容量が観測されている様子がわかる。なお，この電池を 100 度で充放電させている一つの理由は Li/LLZ 界面での反応の安定性を確保するためであるが，この詳細は文献を参照頂きたい[7]。

図 10 に複合膜内部の NCM-LATP 界面近傍の EDX 像を示す。NCM と LATP の相互拡散層

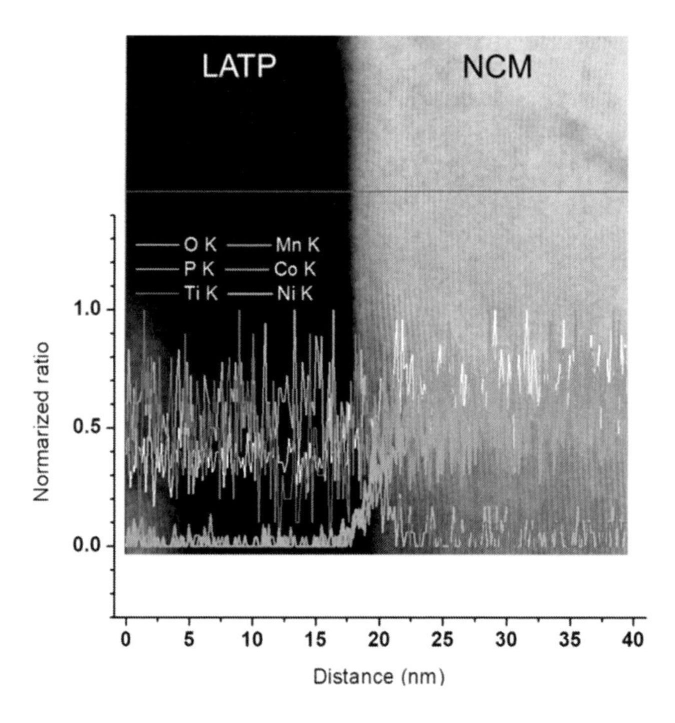

図 10　NCM-LATP 複合電極内部の NCM-LATP 界面近傍の断面 EDX

の厚みは 5 nm 程度と薄いことがわかる。この二つの材料は 500 度程度で反応するため，両者を緻密化するためにはそれ未満の温度で緻密な焼結体を構築しなければならないが，一般的な混合・加圧の後に焼成する工程で緻密化することは難しい。500 度よりも高い温度で焼結しようとすると，界面に Li を含まない不純相が形成され，これが Li^+ の移動を阻害して高抵抗界面が構築される[8]。このように，高温では反応してしまう異種セラミックス材料を低温接合し，その複合材料を膜として構築する手法として AD 法は興味深い手法である。

3. 2　5 V 級酸化物全固体リチウム電池の開発[9]

3.1 項と同様な手法を用いることで，5 V 級の酸化物全固体リチウム電池の構築も可能である。ここでは，電極活物質にスピネル型構造を有する $LiNi_{0.5}Mn_{1.5}O_4$（LNM）を用いた事例について述べる。

図 11 には，成膜に用いた LNM 粒子の SEM 像を示す。図 7 に示した NCM と平均粒径は同じ（～10 μm）であるが，粒子表面にファセットが認められ，一次粒子径が大きな粒子である。

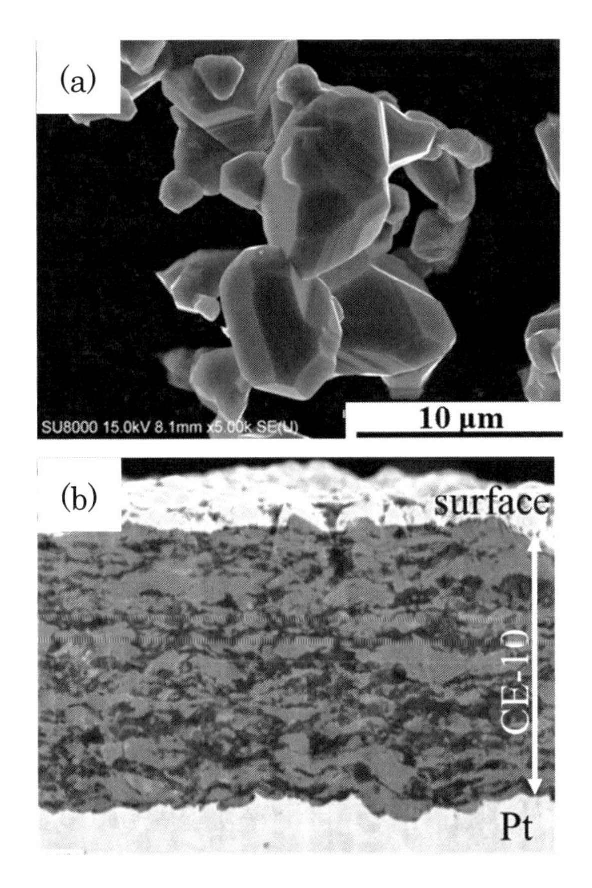

図 11　(a) AD 成膜に用いた LNM 粒子の SEM 像。(b) Pt 基板上に成膜した LNM-LATP 複合膜の断面 SEM 像。薄いコントラスト領域が LNM に対応する。

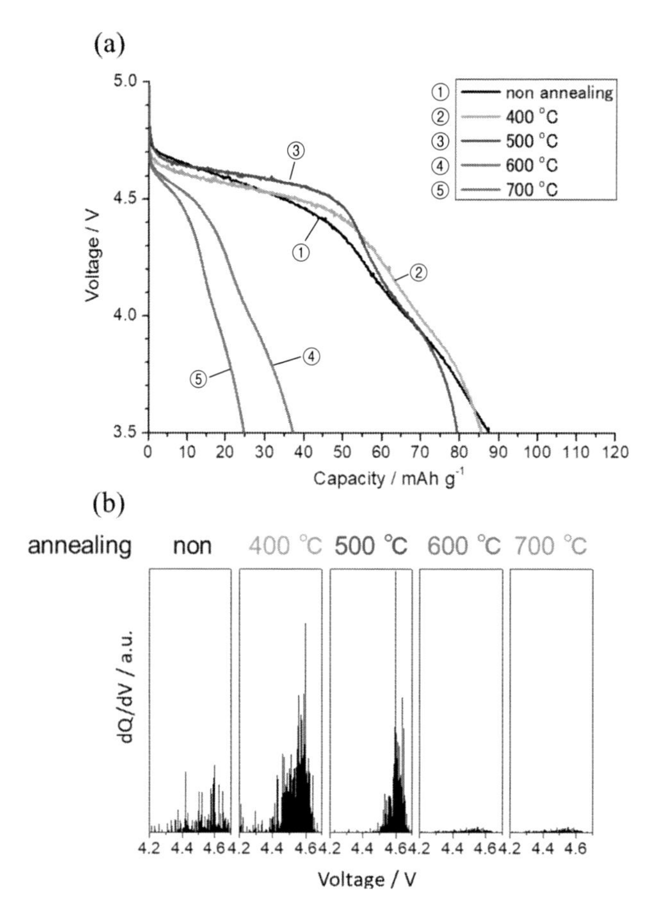

図 12　(a)：LNM-LATP 複合膜を異なる温度で熱処理した後に構築した全固体電池の放電曲線。
(b)：(a)の放電曲線の微分曲線。

3.1 項と同様に，LNM 上に LATP を分散して Pt 基板上に LNM-LATP 複合膜を構築すると，図 12 に示すような複合膜が形成される。ここで，Pt 基板の形状をみると，大きく波打っている様子がわかる。これは，AD 成膜時に生じた基板の変形である。成膜に用いる平均粒子径が同じであっても，基板に与えられるエネルギーは粒子の物性や結晶構造などに依存することが推察される。実際，LNM-LATP 複合粒子を用いて LLZ 基板上に同条件で成膜すると基板が破砕され，成膜できなかった。

図 11(b)に示した複合膜の XRD 測定を行うと，LNM に帰属される回折ピークがシフトしており，半値幅も増大していた。これは，LNM を用いた複合膜に於いて顕著に観測される事例であり，AD 成膜過程で構造に大きな歪みが生じ，結晶性も低下していると考えられる。これらの影響を回復するために熱処理を検討した。複合膜を構築した後に 400，500，600，700 度で熱処理し，得られた複合膜の上に固体電解質，Li 金属を成膜して全固体電池を構築し，その放電曲線を比較した結果を図 12(a)に示す。また，その微分曲線を図 12(b)に示す。500 度の熱処理

で放電曲線の電位平坦部が明確に現れるようになり，この様子は微分曲線で4.6 Vあたりにシャープなピークとして現れている。一方，熱処理温度を600度以上にすると放電容量が大幅に減少することが図12(a)からわかる。これは，LNMとLATPが600度以上の温度で酸素放出を伴う副反応を起こすことで界面抵抗が増大することに起因すると考えられる。

このように，AD法を用いて5 V級正極と固体電解質の複合膜を構築し，それを活用した酸化物全固体リチウム電池の作製も可能であるが，LNMを用いた酸化物全固体リチウム電池の充放電反応の安定性はNCMを用いた電池よりも低い。その一つの要因は，Li^+の挿入脱離反応に伴ってLNMが6%程度の体積変化をするためと考えられる。実際，充放電反応後の複合膜内部にはクラックが多数形成されており，安定性が低いのはクラック形成により複合膜の抵抗が増大（或いは失活領域の形成）することに起因すると考えられる。

4　おわりに

酸化物全固体リチウム電池の開発において，低抵抗な電極－固体電解質の複合体を構築することは電池の高性能化に重要な課題の一つである。低抵抗界面を構築するための一つの指針は，電極と固体電解質を緻密で，且つできるだけ薄い相互拡散層を備えた状態で接合することである。そのような複合体を膜として構築する手法の一つとして，電極－固体電解質の複合粒子を用いたAD法が有効な手法である。その際に，複合粒子の混合方法，表面物性，母粒子の形状が成膜に及ぼす影響について述べた。本章で紹介した酸化物全固体リチウム電池は1 cm^2角のサイズではあるが，大型のAD装置を用いれば100 cm^2角サイズの電池の作製も可能となる。

このように，AD法は酸化物全固体リチウム電池の開発において有用な手法の一つではあるが，実用化においては原料が膜化される際の歩留まりを向上するなど，課題も多い。ADの成膜原理の基礎的な面が更に詳細にあきらかにされ，これら課題を克服する手法が見出されれば，酸化物全固体リチウム電池を構築する画期的な手法として発展していくことが期待される。もちろん，そのためには原料となる粉体材料設計も大きな鍵となるに違いない。

文　献

1) S. Iwasaki, T. Hamanaka, T. Yamakawa, W. C. West, K. Yamamoto, M. Motoyama, T. Hirayama, and Y. Iriyama, *Journal of Power Sources*, **272**, 1086 (2014).
2) N. Yabuuchi, Y. Koyama, N. Nakayama, and T. Ohzuku, *J. Electrochem. Soc.*, **152**, A1434 (2005).
3) R. D. Shannon, *Acta Cryst.*, **A32**, 751 (1976).

4) S. Kashu, E. Fuchita, T. Manabe, C. Hayashi, *Jap. J. Appl. Phys. Part 2-Lett.*, **23**, L910 (1984).
5) A. M. Glass, K. Nassau, T. J. Negran, *J. Appl. Phys.*, **49**, 4808 (1978).
6) T. Kato, S. Iwasaki, Y. Ishii, M. Motoyama, W. C. West, Y. Yamamoto, and Y. Iriyama, *J. Power Sources*, **303**, 65 (2016).
7) F. Yonemoto, A. Nishimura, M. Motoyama, N. Tsuchimine, S. Kobayashi, and Y. Iriyama, *J. Power Sources*, **343**, 207 (2017).
8) T. Kato, R. Yoshida, K. Yamamoto, T. Hirayama, M. Motoyama, W. C. West, and Y. Iriyama, *J. Power Sources*, **325**, 584 (2016).
9) Y. Iriyama, M. Wadaguchi, K. Yoshida, Y. Yamamoto, M. Motoyama, T. Yamamoto, *J. Power Sources*, **385**, 55 (2018).

第19章　エアロゾルデポジション法を用いた全固体電池の作製

金村聖志*

1　はじめに

二酸化炭素の過剰な排出により，地球温暖化現象が進行し，異常気象などの災害を引き起こしている。したがって，一刻も早く二酸化炭素の排出を抑制する必要がある。その方法として，電気自動車や自然エネルギーの導入が考えられている。電気自動車が直接二酸化炭素の削減になるわけではないが，二酸化炭素削減のツールとして非常に有効である。いずれにしても，これらの用途では必ず蓄電池が使用される。電気自動車では，モーターを駆動するための電源として蓄電池が使用される。自然エネルギー，特に太陽光発電や風力発電の場合には，電力が天候によって大きく変動するため，このような電力を直接電力系統網に入れることはできない。そのために，蓄電池を緩衝電源として使用する必要がある。未来のグリーンエネルギー社会に向けて蓄電池の果たす役割が非常に大きいことが理解される。現状では，リチウムイオン電池がこれらの用途に使用されているが，リチウムイオン電池は電解質に有機系の電解液を使用しており，この有機電解液が可燃性であるため，安全上の懸念が払拭できない。より多くの蓄電池を使用する未来社会において，電池の安全性は最も重視される特性になる。この問題を解決するために，電解質を固体にした全固体電池の開発が進められている。ここでは，全固体電池の作製例について紹介する。特に酸化物系の固体電解質を用いた電池について記述する。

2　全固体電池の構成

全固体電池は，電解質の種類により，高分子系電解質，硫化物系固体電解質および酸化物系固体電解質を使用した各電池に区分される。電池の基本的な構成はリチウムイオン電池のそれと大きな違いはなく，積層型の電池構造を有している。高分子固体電解質を用いた場合には比較的低温で電解質膜の調製や電極層の作製が可能である。硫化物系固体電解質を用いた場合には，大きな圧力を用いて固体電解質粉末を変形させたり接着させたりすることができるので，電解質膜や電極作製は比較的容易に行える。図1に硫化物系固体電解質を使用した電池[1)]の断面を示す。緻密な固体電解質層と正極層が形成されていることが分かる。このようにして作製した電池は，室温あるいは100℃程度の高温でも十分に作動し，現在プロトタイプの電池試作が始まっている。

---

* Kiyoshi Kanamura　首都大学東京　大学院都市環境科学研究科　環境応用化学域　教授

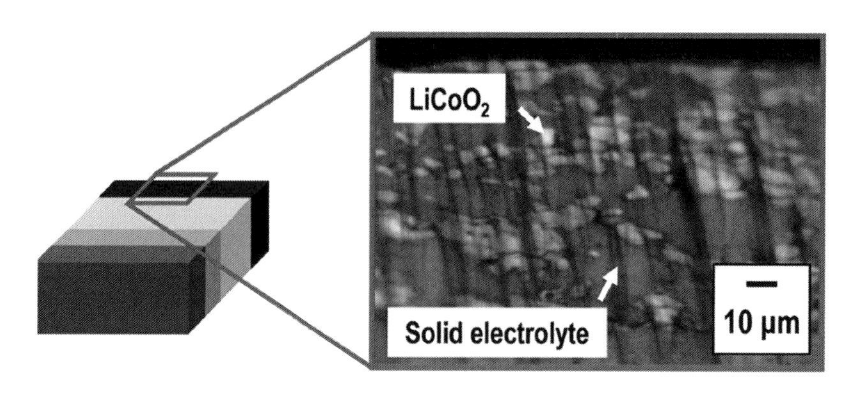

図1　$LiCoO_2$ 正極 – Li_2S-P_2S_5 硫化物系固体電解質層の断面 SEM 図

しかし，硫化物系固体電解質には問題も残っている。現時点で使用されようとしている硫化物系固体電解質は空気中の水分と反応して容易に劣化するため，電池製造にはかなりドライな環境が必要となる。また，万が一，水と急激に反応すると高濃度の H_2S が発生し，かなり危険な状態になる。そこで，酸化物系の固体電解質を用いた全固体電池の研究も活発に行われている。ここでは，酸化物系の固体電解質を使用した全固体電池の正極層の形成について記述する。酸化物系固体電解質は，硫化物系固体電解質よりも安定で安全であるが，電池の作製は難しい。硫化物系材料のように機械的な圧力で変形することがほとんどないからである。これまでに，固体電解質粉体を焼結したペレットを用いて，その一面に正極層を焼結で作成する方法や固体電解質表面に直接フラックス法などにより正極活物質を成長させる手法が提案されてきた。新たな手法としてエアロゾルデポジション法[2]の提案も行われ，固体電解質表面に正極層を接合させる研究が行われてきた。エアロゾルデポジション法とは，常温衝撃固化現象を利用し，基板上にセラミックス層を高速に成膜する手法である。我々のグループにおいても，エアロゾルデポジション法を用いた電池作製を検討してきた。ここでは，エアロゾルデポジション法を用いて焼結された酸化物固体電解質ペレット上に正極層を作製した研究とそれを用いた全固体電池の特性を評価した例を記述する。

3　エアロゾルデポジション法用いた正極層の作製

図2にエアロゾルデポジション装置を示す。ノズル直径は1 mm で真空チャンバーとアルゴンボンベの圧力差は0.6 MPa である。この圧力差により正極活物質粉末をエアロゾル化し，基板となっている酸化物系固体電解質 $Li_{6.25}Al_{0.25}La_3Zr_2O_{12}$（Al-LLZ）の表面に堆積させる。ここで最も重要となるが，正極活物質の粒径である。ここでは0.1 μm～10 μm 程度の粒径範囲でエアロゾルデポジション法により成膜を行い，粒径の最適化を行った。小さい粒径では堆積効率が大変低く，大きな粒子では Al-LLZ がエッチングされ，堆積しない。最終的には3 μm 程度の粒

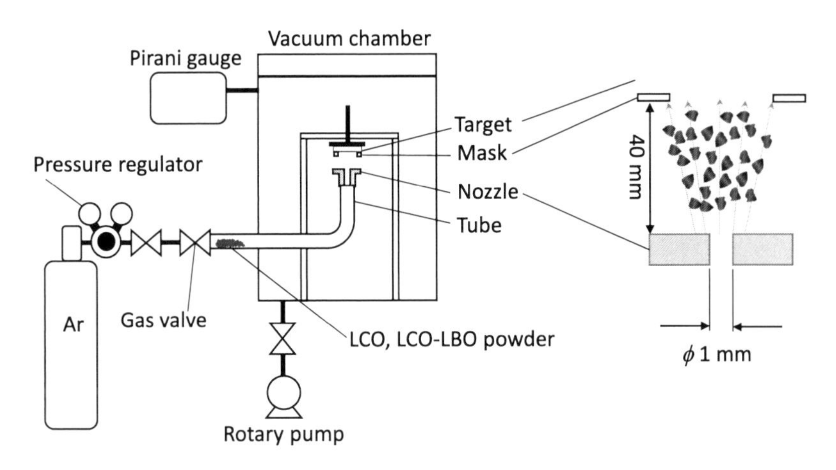

図2　エアロゾルデポジション装置

子が最適であることが分かった。ここでは，$LiCoO_2$ を活物質として使用した。現在リチウム電池の活物質には $LiNi_xCo_yMn_zO_2$（x＋y＋z＝1）[3]など種々の活物質材料が使用されている。これらの材料に関してもエアロゾルデポジション法により正極層を形成する場合には，粒子径の最適化が常に必要となる。$LiCoO_2$ 粉末を用いて正極層を堆積させた場合，図3に示すような正極層がAl-LLZ固体電解質上に形成される。正極層内部の電子伝導性とイオン伝導性は $LiCoO_2$ のみが担うことになり，$LiCoO_2$ 粒子同士の接触が重要となる。エアロゾルデポジション法を用いて作製した正極層内部では，ある程度の $LiCoO_2$ 粒子同士の接触がみられる。Al-LLZ焼結ペレットの反対面に負極となるLi金属を張り付け図4のような固体電池を作製する。この電池の充放電特性を調べると図5のようになる。充電および放電曲線を確認することはできるものの，その特性はあまり良くない。エアロゾルデポジション法で作製した電極層の抵抗が大きいことが要因である。そこで，正極層内での粒子間の密着性を改善するために，変形が許容される材料を $LiCoO_2$ と複合化することが考えられる。ここでは融点が700℃のガラス系セラミックス電解質

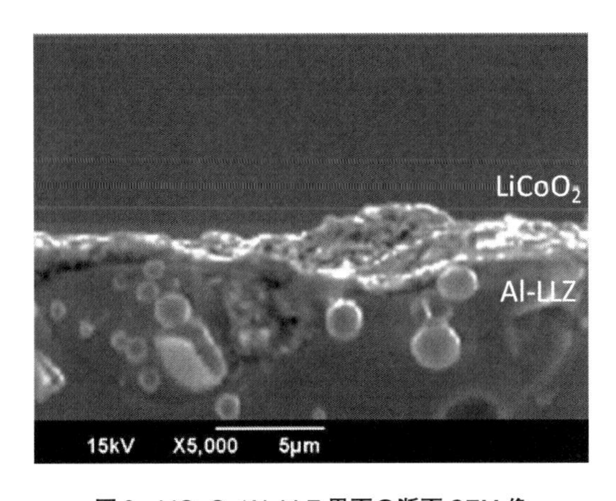

図3　$LiCoO_2$/Al-LLZ界面の断面SEM像

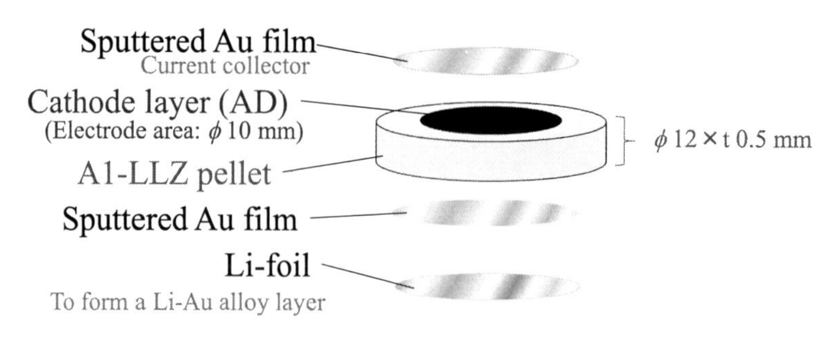

図4　エアロゾルデポジション法で作製した固体電池の構成

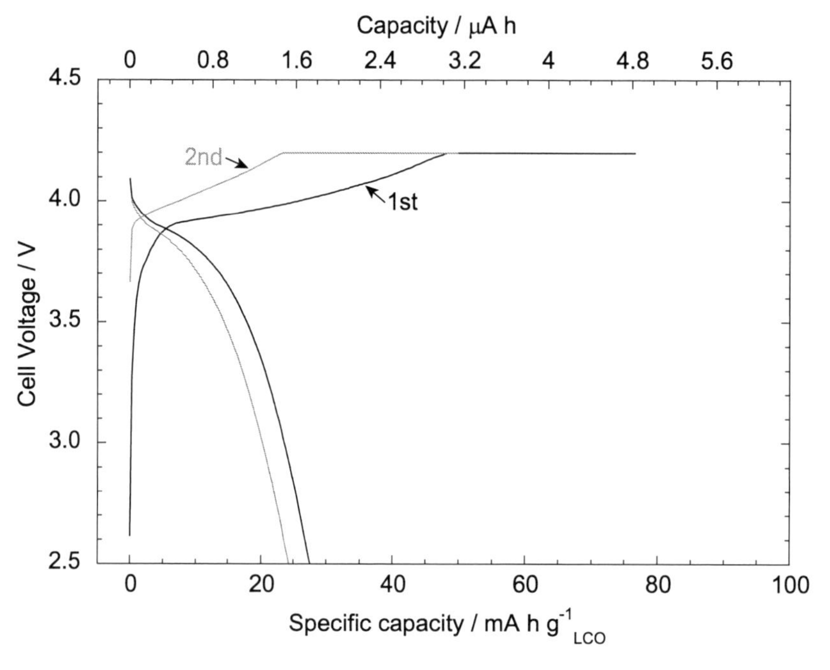

図5　$LiCoO_2$ 正極層の充放電特性

Li_3BO_3 を用いてコンポジット正極の作製を行った。$LiCoO_2$ と Li_3BO_3 を 7：3 の重量比で複合化した粒子を作製し，これをエアロゾルデポジション法に使用した。Li_3BO_3 は比較的ソフトな酸化物材料であり，正極材料と混合すると電極層の抵抗が減少することが報告されている[4)]。図6に実際に作製した粒子の電子顕微鏡写真を示す。ゾルゲル法を用いて粒径調整した $LiCoO_2$ を作製し，固相法により合成した Li_3BO_3 を作製し，それらを乳鉢で混合し，800℃で熱処理することによりコンポジット粒子を得た。このコンポジット粒子を用いると Li_3BO_3 の機械的性質のために，成膜効率が向上する。図7に実際に得られた $LiCoO_2$－Li_3BO_3 コンポジット正極層の断面 SEM 写真を示す。比較的緻密にコンポジット粒子が堆積している様子が観察される。この正極層を用いて充放電試験を実施した結果を図8に示す。温度30℃で行った実験である。コン

図6　$LiCoO_2$－Li_3BO_3コンポジット粒子（$LiCoO_2$：Li_3BO_3＝7：3 in weight）

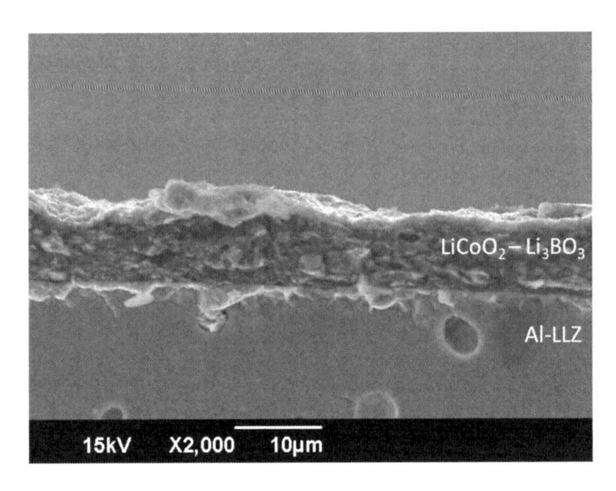

図7　$LiCoO_2$－Li_3BO_3/Al-LLZ界面の断面SEM像

ポジット粒子を用いた方がより多くの充放電容量を示しており，Li_3BO_3により正極層の状態が改善されている。イオン伝導性および電子伝導性が向上したと考えられる。しかし，充放電曲線は不安定であり，正極層内に不均一な部分が存在していることを示唆する結果である。不均一な部分は固体と固体の接触の問題であると推察される。そこで，コンポジット粒子を用いて作製した正極層を750℃で短時間の熱処理を行った。この温度ではLi_3BO_3は融解し少なくとも軟化しているはずである。実際に，この処理を行うと正極層の厚みは減少し，電極の密度が向上する。電極密度の構造は，元々の正極層内に空隙が存在していたことを示しており，これが電極性能を不安定化させていたと思われる。図9は熱処理を行った電極の温度60℃での充放電曲線である。非常に可逆で放電曲線および充電曲線ともに安定しており，液体電解液を用いた時に得られる特性と同等あるいはそれ以上である。安定して充放電が3回行えており，蓄電池として機能している。電極密度の向上は$LiCoO_2$間および$LiCoO_2$とLi_3BO_3間の接触が改善され，結果的

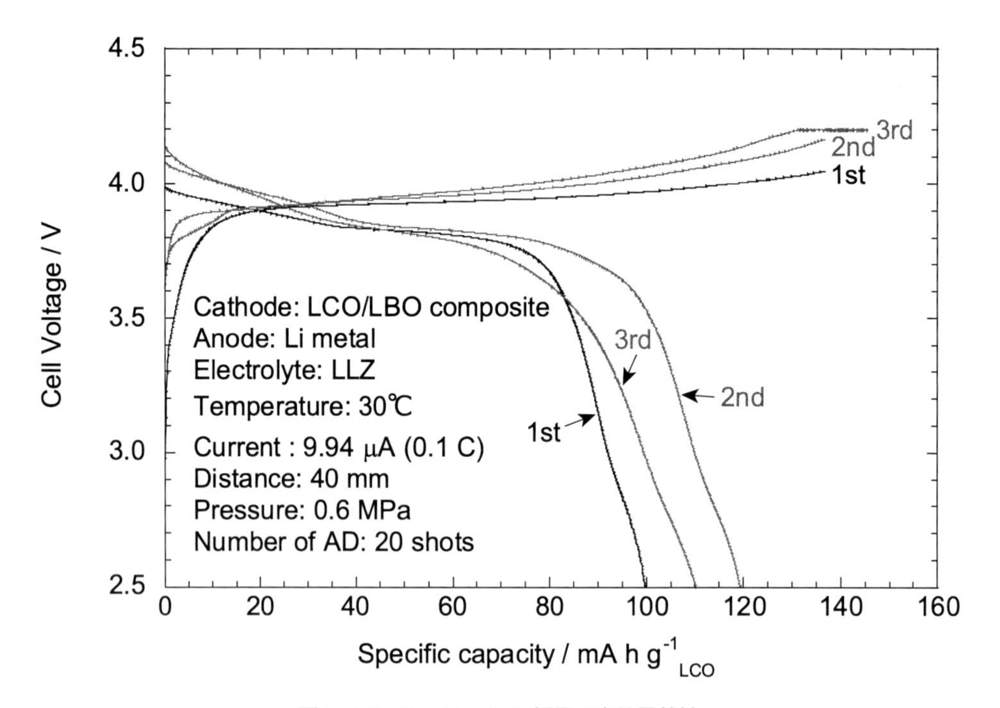

図8　$LiCoO_2$－Li_3BO_3 正極層の充放電特性

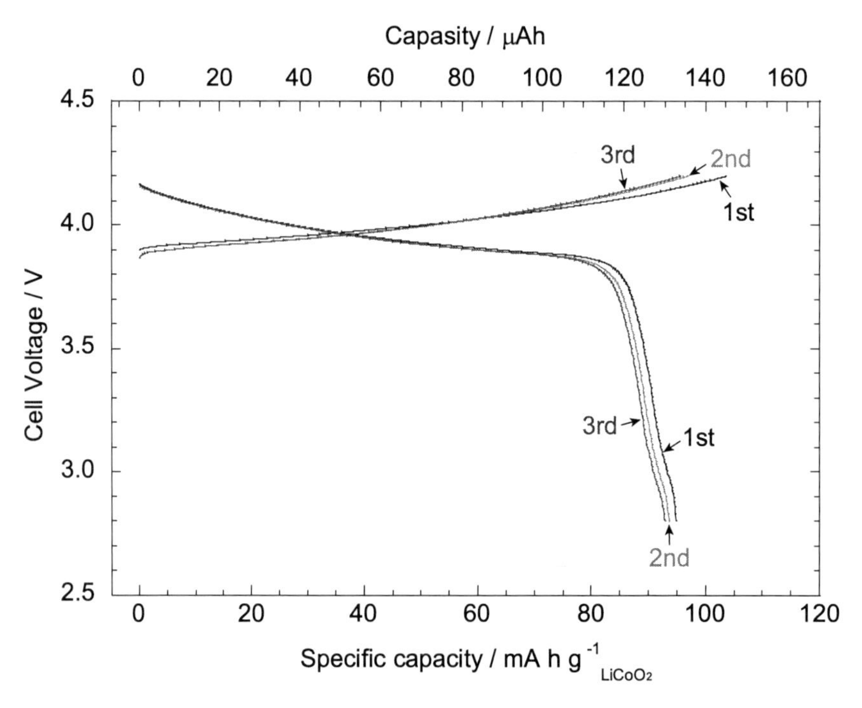

図9　成膜後の750℃熱処理による充放電特性の変化

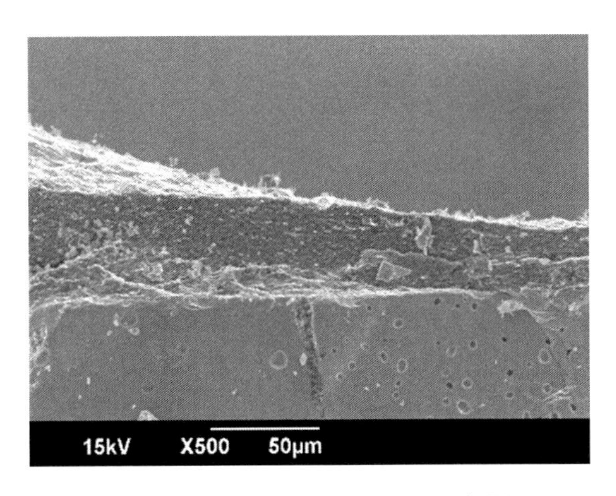

図10　厚膜した $LiCoO_2$ - Li_3BO_3 正極層

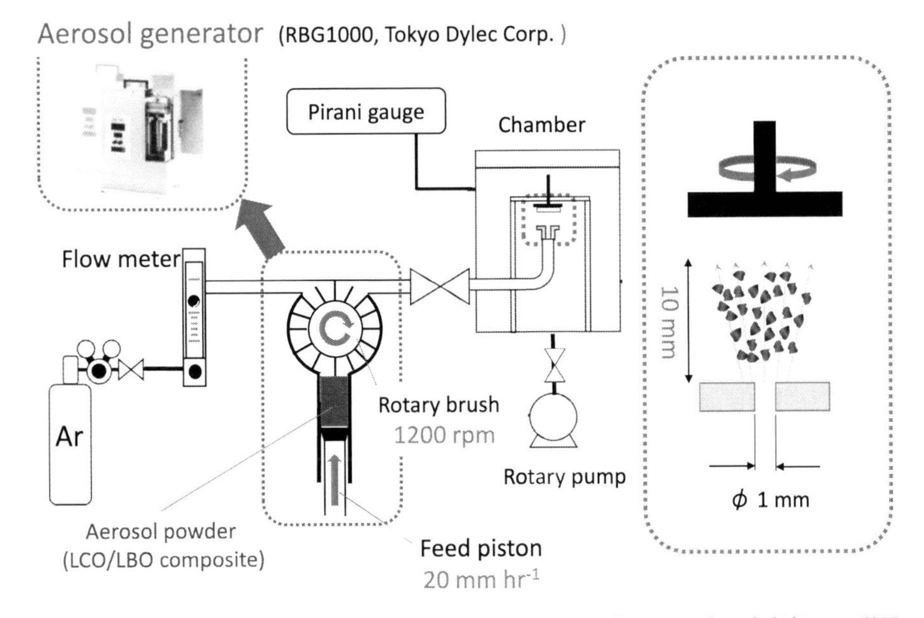

図11　エアロゾル発生装置とターンテーブルを組み合わせた新規エアロゾルデポジション装置

にイオン伝導性パスと電子伝導性パスがしっかり電極内に構築されていることを示している。この電池では，十分な厚みの電極が得られていない。10 μm と薄い電極である。少なくとも，50 μm 以上の厚みの電極が必要である。そこで，より厚い電極の作製を試みた結果を図10に示す。かなり分厚い電極の作製を行えているが，電極層の厚みが不均一で，このままでは全固体電池を作製することが難しい。今後，エアロゾル析出用の装置の改良が必要となっている。図11

は新しい装置で，エアロゾル発生装置と基板回転機能を付与したものである。基板を回転しながらエアロゾル析出を行うことで，厚くて均一な正極層を作製することができる。

4 まとめ

$LiCoO_2$ 正極層に関して検討したが，今後新しい高容量の正極材料への展開が必要である。固体電解質を用いるので，電池重量が重くなりがちであり，可能な限り容量密度が大きくて充放電電位の高い正極材料を用いることが重要となる。例えば，$LiNi_{0.8}Co_{0.1}Mn_{0.1}O_2$[5]のようなNiリッチの正極活物質は200 mA h g^{-1} 以上の容量密度を有し $LiCoO_2$ の容量密度よりも50 mA h g^{-1} 程度大きい。また，固体電解質の安定性を使用して $LiCoPO_4$[6]のような5 V付近で作動する電池の作製も考えられる。エアロゾルデポジション法を用いてこれらの材料から成る正極層の作製も始められている。また，いろいろな複合粒子を堆積させることができるので，導電助剤なども含んだ状態でのエアロゾルデポジション法の検討も重要であろう。

文　献

1) M. Otoyama, Y. Ito, A. Hayashi, M. Tatsumisago, *J. power Sources,* **302**, 419-425(2016)
2) S. Iwasaki, T. Hamanaka, T. Yamakawa, William C. West, K. Yamamoto, M. Motoyama, T. Hirayama, Y. Iriyama, *J. Power Sources,* **272**, 1086-1090 (2014)
3) L. Jiang, Q. Wang, J. Sun, *J. Hazardous Materials,* **351**, 260-269 (2018)
4) S. Ohta, S. Komagata, J. Seki, T. Saeki, S. Marishita, T. Asaoka, *J. Power Sources,* **238**, 53-56 (2013)
5) M.-H. Kim, H.-S. Shin, D. Shin, Y.-K. Sun, *J. Power Sources,* **159**, 1328-1333 (2006)
6) K. Amine, H. Yasuda, M. Yamachi, *Electrochem. Solid-State Lett.*, **3**, 178-179 (2000)

第20章　熱電素子

中村雄一*

1　はじめに

地球温暖化の原因と言われるCO_2の排出抑制や資源の有限性から，石油をはじめとする化石燃料に代わる，クリーンなエネルギー源の開発や代替が求められている。その一つとして，現在未利用のまま大気に棄てられている熱エネルギーの有効利用が挙げられる。現在，日本国内の一次エネルギーのうち，有効利用されているのは約3割であり，残りのおよそ7割のエネルギーは有効利用されないまま廃熱として大気中に放出されている。この未利用廃熱の有効利用によるエネルギー利用効率の改善は，化石燃料に代わるエネルギー開発と共に重要な課題である。この廃熱は総量こそ多いものの，比較的小さな熱源から少量ずつ分散して放出されるため有効利用が難しい。このような廃熱を電気エネルギーに変換する有力な技術として熱電発電がある。熱電変換にはスケール効果が無く，少しの熱量からも変換効率に応じた電気エネルギーを取り出すことが可能であるため，広く分散した小規模熱源から電気エネルギーを回収するのに有効である。

熱電材料の中でも中高温域でも安定な$Ca_3Co_4O_9$系（以下Co349）の酸化物熱電材料は，単結晶で無次元性能指数ZT～1と良好な特性を示し[1]実用化が期待される。これは導電層であるCoO_2層とブロック層であるCa_2CoO_3層が交互に積み重なった層状構造を有し，その構造に起因して，電気特性にも大きな異方性を有する。そのため良好な特性を示す多結晶体を得るには，そのc-軸を揃えるように配向制御する必要があり，ホットプレス法[2]やSPS法[3]によりバルク試料の緻密化と配向化が行われている。

一方，緻密な酸化物厚膜の形成法としてエアロゾルデポジション（AD）法があり[4～7]，セラミック原料粉の粒径や成膜条件を適切に調整することで，常温で緻密なセラミック膜を形成できる。更にマスクを用いてパターン化した膜を成膜することも可能であり[6]，厚膜状熱電変換素子の作製や積層型素子[8]への適用も期待できる。ここでは，AD法により代表的な酸化物材料であるp型Co349およびn型$CaMnO_3$（Mn113）の成膜を行い，成膜に必要な条件の検討及び得られた酸化物熱電膜の特性の評価を行った。さらにCo349とMn113を絶縁膜を介して積層成膜し，一対の積層型素子の試作も行ったので，その結果を報告する。

---

*　Yuichi Nakamura　豊橋技術科学大学　大学院　電気・電子情報工学専攻　准教授

2 実験方法

Co349の仮焼粉は，原料粉として$CaCO_3$，Bi_2O_3，Co_3O_4を用い，Ca：Bi：Co＝2.7：0.3：4.0の比率となるよう秤量・混合した粉を900℃ 15時間の仮焼・粉砕を3回繰り返して作製した。Mn113の仮焼粉作製には，$CaCO_3$，Bi_2O_3，MnO_2を原料粉として用い，モル比Ca：Bi：Mn＝0.9：0.1：1.0となるように秤量・混合した粉を900℃ 12時間で2回，1,100℃ 10時間で2回の仮焼・粉砕を繰り返した。得られた仮焼粉は卓上ボールミルおよび遊星ボールミルを用いて粒度調整し，吹き付ける粉末の粒径が成膜に及ぼす影響について検討した。XRD解析より，得られた膜の結晶性が低下していたため，種々の温度で1時間熱処理を行い，熱処理温度の影響について検討した。この結晶性回復熱処理を行った試料に対し，XRD, SEMによる組織評価を行い，熱電特性として導電率（σ），ゼーベック係数（S）を評価した。

3 実験結果及び考察

3．1 成膜に及ぼす原料粉の粒径の影響

AD法による成膜では，吹き付ける粉末の粒径が得られる膜の成膜速度や特性に影響する。そこで事前にボールミルにより仮焼粉の粒径を変化させ，その影響について検討した。その結果，Co349ではボールミルにより平均粒径を1 μm程度以下にした場合に，大きな成膜速度が得られるとともに，3 μm以上の比較的大きな粒径の粒の比率が高い場合には，成膜速度が低下する傾向が得られた。AD法では，ガスにより基板に吹き付けられた原料粒子が粉砕・固化することで厚膜を形成するが，一般に原料粒子径が大きすぎると下地にダメージを与え，粒子径が小さすぎると圧粉体となり膜が形成されないことが知られている[9]。従って，Co349においては，1 μm程度の微細な粒が成膜に有効な主な粒と考えられ，3 μm以上の粒子は逆に成膜にはあまり寄与しないか逆にダメージを与える効果を持つ可能性がある。それに対しMn113は，成膜に及ぼす粒径依存性は更に顕著で，粒径が1 μm以上の粒の比率が高くなると成膜速度が急激に低下した。このことから，Mn113では粒径1 μm以上の粒は成膜に寄与せず，逆に膜にダメージを与える可能性があるため，それ以下の粒径に揃えることが重要であると考えられる。

3．2 酸化物熱電膜の特性に及ぼす熱処理温度の影響

図1(a)にCo349仮焼粉，(b)にAD成膜直後のCo349膜のXRD測定結果を示す。図のようにAD成膜直後の膜では，全体にピーク強度が弱く，ピーク自体もブロードになっている。これは成膜時の衝撃によりCo349の結晶構造自体に大きな歪みが生じ，結晶性が低下したものと考えられる。そこでその結晶性を回復させるため，種々の温度で1時間の熱処理を行った。熱処理後の試料のXRD測定結果を図1(c)-(f)に示す。図1(c)に示す400℃での熱処理ではピークにほとんど変化なかったが，500℃で熱処理した試料ではピークがシャープになった。このことか

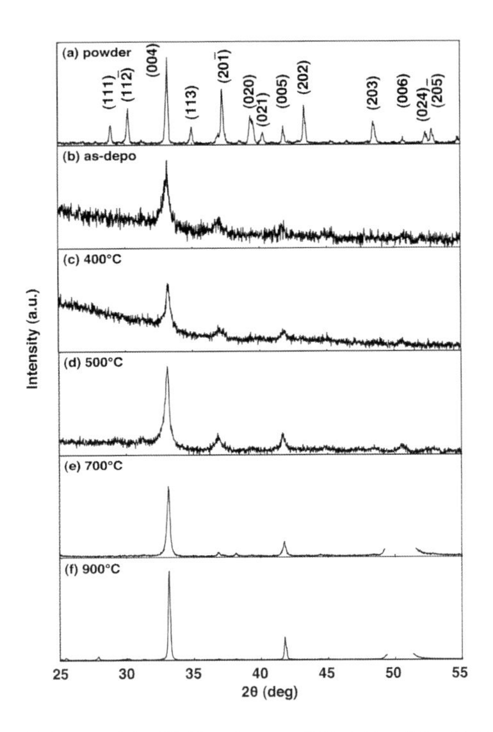

図1　Co349のXRD測定結果。(a)仮焼粉，(b)AD成膜直後，(c)-(f)400～900℃の各温度で1h熱処理後のXRD測定結果。

ら結晶性の回復に500℃以上の熱処理が必要であることがわかった。また図1(e)，(f)に示すように，更に熱処理温度を上げ700℃で熱処理することで（00*l*）面のピークが強く見られるようになり，900℃で熱処理した膜では（00*l*）面のピークのみとなり，*c*-軸配向した膜が得られたことを示している。AD法では，粉砕した原料粉を高速で基板に吹き付け，熱処理するだけであり，特に配向を促すような処理はしていないにもかかわらず，*c*-軸配向した膜が得られたことは注目に値する。一方，Mn113についてもAD成膜直後は，非常にブロードなピークしか得られなかったが，900℃から1,100℃で1時間の熱処理することで，各面のピークがシャープになり結晶性が回復することがわかった。

700～900℃で熱処理したCo349のAD膜の表面及び断面をSEM観察した結果を図2に示す。700℃で1時間熱処理した膜では粒径およそ0.5 μm以下の結晶粒で構成された緻密な膜となっているのに対し，熱処理温度を上げるに従って結晶粒径が大きくなり，900℃で熱処理した膜では，粒径1 μm以上の板状に成長した結晶粒で構成されていることがわかった。また断面写真から，900℃で熱処理した膜でもっとも顕著に見られるように，板状結晶が層状に積み重なった組織をしており，XRDで見られたように*c*-軸配向した膜となっていることが確認できた。このようにAD膜が熱処理により*c*-軸配向した理由として，吹き付けるCo349粉末自体に異方性があり，もともとの結晶粒が板状であるとともに，成膜時，基板に衝突した衝撃で粉砕・固化す

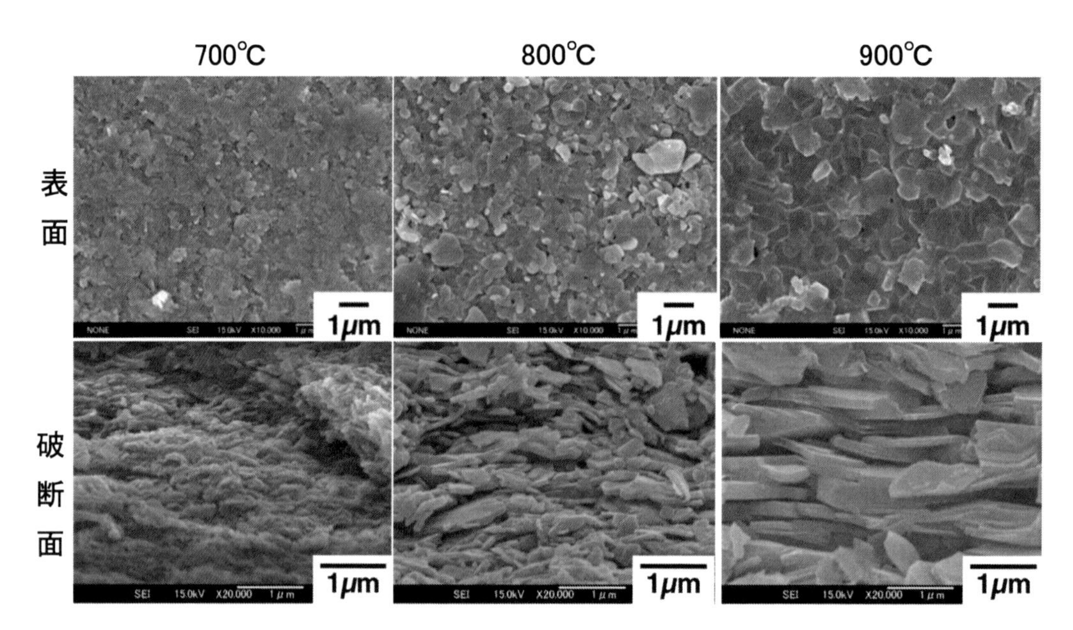

図2　700～900℃で1時間熱処理後のCo349膜の表面及び断面微細組織のSEM観察結果

る際にも板状に壊れやすいためと考えられ，広い ab 面が面内に平行になるように堆積しやすいと考えられる。そのような膜を熱処理した結果，c-軸配向した膜が得られたと考えられ，また熱処理温度が高いほど，結晶粒の粒成長がし易くなり，板状に大きく成長した粒で構成された膜が得られたと考えられる。

AD法により作製したCo349膜の熱電特性を図3に示す。比較のためホットプレス（HP）法[2]で作られたバルク体の特性を合わせて示す。ゼーベック係数は熱処理温度が高いほどやや高くなり，900℃で熱処理した膜で S＝150-170 μV/℃程度とバルク試料に近い値を示したが，熱処理温度による差は小さい。それに対し，導電率は700℃で熱処理した膜では σ＝50 S/cm程度であったのに対し，900℃で熱処理した試料では σ＝100 S/cm以上とバルクに近い値を示し，熱処理温度による差が大きい。一方，Mn113膜の熱電特性を図4に示す。Co349同様，ゼーベック係数は熱処理温度による差は小さく，900℃，1,100℃いずれの温度でも1時間熱処理した場合も，1,300℃で10時間焼結したバルク体と同等の値を示した。それに対し導電率は900℃で熱処理したものに比べ，1,100℃で熱処理した方が大きな値となり，熱処理温度による影響が大きいことがわかった。

以上より，AD法で作製した膜でも，成膜後に1時間程度の短時間の熱処理を施すことで，ホットプレス法やSPS法で作製したバルク体と熱電特性と同等の特性が得られることがわかった。これはAD法で成膜することで緻密な組織となるために，短時間の熱処理により結晶性を回復させることで，バルクと同等の特性が得られたと考えられる。ただしポテンシャル特性であるゼーベック係数に比べ，輸送特性である導電率は，良好な特性を得るのに粒界を十分に結合させ

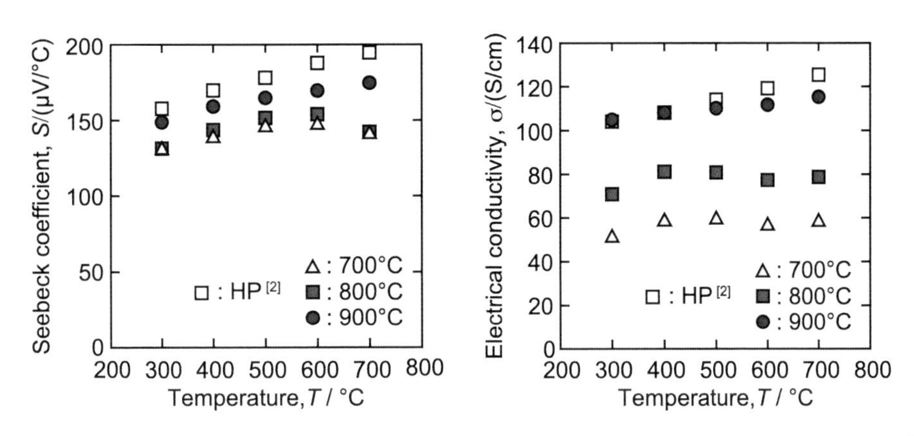

図3　AD法で作製したCo349膜の熱電特性。比較のためホットプレス法で作製したバルクの値[2)]を示す。

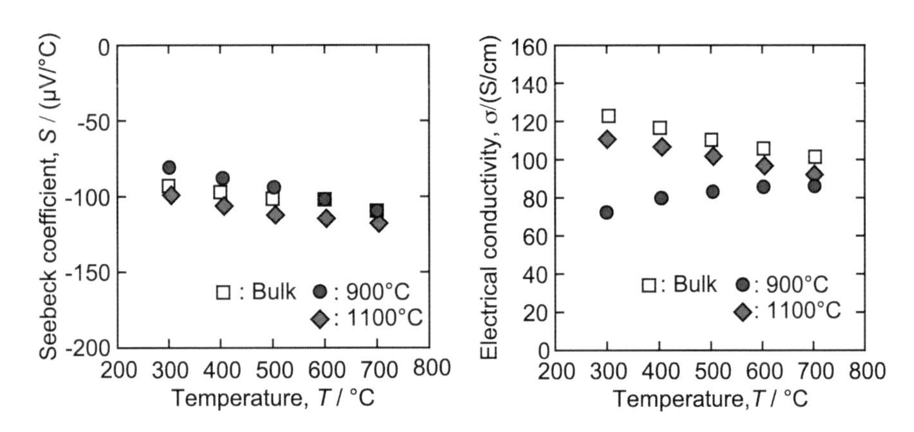

図4　AD法で作製したMn113膜の熱電特性。比較のため，1,300℃で焼結したバルク体の値を示す。

る必要があるため，熱処理温度の影響が大きく，良好な導電率を得るため高温での熱処理が必要と考えられる。

3. 3　AD法による熱電素子の作製と評価

これまでの知見を生かし，MgOを絶縁層として，Mn113/MgO/Co349の積層構造をAD法により作製することで，図5(a)に模式的に示すような1対の積層素子を作製した。今回はMn113，MgO膜の成膜後に1,100℃で1時間，Co349の成膜後に900℃で1時間の結晶性回復熱処理をそれぞれ行った。得られた素子の断面組織をSEMで観察した結果を図5(b)に示す。図のように，緻密な積層組織が得られている。

作製した素子を管状炉に入れ，高温端512℃，温度差12℃の温度差を与え，その出力特性を評価した結果を図6に示す。図のように開放電圧2.7 mVから負荷を増すにつれ，直線的に電圧が低下し，熱電素子として正常な出力特性が得られ，最大出力は19 nWであった。このときの

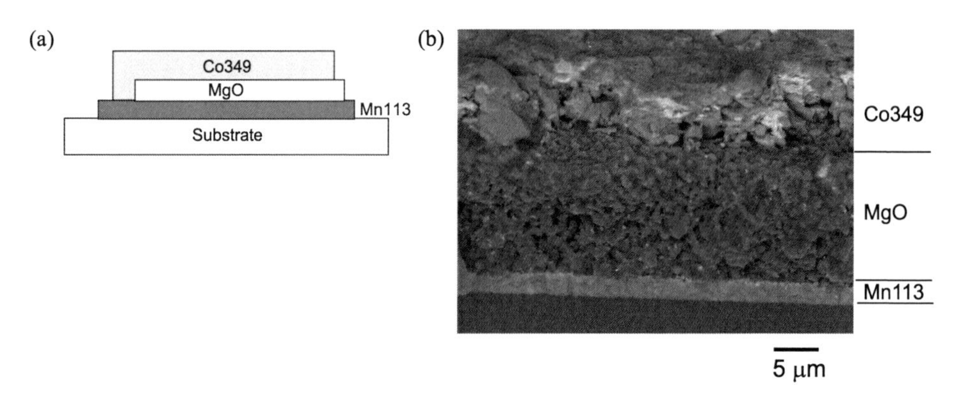

図5　AD 法により作製した Mn113/MgO/Co349 積層素子の (a) 模式図と (b) 断面組織

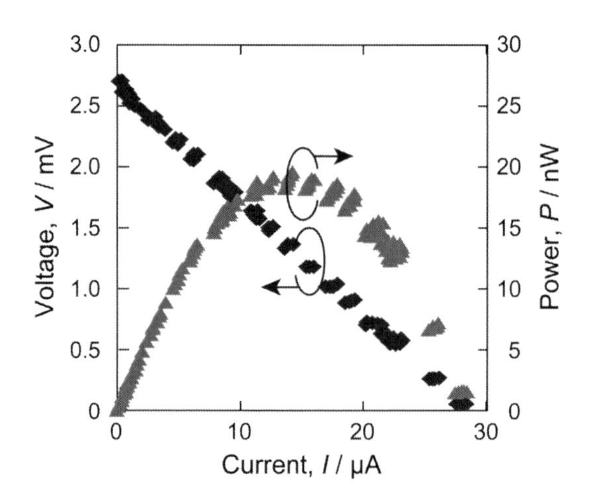

図6　Mn113/MgO/Co349 積層素子の出力特性

開放電圧は材料特性から期待される値に対し，約 10%小さいもののよい一致を示している。それに対し，抵抗値は，約 40%大きくなっており，Co349 と Mn113 の間の接触抵抗が大きいと考えられる。しかしながら絶縁層を含めて AD 法で形成した積層膜で，熱電素子として動作していることが確認できた。

4　まとめ

エアロゾルデポジション（AD）法により酸化物熱電材料 Co349 および Mn113 厚膜の形成を行い，その組織及び熱電特性の評価を行った。その結果，成膜直後は結晶性が低下したものの，Co349 は 700℃以上で 1 時間の短時間熱処理することで，良好な c-軸配向膜が得られ，また Mn113 も 1,100℃で熱処理することで結晶性回復できることがわかった。どちらの場合も AD

成膜することで緻密な膜が得られていることから，通常の焼結に比べ非常に短時間の熱処理により，バルク材と同等の熱電特性が得られることがわかった。ただ輸送特性として高い導電率を得るには，粒界の結合・結晶性の回復が重要と考えられ，比較的高温での熱処理が必要であった。これらの知見を元に AD 法により MgO を絶縁層として，Mn113/MgO/Co349 の一対の厚膜積層素子を作製し，その特性を評価した。その結果，各単層膜の特性から期待される出力電圧特性が得られたが，素子の抵抗は予測値より約 40％大きかった。これは Co349 と Mn113 の界面における接触抵抗が大きいためと考えられ，その低減が課題である。

文　　献

1） R. Funahashi *et al.*, *Jpn. J. Appl. Phys.*, **39**, L1127（2000）.
2） C. Xu *et al.*, *Appl. Phys. Lett.*, **80**, 3760（2002）.
3） Y. Liu *et al.*, *J. Electroceram.*, **21**, 748（2008）.
4） J. Akedo *et al.*, *Jpn. J. Appl. Phys.*, **38**, 5397（1999）.
5） J. Akedo, *J. Am. Ceram. Soc.*, **89**, 1834（2006）.
6） J. Akedo, *J. Therm. Spray Technol.*, **17**, 181（2008）.
7） K.H. Shin *et al.*, *J. Magnetics*, **12**, 129（2007）.
8） T. Okamoto *et al.*, *Appl. Phys. Lett.*, **89**, 081912（2006）.
9） 明渡純，“AD 法の基礎とメカニズム，” エアロゾルデポジション法の基礎から応用まで，p.1，シーエムシー出版（2008）.

第21章　タービン部材

—輻射熱反射機能を有する耐環境性コーティング—

田中　誠[*1]，長谷川　誠[*2]，北岡　諭[*3]

1　はじめに

次世代航空機エンジンのタービン部材として，SiC繊維強化SiCマトリックス複合材料（SiC/SiC）が注目を集めており，既にシュラウドなどの静止部材に適用され実機搭載されている。SiC/SiCをタービン部材に適用するには，高温燃焼ガス環境下における酸素や水蒸気によるSiC/SiCの酸化・劣化を防止するための耐環境性の保護コーティング（EBC）が不可欠である。このEBCに高温熱源からの輻射熱エネルギーを効果的に反射する機能を付与できれば，EBC内への熱の流入を抑えSiC/SiC内温度の上昇を防ぐことができる。その結果として，SiC/SiCの酸化劣化を飛躍的に抑制できるものと期待されるため，我々は，高温において輻射熱反射機能と環境遮蔽機能を併せ持つEBC構造を提案している[1)]。その構造を図1に示す。輻射熱反射機能は，屈折率差が大きく，かつ，高温でお互いが反応しない二種類の耐熱性酸化物（Al固溶

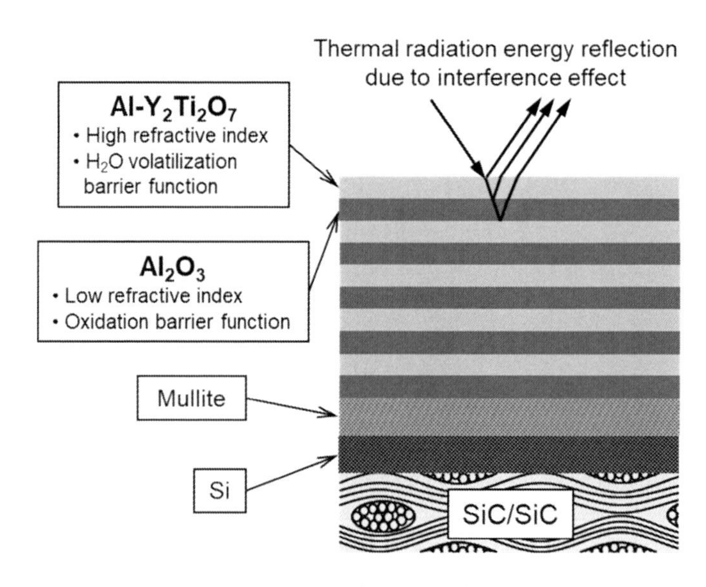

図1　輻射熱反射EBCの構造

＊1　Makoto Tanaka　(一財)ファインセラミックスセンター　材料技術研究所　上級研究員
＊2　Makoto Hasegawa　横浜国立大学　大学院工学研究院　システムの創生部門　准教授
＊3　Satoshi Kitaoka　(一財)ファインセラミックスセンター　材料技術研究所　主幹研究員

$Y_2Ti_2O_7$とα-Al_2O_3）を交互に積層させることで発現しうる。これらの機能を高温で維持するためには，少なくとも，各層を緻密質にすることで設計通りの屈折率差を維持し，かつ，高温での焼結収縮によるき裂の発生を抑制する必要がある。エアロゾルデポジション（AD）法は，室温の減圧環境下においてセラミックス粉末を音速程度の速度で基板に衝突させてコーティングする方法であり，室温で緻密質膜の形成が可能であると考えられることから，上記二種類の耐熱性酸化物について，AD法を用いた膜形成を検討中である。本稿では，AD法で成膜したα-Al_2O_3膜の熱的安定性と結晶配向性について紹介する。

2　AD膜の結晶配向性に関する報告例

これまで，ZrO_2[2,3]，Y_2O_3[4,5]，Al_2O_3[6,7]，$Pb(Zr_{52},Ti_{48})O_3$[7,8]などの様々なセラミックスのAD膜について，形成された膜の組織や特性などが報告されている。AD法で成膜したセラミックス膜は，結晶粒径20 nm以下の多結晶体であり，結晶配向性はなく，ランダムな結晶方位を有するという報告例が一般的である[6]。AD法は，室温で数μmの厚さのセラミックス膜を形成できるのがメリットであり，原料粒子が基板に衝突する際に生じる粒子の破壊及び塑性変形が膜形成に寄与していると考えられており，この現象は常温衝撃固化現象と呼ばれている[6,8]。

一般的に，金属やセラミックスのバルク体の場合，塑性変形はすべり及び双晶系の活動により生じる[9~11]。Al_2O_3バルク体では，1800℃域でのホットプレスや鍛造において底面（(0001)面）配向性が出現[12]，また，1500℃域では圧縮ひずみの増大により底面配向した結晶組織が形成されることが報告されている[13]。これらの底面配向性は，高温圧縮応力下における底面すべり系，粒界すべり，及び再結晶などの活動により形成される[12~14]。前述したようにAD成膜時には衝突粒子の塑性変形が生じると考えられているが，結晶配向性を有するAD膜の報告はほとんどなく，渕田らがZrO_2の原料粒子と形成された膜のX線回折パターンから結晶配向性の存在を示したのみである[3]。また，Al_2O_3膜断面のTEM電子線回折より，結晶配向性は存在せず，ランダムな結晶方位で構成された組織であることも報告されている[6]。我々は，輻射熱反射EBC開発の取り組みの中で，AD法で形成したAl_2O_3膜について，熱的安定性評価と詳細な結晶方位分布解析を実施したので次節以降に記述する。

3　Al_2O_3膜の熱的安定性と熱処理後の結晶配向性

輻射熱反射EBCでは，高温のタービン実使用環境下での構造安定性を有することが必要不可欠である。しかしながら，AD法で形成した膜を1000℃以上の高温で熱処理した報告は皆無である。そこで，ムライト基板上にAD法によりAl_2O_3膜を形成して，1000℃以上の高温での安定性を調べた。Al_2O_3原料粉末には，大明化学工業製のTM-DAR（純度99.99 %，平均粒径0.14μm）を用いた。AD成膜条件としては，キャリアガスに窒素を使用して，ガス流量

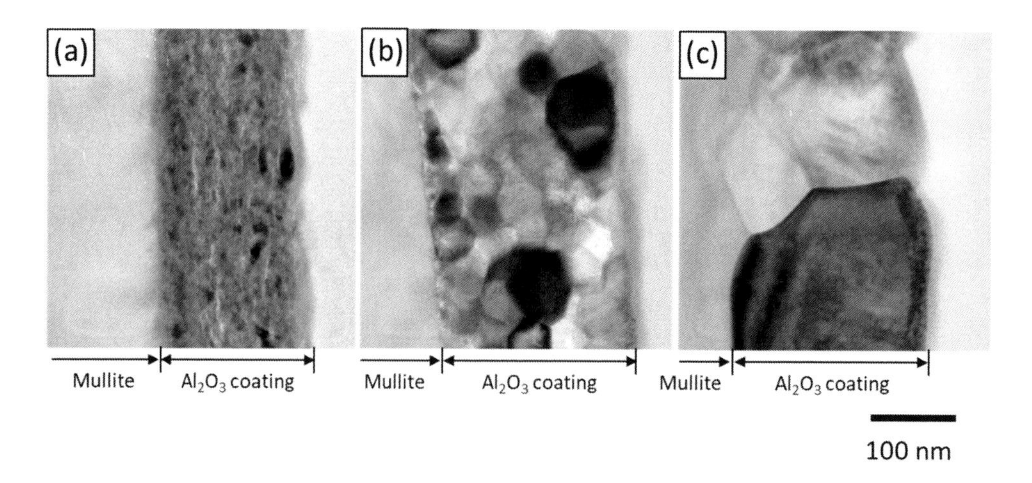

図2　Al_2O_3 膜の断面 TEM 像
(a) As-coat, (b) 900 ℃, 5 h 熱処理後, (c) 1300 ℃, 5 h 熱処理後

6 L/min とし，ノズル角度を 60°と 90°の 2 条件とした。図 2 にノズル角度 60°で成膜した Al_2O_3 膜の熱処理前後の断面 TEM 像を示す。Al_2O_3 膜の厚さはおよそ 200 nm であり，熱処理前後で大きな変化はない。熱処理前では AD 膜特有の微小な結晶粒が観察されるとともに，熱処理温度と時間の増加に伴い結晶粒径の増大が認められる。1300 ℃で 100 h 熱処理した後は，膜厚方向に 1 個の結晶粒で構成されるほどの粒成長が認められた。なお，ノズル角度 90°で成膜した Al_2O_3 膜の微細組織とその熱処理による変化は，60°の場合と同様であった。

図 3 は熱処理後の Al_2O_3 膜（ノズル角度 90°成膜）の EBSD（電子線後方散乱回折法）による結晶方位の測定結果である。熱処理は，1400 ℃で 1 h 処理した後，1300 ℃で 100 h 保持した。測定は 50 nm のステップ間隔で行い，取得した EBSD パターンをもとに，OIM Analysis ver.6.2 を使用して，信頼性係数（CI）が 0.1 以上の結晶方位データを用いた解析を行った。Al_2O_3 膜の個々の結晶粒と結晶方位の関係を示すため，CI が 0.1 未満の結晶方位を有する領域を黒，ND 方向から観察して，(0001) 面から 15°以内の結晶方位の領域をグレー，それ以上の結晶方位の領域を白で表示する結晶方位マップを描いた（図 3 の左上の画像参照）。ここで，ND は，基板面の垂直方向を意味し，RD-TD は，X-Y 方向を意味する。なお，測定時の RD-TD 方向は区別していない。また，結晶方位分布関数（ODF）は，球面調和関数による級数展開法により求めた。ODF により描いた再計算正極点図及び逆極点図から結晶方位解析を実施した。図 3 の結晶方位マップから明らかなように，ND 方向では，広い領域でグレーとなっていることから，(0001) 面から 15°以内の領域が多く，Al_2O_3 膜は (0001) 面に配向していることがわかる。全測定領域中での (0001) 面から 15°以内の領域は 30.3 %であり，CI が 0.1 以上を示す結晶方位領域中での (0001) 面から 15°以内の領域は 49.7 %であった。図 3 の(a)及び(b)は，それぞれ，EBSD 測定を実施した領域の Al_2O_3 膜の表面を投影面として描いた (0001) 及び $\{10\bar{1}0\}$ の再計算正極点図であり，平均極密度を 1 として，その倍数で等高線を描いたものである。いず

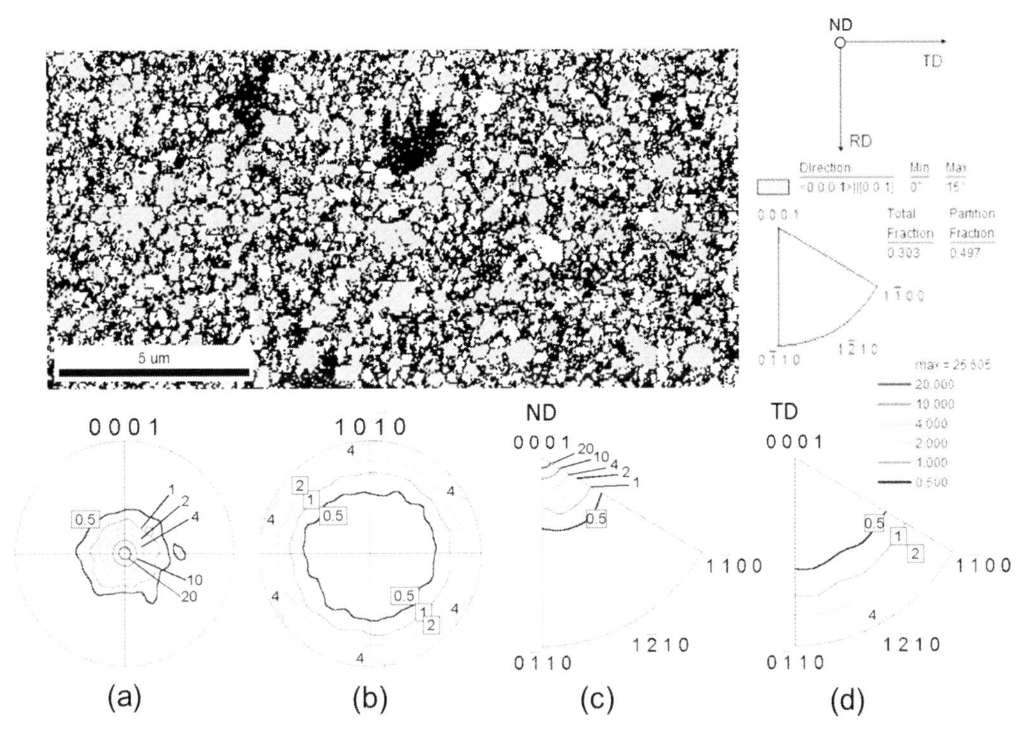

図3　EBSD による Al_2O_3 膜の結晶方位測定結果

(a)（0001）正極点図，(b) $\{10\bar{1}0\}$ 正極点図，(c) ND 方向からの逆極点図，
(d) TD 方向からの逆極点図

れにおいても，極の分布が同心円状にあるように見えることから，繊維集合組織（c 軸方向に一次元的に配向した組織）が形成されていることがわかる。また，図3(a)では，極密度の高い位置が中心に存在する。また，図3(b)では，外周部に比較的極密度の高い領域が見られることから，得られた正極点図において，結晶方位関係の矛盾は見られない。図3(c)及び(d)は，それぞれ同一試料において，Al_2O_3 膜の極密度分布を示した ND 方向及び TD 方向の逆極点図である。ND 方向での逆極点図(c)では，（0001）の位置に極密度が最大の位置があり，最大極密度の値は 25.6 であった。一方，TD 方向での逆極点図(d)では，$(0\bar{1}10)$-$(1\bar{2}10)$ に沿った外周部において，最大で 4 程度の極密度の比較的高い領域が見られる。このように，1000℃以上で熱処理した Al_2O_3 膜は結晶配向性を有しており，Al_2O_3 結晶の底面が基板面と平行となる繊維集合組織が形成される傾向にあることがわかった。

4　Al_2O_3 膜の集合組織形成

前節では，Al_2O_3 膜の熱的安定性と，高温熱処理後の Al_2O_3 膜が結晶配向性を有することを述べたが，As-coat 状態での結晶配向性の有無について気になるところである。一般的に，As-

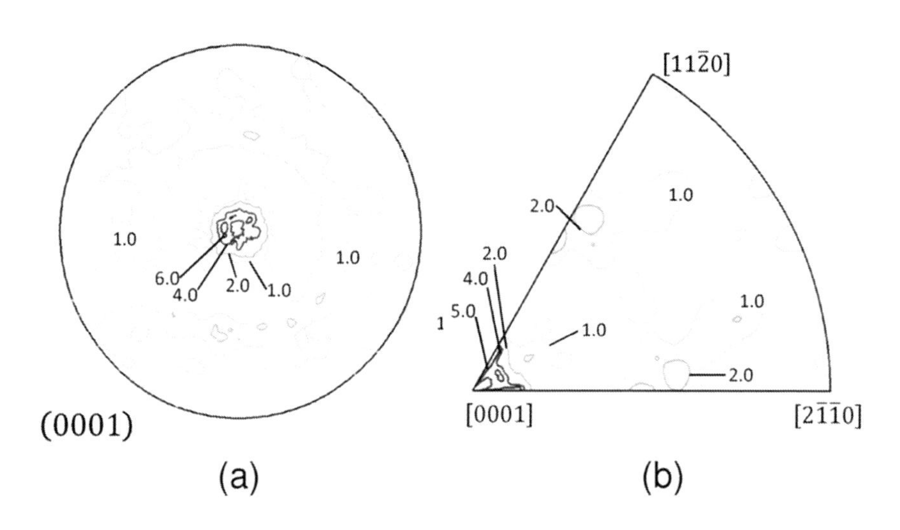

図 4　Al_2O_3 膜（As-coat）の極密度分布
（a）（0001）正極点図，（b）ND 方向からの逆極点図

coat 状態での AD 膜の結晶サイズは 20 nm 以下であるため，EBSD による結晶方位測定は困難である。また，Al_2O_3 結晶の底面による X 線回折強度は極めて微弱であり，θ-2θ プロファイルによるロットゲーリング法についても，結晶方位評価が難しいことになる。そこで，我々は，Al_2O_3 膜の X 線回折で得られた基板のピークと重ならない少なくとも 3 種の回折線についてシュルツの反射法により極点測定を行い，その後の結晶方位分布関数を用いた解析により，As-coat 状態及び熱処理後の結晶方位分布を評価・解析した。EBSD は微小領域の測定であるため，仮に膜組織が不均一な場合，測定領域以外で異なった結晶方位を示す可能性もある。これに対し，X 線回折の極点測定では数 mm サイズの広い領域の情報が得られることとなる。なお，これらの結晶方位分布評価は，基板の回折ピークと重ならない Al_2O_3 膜の回折ピークを確実に得るために，基板にはモリブデンを使用した。AD 成膜条件については，窒素ガス流量 7 L/min，ノズル角度 60°とした。

図 4 は，As-coat 状態の Al_2O_3 膜の表面を投影面として描いた（0001）再計算正極点図，及び，Al_2O_3 膜における極密度分布を示した逆極点図である。図 4(a)において，極の分布が同心円状にあるように見えることから，繊維集合組織が形成されていることがわかる。また，極密度が最も高い領域は，（0001）面から約 10°傾いた領域に認められる。さらに，図 4(b)において，最大極密度は（0001）面から（11$\bar{2}$0）面に約 6°傾いた位置にあり，最大極密度は 6.4 であった。これらの結果から，As-coat 状態においても，AD 法で形成した Al_2O_3 膜は，数度の傾きはあるものの，Al_2O_3 結晶の底面が基板面と平行に配列（c 軸配向）していることが明らかとなった。さらに，図 5 に 900 ℃及び 1300℃で 5 h 熱処理を実施した Al_2O_3 膜の（0001）再計算正極点図と逆極点図を示す。図 5(a)，(c)において，As-coat 状態と同様に極の分布は同心円状を示し，図 5(b)，(d)からも集合組織が形成していることがわかる。Al_2O_3 結晶の底面からの傾きは，

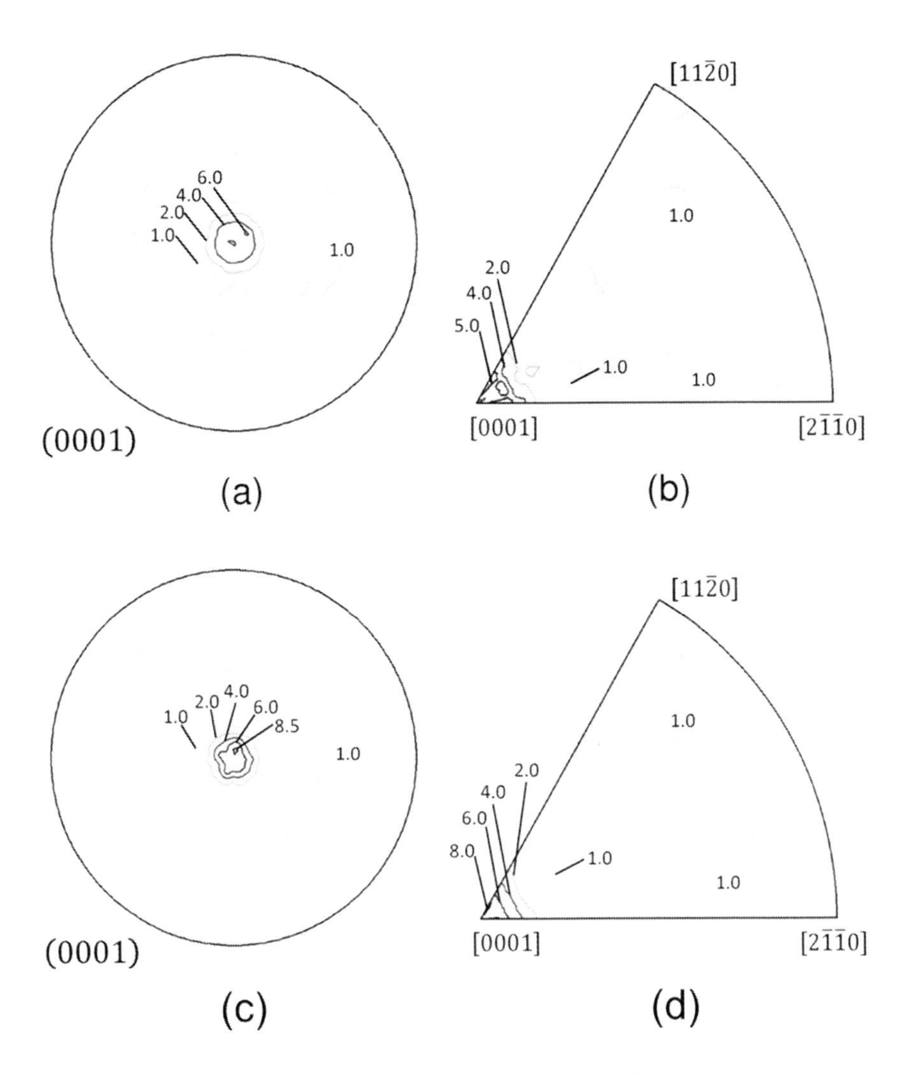

図5　Al_2O_3膜（熱処理後）の極密度分布

(a)（0001）正極点図（900℃，5 h），(b) ND方向からの逆極点図（900℃，5 h），(c)（0001）正極点図（1300℃，5 h），(d) ND方向からの逆極点図（1300℃，5 h）

熱処理温度の上昇に伴い減少しており，c軸配向の繊維集合組織の発達が認められる。また，底面から±15°以内の結晶の体積分率を算出すると，熱処理後のAl_2O_3膜ではAs-coat状態（体積分率14％）に比較して数％増大しており，熱処理中に底面が優先的に粒成長したことが示唆される。これは，Al_2O_3結晶の底面がその他の面に比較して表面エネルギーが低いことに起因したものであると推察される[15]。このようなAD法で形成したAl_2O_3膜の集合組織形成と，その後の熱処理による集合組織の発達について，前述した輻射熱反射EBCの高屈折率相である$Y_2Ti_2O_7$系セラミックスを基板とした場合も同様な傾向が得られている[16,17]。表面エネルギーが低く熱力学的に安定な底面が基板面に平行に配列したAl_2O_3膜は，高温水蒸気に対する耐食性の向上が期待できるとともに，タービン部材の耐環境性コーティングのみならずその他の産業分野への適用が大いに期待できる。上記のX線回折極点測定とその後のODF解析を行うことで，θ-2θプロファイルでは得られない数度レベルの結晶面の傾きや体積分率を含めた結晶方位分布評価・解析が可能である。今後は，詳細なAD成膜条件と集合組織形態の関係，基板種の影響，Al_2O_3以外の材料などについて，集合組織の形成メカニズムに関する考察を含めた検討を進める予定である。

謝辞

本稿の内容は，JST-ALCA（先端的低炭素化技術開発事業）の一環として実施したものである。

文　献

1) 田中誠ほか，材料，**64**, 431 (2015)
2) E. Fuchita *et al., J. Ceram. Soc. Jpn.*, **118**, 767 (2010)
3) E. Fuchita *et al., J. Ceram. Soc. Jpn.*, **119**, 271 (2011)
4) J. Iwasaswa *et al., J. Am. Ceram. Soc.*, **90**, 2327 (2007)
5) J. Kim *et al., J. Appl. Phys.*, **117**, 014903 (2015)
6) J. Akedo, *J. Am. Ceram. Soc.*, **89**, 1834 (2006)
7) J. Akedo, *J. Therm. Spray Technol.*, **17**, 181 (2008)
8) J. Akedo and M. Lebedev, *Jap. J. Appl. Phys.*, **38**, 5397 (1999)
9) C. S. Barrett and L. H. Levenson, *Trans. AIME*, **137**, 112 (1940)
10) U. F. Kocks *et al.*, Texture and Anisotropy, Cambridge University Press, Cambridge 179 (1998)
11) M. Hasegawa *et al., Acta Mater.*, **51**, 3939 (2003)
12) Y. Ma and K. J. Bowman, *J. Am. Ceram. Soc.*, **74**, 2941 (1991)
13) A. H. Heuer *et al., J. Am. Ceram. Soc.*, **63**, 53 (1980)
14) W. H. Rhodes *et al., J. Am. Ceram. Soc.*, **58**, 31 (1975)
15) A. Marmier and S. C. Parker, *Phys. Rev. B*, **69**, 115409 (2004)
16) M. Hasegawa *et al., Mater. Trans.*, **57**, 1714 (2016)
17) M. Tanaka *et al., J. Euro. Ceram. Soc.*, **37**, 4155 (2017)

第22章　知財動向と分析，実用化への取り組み

明渡　純*

1　AD法の特許出願動向

1. 1　特許庁電子情報図書館による動向分析（調査期間：～2007年）

2002年～2006年に実施されたNEDOナノテクノロジープログラム 委託プロジェクトの成果普及と言う意味合いで，プロジェクト期間中，5回ナノテク総合展での出展を行い，3日間MRS-J（日本材料科学会）でAD法に関するワークショップ（2003年度は国際ワークショップ）を継続的に行っており，毎年，50名以上参加者を集め，この他，AD法に関する専門的なワークショップを2回独自に開催し，ともに150名を上回る参加者を集め，その成果普及に努めた。

これらの外部への成果公開の効果もあり，本プロジェクト開始以降，AD法に対する関係業界の関心は，国内外を問わず非常に高まっている。図1は，特許庁の電子情報図書館のHPにおいて，「エアロゾルデポジション」と言うキーワードで検索した特許出願の件数で，本プロジェクト関係企業（含む関係者）と本プロジェクト参画外の民間企業での出願を区別して示した。AD法に関する出願と言う意味では，特許明細書中に必ずしも「エアロゾルデポジション」と言うキーワードを記載しているとはかぎらず，全てを網羅しているわけではないが，それでも，中間評価での成果報告会以降，参画企業外からの特許出願が年々急激に増加しており，2005年度では40件を超える。この内容のほとんどはAD法の応用に関するもので，基本特許的な内容は当プロジェクトで先行して抑えていると考えられるものの，本プロジェクトの成果やAD法そのものへの関心の高さを示す，ひいては委託プロジェクトとしての役割を担っていることを示す非常に客観的なデータといえる。

次に，特許の傾向について分析してみた。図2，図3は，本プロジェクトで調べたAD法の技術動向調査結果で，プロジェクト期間中のプロセス，デバイスに関する分類と応用分野別出願件数である。これら特許が，主にプロセスに関するものかデバイスに関するものかについて調べた結果を図2に示す。およそ，4分の1がプロセスに関する特許，特定のデバイスを目指した特許が4分の3となっている。新しい技術にもかかわらず，すでに非常に多くのAD法を利用したデバイスに関する特許が出願されており，事業化に向けての取り組みがなされていることがわかる。

次に，デバイスに関する特許のうちどのような分野の応用が図られているかをおおよそ分類し

＊　Jun Akedo　(国研)産業技術総合研究所　先進コーティング技術研究センター　センター長

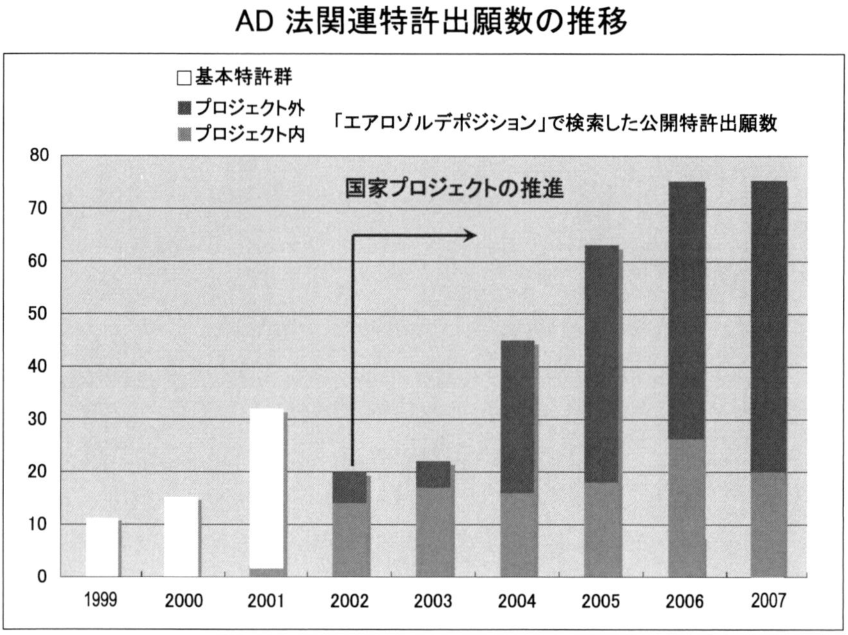

AD 法関連特許出願数の推移

□基本特許群
■プロジェクト外
■プロジェクト内
「エアロゾルデポジション」で検索した公開特許出願数
国家プロジェクトの推進

図1　AD 法関連特許出願数の推移（2002 年度以降は，「エアロゾルデポジション」のキーワードで，特許庁 IPDL 特許電子図書館で検索）
（http://www2.ipdl.inpit.go.jp/begin/be_logoff.cgi?sTime=1210876327）

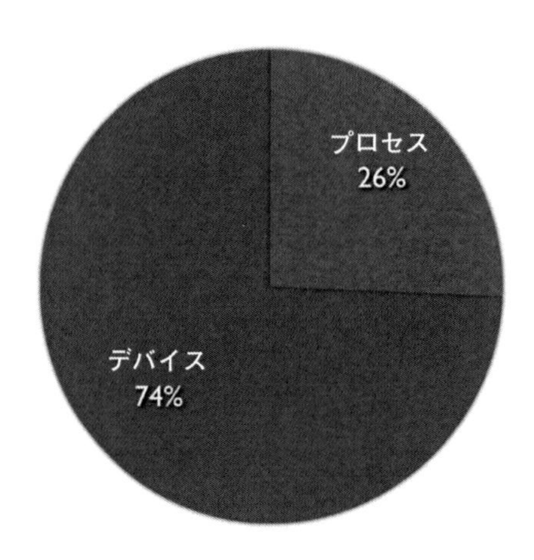

図2　プロセスに関する特許とデバイスに関する特許の比率

た結果を図3に示す。プロジェクトでの応用分野での，圧電や電気・電子応用分野での出願が目立つが，機械やエネルギーなど，プロジェクト以外の応用分野での出願も見られるようになってきており，これら分野での取り組みが今後盛んになってくるものと想定される。

以上，特許出願からみたAD 法は，すでに術語として定着をはたし，実用をにらんだプロセスとして各分野から注目されていることが確認された。

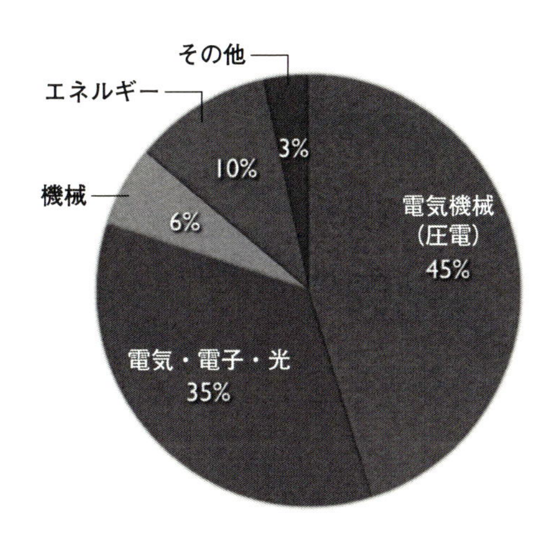

図3　出願特許の応用分野

1. 2　パトリス検索による特許出願動向の詳細分析

1. 2. 1　分析軸について

(1) AD法の定義

AD法と他の製法，特にガスデポジション法とエアロゾルスプレー法とを区分するにあたり，次の要件を満たすものをAD法とした。

・セラミックス，金属等の無機物や有機物及びこれらの複合体の微粉末を使用する

・微粉末をガスと共に攪拌，混合，浮遊させてエアロゾル化する

・エアロゾルを高流速で基板に衝突させて成膜する

従って，明細書中に「ガスデポジション法」の用語を使用していても，その記述や図等から上記の要件を満たすものはAD法と判断して取上げた。

(2) 手順

抽出したAD法に関する特許について次の手順で分析した。

(1)　AD法の方法や装置の開発及び改善等に係る文献を技術に，AD法を応用した部材や製品の製造，表面改質等に係る文献を利用に，AD法の方法の改善を伴った部材や製品の製造，表面改質等に係る文献を技術／利用に区分する。

(2)　技術，技術／利用に分類した文献については課題と解決手段について，また具体的に利用分野が明示されているものはその利用分野についても分析する。

(3)　利用分野に分類した文献については利用分野を分析し，さらに，その文献がAD法にどのような特徴，長所を見出しているかを課題として分析する。

(4)　材料については，それぞれ膜と基板の材料について分析する。

(3) 分析軸と結果

母集合635件からノイズを除去した404件を解析対象とした。この404件をさらに技術，利用，技術／利用の3分野に層別した。結果を表1に示す。

表 1　分野別出願件数

技術	126 件
利用	218 件
技術／利用	60 件
合計	404 件

次に利用分野と技術／利用分野に分類された特許について，機械（構造）機能，電気機械機能，電子機能，光学機能の利用分野に大別し，さらに具体的製品，機能まで記載されている文献は小分類まで層別した。表 2 に利用分野の一覧と結果を示す。

表 2　利用分野と件数

大分類	中分類	小分類	件数
機械（構造）機能	機械（構造）機能	機械（構造）機能一般	9
	表面被覆	表面被覆一般	18
		耐摩耗性	8
		耐食性	9
電気機械機能	圧電素子	圧電素子一般	39
		インクジェット	57
		スキャナ	4
		スピーカー，ヘッドフォン等	1
電子機能	電子機能一般	電子機能一般	1
		内蔵基板	6
		配線，電極	6
		電子放出素子	6
	誘電体	誘電体素子一般	4
電子機能	誘電体	コンデンサ	2
		キャパシタ	3
		誘電体材料一般	5
		回路基板	10
		静電破壊防止	12
	磁性材	軟磁性膜	10
		硬磁性膜	2
	金属化合物	絶縁膜	18
		導電性金属化合物膜	19
		蛍光体	7
光学機能	電気光学素子	電気光学素子一般	8
		光電変換素子	5
		光変調素子	2
その他	その他	その他	7

1. 2. 2　課題と解決手段

(1) 課題

表 3 に，課題の一覧と件数を示す。課題については，一文献あたり最大 3 件まで抽出した。なお前述したように，利用分野，技術／利用分野に分類された文献の課題については，AD 法のどのような特徴を利用しているか（何に魅力を感じて AD 法を採用したか），の観点に重点を置いて抽出したので，技術分野における課題とは若干意味合いが異なるので注意を要する。

(2) 解決手段

技術，技術／利用分野に層別された文献については，課題の解決手段を抽出して層別した。表 4 に解決手段の一覧と件数を示す。

表3　課題と件数

課題Ⅰ	課題Ⅱ	件数	課題Ⅲ	件数
性能向上	性能向上全般	29	性能向上全般	6
			小型化／微細化	10
			高密度化	3
			形状自由に形成	10
	表面性能向上	22	表面の保護	3
			耐摩耗性の向上	8
			耐食性の向上	5
			耐絶縁性の向上	6
	膜構造性能向上	112	全般	7
			高密度化，緻密化	69
			密度の均一化	6
			密度を可変	2
			無配向化	2
			結晶性維持	12
			複数種の組成を持つ構造	14
	膜形状性能向上	70	全般	1
			表面平滑化	5
			薄膜化	39
			精確な形状	3
			均一な膜厚	22
	膜機能性向上	91	全般	25
			機械的強度向上	13
			残留応力低減	7
			圧電性能向上	26
			誘電性能向上	14
			絶縁性能向上	6
	膜／基板性能向上	69	全般	11
			密着性向上	54
			平坦な部材	2
			膜／基板の分離容易	2
	エアロゾル性能向上	60	全般	2
性能向上	エアロゾル性能向上	60	粒子の凝集防止	12
			凝集粉の除去／粉砕	5
			粒径の均一化	6
			粒子濃度の均一化／安定化	23
			濃度の調整可能	4
			粒子速度の均一／安定	8
精度向上	精度向上	18	全般	2
			パターン精度向上	10
			膜厚精度向上	6
生産性向上	生産性向上全般	9	生産性向上全般	3
			部品形成容易	6
	装置性能向上	17	全般	2
			小型化	3
			簡単，簡便な構成	3
			基板の支持	1
			汚染防止	7
			耐久性向上	1
	生産技術向上	211	全般	13
			成膜速度の高速化	25
			室温での成膜	78
			膜厚の制御	8
			歩留まり向上	4
			時間短縮	23
			コスト低減	32
			工程が簡単，簡素化	27
			粒子供給の一定	1
	回収効率向上	6	ガス回収	1
			微粒子回収	5
その他	その他	2	その他	2

(3) 膜／基板材料の分析

膜材料，基板材料について，有機材料，無機材料，有機／無機複合材料に大別し，さらに無機材料についてはその利用目的の観点から分類した（例えば同じPZTであっても，圧電機能を利用している場合は圧電材料に，誘電体機能を利用している場合は誘電材料に区分した）。表5に材料の一覧と結果を示した。なお，膜，基板とも最大2材料まで抽出した。

表4　解決手段の一覧と件数

解決手段Ⅰ	解決手段Ⅱ	件数	解決手段Ⅲ	件数
製造法改善	条件適正化	21	条件適正化全般	17
			2層以上の層形成し特性改善	4
材料の改善	粒子改善	32	全般	1
			粒度調整	9
			結晶配向性調整	2
			内部応力付加	3
			表面処理	6
			反応助剤等添加	10
			組成調整	1
材料の改善	基板改善	21	全般	4
			中間層形成	10
			反応防止層形成	7
製造条件改善	エアロゾル改善	7	全般	4
			ガス流量の制御	1
			濃度の制御	1
			粒子の活性化，清浄化処理	1
	成膜条件改善	15	全般	2
			基材温度制御	1
			ノズル，基板の移動制御	1
			粒子速度，流量等制御	2
			ビーム等照射条件	1
			インライン計測	7
			反応性ガス等の追加	1
	エアロゾル回収	1	全般	1
装置改善	装置改善全般	2	装置改善全般	2
	成膜室改善	4	全般	1
			小型化，簡便化	1
			成膜室形状の改良	1
			構成材料の改良	1
	エアロゾル発生器改善	24	全般	18
			振動付加	2
			導入ガス管改良	2
			構成材料の改良	2
	ガス搬送系改善	4	全般	2
			配管構造改良	2
	ノズル系改善	19	全般	2
			相対位置変化	2
			角度調整等	1
			ノズル形状改良	8
			両側にノズル配置	2
			補助ノズルの追加	4
	付属部品改善	26	全般	2
			マスク	8
			反射板／邪魔板	6
			電界付加	2
			レーザー光照射	4
			光 CVD の追加	1
			磁場付加	1
			基板支持台の改良	2
	分級器／解砕器改善	4	分級器／解砕器の設置	1
			分級器／解砕器の改良	3
	回収装置改善	5	全般	2
			吸引筒の設置	3
その他	その他	1	その他	1

表5　材料の一覧と結果

大分類	小分類	膜件数	基板件数
有機材料	有機材料	4	19
無機材料	無機材料全般	30	38
	導電材料	29	96
	半導体材料	6	23
	絶縁体材料	11	1
	誘電体材料	37	1
	圧電材料	113	4
無機材料	磁性材料	13	2
	セラミックス	113	19
	ガラス	3	19
	光学材料	17	0
有機／無機複合材料	有機／無機複合材料	2	14
限定なし	限定なし	70	187

1. 2. 3　全体の動向

グラフ等の集計の基礎となるのは出願年であるが，優先権のついている出願，分割出願などのように，実際の出願日と権利の対象となる基準日とが異なる場合がある。本特許マップでは，権利の対象となる基準日を基にした基準年を出願年に代わるものとして集計を行なった（グラフ中の表記は出願年として表記した）。

(1)　分野別出願件数推移

利用，技術，技術／利用分野毎の出願件数推移を図4に示す。

図から分かるように，1997年当初はAD法の開発，技術改善関連の出願が主体で，その後2000年頃から徐々にAD法の利用に関する出願が増えはじめ，2004年には利用分野80件と技

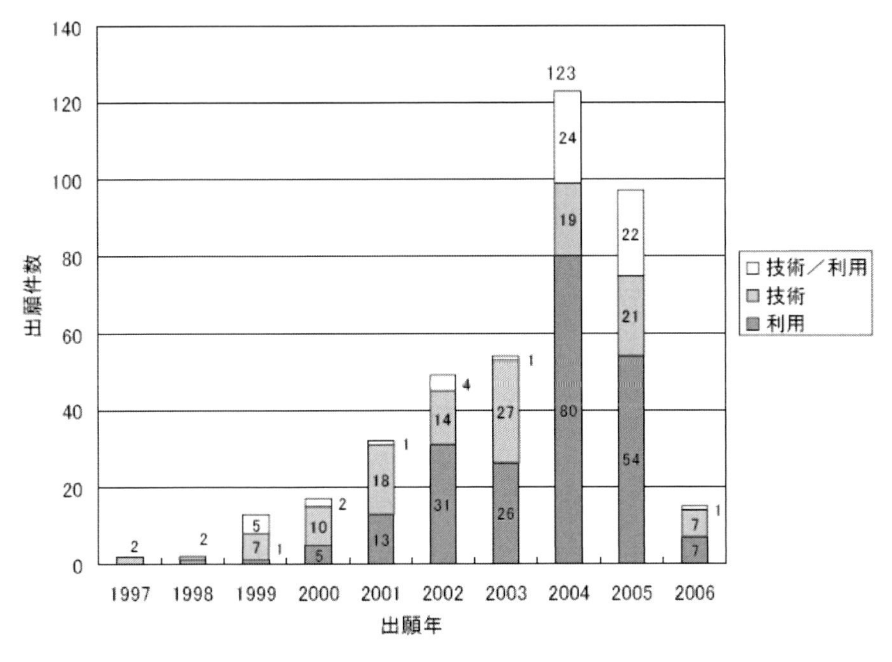

図4　分野別出願件数推移

術／利用分野 24 件とで計 104 件，合計でも 123 件と最高値を示している。

(2) 利用分野別出願件数推移

利用分野及び技術／利用分野に分類した特許については，さらに機械（構造）機能，電気機械機能，電子機能，光学機能，その他に分けてそれぞれの出願件数推移を調べた。結果を図 5 に示す。電気機械機能分野，電子機能分野の出願件数が多いことが分かる。

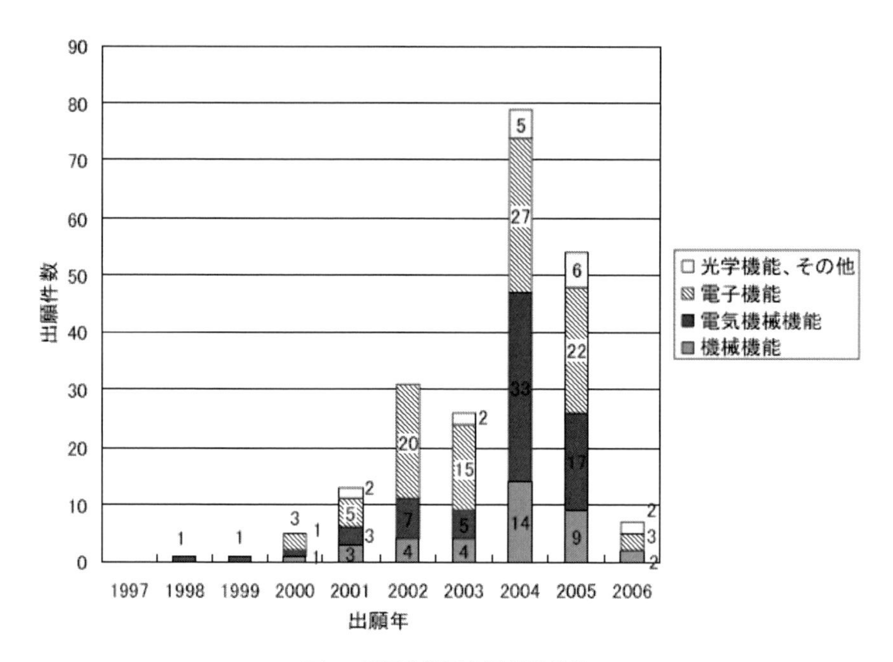

図 5　利用分野別出願件数推移

(3) 技術改善に関する出願件数推移

技術分野に分類した特許について，さらに製造法改善全般，材料の改善，製造条件改善，装置改善，その他に分けて，出願件数推移を調べた。結果を図 6 に示す。膜／基板の材料に係る出願，装置改善に係る出願が多い。

(4) 材料に関する出願件数推移

膜材料の出願件数推移を図 7 に示す。セラミックス，圧電材料に関する出願が多い。

基板材料の出願件数推移を図 8 に示す。基板においては，特に材料を限定しない出願が多いことが分かる。その次に導電材料が多い。導電材料と表記したが，基板では金属材料が殆ど全てである

(5) 課題と解決手段

技術課題と解決手段との相関を，図 9 に示す。膜厚等の膜形状，膜機能，エアロゾルの性能向上，生産技術向上の課題解決の出願が多い。

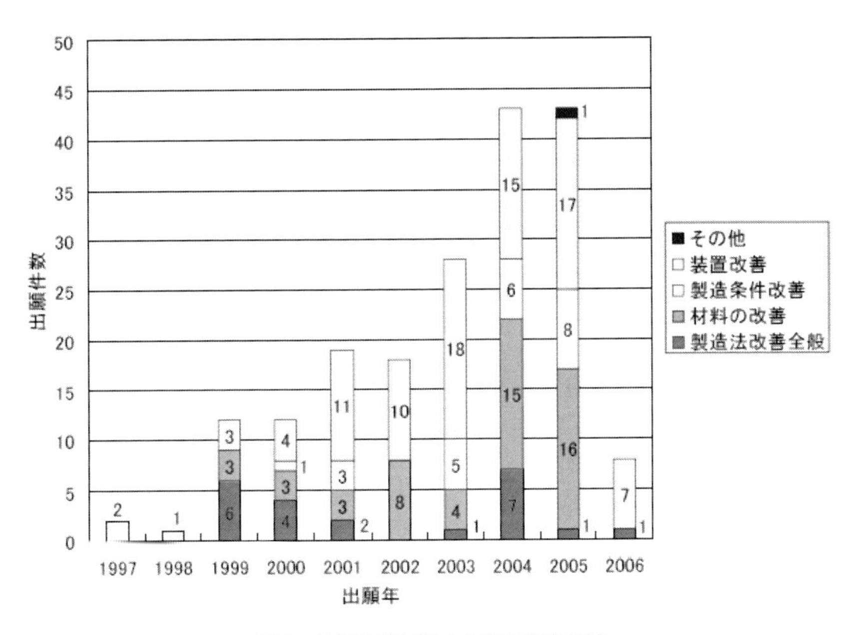

図6　技術改善に関する出願件数推移

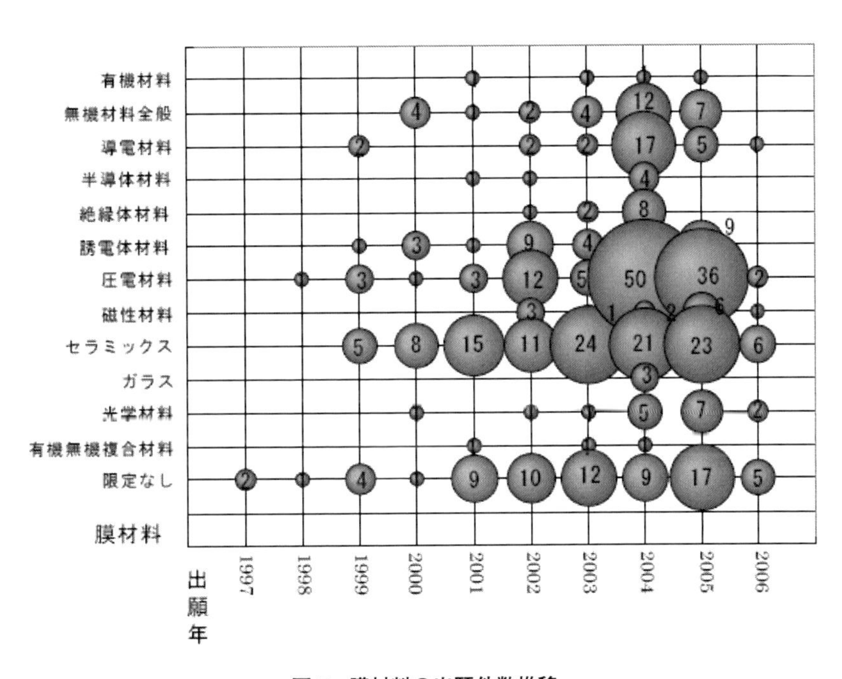

図7　膜材料の出願件数推移

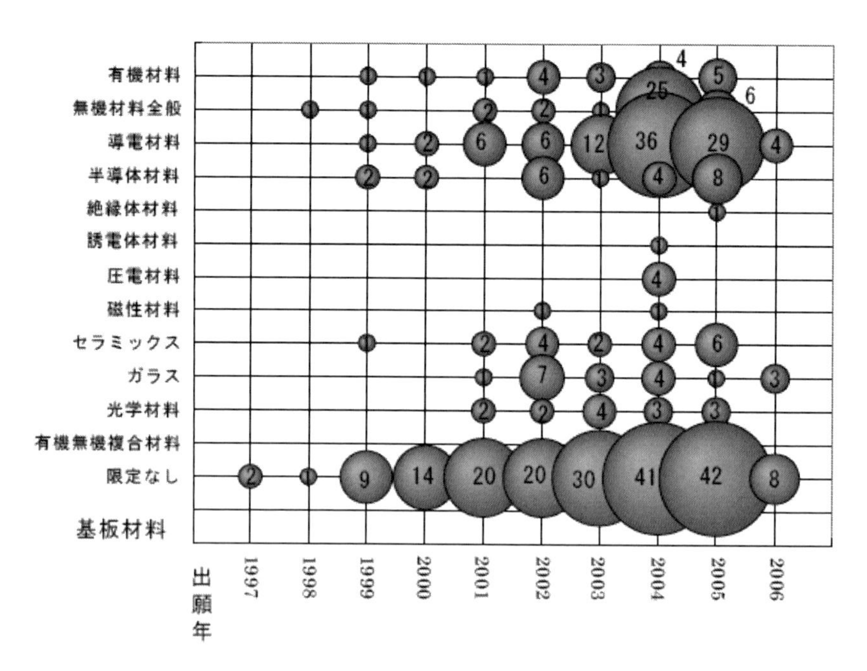

図8　基板材料の出願件数推移

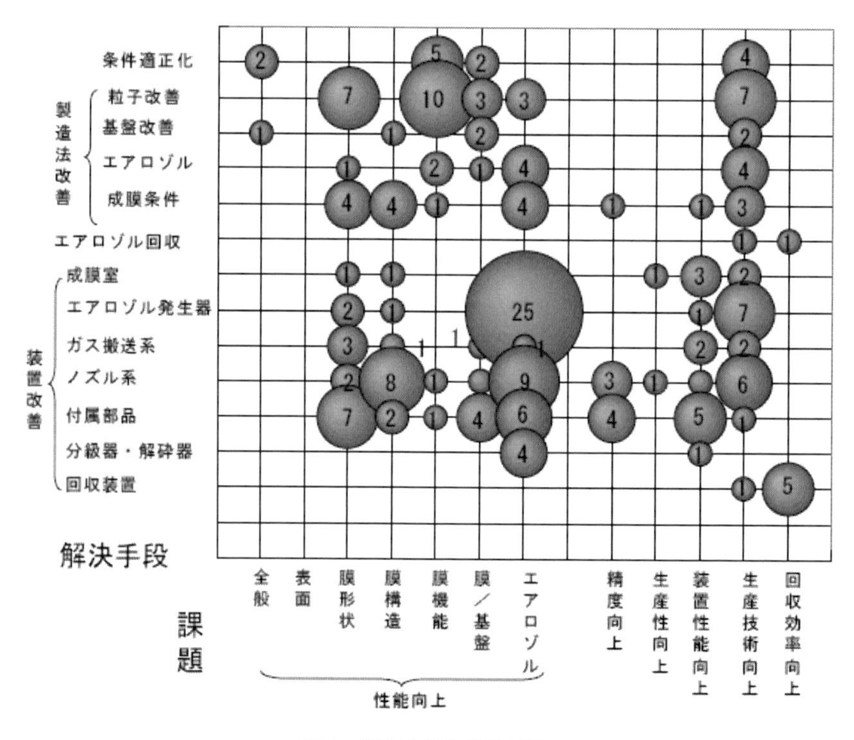

図9　技術課題と解決手段

(6)　利用と課題

利用分野に分類された文献につてはAD法のどのような特徴を利用しているかを調べた。具体的には，課題の小分類における文献数6件以上の項目についてその利用分野との相関をまとめた。結果を図10に示す。室温で成膜できること，高密度化が図れること，薄く出来ること，簡単な工程でありコスト低減が図れることにAD法の利点を見出していることが窺える。

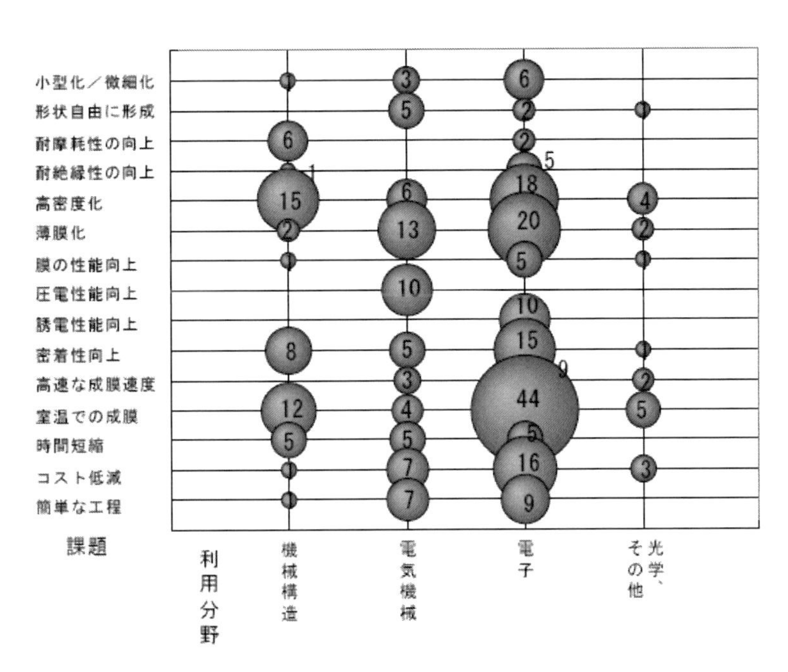

図10　利用分野と課題

1. 3　特許庁電子情報図書館による動向分析（調査期間：～2017年）

先に上げた特許調査から，およそ10年後にあたる現状2017年までの期間に範囲を拡大し，エアロゾルポジション法に関する企業の特許出願動向をさらに追跡調査した。

今回の調査方法は，以下のような条件で行った。

【調査対象】

国内特許・実用新案：公開系公報の出願・登録（公表公報・再公表公報を含む）文献

【データベース】

特許データベース検索：特許データベース（NRIサイバーパテントデスク2）を用いた日本国内特許・実用新案検索

【調査期間】
特許：基準日※ 2001 年～最新発行分
実用新案：基準日※ 2001 年～最新発行分　※基準日：優先日および出願日のうち古い日
【調査方法】
国内特許・実用新案：FI 記号，F タームおよび検索語（キーワード）を用いた検索

その結果，“エアロゾルデポジション”関連特許文献としては1,490 件の出願のあることが分かった。

これらを対象に，2001～2017 年までの産総研と民間企業の出願動向を図 11 にまとめた。これを見ると，前回調査の 2007 年以降も民間企業による活発な出願が続いていることから本プロセスに対する関心の高さが伺える。

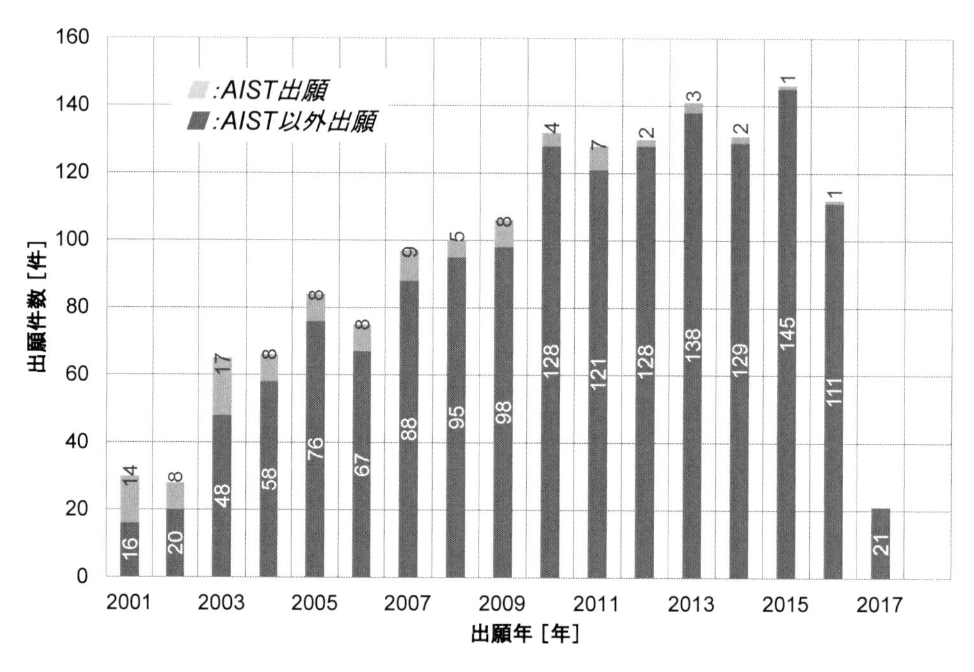

図 11　AD 法関係の特許出願数
（2001 年～2017 年，再調査）

2　知財出願動向から見た注目される AD 法の応用開発対象

先の特許出願動向からすると応用上①室温プロセスであること，②成膜技術として数ミクロンから数十ミクロンの膜厚範囲をカバーできることが AD 法に着目するポイントになっている。実際，図 12 に示されるように，様々な基材上に数ミクロンから数十ミクロンの膜厚範囲で高機能

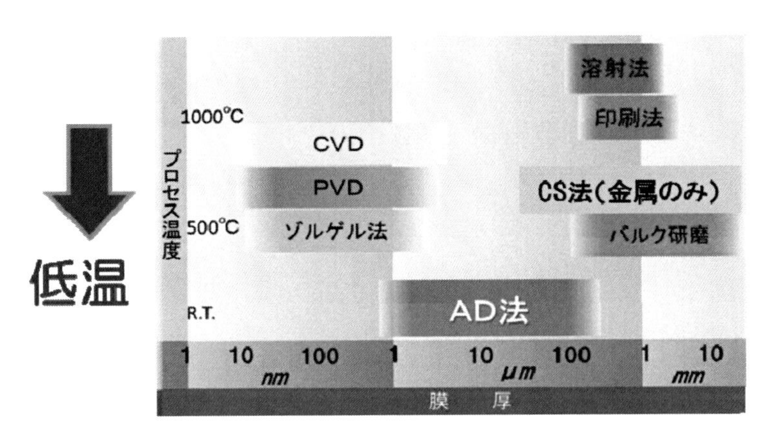

図12　AD法で適用可能な膜厚範囲とプロセス温度

なセラミックス・コーティングを実現，従来工法では容易でなく，この範囲をカバーできることが，AD法の大きな特徴になっていることが分かる。以下では，AD法の有望な応用対象について，個別にみていく。

2. 1　高絶縁性セラミックス膜としての実用化への試み[1〜22)]

AD法による常温衝撃固化現象を用いて，99.9%純度のα-Al_2O_3微粒子やイットリア（Y_2O_3）微粒子を焼結助剤や有機バインダー（結合剤）など一切の添加剤を用いず，常温で金属基板上に厚膜として固化し，ビッカース硬度：1800〜2200 Hv，ヤング率：300〜350 GPa，体積抵抗率：1.5×10^{15} Ω・cm，誘電率（ε）：9.8と，バルク焼結体に等しい電気機械特性が得られている[1)]。常温でステンレス基板上に形成されたアルミナ膜の絶縁破壊強さで，150〜300 kV/mm以上とバルク焼結体を一桁上回る。結晶の微細化に伴い，絶縁破壊を起こす粒界のパスが伸びたことや粒界自体の構造の変化に，その起因があると考えられるが，過剰な粒子衝突速度は，絶縁耐圧の低下を招く。第11章に詳細に紹介されるが，プラズマ耐蝕性もバルク体より優れ[2)]，常温成膜にも関わらず粒子間結合が化学的にも安定していることが明らかとなった。さらに，ポア（気孔）がなく簡単な研磨を行うと数nmレベルの平滑性も得られ，500 mm四方の面積への均一な製膜にも成功している[3)]。具体的な応用例としては，民間企業で静電チャックや半導体製造装置用の耐蝕プラズマコーティングとして実用化，製品化が検討された。静電チャックは半導体製造装置などに用いられる試料台で，静電気の力でシリコンウエハなどを吸着，固定する道具である。本開発ではAD法により金属ジャケット上に直接形成された高耐圧のアルミナ薄膜を用いることで，大幅な吸着力の応答速度の向上が確認され，液晶パネルなどのガラス材に対しても十分な吸着力が得られるようになった[2)]。

また，この静電チャックへの応用例と同様であるが，パワーモジュール用の放熱回路基板への応用も期待される。現在，省エネ技術の観点から各種インバータやハイパワーLED等の回路素子からの発熱をいかに逃がすかが大きな課題で，高耐電圧で高効率な放熱回路基板の開発が重要

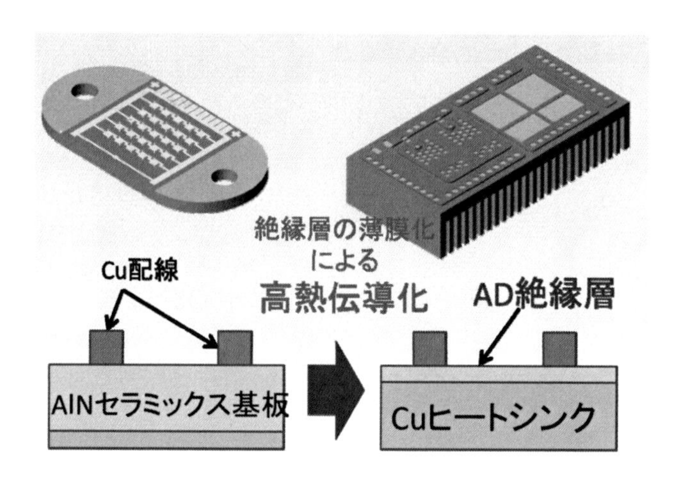

図 13　AD セラミックス膜を用いた高放熱回路基板

になってきている。従来，この様な放熱基板としては，熱伝導率が金属なみに優れた窒化アルミや窒化ケイ素のセラミックス薄板に回路パターンを Cu メッキする方向で開発されてきた。但し，コスト高や熱膨張係数差による Cu メッキ膜の密着信頼性等の課題も用途によってはあった。図 13 に示すように AD 法で，金属ヒートシンク上に直接，高耐圧のセラミックス膜を形成し，その表面に回路パターンを形成する。この場合，セラミックス層に熱伝導率の良い窒化アルミなどを形成すれば，セラミックス層の厚みが薄くなり，また，従来のセラミックス板とヒートシンクの間に入るシリコーンなどを使った接合層が省かれるため，熱抵抗は大幅に下がり，放熱性は向上する。メリットが出るかどうかは，用途にかなう耐電圧と密着性を実現できるセラミックス膜の厚みがどの程度まで低減できるかになる。詳細は，第 16 章で紹介されているが，このような用途での従来セラミックス基板の厚みは，機械的強度も配慮し 100～300 μm 厚なのに対し，AD 膜の高い耐電圧は，この厚みを数十 μm にでき，実用上，大きなメリットが期待できる。

2. 2　ハイパワーキャパシター応用

制御および電力変換（AC から DC への相互変換）のためのパワーエレクトロニクスの急速な進歩には，低い自己エネルギー消費，サイズの小型化，軽量化，低コスト化が求められ，スイッチング速度や信頼性，製造効率が向上された高い電力密度の処理が可能な受動部品が必要となっている。これらの要件は，特に分散型エネルギーシステムや車載の車載アプリケーションにとって重要になる。

コンデンサは，電気駆動車両（EDV）用の電力変換器，分散型エネルギー貯蔵システム用の変換器など，パワーエレクトロニクスシステムに重要な部品である[4,5]。現在インバータシステムで使用されている DC バスコンデンサは，電極用の金属フィルムで被覆されたポリプロピレン（PP）フィルムでできており，100℃を超える温度で高いリップル電流に対応する能力に欠いている。そのため，EDV のパワーエレクトロニクスでは，コンデンサを冷却するための専用の 2

次冷却システムがしばしば必要とされる。その結果，この二次冷却システムはシステムの重量を増し，運転負荷を増大させ，そして運転効率を低下させる。さらに，これらのコンデンサ誘電体用ポリマーフィルムは2～3の低い誘電率のため，必要な静電容量を得るには大量の材料が必要になる。これに対し，チタン酸バリウムやチタン酸ジルコン酸鉛などのセラミック強誘電体材料は高い誘電率を示し，高温でも使用できる[6~8]。そのような背景で，最近，高温用の多層セラミックコンデンサ（MLCC）技術の開発に大きな関心が集まっている。しかしながら比較的高い静電容量密度が達成できるものの，表面実装型MLCCは低電界強度で耐電圧が低く，次世代のパワーエレクトロニクスデバイスへの広範な用途に対して見直しが必要な状況にある[7~9]。

一般に，パワーエレクトロニクス用途では，コンデンサは，適切な静電容量，高い降伏電圧，低い誘電損失，低い漏れ電流密度，および最小限の熱暴走を有することが要求される。例えば，スナバコンデンサは，シリコンおよびシリコンカーバイドベースのスイッチングデバイスにおける電力消費を最小限に抑えるため，およびスイッチモード電源における電力平滑化のために使用される。このタイプのコンデンサは，通常，比較的小さな容量（10 nF～1 μF）を持ち，高周波（10 kHz～1 MHz）で動作し，保護するスイッチの近くに配置される。また，スナバコンデンサには，0 Vから最大700 Vまでのバス電圧が印加される。したがって，この種のコンデンサには，ヒステリシス損失が小さい誘電体材料が望ましいことになる。スナバコンデンサは，低自己インダクタンスおよび高リップル電流処理用に設計される。一方，DCバスコンデンサは，ハイブリッド電気システムのDC/ACインバータなどの電力電子回路におけるDCバス電圧を安定化させるためのエネルギー源として作用する。DCバスコンデンサは大きな容量（2 mF程度）を持ち，AC過渡電圧が重畳された安定したDCバイアスの下で動作する。この様に，バスコンデンサは一般的にパワーエレクトロニクス回路で最大のコンデンサであり，高エネルギー密度は非常に重要になる。フィルタコンデンサでは，スプリアス信号を基本出力周波数から除去するために使用され，インバータ出力に配置される。コンデンサのエネルギー貯蔵容量は，印加電界とその結果生じる誘電分極に比例するので[10, 11]，フィルタコンデンサ用の誘電体も，ヒステリシス損失が少なく線形でなければならない。

これらパワーエレクトロニクス用の高性能なキャパシター実現のために，アルゴンヌ国立研究所のU.（Balu）Balachandranらは，室温エアロゾルデポジション法により様々な基板上にランタンドープのチタン酸ジルコン酸鉛（PLZT）の緻密なセラミック膜を製造している[12]。AD-PLZTフィルムコンデンサは，現在使用されているポリマーフィルムコンデンサと比較した場合，優れた体積比重と比重比容量を示す。測定された特性は，PLZTベースのセラミックフィルムコンデンサが最新の高温コンデンサの要件を満たすことを示した。フレキシブルなアルミニウム金属化ポリイミドフィルム上に，AD法によって室温成膜された厚さ8 μmのPLZTフィルムは，図14，図15，図16に示すように，最大印加電界E_{max} = 1.0 MV/cmで，誘電率ε ≒ 70～80，誘電損失δ ≧0.015，エネルギー密度≧9.5 J/cm^{3}と，高誘電率，低誘電損失，印加電界や温度変動への小さな依存性，高いリカバリーエネルギー密度を示し，そして高電界および高温動

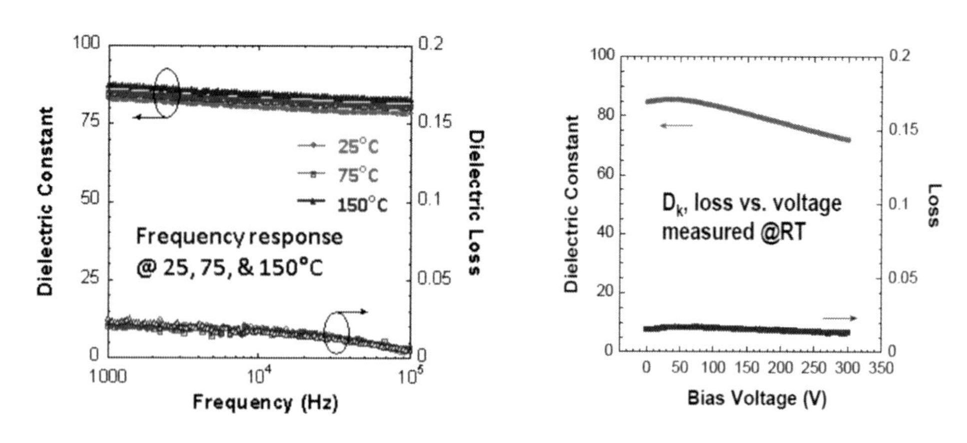

図 14　A-PLZT 膜の誘電特性とそのバイアス依存性[12)]

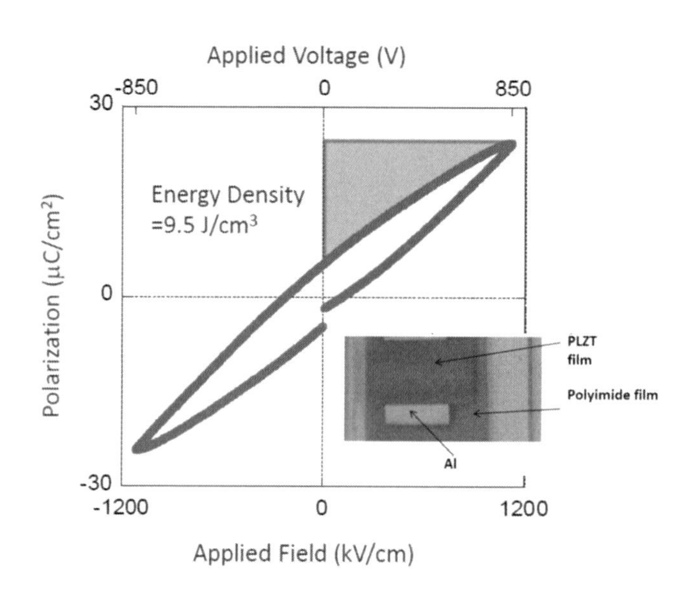

図 15　アルミニウムメタライズポリマーシート上に形成された
AD-PLZT キャパシターの充放電エネルギー密度[12)]

作に適していることが報告されている。また，図 17 に示すようにワイブル解析によってアルミニウムメタライズドポリイミド基板上に堆積した厚さ 8 μm の AD-PLZT フィルムコンデンサの平均絶縁破壊電圧が，1000 V であることや，その温度変動が，X8R 定格の要件を満たしていることが確認された。

この様に，AD 法を使って作製したセラミックフィルムコンデンサは，高誘電率，低誘電損失，高絶縁破壊電界強度，そしてそれ故に高エネルギー密度容量を示す。それらは，高電圧負荷かつ高温で動作することができ，それでも低い等価直列抵抗（ESR）を示す。これらの特性に

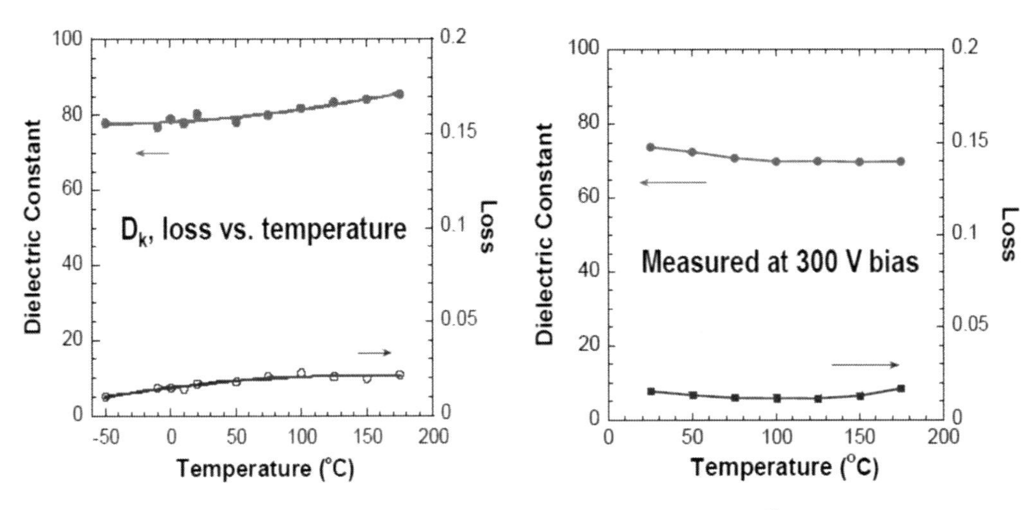

図16　AD-PLZT キャパシター誘電特性の温度依存性[12)]

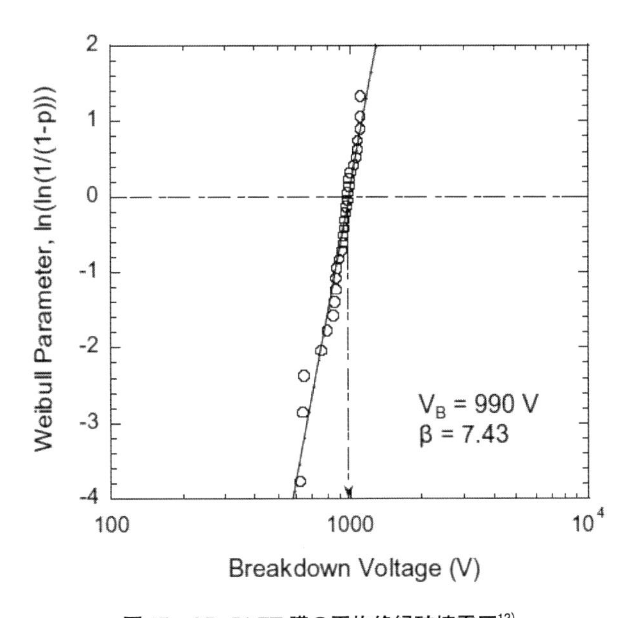

図17　AD-PLZT 膜の平均絶縁破壊電圧[12)]

より，それらを高リップル電流および高温で動作させることができる。セラミックコンデンサは，高エネルギー密度だけでなく，高出力密度および高出力を必要とするハイブリッド電気システムのDC/ACインバータでの使用など，大量の電気エネルギーの迅速な供給を必要とする高温用途に大きな期待が寄せられている[13, 14)]。ADプロセスは，電気自動車やグリーンエネルギー用途のパワーインバータで高温動作用の柔軟で低コスト，堅牢，小型，軽量のセラミックフィルムコンデンサの製造に適していると考えられる。

2. 3 圧電デバイス応用

圧電材料は，それ自体がセンサにもアクチュエータにもなりデバイス構造が簡略化できる特徴があるため，次世代インクジェットや高速光スキャナー，ナノ位置決め用の高速アクチュエータ，微小超音波デバイスなど多種多様な用途が期待される。微小電気機械システム（Micro Electro Mechanical System；MEMS）やマイクロ化学分析システム（Micro Total Analysis Systems：μTAS）の研究分野でも注目され，圧電材料を取り入れた集積デバイスを実現するために薄膜技術や微細加工法が世界各所で精力的に研究されている。この様な用途の圧電薄膜は，ある程度の力の発生が要求されるため 1 μm～数十 μm の膜厚（この様な厚みの薄膜は「厚膜」と呼ばれている。）が必要になると考えられる。

実際のデバイスとして，共振型マイクロ光スキャナーが製作されている[15]。この様な光スキャナーは，マイクロプロジェクターや網膜投射型ディスプレーなど次世代表示デバイスのキーコンポーネントとして期待され，数十 kHz 以上の高速走査と 20°以上の大振幅動作，ミリメーターサイズのミラーと動作時の撓み（歪み）の低減や低電圧駆動が要求される。図 18 に AD 法と MEMS 微細加工の組み合わせにより製作された光スキャナーの SEM 像を示す。PZT 微粒子の吹き付けによる Si 梁構造の破損や膜応力による大きな変形も無く，PZT 厚膜が Si スキャナー構造上に形成されている。簡単なマスキングにより PZT 粒子のミラー部への付着も見られない。ミラーヒンジを構成する 2 本のユニモルフ圧電アクチュエータにより，大気中駆動で最大振幅 26°，共振周波数 33 kHz の高速動作が確認されている。また，厚い Si 構造のため駆動時のミラーの撓みも 1/8 λ 以下で，走査したレーザービームに歪みは無く，既報告の性能を上回る良好なスキャナー特性が得られている。この他，Si マイクロマシニングでメンブレン加工されたマイクロポンプ用ダイアフラム型アクチュエータ[16]では，高い電界駆動における長時間の繰り返

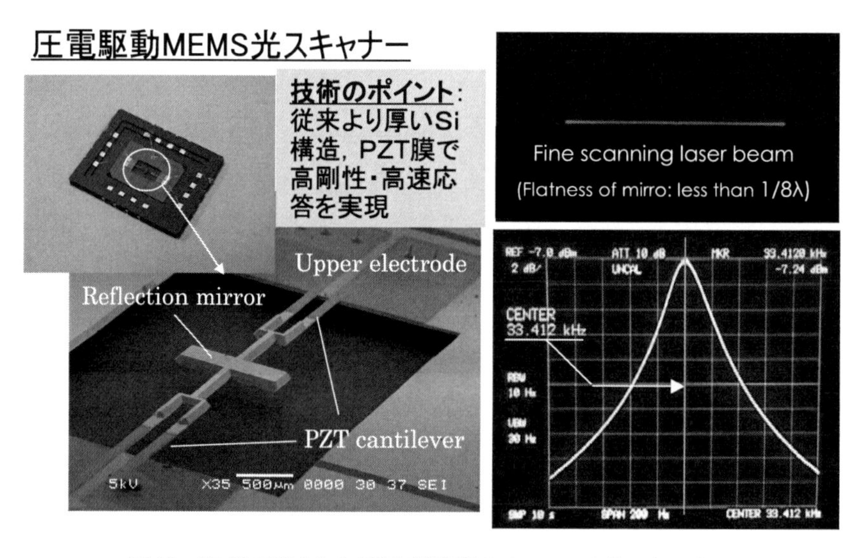

図 18　AD 法で形成した圧電厚膜駆動の Si-MEMS 光スキャナー

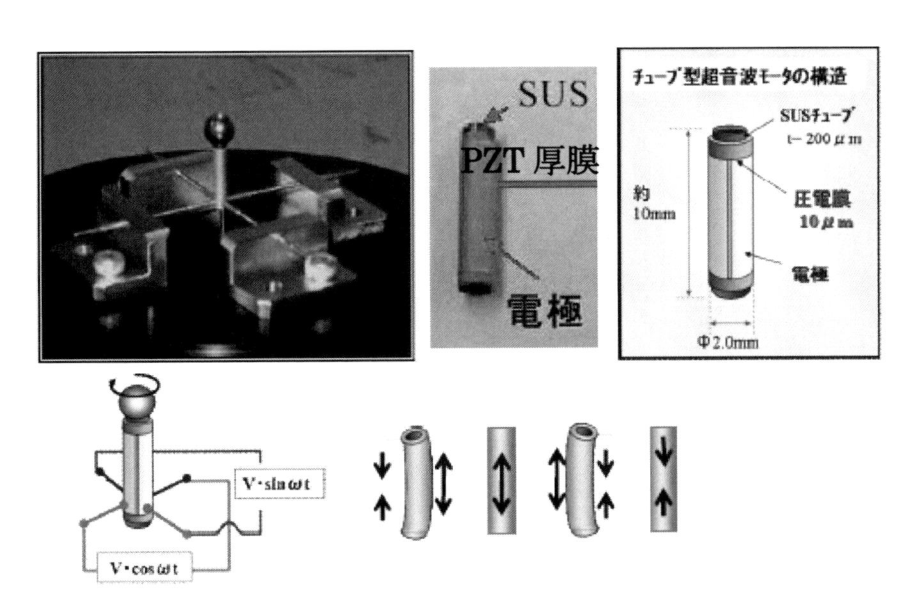

図19　SUSチューブ上に形成されたAD圧電膜により駆動される超音波モーター

し動作（ファティーグ試験）でも脱分極や基板剥離[17]は起こっていない。共振周波数22.4 kHzでは，約8 Vの駆動電圧で25 μmの振幅が得られ，マイクロミキサー，マイクロポンプとして適用可能なことが示された。さらに，AD法が金属基板上に良質の圧電膜を形成できる点を最大限に生かした応用例として，まだ試作段階であるが，図19に示すような直径2 mmのステンレスチューブ上にAD法でPZT膜を形成し，超音波モーターが試作されている[18]。予負荷19 mNで約1200 rpm@7 Vの動作特性が得られている。局面上への圧電体形成と言う点と，デバイス構造がステンレスでできているので，それ自体を下部電極にできるため，製造工程は大幅に簡便化され，本成膜手法の特徴を生かす応用になると期待される。

この他，3次元プロジェクターやホログラムメモリーへの応用を目指し，Bi-YIGなどの磁気光学効果を利用した高速の光スイッチや液晶にかわる高速応答の空間光変調器を検討されている[19, 20]。これまでマイクロコイルを用いた電流駆動方式でデバイス化されているが，素子構造の複雑さや消費電力の改善が必要であった。これに対し，応答速度数十MHzの低電圧駆動光変調素子を実現するため，プロセス温度の低温化と成膜速度に利点のあるAD法を用いて，圧電厚膜を磁気光学材料層に積層化したスマート構造の空間光変調器（PZT-MOSLM）が試作され，図20に示すように，磁気光学変調のためのBi-YIG層に積層された圧電層で歪みを与え，ファラディー回転角を変化させ，8 Vの駆動電圧で動作周波数20 MHzのピクセル反転に成功している。

AD法を用いた圧電駆動MOSLM

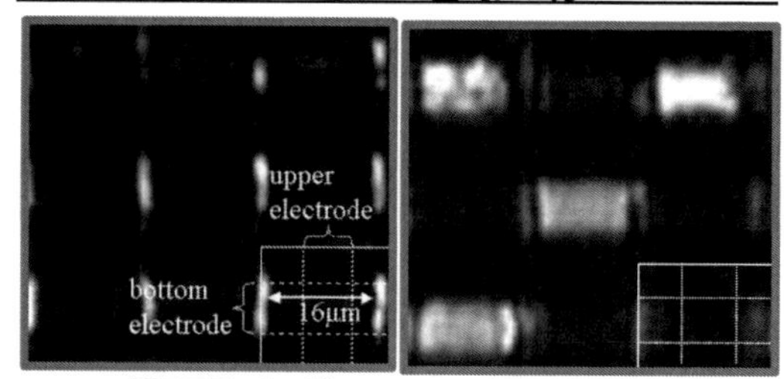

電圧印加前　　電圧印加後

ν-MOSLMの断面図

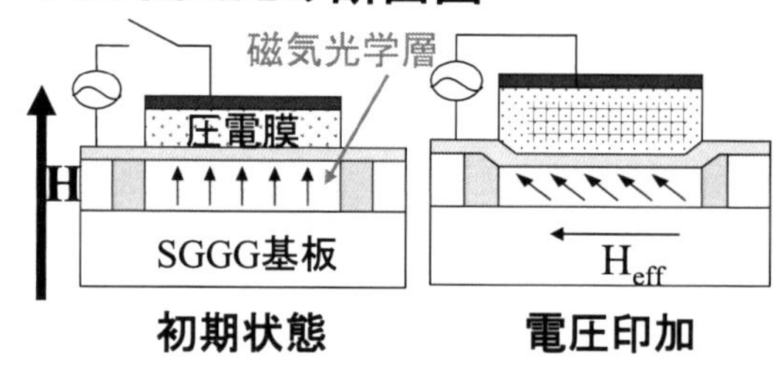

初期状態　　電圧印加

図20　AD法で形成した圧電厚膜駆動の磁気光学効果型空間光変調素子

2. 4　高周波デバイス応用

CPUの高速化，通信周波数の高周波化に伴って，回路素子の動作周波数はGHz帯域になり，現状の表面実装技術は近い将来，限界を迎えると考えられている。これに対応するには，各種誘電体材料，絶縁材料や電波吸収材料の高周波特性を向上させると同時に，CPUなどの各種能動素子とキャパシターなどの配線距離を短くし，高周波の信号伝送特性を向上させる必要がある。このため金属配線との高精度な積層，集積化やプラスティック基板，筐体と一体化が求められる。従来技術としてセラミックス部材の低温同時焼成法（LTCC）やポリマーコンポジットを利用することが各所で検討されているが，焼成時の異種材料間での拡散反応や焼成収縮時のそりや剥離，形状寸法の変化，内部歪み，低い電気物性などの問題を抱え，セラミックス本来の高い物性を十分引き出せないのが現状である。薄膜技術の検討も考えられるが現状では成膜コストの点からブレークスルーが求められる。このような要求に対し，チタン酸バリウム系強誘電体材料をプリント基板（FR4）上の銅配線上にAD法を用いて常温成膜し，図21に示すような，キャパシターを内臓（エンデベット）したプリント基板が作製されている[21, 22]。常温成膜体にもかかわらず比誘電率（ε）200～400，誘電損失（tan δ）2～3％が得られており，断面写真にあるように，AD法による誘電体層の常温成膜と銅メッキを繰り返すことで3層構造の積層キャパシターが基板内部に形成できる。また，銅基板上へのサブミクロンオーダー膜厚の1層構造のキャパシターも試みられている。共に容量密度は競合技術であるセラミックス／ポリマーコンポジット膜の数十倍に相当する300 nF/cm^{2}以上を実現しており，300℃以下のプロセス温度で形成した

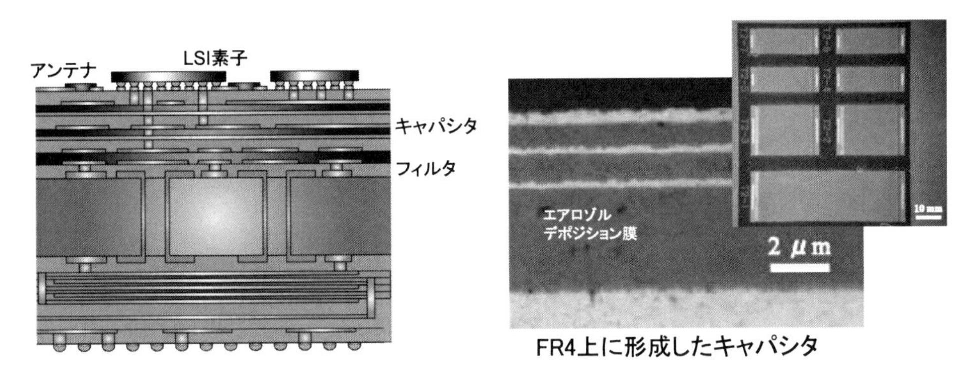

図21　AD法で常温形成した $BaTiO_3$ 薄膜による基板内蔵型積層コンデンサ

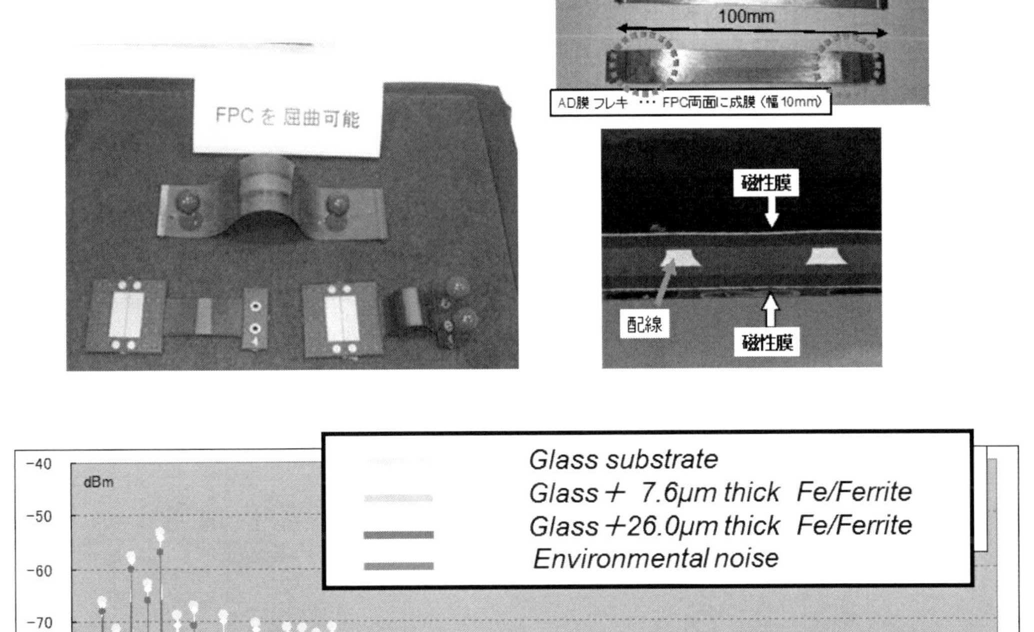

図22　AD法で常温形成したFe-フェライト複合厚膜の電磁波吸収効果（MSL法）

キャパシターとして現時点で世界最高性能の特性を実現している。また，これらの基板内蔵キャパシターは，ハンダリフロー処理にも十分耐えられることが確認されている。

高性能な電磁波吸収体を実現するには，高電気抵抗 ρ，高複素透磁率 $\mu r''$ の材料が必要とされている。さらに，素材レベルの電磁波吸収量は体積にも依存するため，デバイスに組み込める最大の体積を持つようプラスティック筐体などに高速で厚膜の作製が可能な安価なプロセスが求められる。このような要求に対し，AD 法による常温衝撃固化現象を用いて，Ni-Zn-Cu 系フェライトと Fe の混合粉末を用いた複合 AD 膜を常温形成し，As-Depo 状態でも高い電磁波ノイズ抑制効果（Δ（Ploss/Pin））を示すことを報告されている[23]。鉄-フェライトの積層膜では，成膜速度は 5 μm/min と高速で，図 22 に示すように，複素透磁率は 1 GHz で $\mu r''=23$ と比較的高い値を示し，900 MHz，1.8 GHz，2.4 GHz において，電磁波ノイズ吸収特性（SAR 値）で 30% 以上を実現している。

2. 5 電気・磁気光学デバイス応用

大容量の情報処理に対する要求から超高速光集積回路への期待が高まっている。図 23 に示すように，AD 法により PLZT 系電気光学材料を従来薄膜プロセスより 100℃程度低い温度でガラス基板上に成膜，印加電界あたりの複屈折変化量である電気光学定数（r_c）が 102 pm/V の透明膜[24, 25]を形成することに成功している。また，熱処理温度を 850℃まで上げると電気光学定数（r_c）は，168 pm/V まで向上する。これは，ゾルゲル法でエピタキシャル成長させた PLZT や PZT 膜など従来薄膜報告値の約 2 倍以上で，単結晶ニオブ酸リチウム材の 6〜8 倍程度の性能である。この様な用途でも通信に使われる光の波長から膜の厚みは 1 μm 以上が求められ，AD 法を利用するメリットは大きいと考えられる。この高い電気光学定数の薄膜を用い微細加工を施すことで，デバイスサイズを小型化，素子容量を大幅に低減することができることになり，半導体

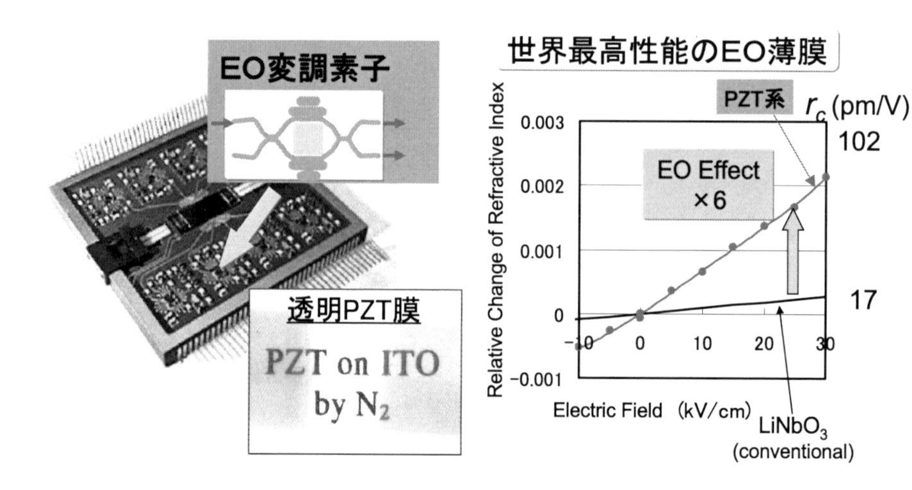

図 23　AD 法で形成した PLZT 系電気光学厚膜の EO 効果

チップ間の光インターコネクトに使える低駆動電圧，超高速動作可能な光変調素子実現の可能性がでてきた。この他，EO膜と同様に光磁気材料（MO）についても，検討されている。代表的な光磁気材料であるビスマス置換型イットリウム鉄ガーネット［Bi-YIG］粉末をAD法で直径125 μmの光ファイバー端面に約10 μm厚み常温成膜し，その磁気光学効果を利用して，GHz領域の電磁界計測に成功している[26]。具体的には，マイクロストリップ線路上にMOファイバープローブを配置し，MO信号観測を試みた。線路には100 MHz，15 dBmのパワーを印加した。その結果，スペクトラムアベレージング10回後の評価で，S/N比20 dB以上の信号が観測されている。また，上記EO膜のファイバー端面へのAD成膜でも，同様の周波数領域において，高い空間分解能の大きい分布検出に成功しており[27]，このような光ファイバー端面への機能材料のAD製膜によって，各種高機能ファイバーセンサ実現の可能性が実証されている。

2. 6　ハードコーティングとしての応用

第1章や本章2.1項にも記載した通り，AD法で常温形成されたアルミナ膜は，緻密，高密着，高い硬度が故，各種用途でのハードコーティングとしての応用が期待される。印刷分野やフィルム部材製造，食品産業で広く利用される産業用ローラーも，対象材料が変化する中，より高機能で高耐久性のものが求められている。図24は，産業用ローラーにAD法でアルミナコーティングした事例である[28]。図25に示すように，塩水噴霧試験での従来のCrメッキローラとの比較を見ると，ミクロンオーダーの比較的薄いコーティング厚みにもかかわらず，明らかに高い耐腐食性，防錆性を有しており，コーティングコストの大幅な低減が可能になれば，将来，産業用ローラーだけでなく，広く防錆用途への適用の可能性が伺える。また，耐摩耗性についても，Crメッキの3～4倍の性能向上が得られている。この様なセラミックスコーティングされた産業用ローラーは，溶射被膜によりコーティングされてきたが，AD法は，溶射より容易にかつ遥かに緻密な被膜が得られ，基材への成膜中の熱歪もないため，表面平滑性や形状精度に優れ

図24　ADアルミナコーティングされた産業用ローラー

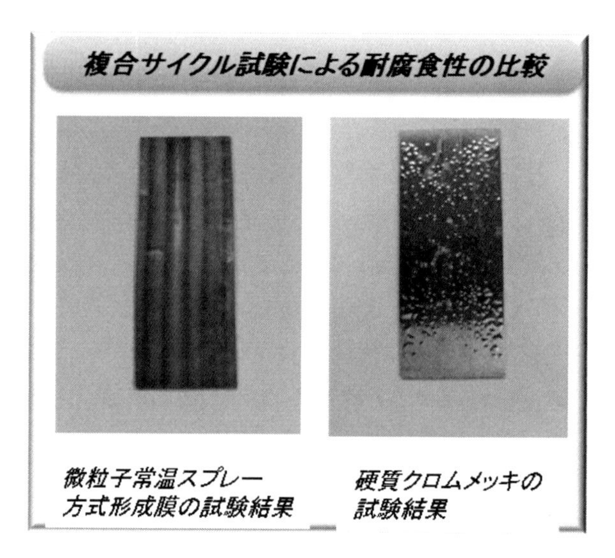

図25　複合サイクル塩水噴霧試験による AD アルミナ膜と硬質 Cr メッキ膜の耐久性比較

た精密な産業用ローラーの開発に役立つものと期待される。さらに図 26-A)，B）は，10 μm 帯の遠赤外線ウインドに応用した事例である。この場合，実用基材としては，近赤外から遠赤外まで良好な透過特性を有するフッ化バリウムがよく用いられるが，その表面硬度が 100 Hv 以下と軟金属並みに柔らかく傷がつきやすいのが大きな欠点であった。AD 法でイットリアをコーティングすると光透過性は，ある程度維持したまま，その表面硬度を 750 Hv まで高められ，イオンプレーティングによるハードコートと比較しても，光透過性，表面硬度共に優れることが分かった。

また，第 1 章に示したように可視光領域でも透明性の良い硬質 AD アルミナ厚膜が樹脂基材の上に形成できることから，プラスティック・メガネの傷防止コート膜の耐久性向上や自動車用窓部材の軽量化に大きく貢献できる可能性もある。図 27 は，AD 法が常温成膜法であることに着目し，アルミナと無機顔料とのコンポジット膜を形成した事例である。透明感のあるものから半透明のモノまで様々な発色を得ることができており，表面硬度も 1000 Hv 以上の膜が形成できている。携帯電話の市場での付加価値として，ジルコニアセラミックスの利用が注目されているが，セラミックスの薄物は落下により割れやすく，また，ジルコニアは重量が重いため，AD 法で樹脂基材のような軽量基材の上に，発色，審美性の良いセラミックス膜がコートできれば，アンテナ配置の関係で金属部材が利用できないとされる 5G 世代の携帯バックカバーの装飾用コーティングとして大きな市場が期待される。

A)

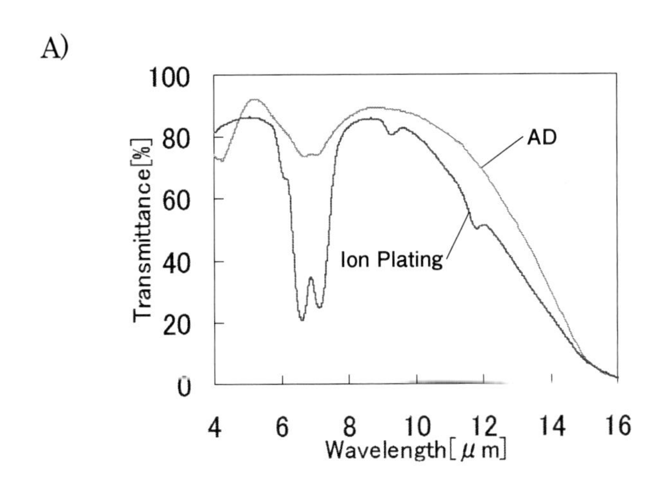

B)

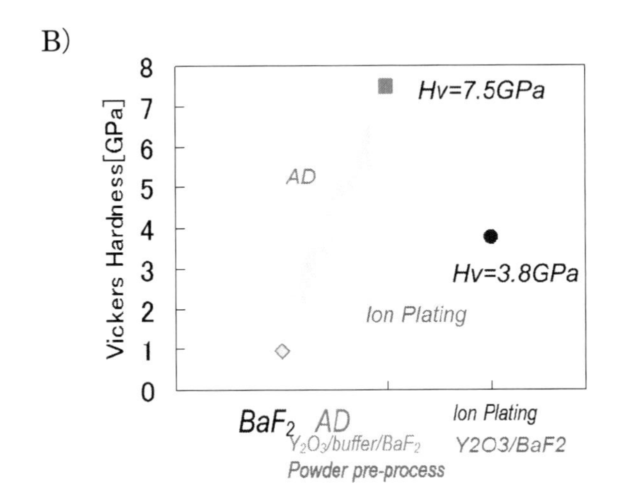

図 26　遠赤外窓材（BaF_2）への AD イットリアコーティング
A）AD コーティングとイオンプレーティングの光透過特性の比較
B）各コーティング膜表面硬度の比較

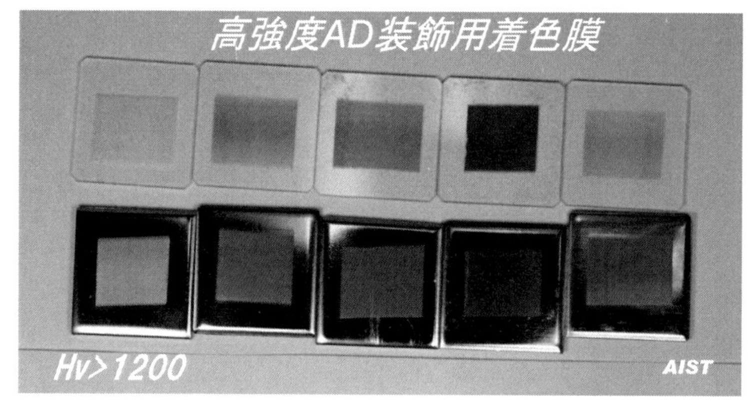

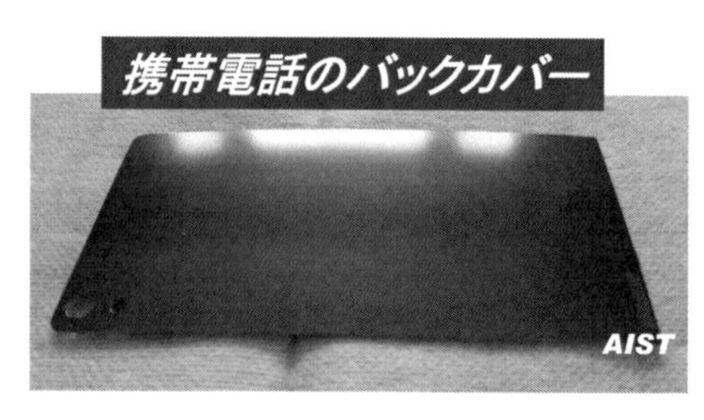

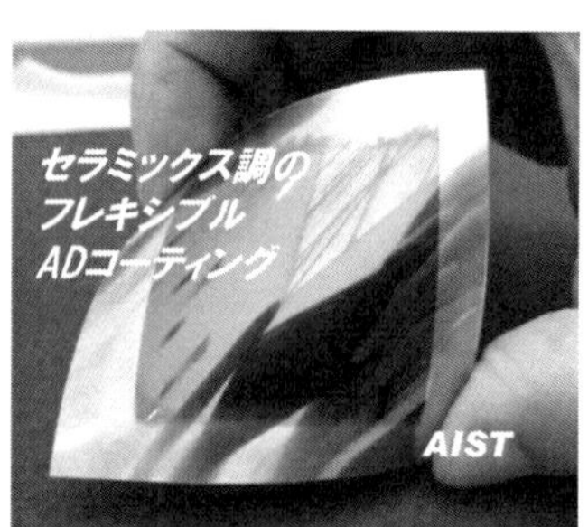

図 27　AD 法による硬質カラーコーティング（口絵参照）

2. 7　全固体・薄膜型リチウムイオン電池への応用

ここまで述べてきたように，AD 法は，“粉体スプレー法”ともいえる手法なので，減圧環境は要求されるが，従来薄膜技術に比べ超高真空で高価な設備や高温の加熱工程を必要とせず結晶性の高い薄膜，厚膜を高速に形成できるので，リチウム（Li）イオン電池，燃料電池への応用展開に期待が持てる。

全固体型の Li イオン電池は，従来の Li イオン電池の液体電解質を固体電解質に置き換えたものであるが，電解質が固体であるため，イオン伝導度は液体電解質に比べてかなり低い。そのため，全固体型電池の開発では，電解質層でのイオンの移動性を高めるため，電気的な絶縁性を保ちつつ電解質層をいかに薄くするか，また，いかに高いイオン伝導度の固体電解質材料を発見するかが重要になっている。

これまでに，伝導度の高い硫化物系固体電解質を用いたバルク型電池の試作例が報告されているが，硫化物系材料は緻密な構造体作製や薄膜化が困難であるほか，水との反応で劣化しやすいことや硫化水素ガスの発生などの問題があった。また，常温で電解質材料を正極材料と負極材料で挟み込み，プレスして電池としているが，プレスによる成形では電解質層の密度が上がらないために特性が十分に発揮できないといった課題も抱えている。さらに，イオンの伝導が乱されないように，正極や負極と電解質層との間に綺麗な界面構造を作る必要があるが，これらの界面形成にも課題がある。従来の窯業的手法である焼結などで，正極材料，電解質材料，負極材料を積層化する方法があるが，電解質層を十分薄くするには，高密度の固体電解質層を形成する必要があり，高温での焼結が必要である。しかし，Li化合物は反応性が高く，各層の界面で相互拡散が起こり綺麗な界面を形成することが困難であった。スパッター法などの従来型の薄膜技術を用いた酸化物系の全固体薄膜電池の報告例もあるが，基板の加熱が必要で，成膜速度が遅く，大型化や低コスト化に大きな問題があった。これに対しAD法では，原理的に高密度な固体電解質薄膜を常温で形成でき，正極層，負極層と積層化できる。

AD法では，原料粒子が基板に衝突する際に3ギガパスカル（GPa）以上の非常に高い圧力がかかる。従って，非常に高いプレス圧で原料粉末を粉体成形しているともいえ，常温プロセスで形成されたにもかかわらず，各層とも非常に緻密な膜構造を形成できた。また，基材や積層する下地膜表面のごく限られた領域にだけ高圧がかかるため，基板や各層界面へのダメージは小さく，熱による相互拡散も見られない。

図28-A)，-B）は，AD法でアルミホイル上に常温形成した膜厚10〜20 μmの正極材料膜（$LiCoO_2$），負極材料膜（$Li_4Ti_5O_{12}$）を用い有機電解液系の電池を作成，電極特性評価を評価した結果である。アルミホイル基材への密着力も十分で，簡単な織曲げ試験では剥離は全く見られなかった。常温形成されたAD膜は，バインダーレスであることも相まって，LCO正極，LTO

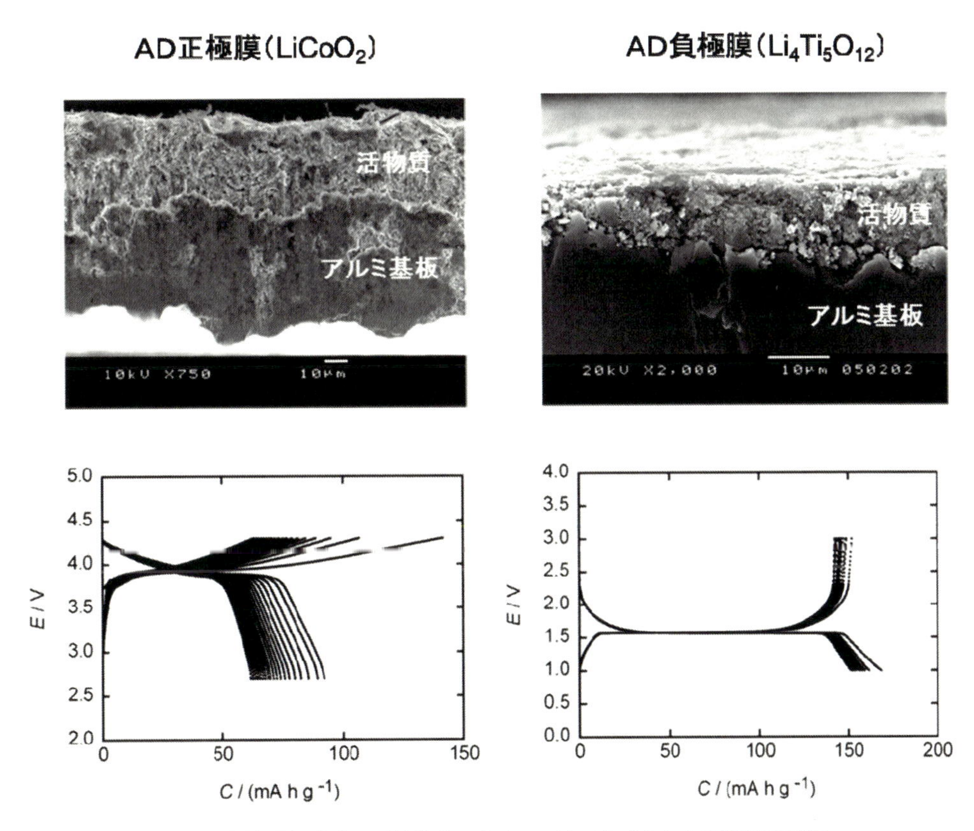

図28　有機電解液系の電池構成によるAD法で作成された電極特性評価

（電池断面構造）

金属電極
正極層
酸化物固体電解質層
負極層
金属基板

（試作電池の概観）

（試作電池の断面SEM像）

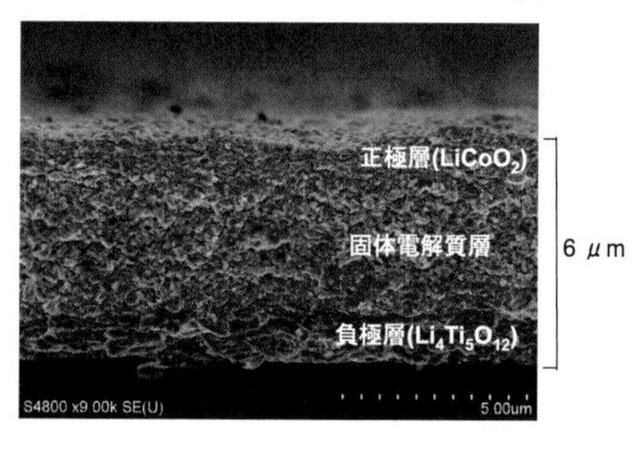

図 29　AD 法で常温形成された全固体薄膜 Li イオン電池の概観と積層構造

負極ともほぼ理論値の 70～90％の特性が得られている。もちろんこの場合は，液系での評価のために電極密度は少し低めに制御されている。AD 法では，原料粉末の特性を制御することで，緻密な膜だけでなくポーラスな膜形成も可能なことも大きな特徴の一つである。

図 29 は，AD 法による完全常温プロセスで，酸化物系の正極材料（$LiCoO_2$ や $LiMn_2O_4$），負極材料（$Li_4Ti_5O_{12}$），固体酸化物電解質材料（$Li_{1.3}Al_{0.3}Ti_{1.7}(PO_4)_3$）などを薄膜・積層化して，アルミ薄基板上に 3 層構造からなる全固体薄膜型 Li イオン電池を試作した例である[29]。成膜速度は，例えば電極材料については膜厚 3～5 μm，成膜面積 2×4 cm で，約 15 秒程度で，各層が緻密に積層され，常温プロセスのため各界面に異相は観察されなかった。図 30 は，現状の液系の Li イオン電池を基準に示した本試作電池の充放電特性である。現状では，固体電解質層のイオン電導度は $3～5\times10^{-6}$ S/cm と低く[30]，また，膜厚の最適化もなされていないため，その性能はまだ実用レベルに達していないが，常温プロセスである AD 法で作製した酸化物系全固体型薄膜 Li イオン電池が動作したことは，AD 法が蓄電池を実現する有力な工法の 1 つであることを立証している。第 17 章，18 章，19 章に紹介されるように AD 法の活用は，現在，電池研究の専門家による本格的な検討が始まっている。

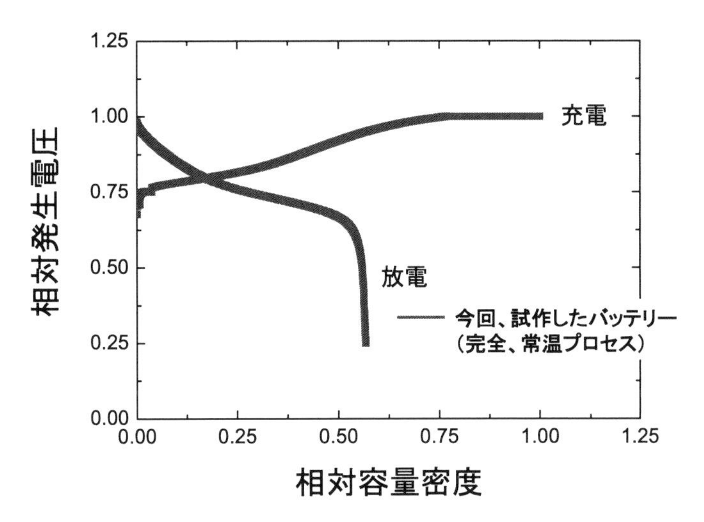

図30　AD法で常温形成された全固体薄膜Liイオン電池の充放電特性

2.8　その他エネルギーデバイス応用

図31は，近年，資源的に有利で低コスト，機械的にもタフであることから注目された超電導材料の二ホウ化マグネシウム（MgB_2）をAD法で，常温成膜した事例である[31, 32]。従来，粉体成形法などにより線材などが検討されてきたが，組織の高密度化が一つの課題であった。AD法による常温衝撃固化現象を用いることで熱処理無しに相対密度95％以上，膜厚10 μm以上のナノ結晶厚膜が得られている。また，図32は，その超電導特性で，T_c＝約20～30 Kと超電導相転移はやや緩慢であるが，最近では，常温成膜体で，バルクに近いT_c＝39 Kの超電導特性が確認されている。結晶組織の微細化により従来同材料の課題であった臨界電流密度の向上が期待さ

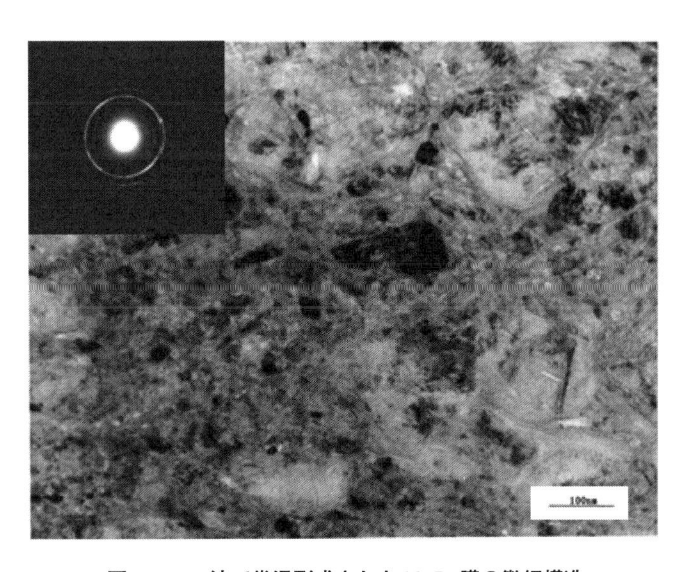

図31　AD法で常温形成されたMgB_2膜の微細構造

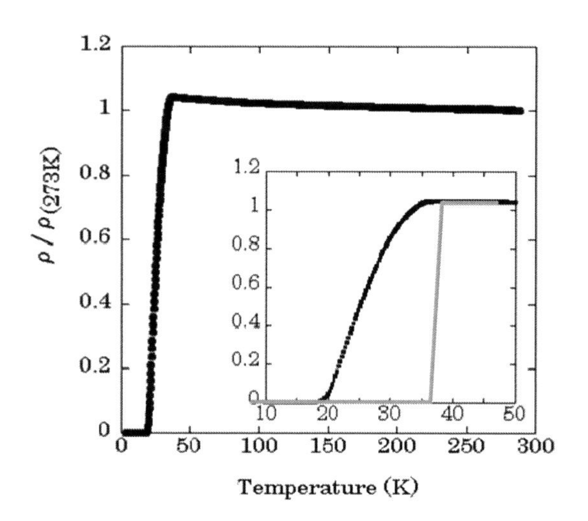

図 32　AD-MgB_2 厚膜の超伝導相転移特性

れる。

この他，AD 法による固体酸化物型燃料電池（SOFC）の固体電解質層の薄膜化による内部抵抗の低減やインターコネクト層の高密度化による寿命向上[33]，色素増感型太陽電池のチタニア層のフレキシブルなポリマー基板上への常温形成や NOx 分解用の光触媒の基材上への安定固定[34~36]，第 20 章で紹介されるように熱電変換素子で AD 法の常温衝撃固化現象の特徴を生かした結晶の微細組織化による熱伝導率の低減効果による性能指数の向上や薄膜化[37, 38]など，AD 法の適用でエネルギー関連部材の性能向上につなげようとする様々な試みが検討され始めている。

2. 9　医療部材応用

医療部材応用では，チタン合金製の人工関節への耐摩耗性に優れた平滑なアルミナコーティングや歯科部材へのコーティングとして，アパタイト系材料のコーティング[39~41]が検討されている。また，人口歯の場合，審美性の観点からアルミナベースのコンポジット AD 膜による硬質装飾コーティングなどの利用も期待される。

図 33 は，TOTO㈱が，比較的安価な硬質樹脂製の義歯表面に AD 法でアルミナ膜を形成し，耐摩耗性を向上，歯ブラシによるブラッシングによる審美性の検証をした結果である。歯の縦半分の部分に AD アルミナコーティングがなされているが，硬度は硬質レジンの 4～8 倍，天然の歯の 10 倍以上。歯を 1 日 3 回，1 回につき 10 往復磨いた場合で 10 年以上傷が付かづ，その光沢・審美性は維持され，実用性のあることを発表している[42]。

また，韓国では，図 34 に示すように，歯科用インプラントのフィクスチャー部に AD 法でアパタイトコーティングを施し，顎骨部との結合性を向上させる検討がなされている。

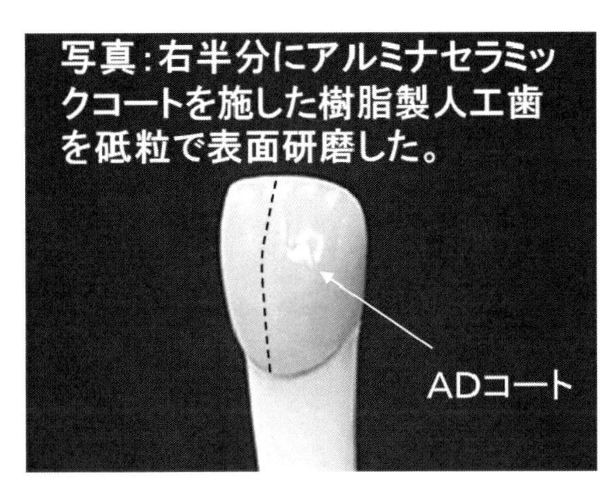

図33　ADアルミナコートされた硬質レジン義歯の審美性評価（口絵参照）

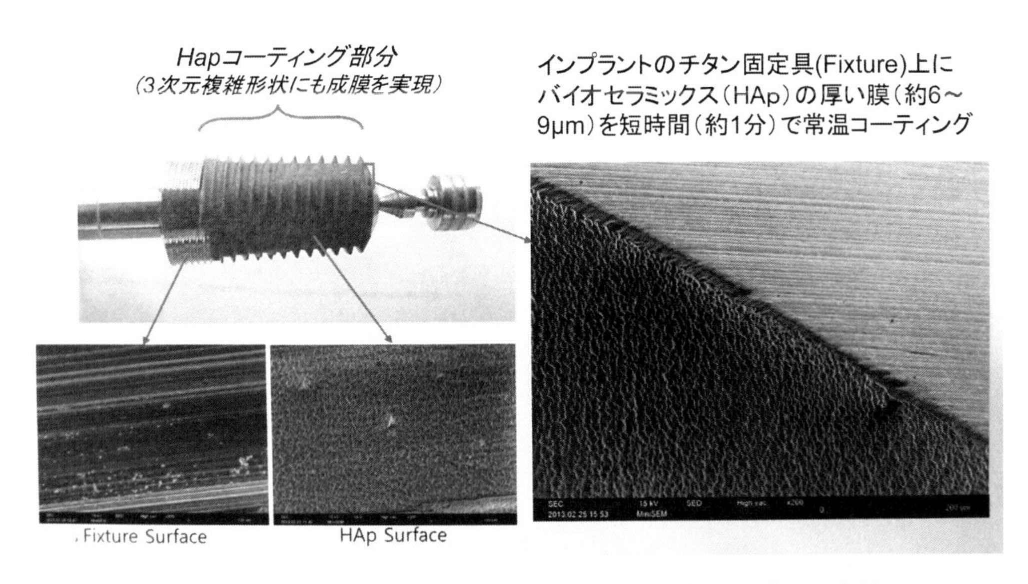

図34　AD法でアパタイト（Hap）コーティングされた歯科用インプラント部材

3　先進コーティングアライアンスの設立とオープンイノベーションへの取り組み

AD法のような新規なプロセス技術を実用レベルで使いこなすには，従来工法との間で綿密なベンチマークをしながら，プロセスの特徴をしっかりと把握し，それに適した価値ある応用先を見出す必要がある。よく言われる「シーズとニーズのマッチング」，「技術の橋渡し」である。プロセス研究者にとって，どのように適した商品出口を見つけるか，事業化につなげるかは，非常に大きな課題である。これには，より商品に近いニーズ情報に深くふれ，最終商品に近いプロトタイプの試作実証が必要になる。つまり要素技術の確立と商品技術の開発は，その課題設定も含め本質的に異なる。これを実践するには，幅広い分野の基礎技術，周辺技術と，それに基づく判断が必要になる。これを1グループや1社レベルで実践するのは，投資規模やリスクの点でも多くの困難を伴う。AD法の場合，一見すると装置技術の様に見えるが，その基本的なプロセスパラメータは原料粉末技術にある。従って，研究開発のみならず量産技術や製品開発においても，粉体メーカの協力が非常に重要である。しかしながら，粉体メーカーは，生産量が出て，十分な事業性が見えないとなかなか積極的な取り組みが難しいようである。現在，一つの製品をゼロから一社で全て研究開発し事業化することはほぼ無く，製品市場規模が大きくなればなるほど，図35に示すような川上から川下にわたる企業間の最適なビジネス関係（BtoB）の構築（サプライヤーチェーン）が必須になる。しかしながら実際のところ，ビジネス的視点では各社の立場には図35の吹き出しに示すようなリスクもあり，的確な研究開発に必要な情報共有は容易ではない。新規なプロセス技術を実製品に効果的に生かすには，良い協業関係を模索しながら，いかに一社での開発負担やリスクを低減し，迅速かつ効果的に各社が利用できる解を見出すかも重要と考えられる。

このような背景から，(国研)産業技術総合研究所は，セラミックス工業会の代表でもある日本ファインセラミックス協会(JFCA)と協定を結び「先進コーティングアライアンス(ADCAL)」を創設した。現在，法人会員数は45社になる。ADCALではAD法に関し，図36に示すような体制で，大学／研究機関と企業との一対一の産学連携でなく，商品市場の動向に明るく，商品試作に必要な各要素技術のポテンシャルのある複数の企業が協業し，技術的な目線だけでなく，ビジネス的な視点など様々な観点からAD法のような先進コーティング技術の実用化開発を進める「オープンイノベーション」を目指したスタイルを検討している。「オープン・イノベーション」とは，イノベーションに関する世界的権威であるヘンリー・チェスブロウが，2003年以降

図35　サプライヤーチェーンと新規技術導入時の課題

2017年現在45社入会

➢ 国際競争力のある日本独自のコーティング技術(AD法，光MOD法)の実用化支援
➢ バリューチェーンを統合的に見渡した国際的・戦略的なアライアンスの創出
➢ 先進コーティングに関するグローバル産学官連携拠点の形成と国際競争力強化

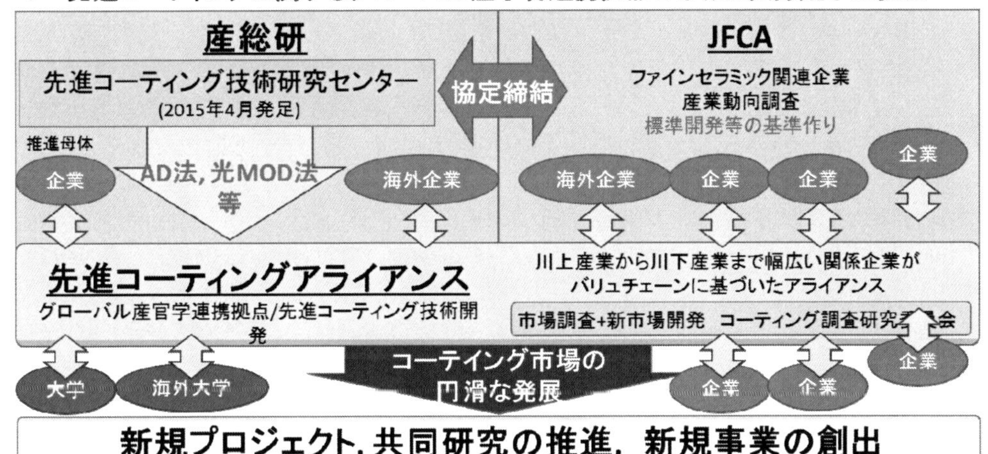

入会のメリット
★ネットワークの構築　★最新技術動向へのアクセス　★セミナー,ワークショップ,見学会等への各種優待
★国際会議の参加，海外情報の入手　★政府機関,国立研究所等との連携　★会員企業との広報　など

担当:古賀、岡本　所属:一般社団法人 日本ファインセラミックス協会 連絡先:koga@jfca-net.or.jp または act-webmaster-ml@aist.go.jp

AD法は装置技術というより粉体技術である！

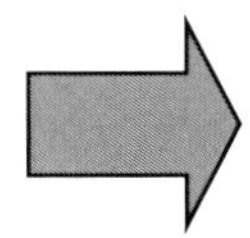

AD用の粉体製造メーカーの確立と部材応用メーカー、製品セットメーカー間のビジネスアライアンスを検討中

図 36　先進コーティングアライアンス（ADCAL）での AD 法実用化への取り組み

に発表した一連の著作で明らかにした概念で，「企業内部と外部のアイデアを有機的に結合させ，価値を創造すること」と定義されている。従来の研究と開発が一体となり，その過程で徐々にスクリーニングされて最終的に上市される製品が決まるという研究開発プロセス（クローズド・イノベーション）の限界を指摘した上で，素早い商品化のためには，自前の研究開発分野を最小限にし，外部の知識を最大限に活用すべきであると説いている。

文　　献

1) J. Akedo, “An Aerosol Deposition Method and Its Application to Make MEMS Devices”, Amer. Ceram. Trans., “Charactrization & Control of Interfaces for High Quality Advanced Materials”, Vol.146, 245-254 (2003).
2) 明渡純, “エアロゾルデポジションによる透光性, 絶縁コーティング”, 金属, **75** (3), 16-23 (2005).
3) 平成16年度NEDOエネルギー使用合理化技術戦略的開発/エネルギー有効利用基盤技術先導研究開発「衝撃結合効果を利用した窯業プロセスのエネルギー合理化技術に関する研究開発」プロジェクト成果報告書.
4) B. Kroposki, C. Pink, R. DeBlasio, H. Thomas, M. Simoes, P.K. Sen, Benefits of power electronic interfaces for distributed energy systems, *IEEE Trans. Energy Convers.*, **25**, 901-908 (2010).
5) W. Kramer, S. Chakraborty, B. Kroposki, and H. Thomas, Advanced Power Electronic Interfaces for Distributed Energy Systems, National Renewable Energy Laboratory, Golden, CO, Technical Report NREL/TP-581-42672, March 2008.
6) C.-B. Eom, S. Trolier-McKinstry, Thin-film piezoelectric MEMS, *MRS Bull.*, **37**, 1007-1017 (2012).
7) S. Kwon, W. Hackenberger, E. Alberta, E. Furman, M. Lanagan, Nonlinear dielectric ceramics and their applications to capacitors and tunable dielectrics, *IEEE Electr. Insulation Mag.*, **27**, 43 (2011).
8) P. Kim, N.M. Doss, J.P. Tillotson, P.J. Hotchkiss, M.-J. Pan, S.R. Marder, J. Li, J.P. Calame, J.W. Perry, High energy density nanocomposites based on surfacemodified BaTiO3 and a ferroelectric polymer, *ACS Nano.*, **3**, 2581-2592 (2009).
9) X. Hao, J. Zhai, L.B. Kong, Z. Xu, A comprehensive review on the progress of lead zirconate-based antiferroelectric materials, *Prog. Mater Sci.*, **63**, 1-57 (2014).
10) B. Chu, X. Zhou, K. Ren, B. Neese, M. Lin, Q. Wang, F. Bauer, Q.M. Zhang, A dielectric polymer with high electric energy density and fast discharge speed, *Science*, **313**, 334-336 (2006).
11) Z. Hu, B. Ma, R.E. Koritala, U. Balachandran, Temperature-dependent energy storage properties of antiferroelectric Pb0.96La0.04Zr0.98Ti0.02O3 thin films, *Appl. Phys. Lett.*, **104** ,263902 (2014).
12) B. Ma, T. H. Lee, S. E. Dorris, R. E. Koritala, U. Balachandran, “Flexible ceramic film capacitors for high-temperature power Electronics”, *Mater. Sci. Energy Tech.*, **2**, 96-103 (2019)
13) S.A. Rogers, FY13 Annual Progress Report for the Advanced Power Electronics and Electric Motors Program, US DOE/EE-1040, Washington, DC, 2013.
14) B. Rangarajan, B. Jones, T. Shrout, M. Lanagan, Barium/lead-rich high permittivity glass-ceramics for capacitor applications, *J. Amer. Ceram. Soc.*, **90** ,784-788 (2007).
15) N. Asai, R. Matsuda, M. Watanabe, H. Takayama, S. Yamada, A. Mase, M. Shikida, K.

Sato, M. Lebedev and J. Akedo, "A novel high resolution optical scanner actuated by aerosol deposition PZT films", IEEE Proceedings of International Conference on Micro Electro Mechanical Systems（MEMS2003）, Kyoto, Japan, January, 247-250（2003）.

16） M. Lebedev, J.Akedo and Y. Akiyama: "Actuation properties of PZT thick films structured on Si membrane by aerosol deposition method", *Jpn. J. Appl. Phys.*, **39**, 5600-5603（2000）.

17） J. Akedo and M. Lebedev: "Effects of annealing and poling conditions on piezoelectric properties of Pb（Zr0.52,Ti0.48）O3 thick films formed by aerosol deposition method", *J. Cryst. Growth*, **235**, 397-402（2002）.

18） NEDO「ナノレベル電子セラミックス材料低温成形・集積化技術」第２回プロジェクトワークショップ講演資料，NEDO & MSTC，pp62-70，２月21日（2007）.

19） J. H. Park，西村一寛，J. K. Cho，井上光輝，"磁気光学効果を用いた空間光変調器"，日本応用磁気学会誌，**26**（8），729-737（2002）.

20） H. Takagi, M. Mizoguchi, J. H. Park, K. Nishimura, H. Uchida, M.Lebedev, J. Akedo, M. Inoue, "PZT-Driven Micromagnetic Optical Devices", *Mat. Res. Soc. Symp. Proc.*, **785**, pD6.10.1-D6.10.6.（2004）.

21） 今中佳彦，明渡純：セラミックス，"エアロゾルデポジション法による高周波受動素子集積化技術"，**39**（8），584-589（2004）.

22） S.-M. Nam, H. Yabe , H. Kakemoto, S. Wada, T. Tsurumi, and J. Akedo, "Low Temperature Fabrication of $BaTiO_3$ Thick Films by Aerosol Deposition Method and Their Electric Properties", *Tran, MRS Jpn.*, **294**, 1215-1218（2004）.

23） Y. Kato, S. Sugimoto, and J. Akedo, "Magnetic Properties and Electromagnetice Wave Suppresion Properties of Fe-Ferrite Films Prepared by Aerosol Deposition Method", *Jpn. J. Appl. Phys.*, **47**, 2127-2131（2008）.

24） M. Nakada, K. Ohashi, and J. Akedo, "Optical and electro-optical properties of Pb（Zr,Ti）O3 and（Pb,La）（Zr,Ti）O3 films prepared by aerosol deposition method", *J. Cryst. Growth*, **275**, e1275-1280（2005）.

25） M. Nakada, K. Ohashi, M. Lebedev, and J. Akedo, "Electro-Optic Properties of Pb（Zr1-xTix）O3（X=0, 0.3, 0.6）Films Prepared by Aerosol Deposition", *Jpn. J. Appl. Phys.*, **44**, L1088-L1090（2005）.

26） M. Iwanami, M. Nakata, H. Tsuda, K. Ohashi and J. Akedo, "Ultra Small Magneto-Optic Field Probe Fabricated by Aerosol Deposition", IEICE Electronics Express（Submitting）.

27） M. Iwanami, M. Nakata, H. Tsuda, K. Ohashi and J. Akedo, "Ultra small electro-optic field probe fabricated by aerosol deposition", *IEICE Electronics Express*, **4**（2）, 26-32（2007）.

28） N. Seto, K. Endo, N. Sakamoto, S. Hirose, and J. Akedo, "Hard α-Al_2O_3 Film Coating on Industrial Roller Using Aerosol Deposition Method", *J. Therm. Spray Tech.*, **23**（8）, 1373-1381（2014）.

29） 明渡純，Daniel Popovici，産総研プレスリリース，11/5（2010）.

http://www.aist.go.jp/aist_j/press_release/pr2010/pr20101105/pr20101105.html
30) D. Popovici, H. Nagai,S. Fujishima and J. Akedo, *J. Am. Ceram. Soc.*, 1-4 (2011)
31) 明渡純, 坂田英明, Lebedev Maxim, The 5th International Meeting of Pacific Rim Ceramic Societies Incorporating the 16th Fall Meeting of the Ceramic Society of Japan, 名古屋, 2003/09/30.
32) 坂田英明, 明渡純, Maxim Lebedev, 第58回日本物理学会年次大会, 仙台, 2003/3/28.
33) H. Hwang, G. Man Choi, "The effects of LSM coating on 444 stainless steel as SOFC interconnect", J Electroceram, DOI 10.1007/s10832-008-9429-y (2008).
34) J. Ryu, D.S. Park, B.D. Hahn, J.J. Choi, W.H. Yoon, K. Y. Kim, H. S. Yun, "Photocatalytic TiO2 thin films by aerosol-deposition: From micron-sized particles to nano-grained thin film at room temperature", *Applied Catalysis B: Environmental*, **283**, 1-7 (2008).
35) G. J. Yang, C. J. Li, S. Q. Fan, Y. Y. Wang, and C. X. Li, "Influence of Annealing on Photocatalytic Performance and Adhesion of Vacuum Cold-Sprayed Nanostructured TiO2 Coating", *J. Thermal Spray Tech.*, **16** (5-6), 873-880 (2007).
36) B.-K. CHOI, K.-S. MUN, C.-H. CHO, J.-O. KIM, H. PARK and W.-Y. CHOI, "Fabrication of photocatalytic multi layer membrane using porous TiO2 film by aerosol deposition", *J. Ceram. Soc, Japan*, **117** (1367), 808-810 (2009).
37) J. J. Choi, J. Ryu, B. D. Hahn, W. H. Yoon, B. K. Lee, D. S. Park, "Dense spinel MnCo2O4 film coating by aerosol deposition on ferritic steel alloy for protection of chromic evaporation and low-conductivity scale formation", *J. Mater. Sci.*, **44**, 843-848 (2009).
38) S. Baba, L. Huang, H. Sato, R. Funahashi, and J. Akedo, "Room-temperature fast deposition and characterization of nanocrystalline Bi0.4Sb1.6Te3 thick films by aerosol deposition", *J. Phys. Conf. Series*, **379**, 012011 (2012).
39) M. Tsukamoto, T. Fujihara, N. Aba, S. Miyake, M. Katto, T. Nakayama, J. Akedo, "Hydroxyapatite Coating on Titanium Plate with an Ultrafine Particle Beam", *Jpn. J. Appl. Phys.*, **42**, L120-122 (2003).
40) T. Fujihara, M. Tsukamoto, N. Abe, S. Miyake,T. Ohji, J. Akedo, "Hydroxyapatite film formed by particle beam irradiation", *Vacuum*, **73**, 629-633 (2004).
41) Kay TERAOKA, Shingo HIROSE, Setsuaki MURAKAMI, Katsuya KATO and Jun AKEDO, "Aerosol deposition of α-TCP on a Ti surface", *J. Ceram. Soc, Japan*, **118** (1378), 502-507 (2010).
42) 日経産業新聞 (1面), 「AD法を用いて義歯に保護膜, 10年無傷　セラミックで耐久性2倍」2005年11月25日掲載

エアロゾルデポジション法の新展開
―常温衝撃固化現象活用の最前線―

2019年2月28日　第1刷発行

監　　修　明渡　純　(T1101)
発 行 者　辻　賢司
発 行 所　株式会社シーエムシー出版
東京都千代田区神田錦町1-17-1
電話03(3293)7066
大阪市中央区内平野町1-3-12
電話06(4794)8234
http://www.cmcbooks.co.jp/
編集担当　伊藤雅英／町田　博

〔印刷　日本ハイコム株式会社〕

ISBN978-4-7813-1409-9 C3058 ¥80000E